공기업

최단기문제풀이

토목일반

공기업 토목일반
최단기 문제풀이

개정 1판 발행   2024년 3월 29일
개정 2판 발행   2025년 1월 3일

편 저 자 | 취업적성연구소
발 행 처 | ㈜서원각
등록번호 | 1999-1A-107호
주   소 | 경기도 고양시 일산서구 덕산로 88-45(가좌동)
교재주문 | 031-923-2051
팩   스 | 031-923-3815
교재문의 | 카카오톡 플러스 친구[서원각]
홈페이지 | goseowon.com

Preface

청년 실업자가 45만 명에 육박, 국가 사회적으로 커다란 문제가 되고 있습니다. 정부의 공식 통계를 넘어 실제 체감의 청년 실업률은 23%에 달한다는 분석도 나옵니다. 이러한 상황에서 대학생과 대졸자들에게 '꿈의 직장'으로 그려지는 공기업에 입사하기 위해 많은 지원자들이 몰려들고 있습니다. 그래서 공사 · 공단에 입사하는 것이 갈수록 더 어렵고 간절해질 수밖에 없습니다.

많은 공사 · 공단의 필기시험에 토목일반이 포함되어 있습니다. 토목일반의 경우 내용이 워낙 광범위하기 때문에 체계적이고 효율적인 방법으로 공부하는 것이 무엇보다 중요합니다. 이에 서원각은 공사 · 공단을 준비하는 수험생들에게 필요한 것을 제공하기 위해 진심으로 고심하여 이 책을 만들었습니다.

본서는 수험생들이 보다 쉽게 토목일반 과목에 대한 감을 잡도록 돕기 위하여 핵심이론을 요약하고 단원별 기출예상문제를 엄선하여 구성하였습니다. 또한 해설과 함께 중요 내용에 대해 확인할 수 있도록 구성하였습니다.

수험생들이 본서와 함께 합격이라는 꿈을 이룰 수 있기를 바랍니다.

Structure

1 필수암기노트

반드시 알고 넘어가야 하는 핵심적인 내용을 일목요연하게 정리하여 학습의 맥을 잡아드립니다.

2 학습의 point

핵심이론 중 좀 더 확실한 대비를 위해 꼭 알아두어야 할 내용을 한눈에 파악할 수 있도록 표와 그림으로 구성하였습니다.

시험에 **2회 이상** 출제된

필수 암기노트

01 측량학

① 측량학개론

① 정밀도와 거리오차

㉠ 정밀도

$$\frac{\Delta l}{D} \quad \frac{d}{D} \quad \frac{D^2}{12R^2} \quad \frac{1}{M}$$

㉡ 거리오차

$$d \quad D \quad \frac{D^2}{12R^2} \quad (d : 평면거리, \ D : 구면거리)$$

② 지구타원체

㉠ 3축반경 : $R - \dfrac{2a+b}{3}$ (a : 적도반경, b : 극반경)

㉡ 지구편평률 : $P - \dfrac{a-b}{a}$

㉢ 평균 곡률반경 : $R - \sqrt{MN}$ (N : 지구의 횡곡률 반지름)

㉣ 지구의 편심률 : $\varepsilon - \sqrt{\dfrac{a^2-b^2}{a^2}} - \dfrac{\sqrt{a^2-b^2}}{a}$

③ 지오이드

수면을 육지까지 연장한 가상적인 곡면을 지오이드라 한다.
을 고려하여 만든 불규칙한 곡면으로 높이 측정의 기준이 된다.

① 측량학개론

① 정밀도와 거리오차

㉠ 정밀도

㉡ 거리오차

CHAPTER 01 기출예...

1 수준측량의 야장기입법에 관한 설...
① 야장기입법에는 고차식, 기고식,
② 고차식은 단순히 출발점과 끝점
③ 기고식은 계산과정에서 완전한
④ 승강식은 앞 측점의 지반고를

수준측량의 야장기입법에 관한 설명으로 바르지 않은 것은?

① 야장기입법에는 고차식, 기고식, 승강식이 있다.
② 고차식은 단순히 출발점과 끝점의 표고차만 알고자 할 때 사용하는 방법이다.
③ 기고식은 계산과정에서 완전한 검산이 가능하며 정밀한 측량에 적합한 방법이다.
④ 승강식은 앞 측점의 지반고를 해당 측점의 승강을 합하여 지반고를 계산하는 방법이다.

거리와 각을 동일한 정밀도로 관측하여 다각측량을 하려고 한다. 이 때 각 측량기의 정밀도가 10″라면 거리측량기의 정밀도는 약 얼마정도이어야 하는가?

① 1 : 15,000
② 1 : 18,000
③ 1 : 21,000
④ 1 : 25,000

ANSWER | 1.③ 2.③

1 기고식 … 중간점이 많을 때 적당하나 완전한 검산을 할 수 없는
※ 야장기입법
㉠ 고차식 : 전시와 후시만 있을 때 사용하여 두 점간의
㉡ 기고식 : 중간점이 많을 때 적당하나 완전한 검산을 할
㉢ 승강식 : 중간점이 많을 때 불편하나 완전한 검산을

ANSWER | 1.③ 2.③

1 기고식 … 중간점이 많을 때 적
※ 야장기입법
㉠ 고차식 : 전시와 후시만 있
㉡ 기고식 : 중간점이 많을 때
㉢ 승강식 : 중간점이 많을

2 $\frac{\triangle L}{L} - \frac{\theta''}{\rho''}$ 이므로 $\frac{10}{206,2}$

2 $\frac{\triangle L}{L} - \frac{\theta''}{\rho''}$ 이므로 $\frac{10}{206,265} = \frac{1}{21,000}$

Contents

01

측량학

필수
암기노트

01 측량학

① 측량학개론

① 정밀도와 거리오차

㉠ 정밀도

$$\frac{\triangle l}{D} = \frac{d-D}{D} = \frac{D^2}{12R^2} = \frac{1}{M}$$

㉡ 거리오차

$$d-D = \frac{D^2}{12R^2} \,(d : \text{평면거리}, \ D : \text{구면거리})$$

② 지구타원체

㉠ 3축반경 : $R = \dfrac{2a+b}{3}$ (a : 적도반경, b : 극반경)

㉡ 지구편평률 : $P = \dfrac{a-b}{a}$

㉢ 평균 곡률반경 : $R = \sqrt{MN}$ (N : 지구의 횡곡률 반지름)

㉣ 지구의 편심률 : $e = \sqrt{\dfrac{a^2-b^2}{a^2}} = \dfrac{\sqrt{a^2-b^2}}{a}$

③ 지오이드

㉠ 평균해수면을 육지까지 연장한 가상적인 곡면을 지오이드라 한다.

㉡ 물리적인 형상을 고려하여 만든 불규칙한 곡면으로 높이 측정의 기준이 된다.

② 중력측정 및 좌표계

① 중력이상

    ㉠ 중력 실측값−이론 실측값

    ㉡ 중력이상은 지하물질의 밀도가 고르게 분포되어 있지 않기 때문에 발생한다.

② 좌표계

    ㉠ UTM좌표계

- 적도를 횡축, 자오선을 종축으로 하고 중앙자오선과 적도의 교점을 원점으로 횡메르카도르법으로 투영한 것
- 경도 : 동경 180° 기준, 동쪽으로 6° 간격으로 60구분하며, 경도원점은 중앙자오선
- 위도 : 남북위 80°까지 포함, 8° 간격으로 20구분하며, 위도원점은 적도상에 위치

    ㉡ TM투영법에 따른 평면직교좌표계

명칭	경도	위도
서부원점	125° 00′ 00″ E	38° 00′ 00″ N
중부원점	127° 00′ 00″ E	38° 00′ 00″ N
동부원점	129° 00′ 00″ E	38° 00′ 00″ N
동해원점	131° 00′ 00″ E	38° 00′ 00″ N

③ 거리측량오차

① 정오차와 우연오차

    ㉠ 정오차 : 일정 크기와 일정 방향으로 발생하는 오차, 원인과 소거방법이 분명하며, 정오차의 경우 측정횟수에 비례

$$M = e \cdot n$$

    ㉡ 우연오차 : 크기와 방향이 불규칙적으로 발생하며 확률론에 의거 추정할 수 있고, 최소제곱법의 원리로 오차를 배분하여 오차론에서 다루는 오차로 측정횟수의 제곱근에 비례

$$E = \pm \delta \sqrt{n} \qquad M = \pm e \sqrt{n}$$

② 정밀도

구분	경중률을 고려하지 않은 경우	경중률을 고려한 경우
최확치(L_o)	$\dfrac{l_A + l_B + l_C}{n}$	$\dfrac{P_A l_A + P_B l_B + P_C l_C}{P_A + P_B + P_C}$
중등오차(m_o)	$\pm \sqrt{\dfrac{[v]}{n(n-1)}}$	$\pm \sqrt{\dfrac{[Pv]}{P(n-1)}}$
확률오차(r_o)	$\pm 0.6745 \sqrt{\dfrac{[v]}{n(n-1)}}$	$\pm 0.6745 \sqrt{\dfrac{[Pv]}{P(n-1)}}$
정밀도($\dfrac{1}{M}$)	$\dfrac{r_o}{L_o}$ 또는 $\dfrac{m_o}{L_o}$	$\dfrac{r_o}{L_o}$ 또는 $\dfrac{m_o}{L_o}$

※ v는 잔차를 의미

❹ 수준측량

① 직접수준측량

ⓐ 전시와 후시의 거리를 같게 하는 이유(기계오차 소거)
- 기포관 축과 시준축이 평행하지 않을 때 발생하는 오차 – 기계오차
- 레벨 조정의 불안정으로 생기는 시준축 오차 소거
- 지구의 곡률에 의한 오차 소거
- 광선의 굴절에 의한 오차 소거

ⓑ 수준측량의 방법

$$H_B = H_A + \sum 후시\,(B.S) - \sum 전시\,(F.S)$$

- 표고(지반고)($G.H$) : 기준면으로부터 기준점까지의 높이(표고)
- 기계고($I.H$) : 시준고라고도 하며, 기준면에서 기계 시준선까지의 높이
- 후시($B.S$) : 표고를 알고 있는 점 또는 기지점에 세운 표척을 읽는 값
- 전시($F.S$) : 표고를 알고자 하는 점에 표척을 세워 눈금을 읽은 값

ⓒ 교호수준측량 : 두 점간의 강, 호수, 하천 또는 협곡 등이 있어 그 두 점 사이의 중간에 기계를 세울 수 없는 경우 실시하는 측량으로 기계적 오차인 구차, 기차, 시준축 오차의 제거가 가능

$$H_B = H_A + \frac{(a_1 - b_1) + (a_2 - b_2)}{2} = H_A + \frac{(a_1 + a_2) - (b_1 + b_2)}{2}$$

② 간접수준측량

$$H_B = H_A + i + D\tan\alpha - h_B + S$$

여기서, S는 양차로 $\dfrac{(1-K)D^2}{2R}$로 구한다.

③ **삼각수준측량** … 레벨을 사용하지 않고 트랜싯이나 데오도라이트를 이용하여 두 점간의 연직각과 거리를 관측하여 삼각법으로 고저차를 구함, 직접수준측량에 비해 비용 및 시간은 단축되나 정밀도가 낮음

$$H_B = H_A + i_A + l\tan\alpha - h_B (단, \ \overline{AB}의 \ 수평거리일 \ 경우)$$

- H_A : 점 A의 표고
- H_B : 점 B의 표고
- i_A : 기계고
- h_B : 점 B에 세운 표척의 읽음값
- α : 시준점에 대한 연직각

④ **정밀도**

$$E = C\sqrt{L}, \ \ C = \dfrac{E}{\sqrt{L}}$$

- E : 수준측량오차의 합
- C : 1km에 대한 오차
- L : 노선거리

⑤ **수준측량의 오차조정**

㉠ 경중률

$$P_A : P_B : P_C = \dfrac{1}{l_1} : \dfrac{1}{l_2} : \dfrac{1}{l_3}$$

㉡ 최확값

$$H_P = \dfrac{P_A H_A + P_B H_B + P_C H_C}{P_A + P_B + P_C}$$

❺ 각 관측

① 각의 종류

   ㉠ 방위각 : 진북 방향과 측선이 이루는 우회각

   ㉡ 방위각 : 방향각과 진북 방향각의 차

   ㉢ 방향각 : 기준선과 측선이 이루는 우회각

② 각의 측정법

   ㉠ 단측법

    • 시점과 종점에 대하여 1회 측정

    • 정 · 반위 관측이 원칙

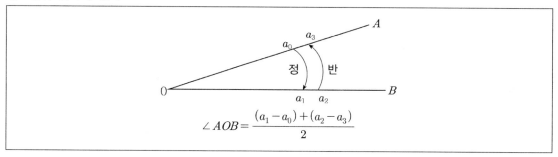

$$\angle AOB = \frac{(a_1 - a_0) + (a_2 - a_3)}{2}$$

   ㉡ 반복법

    • 시점과 종점의 각을 3~6회 정도 여러 번 반복하여 측정

    • 유표의 최소 눈금 이하로 수평각 측정 가능

    • 오독 방지 및 읽음 오차 적음

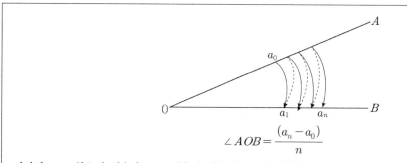

$$\angle AOB = \frac{(a_n - a_0)}{n}$$

여기서, a_0 : 최초의 읽음값, a_n : 최후의 읽음값, n : 측정횟수(반복횟수)

   ㉢ 방향관측법

    • 한 방향에서 여러 각을 측정

    • 높은 정밀도 획득

    • 3등 이하의 삼각측량에 많이 사용

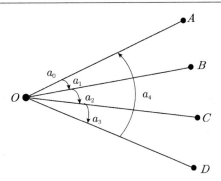

- $a_4 = a_0$이면 $\angle AOB = a_1 - a_0$, $\angle BOC = a_2 - a_1$, $\angle COD = a_3 - a_2$
- $a_4 \fallingdotseq a_0$이면 다른 값들도 균일하게 조정

ⓔ **각 관측법**

- 가장 정확한 방법으로 우리나라에서는 1등 삼각측량에 채택
- 모든 각을 측정 후 최소제곱법으로 조정하여 최확값 획득
- 총 관측각의 수= $\dfrac{N(N-1)}{2}$ (N : 관측할 방향 수)

  실제 각의 수= $N-1$

  조건식의 수=총 관측각의 수− 실제 각의 수= $\dfrac{(N-1)(N-2)}{2}$

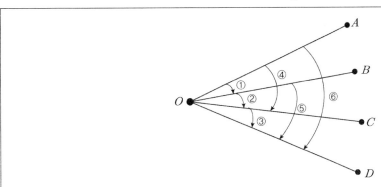

- $N=4$
- 총 관측각의 수 = 6
- 실제 각의 수 = 3
- 조건식의 수 = 3
- 조건식
  - ① + ② = ④
  - ② + ③ = ⑤
  - ① + ② + ③ = ⑥

③ 각 측정시 발생오차

㉠ 기계오차

오차의 종류		원인	처리방법
기포관의 조정불완전에 의한 오차 (3축 오차)	시준축 오차	시준축과 수평축이 직교하지 않는다.	정, 반위 관측법으로 산술평균
	수평축 오차	수평축이 연직축에 직교하지 않는다.	정, 반위 관측법으로 산술평균
	연직축 오차	연직축이 정확히 연직선에 있지 않다.	연직축과 수평 기포축과의 직교를 조정(정, 반위 관측법으로 소거불가)
구조상 결함에 의한 오차	회전축 편심오차	시준선이 수평분도원의 중심을 통과하지 않는다.	정, 반위 관측법으로 산술평균
	시준선의 편심오차	시준선이 수평분도원의 중심을 통과하지 않는다.	정, 반위 관측법으로 산술평균
	분도원의 눈금오차	눈금의 부정확	읽은 분도원의 위치를 변화시켜, 관측횟수를 많이 하여 평균

㉡ 개인오차

오차의 종류	원인	처리방법
치심오차	측점과 기계 중심의 불일치	편심거리와 편심각을 측정 → 편심보정
시준오차	시준선과 십자선의 교점 불일치(시준하고자 하는 부분과 십자선의 교점 불일치)	Traversing Target 사용
조작부주의	기포관 조정의 불일치	재측
	삼각의 불안전과 삼각 조정나사가 풀어짐	

㉢ 자연현상에 의한 오차
- 바람, 햇빛, 온도 변화, 햇빛의 굴절에 의한 오차
- 최적의 각 관측 시각 : 수평각의 경우 아침, 저녁, 수직각은 정오경

㉣ 착오 : 나사취급의 착오, 측각의 오독, 측각의 오기 등

6 트래버스 측량

① **트래버스의 종류**

    ㉠ 폐합(소규모지역 정밀도 중간) : 기지점에서 그 기지점에 폐합

    ㉡ 개방(하천답사 정밀도 낮음) : 임의점에서 임의점

    ㉢ 결합(대규모지역 정밀도 높음) : 기지점에서 또 다른 기지점에 결합

② **측량순서** ⋯ 계획 → 답사 → 선점 → 조표 → 관측 → 방위각 측정 → 계산

③ **측거의 정도, 측각의 정도의 균형**

    ㉠ 거리정밀도 $\dfrac{1}{M} = \dfrac{\triangle l}{l} = \dfrac{\theta''}{\rho''}$

    ㉡ 각 정밀도 $\dfrac{1}{M} = \dfrac{\theta''}{\rho''}$

    ㉢ 각 오차 $\theta = \dfrac{\triangle l}{l}\rho''$

    ㉣ 거리(위치)오차 $\triangle l = \dfrac{\theta''}{\rho''}l$

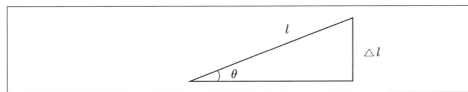

④ **수평각 관측법**

    ㉠ 교각법

      • 우측각, 좌측각, 내각, 외각, 우회각, 좌회각

      • 측선과 측선이 이루는 각

      • 임의의 측선 방위각 계산 = 전측선의 방위각 + 180 ± 교각 (우는 ⊖ 좌는 ⊕)

    ㉡ 편각

      • 우편각, 좌편각

      • 폐합에 편각의 총합은 360°

      • 노선측량, 중심선측량에 사용

      • 임의의 측선방위각 = 전측선의 방위각 ± 편각 (우는 ⊕ 좌는 ⊖)

      • 역방위각 = 방위각 + 180°

⑤ **측각오차**

  ㉠ 폐합

   • 내각 $E\alpha = [\alpha] - 180°(n-2)$
   • 외각 $E\alpha = [\alpha] - 180°(n+2)$
   • 편각 $E\alpha = [\alpha] - 360°$

  ㉡ 결합 : $E\alpha = Wa - Wb + [\alpha] - 180$ $(n+1,\ n-1,\ n-3)$을 사용

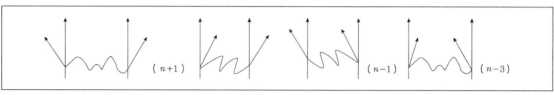

  ㉢ 오차의 허용범위

   • 시가지 : $20'' \sqrt{n} \sim 30'' \sqrt{n}$ (초) → $0.3' \sqrt{n} \sim 0.5' \sqrt{n}$ (분)
   • 평지 : $30'' \sqrt{n} \sim 60'' \sqrt{n}$ (초) → $0.5' \sqrt{n} \sim 1.0' \sqrt{n}$ (분)
   • 산지 : $90'' \sqrt{n}$ (초) → $1.5' \sqrt{n}$ (분)

⑥ **방위** … N, S축을 기준으로 $90°$ 이하로 나타내는 각 (단, 부호가 붙음 N, S, E, W)

  ※ 역방위는 각도는 그대로이나 부호만 반대인 것이다.

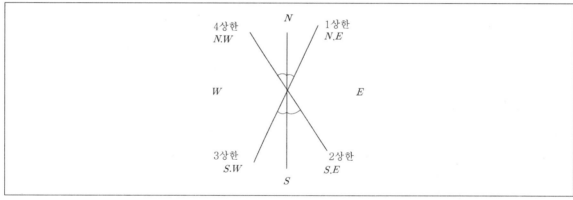

상한	방위	방위각
1상한	$N(0° \sim 90°)E$	$0° \sim 90°$
2상한	$S(0° \sim 90°)E$	$90° \sim 180°$
3상한	$S(0° \sim 90°)W$	$180° \sim 270°$
4상한	$N(0° \sim 90°)W$	$270° \sim 360°$

⑦ **위거, 경거**

㉠ 위거(L) : 거리$\times \cos$ 방위각(방위)$= l\cos\theta$

㉡ 경거(D) : 거리$\times \sin$ 방위각(방위)$= l\sin\theta$

㉢ 방위각 $\theta = \tan \dfrac{경거(D)}{위거(L)}$

㉣ 거리 $= \sqrt{위거(L)^2 + 경거(D)^2} = \sqrt{L_{AB}{}^2 + D_{AB}{}^2}$

⑧ **폐합비 및 폐합오차**

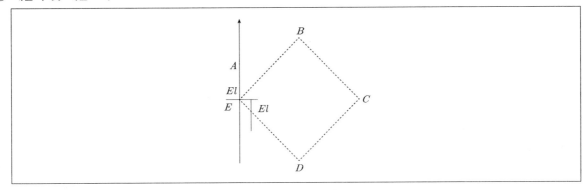

㉠ 폐합오차 $= \sqrt{El^2 + Ed^2}$ (El : 위거오차, Ed : 경거오차)

㉡ 폐합비(R)$= \dfrac{E}{\sum l} = \dfrac{\sqrt{El^2 + Ed^2}}{\sum l} = \dfrac{1}{M}$ (정밀도)

⑨ **트래버스 조정**

㉠ $\dfrac{1}{M} = \dfrac{\triangle l}{l} = \dfrac{\theta''}{\rho''}$ (균형)

$\left(e_L = El \times \dfrac{l}{\sum l},\ e_D = Ed \times \dfrac{l}{\sum l} \right)$ 측선의 거리에 비례하기 때문에 캠퍼스법칙 성립

㉡ $\dfrac{1}{M} \rightarrow \dfrac{\triangle l}{l} < \dfrac{\theta''}{\rho''}$ (불균형)

$\left(e_L = El \times \dfrac{L}{|L|},\ e_D = Ed \times \dfrac{D}{|D|} \right)$ 위거경거절댓값 그 측선의 위거, 경거에 비례해서 배분하기 때문에 트랜싯법칙 성립

⑩ **트래버스 면적 계산**

㉠ 배횡거

• 첫 측선의 배횡거 = 그 측선의 경거

• 임의의 측선의 배횡거 = 전 측선의 배횡거 + 전 측선의 경거 + 그 측선의 경거

• 마지막 측선의 배횡거 = 그 측선의 경거와 같으나 단 부호는 반대

ⓛ 배면적 = 배횡거 × 위거

ⓒ Σ배면적 ÷ 2 = 면적

❼ 삼각측량

① sin법칙

$$\frac{a}{\sin A} = \frac{b}{\sin B} = \frac{c}{\sin C}$$

- $b = \dfrac{a}{\sin A} \times \sin B$
- $\log$를 취하면 $\log b = \log a + \log \sin B - \log \sin A$
- $C_0 \log$를 취하면 $\log b = \log a + \log \sin B + C_0 \log \sin A$

② 삼각망의 종류

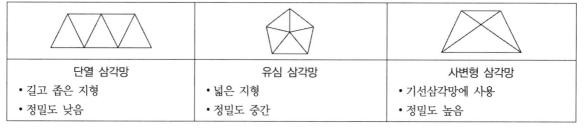

단열 삼각망	유심 삼각망	사변형 삼각망
• 길고 좁은 지형 • 정밀도 낮음	• 넓은 지형 • 정밀도 중간	• 기선삼각망에 사용 • 정밀도 높음

③ 삼각측량의 순서 ··· 편심조정 계산 → 삼각형 계산(변, 방향각) → 좌표조정 계산 → 표고 계산 → 경위도 계산

④ 조건식수 – 기하학적 조건

ⓐ 점조건식 : 한 측점 둘레의 측정한 각의 총합은 360°

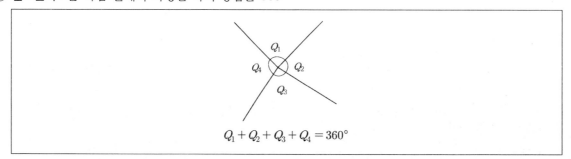

$$Q_1 + Q_2 + Q_3 + Q_4 = 360°$$

ⓒ 각조건식
- 각조건 : 삼각형 내각의 합은 $180°$
- 다각조건 : n다각형 내각의 합은 $180°(n-2)$

ⓒ 변조건식 : 한 변의 길이는 계산하는 순서에 관계없이 일정

- 점조건식수 : $W-l+1$
- 각조건식수 : $S-P+1$
- 변조건식수 : $B+S-2P+1$
- 총조건식수 : $B+a-2P+3$

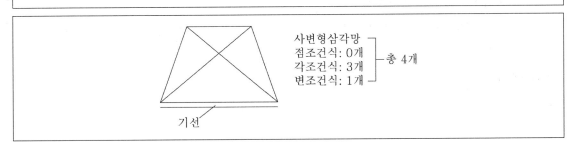

사변형삼각망
점조건식 : 0개 ⎤
각조건식 : 3개 ⎬ 총 4개
변조건식 : 1개 ⎦

기선

⑤ **편심관측**

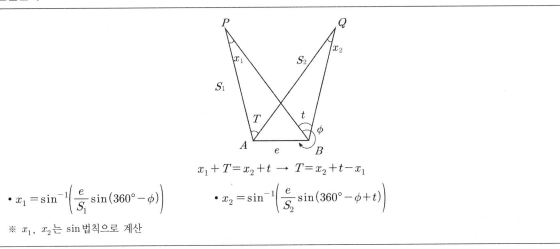

$$x_1 + T = x_2 + t \ \rightarrow \ T = x_2 + t - x_1$$

- $x_1 = \sin^{-1}\left(\dfrac{e}{S_1}\sin(360° - \phi)\right)$ • $x_2 = \sin^{-1}\left(\dfrac{e}{S_2}\sin(360° - \phi + t)\right)$

※ x_1, x_2는 sin법칙으로 계산

8 삼변측량

① **삼변측량** … 수평각 대신 cos 제2법칙과 반각공식을 이용하여 각으로부터 변장을 관측하여 삼각점의 위치를 구하는 측량

② **삼변측량의 특징**

    ㉠ 좌표계산이 편리하다.

    ㉡ 조건식의 수가 적고, 관측값의 기상보정이 난해하다.

    ㉢ 수평각 대신 변장을 관측하여 삼각점의 위치를 구하는 측량

    ㉣ 전자파, 광파를 이용한 거리측량기가 발달하여 높은 정밀도로 장거리를 측량할 수 있게 되어 삼변측량법이 발달

③ **cos 제2법칙**

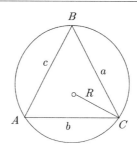

$$\bullet \cos A = \frac{b^2 + c^2 - a^2}{2bc}$$

$$\bullet \cos B = \frac{a^2 + c^2 - b^2}{2ac}$$

$$\bullet \cos C = \frac{a^2 + b^2 - c^2}{2ab}$$

④ **변장계산 사인법칙**

$$\frac{a}{\sin A} = \frac{b}{\sin B} = \frac{c}{\sin C}$$

$$\bullet a = \frac{\sin A}{\sin B} \times b$$

$$\bullet b = \frac{\sin B}{\sin A} \times a$$

⑨ 지형측량

① 지형표시

　㉠ **자연적 도법**
- 우모법 : 경사를 새털 모양으로 표시
- 음영법 : 고저차가 크고 경사가 급한 곳에 주로 사용

　㉡ **부호적 도법**
- 채색법 : 등고선의 지대에 같은 색을 칠하며 채색의 농도로 고저를 나타냄
- 점고법 : 하천, 항만, 해양 등에서 심천측량을 1점에 숫자를 기입하여 높이를 표시
- 등고선법 : 동일 표고의 점을 연결한 곡선인 등고선에 의하여 지표를 표시

② 등고선의 성질

　㉠ 간격 : 1/10,000 이상 대축척 $\dfrac{축척분모(M)}{2,000} = 간격$, 1/10,000 이하 소축척 $\dfrac{M}{2,000} = 간격$

　㉡ **종류**
- 계곡선 : 굵은 실선, 주곡선간격 5배
- 주곡선 : 가는 실선
- 간곡선 : 파선, 주곡선간격 1/2배
- 조곡선 : 점선, 간곡선간격 1/2배

　㉢ **주곡선의 간격**

1/10,000	1/25,000	1/50,000
5m	10m	20m

　㉣ 동굴이나 절벽인 곳에서는 서로 교차

③ 지성선

- 철(凸)선 : 지표면의 높은 점들을 연결한 선, 능선 또는 분수선
- 계곡선(凹선) : 지표면의 낮은 점들을 연결한 선으로 요선
- 최대경사선 : 지표의 경사가 최대가 되는 방향을 표시, 유하선
- 경사변환선 : 동일 방향의 경사면에서 경사의 크기가 다른 두 면의 접합선

⑩ 노선측량

① 곡선설치법

  ㉠ 곡선의 분류

  • 원곡선 : 단곡선, 복심곡선, 반향곡선, 배향곡선
  • 완화곡선 : 클로소이드 곡선, 3차 포물선, 렘니스케이트 곡선

PLUS CHECK

• 클로소이드 곡선 : 고속도로

• 3차 포물선 : 철도

• 렘니스케이트 곡선 : 지하철에서 가장 많이 사용

  ㉡ 원곡선의 설치 공식

• 접선길이 $TL = R\tan\dfrac{I}{2}$

• 곡선길이 $CL = 0.01745RI$

• 외할 $E = SL = R\left(\sec\dfrac{I}{2} - 1\right)$

• 중앙 종거 $M = R\left(1 - \cos\dfrac{I}{2}\right)$

• 현 길이 $L = 2R\sin\dfrac{I}{2}$

• 호 길이와 현 길이의 차 $L - l = \dfrac{L^3}{24R^2}$ (L : 호 길이, l : 현 길이)

• 중앙종거와 곡률반경의 관계 $R = \dfrac{L^2}{8M}$

  ㉢ 편각에 의한 방법 : 도로, 철도, 수로 등에서 단곡선을 설치하는 데 사용

• 시단현 편각 $\delta_1 = 1718.87'\dfrac{l_1}{R}$

• 종단현 편각 $\delta_2 = 1718.87'\dfrac{l_2}{R}$

  ㉣ 중앙종거에 의한 방법 : 곡선반경이나 곡선길이가 작은 시가지의 곡선설치나 철도, 도로 등의 기설곡선의 검사 또는 개정에 편리, 1/4법이라고도 함

ⓜ 접선에 대한 지거법 : 터널 내의 곡선설치나 산림지의 벌채량을 줄일 경우 적당한 방법

$$지거 \ y = \frac{l^2}{2R}$$

ⓗ 접선 편거와 현 편거에 의한 방법 : 트랜싯을 사용하지 않고 pole과 tape만으로 곡선을 설치하는 방법, 농로측설에 많이 사용

② **완화곡선**

ㄱ **캔트**

$$Cant = \frac{V^2 \cdot S}{g \cdot R}$$

(R : 곡선반경, V : 열차의 계획최고속도, g : 중력가속도, S : 레일간 거리)

ㄴ **확폭**

$$\epsilon = \frac{L^2}{2R}$$

(ϵ : 확폭량, L : 차량의 전면에서 뒷바퀴까지 거리, R : 곡선반경)

ㄷ **완화곡선의 성질**

• 완화곡선이 가지고 있는 성질
- 곡선반경은 완화곡선의 시점에서 무한대, 종점에서 원곡선 R로 됨
- 완화곡선의 접선은 시점에서 직선에, 종점에서 원호에 접함
- 완화곡선에 연한 곡선반경의 감소율은 캔트의 증가율과 다른 부호, 종점에 있는 캔트는 원곡선의 캔트와 동일

• 완화곡선장(길이)

$$L = \frac{N}{1,000} C$$

(N : 완화 곡선장과 캔트와의 비, C : 캔트)

• 이정

$$f = \frac{L^2}{24R} \quad (L : 완화곡선장)$$

ⓡ **클로소이드 곡선** : 곡률이 곡선장에 비례하는 곡선
- 공식

> - 곡률반경 $R = \dfrac{A}{\sqrt{2\tau}}$
> - 곡선장 $L = A\sqrt{2\tau}$
> - 매개변수 $A = \sqrt{RL}$, $A^2 = RL$

ⓜ **클로소이드의 형식**
- S형 : 반향곡선의 사이에 클로소이드를 삽입한 것
- 난형 : 복심곡선의 사이에 클로소이드를 삽입한 것

ⓗ **클로소이드의 성질**
- 클로소이드는 나선의 일종
- 모든 클로소이드는 닮음꼴
- τ는 라디안으로 표시

ⓢ **클로소이드의 곡선설치 표시법**
- 직각좌표에 의한 방법 : 주접선에서 직각좌표에 의한 설치법, 현에서 직각좌표에 의한 설치법, 접선으로 부터 직각좌표에 의한 설치법
- 극좌표에 의한 중간점 설치법 : 극각 동경법에 의한 설치법, 극각 현장법에 의한 설치법, 현각 현장법에 의한 설치법
- 기타 설치법 : 2/8법에 의한 설치법, 현다각으로 부터의 설치법

③ **종단곡선**

ⓐ 곡선길이(L)
- 도로 $L = \dfrac{(m-n)}{360} V^2$ $[m,\ n : 구배(상향 +.\ 하향 -)]$
- 철도
  - 포물선인 경우 $L = 4\left(\dfrac{m}{1,000} - \dfrac{n}{1,000}\right)$
  - 원곡선인 경우 $L = \dfrac{R}{2}\left(\dfrac{m}{1,000} - \dfrac{n}{1,000}\right)$

ⓑ 종거(y) : 철도에서 $y = \dfrac{x^2}{2R}$ (x : 곡선시점에서 종거까지의 거리)

⑪ 하천측량

① 하천측량의 분류

- ㉠ **평면측량** : 유제부에서 제외지의 전부와 제내지의 300m 이내, 무제부에서 홍수가 영향을 주는 주역보다 약간 넓게 측량
- ㉡ **삼각측량** : 기본삼각점을 이용, 삼각점은 2 ~ 3km마다 설치, 단열삼각망 이용
- ㉢ **트래버스 측량** : 결합다각형의 폐합차는 3′ 이내, 거리의 정도는 1/1,000 이내
- ㉣ **수준측량** : 거리표는 하천의 중시에서 직각방향으로 설치, 하구 또는 하천의 합류점으로부터 100 ~ 200m 마다 설치, 1km마다 석표 매립
- ㉤ **종단측량** : 수준기표 5km마다 설치, 4km 왕복에 유조부 10mm, 무조부 15mm, 급류부 20mm, 축척은 높이는 1/100, 거리는 1/1,000
- ㉥ **횡단측량** : 200m마다 거리표를 기준으로 10 ~ 20m 간격으로 측량을 실시, 축척은 높이 1/100, 거리 1/1,000

② 수위의 관측

- ㉠ **관련 용어**
  - 최다수위 : 일정 기간 동안 제일 많이 생긴 수위
  - 지정수위 : 홍수시에 매시 수위를 관측하는 수위
  - 갈수위 : 355일 이상 이보다 적어지지 않는 수위
  - 저수위 : 275일 이상 이보다 적어지지 않는 수위
  - 평수위 : 185일 이상 이보다 적어지지 않는 수위
  - 홍수위 : 최대수위
- ㉡ **수위관측소와 양수표의 설치장소**
  - 하상과 하안이 안전하고 세굴이나 퇴적이 생기지 않는 장소일 것
  - 상류, 하류 약 100m 정도의 직선인 장소일 것
  - 수위가 교각이나 기타 구조물에 의한 영향을 받지 않는 장소일 것
  - 어떠한 갈수시에도 양수표가 노출되지 않는 장소일 것
  - 양수표는 하천에 연하여 5 ~ 10km마다 배치할 것

③ 평균유속의 측정

- ㉠ **표면부자** : 주로 하폭이 크고 홍수시 표면 유속 측정에 적합, 홍수시 사용, 투하지점은 10m 이상, $\dfrac{B}{3}$ 이상, 20초 이상으로 함

$$V_m = (0.8 \sim 0.9)v$$

(V_m : 평균유속, v : 유속, 0.9 : 큰 하천에서의 부자고, 0.8 : 작은 하천에서 부자고)

ⓛ 수중부자 : 유속이 빠르고 유속계 사용이 어려운 경우, 유량이 작을 경우에는 피토관 이용

ⓒ 막대부자 : 평균유속을 직접 구하는 방법 중 평균유속 측정시 사용, 홍수에 가장 유리

ⓔ 부자의 유하거리

• 하천폭의 2배

• 부자에 의한 평균유속 $V_m = \dfrac{l}{t}$

• 제1단면과 제2단면의 간격 : 큰 하천의 경우 100 ~ 200m, 작은 하천의 경우 20 ~ 50m

ⓜ 평균유속 구하는 방법

• 1점법 : $V_m = V_{0.6}$

• 2점법 : $V_m = \dfrac{1}{2}(V_{0.2} + V_{0.8})$

• 3점법 : $V_m = \dfrac{1}{4}(V_{0.2} + 2V_{0.6} + V_{0.8})$

12 항공사진측량

① 항공사진측량의 특징

ㄱ 정량적 및 정성적 측정이 가능

ⓛ 정도가 균일

ⓒ 분업화에 의한 작업능률성 높음

ⓔ 축척변경이 용이

ⓜ 거시적인 관찰 가능

ⓗ 4차원 측정 가능

② 항공사진의 일반적 성질

ㄱ 항공사진의 분류

• 촬영방향에 의한 분류
－항공사진 : 카메라의 경사가 3° 이내일 때의 사진을 수직사진, 3° 이상일 때의 사진을 경사사진이라 함
－경사사진 : 화면에 지평선이 있는 경우 고각도경사사진, 지평선이 없는 경우 저각도경사사진
－수평사진

• 필름에 의한 분류
－적외선 사진 : 지도 작성, 지질, 토양, 수자원 및 산림조사 판독작업에 이용
－위색사진 : 식물의 잎은 적색, 그 외는 청색으로 찍히며, 생물 및 식물의 연구나 조사에 이용

- 카메라의 화각에 의한 분류

    -초광각 : 소축척도화용

    -광각 : 일반도화, 판독용

    -보통각 : 산림조사용

    -협각 : 특수한 대축척도화용, 판독용

ⓒ 항공사진의 특수 3점

- 주점(화면거리) : 렌즈의 중심으로부터 화면에 내린 수선의 발
- 연직점(촬영고도) : 렌즈의 중심으로부터 지표면에 내린 수선의 발
- 등각점 : 사진면에 직교되는 광선과 연직선이 이루는 각을 2등분하는 광선이 사진면에 교차하는 점

$$nj = f \tan \frac{i}{2}$$

(nj : 연직점과 등각점 사이의 거리, i : 경사, f : 초점거리)

ⓒ 항공사진의 축척

- 기준면에 대한 축척

$$M = \frac{1}{m} = \frac{l}{L} = \frac{f}{H}$$

(M : 축척, m : 축척의 분모수, f : 초점거리, H : 촬영(비행)고도, l : 사진상의 거리, L : 실제거리)

- 비고가 있을 때 사진축척

    - 기준면보다 높은 경우 $M = \dfrac{f}{H-h}$

    - 기준면보다 낮은 경우 $M = \dfrac{f}{H+h}$

ⓔ 항공사진의 촬영

- 촬영코스

    -넓은 지역 촬영 시 동서방향으로 직선 코스로 계획

    -남북으로 긴 경우 남북방향으로 계획

    -1코스 길이는 보통 30km 이내

- 중복도

    -산악지역 : 한 모델, 한 사진상에서의 고저차가 촬영고도의 10% 이상인 지역

    -종중복 : 촬영 진행 방향에 따라 중복시키는 것으로 보통 60%, 최소 50% 이상 중복을 주어 촬영

    -횡중복 : 촬영 진행 방향에 직각으로 중복시키며 보통 30%, 최소 5% 이상 중복을 주어 촬영

- 촬영기선길이

$$B = ma\left(1 - \frac{p}{100}\right)$$

(B : 촬영종기선 길이, m : 축척 분모수, a : 화면의 크기, p : 종중복도)

- 촬영일시 : 구름이 없는 쾌청한 날 오전 10시부터 오후 2시경까지가 최적, 연평균 쾌청일수는 80일 정도, 태양각 최저 30° 이상, 45°인 경우가 가장 좋음
- 촬영고도와 C계수

$$\Delta h = \frac{H}{C}$$

(Δh : 등고선 간격, H : 촬영고도, C : 도화기의 계수)

- 사진의 면적

  - 실제 면적 $A = (m \cdot a)^2$ (a : 사진의 크기)
  - 사진의 유효면적(A_0)

  −단코스의 경우 $A_0 = (ma)^2\left(1 - \frac{p}{100}\right)$

  −복코스의 경우 $A_0 = (ma)^2\left(1 - \frac{p}{100}\right)\left(1 - \frac{q}{100}\right)$ (p : 종중복도, q : 횡중복도)

- 사진매수

$$\frac{F}{A_0}$$

(F : 촬영 대상지역의 전체면적, A : 사진 1매의 실제면적, A_0 : 유효면적)

−안전율을 고려한 경우 : $\dfrac{F}{A_0}(1 + 안전율)$

−모델수에 의한 사진매수

  - 종 모델수 $\dfrac{S_1}{ma\left(1 - \dfrac{p}{100}\right)}$ (S_1 : 코스의 종길이)

  - 횡 모델수 $\dfrac{S_2}{ma\left(1 - \dfrac{q}{100}\right)}$ (S_2 : 횡기선의 길이)

  - 총 모델수 = 종 모델수 × 횡 모델수
  - 사진매수 = (종 모델수 + 1) × 횡 모델수

• 노출시간

$$T_t = \frac{\Delta S \cdot m}{V}, \quad T_s = \frac{B}{V}$$

(T_t : 최장 노출시간, ΔS : 흔들림 양, m : 사진축척 분모수, V : 항공기의 초속, T_s : 최소 노출시간)

• 항공사진의 변위

−변위량 : $\Delta r = \dfrac{h}{H} \cdot r$

(h : 비고, H : 비행고도(촬영고도), r : 화면 연직점(주점)에서의 거리)

−최대 변위량 : $\Delta \gamma_{max} = \dfrac{h}{H} \cdot \gamma_{max}$

(γ_{max} : 최대 화면 연직점에서의 거리 $= \dfrac{\sqrt{2}}{2} \cdot a$)

③ 입체사진 측정

㉠ 입체시

• 육안에 의한 입체시 : 사진간격 6cm, 명시거리 25cm, 0.09mm 정도의 정확도로 측정 가능
• 기구에 의한 여색 입체시 : 1쌍의 사진의 오른쪽은 적색, 왼쪽은 청색으로 현상하여 이것을 겹쳐서 인쇄한 것으로 왼쪽에 적색, 오른쪽에 청색의 안경으로 보면 입체감을 얻음

㉡ 시차 : 두 장의 연속된 사진에서 발생하는 동일지점의 사진상의 변위

• 시차차에 의한 변위량

$$h = \frac{H}{P_\gamma + \Delta P} \cdot \Delta P$$

(h : 시차(굴뚝의 높이), H : 비행고도, ΔP : 시차차, $P_\gamma = \dfrac{\mathrm{I} + \mathrm{II}}{2}$: 기준면의 시차차)

시차차 $\Delta P = \dfrac{h}{H} b_0$ (b_0 : 주점기선장)

㉢ 표정 : 지형의 정확한 입체모델을 기하학적으로 재현하는 과정

• 표정의 순서 : 내부표정 → 상호표정 → 절대표정(대지표정) → 집합표정
• 내부표정
−도화기의 투영기에 촬영당시와 똑같은 상태로 양화건판을 장착시키는 작업
−주점의 위치 결정
−화면거리의 결정
• 상호표정
−촬영면상에 이루어지는 종시차를 소거하여 목표 지형물의 상대적 위치를 맞추는 작업
−인자 : k, ω, ϕ, b_y, b_z

- 절대표정(대지표정)
  - 축척의 결정
  - 수준면의 결정(표고, 경사의 결정)
  - 위치의 결정
  - 인자 : 7개 인자로 구성
- 집합표정 : 한쪽의 인자는 움직이지 않고 다른 쪽만 움직여 집합시키는 표정법

④ **항공사진의 판독과 사진지도**

㉠ 항공사진 판독의 요소 : 크기와 형태, 색조, 모양, 질감, 음영, 과고감

㉡ 사진지도의 분류
- 약집성 사진지도
- 조정집성 사진지도 : 카메라의 경사에 의한 변위를 수정하고 축척도 조정한 지도
- 정사투영 사진지도 : 카메라의 경사, 지표면의 비고를 수정하고 등고선을 삽입한 지도

⑤ **원격측정**

㉠ 특징
- 반복 측정 가능
- 정량화 가능
- 회전주기가 일정하므로 원하는 지점 및 시기에 관측하기 어려움
- 영상은 정사투영상에 근접
- 재해, 환경문제 해결에 편리
- 넓은 지역에 적합

㉡ 분류
- 원격센서 : 화상센서, 비화상센서
- 화상센서 : 수동적 센서(선주사 방식, 카메라 방식), 능동적 센서(radar방식, laser방식)

⑬ GNSS

① **GNSS의 개요** … 인공위성을 이용한 범세계적 위치 결정의 체계로 정확히 위치를 알고 있는 위성에서 발사한 전파를 수신하여 관측점까지의 소요시간을 측정함으로써 관측점의 3차원 위치를 구하는 측량

② **GNSS 측위**

㉠ 단독위치 결정방법 : 수신기 1대를 이용하여 위치를 결정하는 방법으로 3차원 위치 결정을 위해서는 3대의 위성으로부터 수신하여야 한다.

    ⓛ 상대위치 결정방법

- 위성과 수신기 간의 거리는 전파의 파장계수를 이용하여 계산 가능
- 실시간 DGPS : 기준국과 기준국용 GPS 수신기, 사용자용 GPS 수신기로 구성
- 후처리 DGPS : 후처리 기법을 사용하여 측량점의 위치를 매우 정밀하게 결정하는 방법으로 측지측량에 널리 이용
  - 정지측량 : 기준점 측량에 주로 이용
  - 이동측량 : 지형측량에 이용
  - 신속정지측량 : 지형측량에 이용
  - 실시간 이동측량 : 수신기를 이동시켜 실시간으로 위치를 파악하는 측량
- VRS측위 : 2대 이상의 수신기를 동시에 사용하는 상대측위방식에 의하여 기지점의 좌표를 기준으로 미지점의 좌료를 결정하는 측량

    ⓒ GNSS 측량시 고려사항

- 임계고도각은 15° 이상을 유지
- 3차원 위치결정을 위해서는 4개 이상의 위성신호를 관측
- 철탑이나 대형구조물, 고압서의 아래 지점에서는 관측을 삼가
- DOP는 지표에서 가장 좋은 배치 상태일 때를 1로 하고, 5까지는 실용상 지장이 없으나 10 이상인 경우는 좋은 조건이 아님

③ **GNSS의 오차 – 다중경로 오차**

    ㉠ GNSS 위성으로부터 직접 수신된 전파 이외에 부가적으로 주위의 지형지물에 의하여 반사된 전파 때문에 발생하는 오차

    ⓛ GNSS 측량에서 다중주파수를 채택하고 있는 가장 큰 이유는 다중경로오차를 제거하기 위함

14 GPS

① **GPS의 개요** … GPS는 정확한 위치를 알고 있는 위성에서 발사된 전파를 수신하여 측점 간의 시통이 불필요하고 24시간 상시 높은 정밀도로 3차원 위치측정이 가능하며 실시간 측정이 가능하여 항법용으로도 활용되는 측량방법

② **GPS의 특성**

    ㉠ 3차원 측량을 동시에 할 수 있다.

    ⓛ 지구상 어느 곳에서나 이용이 가능하다.

    ⓒ GPS를 이용하여 취득한 높이는 타원체고이다.

    ⓔ 기선 결정의 경우 두 측점 간의 시통에 관계가 없다.

ⓜ 기상의 영향을 거의 받지 않으며 야간에도 측량이 가능하다.

ⓗ 측량거리에 비하여 상대적으로 높은 정확도를 지니고 있다.

ⓢ VRS(Virtual Reference Stations) 측량에서는 망조정이 필요 없다.

ⓞ GPS신호기는 전리층과 대기권을 통하여 전달되기에 GPS 위성신호를 지연시킨다.

ⓩ 세계 측지기준 좌표계를 사용하므로 지역기준계를 사용하는 사용자에게는 다소 번거로움이 있다.

③ GPS 측위방법

　ㄱ DGPS(Differential GPS) : 좌표를 알고 있는 기지점에 고정용 수신기를 설치하여 보정자료를 생성하고 동시에 미지점에 또 다른 수신기를 설치하여 고정점에서 생성된 보정자료를 이용해 미지점의 관측자료를 보정함으로써 높은 정확도를 확보하는 GPS 측위방법

　ㄴ 정지(static) 측량 : VLBI의 보완 또는 대체 가능하며 수신완료 후 컴퓨터로 각 수신기의 위치, 거리 계산을 할 수 있다.

　ㄷ 이동(kinematic) 측량 : 이동차량 위치결정에 이용되고 공사측량 등에 응용이 가능하며 정도는 10cm ~ 10m 정도이다.

④ GPS의 오차

　ㄱ 구조적인 요인에 의한 오차
　　• 위성에 탑재된 원자시계의 오차
　　• 위성의 궤도 오차
　　• 전리층과 대류권에 의한 위성신호의 전파지역에 따른 오차

　ㄴ 측위환경에 따른 오차 : 위성의 배치상태에 따른 오차

　ㄷ SA(Selective Availability)에 의한 오차 : 선택적 가용성에 의한 오차로 GPS 운영국가인 미국이 임의로 오차를 증가시키는 것으로 2000년도에 해체되었으며 DGPS나 RTK 등의 상대측량 방식으로 오차소거가 가능

기출예상문제

1 수준측량의 야장기입법에 관한 설명으로 바르지 않은 것은?

한국수력원자력

① 야장기입법에는 고차식, 기고식, 승강식이 있다.
② 고차식은 단순히 출발점과 끝점의 표고차만 알고자 할 때 사용하는 방법이다.
③ 기고식은 계산과정에서 완전한 검산이 가능하며 정밀한 측량에 적합한 방법이다.
④ 승강식은 앞 측점의 지반고를 해당 측점의 승강을 합하여 지반고를 계산하는 방법이다.

2 거리와 각을 동일한 정밀도로 관측하여 다각측량을 하려고 한다. 이 때 각 측량기의 정밀도가 10″라면 거리측량기의 정밀도는 약 얼마정도이어야 하는가?

한국수력원자력

① 1 : 15,000
② 1 : 18,000
③ 1 : 21,000
④ 1 : 25,000

✅ **ANSWER** | 1.③ 2.③

1 기고식 ⋯ 중간점이 많을 때 적합하나 완전한 검산을 할 수는 없는 단점이 있다.
※ 야장기입법
  ㉠ 고차식 : 전시와 후시만 있을 때 사용하며 두 점간의 고저차를 구할 경우 사용한다.
  ㉡ 기고식 : 중간점이 많을 때 적합하나 완전한 검산을 할 수는 없는 단점이 있다.
  ㉢ 승강식 : 중간점이 많을 때 불편하나 완전한 검산을 할 수 있다.

2 $\dfrac{\triangle L}{L} = \dfrac{\theta''}{\rho''}$ 이므로 $\dfrac{10}{206,265} \fallingdotseq \dfrac{1}{21,000}$

3 지오이드(Geoid)에 대한 설명으로 바른 것은?

① 육지와 해양의 지형면을 말한다.

② 육지 및 해저의 요철을 평균한 매끈한 곡면이다.

③ 회전타원체와 같은 것으로서 지구의 형상이 되는 곡면이다.

④ 평균해수면을 육지내부까지 연장했을 때의 가상적인 곡면이다.

4 100m의 측선을 20m 줄자로 관측하였다. 1회의 관측에 +4mm의 정오차와 ±3mm의 부정오차가 있었다면 측선의 거리는?

① 100.010 ± 0.007m

② 100.010 ± 0.015m

③ 100.020 ± 0.007m

④ 100.020 ± 0.015m

5 기준면으로부터 어느 측점까지의 연직거리를 의미하는 용어는?

① 수준선(Level Line)

② 표고(Elevation)

③ 연직선(Plumb Line)

④ 수평면(Horizontal Plane)

✅ **ANSWER** | 3.④ 4.③ 5.②

3 지오이드(Geoid) ⋯ 평균해수면을 육지내부까지 연장했을 때의 가상적인 곡면이다.

4 횟수는 $\dfrac{100}{20} = 5$회

정오차는 $a \times n = 4 \cdot 5 = 20$mm $= 0.02$m

우연오차는 $\pm a\sqrt{n} = \pm 3\sqrt{5} = \pm 6.7$mm $= \pm 0.0067$m

측선의 거리는 관측거오차의 합이므로 100.020 ± 0.007m가 된다.

5 표고(Elevation) ⋯ 기준면으로부터 어느 측점까지의 연직거리

6 비행고도 6,000m에서 초점거리 15cm인 사진기로 수직항공사진을 획득하였다. 길이가 50m인 교량의 사진상의 길이는?

① 0.55mm

② 1.25mm

③ 3.60mm

④ 4.20mm

7 클로소이드(clothoid)의 매개변수(A)가 60m, 곡선길이(L)이 30m일 때 반지름(R)은?

① 60m

② 90m

③ 120m

④ 150m

8 지형의 표시법에서 자연적 도법에 해당하는 것은?

① 점고법

② 등고선법

③ 영선법

④ 채색법

⊘ ANSWER | 6.② 7.③ 8.③

6 $\dfrac{1}{m} = \dfrac{f}{H} = \dfrac{0.15}{6,000} = \dfrac{1}{40,000} = \dfrac{x}{50}$ 이므로 $x = 1.25\,\text{mm}$

7 $A^2 = R \cdot L$ 이므로 반지름(R)은 120m가 된다.

8 지형의 표시법 중 자연적 도법에는 영선법과 음영법이 있고 부호적 도법에는 점고법, 등고선법, 채색법 등이 있다.

9 레벨을 이용하여 표고가 53.85m인 A점에 세운 표척을 시준하여 1.34m를 얻었다. 표고 50m의 등고선을 측정하려면 시준하여야 할 표척의 높이는?

① 3.51m

② 4.11m

③ 5.19m

④ 6.25m

10 기지의 삼각점을 이용하여 새로운 도근점을 매설하고자 할 때 결합트레버스측량(다각측량)의 순서는?

① 도상계획→답사 및 선점→조표→거리관측→각관측→거리 및 각의 오차분배→좌표계산 및 측점계획

② 도상계획→조표→답사 및 선점→각관측→거리관측→거리 및 각의 오차분배→좌표계산 및 측점전개

③ 답사 및 선점→도상계획→조표→각관측→거리관측→거리 및 각의 오차분배→좌표계산 및 측점전개

④ 답사 및 선점→조표→도상계획→거리관측→각관측→좌표계산 및 측점전개→거리 및 각의 오차분배

---

9 레벨이 서로 동일해야 하므로,

$$H_A + a = H_p + 1.34, \quad a = 53.85 + 1.34 - 50 = 5.19\text{m}$$

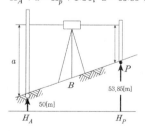

10 결합트레버스측량의 순서 ⋯ 도상계획→답사 및 선점→조표→거리관측→각관측→거리 및 각의 오차분배→좌표계산 및 측점계획

11 축척 1 : 600인 지도상의 면적을 축척 1 : 500으로 계산하여 38.675m^{2}을 얻었다면 실제 면적은?

① 26.858m^2

② 32.229m^2

③ 46.410m^2

④ 55.692m^2

12 A, B 두 점간의 거리를 관측하기 위하여 그림과 같이 세 구간으로 나누어 측량하였다. 이 때 측선 $\overline{AB}$의 거리는? (단, Ⅰ : 10m ± 0.01m, Ⅱ : 20m ± 0.03m, Ⅲ : 30m ± 0.05m이다.)

① 60m ± 0.09m

② 30m ± 0.06m

③ 60m ± 0.06m

④ 30m ± 0.09m

ANSWER | 11.④ 12.③

11
실제 면적 $= \left(\dfrac{\text{바른 축척}}{\text{틀린 축척}}\right)^2 \cdot$ 틀린 면적이므로,

$\left(\dfrac{600}{500}\right)^2 \cdot 38.675 = 55.692\,\text{m}^2$

12 $L_{AB} = L_{AB(o)} \pm \triangle_{AB} = (10+20+30) \pm \sqrt{0.01^2 + 0.03^2 + 0.05^2} \fallingdotseq 60\text{m} \pm 0.06\text{m}$

13 다음 그림과 같은 터널 내 수준측량의 관측결과에서 A점의 지반고가 20.32m일 때 C점의 지반고는? (단, 관측값의 단위는 m이다.)

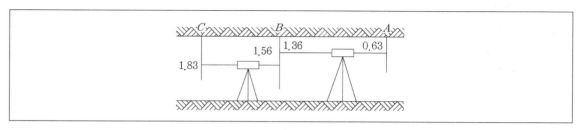

① 21.32m
② 21.49m
③ 16.32m
④ 16.49m

14 A, B, C, D 네 사람이 각각 거리 8km, 12.5km, 18km, 24.5km의 구간을 수준측량을 실시하여 왕복관측하여 폐합차를 7mm, 8mm, 10mm, 12mm 얻었다면 4명 중에서 가장 정확한 측량을 실시한 사람은?

① A
② B
③ C
④ D

15 항공사진의 특수 3점에 해당되지 않는 것은?

① 주점
② 연직점
③ 등각점
④ 표정점

✅ **A N S W E R** | 13.① 14.② 15.④

13 $H_B = H_A - B.S. + F.S. = 20.32 - 0.63 + 1.36 = 21.05\,\text{m}$
$H_C = H_B - B.S. + F.S. = 21.05 - 1.56 + 1.83 = 21.32\,\text{m}$

14 1km당 오차는 다음과 같다.
$\text{A} : \dfrac{7}{\sqrt{16}}, \ \text{B} : \dfrac{8}{\sqrt{25}}, \ \text{C} : \dfrac{10}{\sqrt{36}}, \ \text{D} : \dfrac{12}{\sqrt{49}}$
A : 1.75, B : 1.6, C : 1.67, D : 1.71

15 항공사진의 특수 3점 … 주점, 연직점, 등각점

16 수준점 A, B, C에서 수준측량을 하여 P점의 표고를 얻었다. P점의 표고의 최확값은?

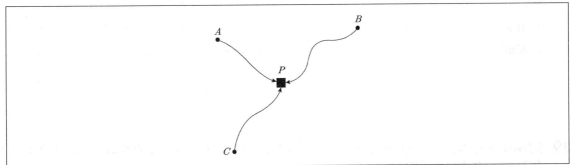

노선	P점 표고값	노선거리
$A \to P$	57.583m	2km
$B \to P$	57.700m	3km
$C \to P$	57.680m	4km

① 57.641m

② 57.649m

③ 57.654m

④ 57.706m

17 지구상에서 50km 떨어진 두 점의 거리를 지구곡률을 고려하지 않은 평면측량으로 수행한 경우의 거리오차는? (단, 지구의 반지름은 6,370km이다.)

① 0.257m

② 0.138m

③ 0.069m

④ 0.005m

✅ **ANSWER** | 16.① 17.①

16 직접수준측량의 경중률은 노선거리에 반비례하므로

$$P_1 : P_2 : P_3 = \frac{1}{2} : \frac{1}{3} : \frac{1}{4} = 6 : 4 : 3$$

$$\therefore H_p = \frac{[H \cdot P]}{[P]} = \frac{57.583 \cdot 6 + 57.700 \cdot 4 + 57.680 \cdot 3}{6+4+3} = 57.641\,\mathrm{m}$$

17 정도는 $\dfrac{d-D}{D} = \dfrac{D^2}{12R^2}$ 이므로,

오차 $d-D = \dfrac{D^3}{12R^2} = \dfrac{50^3}{12(6,370^2)} = 0.257\,\mathrm{m}$

18 30m당 0.03m가 짧은 줄자를 사용하여 정사각형 토지의 한 변을 측정한 결과 150m이었다면 면적에 대한 오차는?

① 41m^2

② 43m^2

③ 45m^2

④ 47m^2

19 중심말뚝의 간격이 20m인 도로구간에서 각 지점에 대한 횡단면적을 표시한 결과가 다음 그림과 같을 경우 각 주공식에 의한 전체 토공량은?

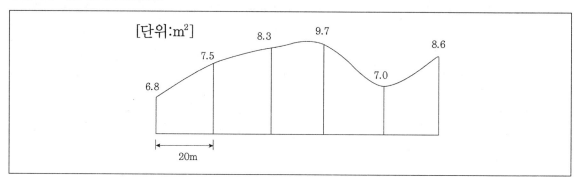

① 156m^3

② 672m^3

③ 817m^3

④ 920m^3

---

18 정사각형 한 변의 정확한 거리는 $\left\{ \dfrac{(30-0.03)}{30} \right\} \times 150 = 149.85\text{m}$

측정면적은 $150 \times 150 = 22,500\text{m}^2$

실제면적은 $149.85 \times 149.85 = 22,455.0225\text{m}^2$

면적에 대한 오차는 $22,500 - 22,455.0225 = 44.9775\text{m}^2$가 된다.

19 지거의 수가 짝수이므로 5번째 지거까지의 면적은 심프슨 제1법칙으로 구하고 나머지 면적은 사다리꼴 공식으로 구하여 이 둘을 합친다.

$A = \dfrac{20}{3}(6.8+7.0+4(7.5+9.7)+2 \cdot 8.3) + 20 \cdot \dfrac{(7.0+8.6)}{2} = 817.33$

20 다음 그림과 같이 4개의 수준점 A, B, C, D에서 각각 1km, 2km, 3km, 4km 떨어진 P점의 표고를 직접 수준 측량한 결과가 다음과 같을 때 P점의 최확값은?

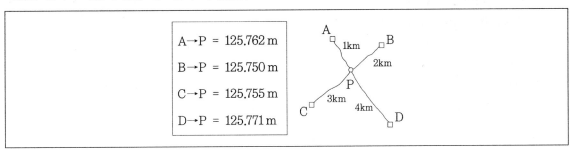

① 125.755m

② 125.759m

③ 125.762m

④ 125.765m

21 다음 중 삼각망의 종류 중 유심삼각망에 대한 설명으로 바른 것은?

① 삼각망 가운데 가장 간단한 형태이며 측량의 정확도를 얻기 위한 조건이 부족하므로 특수한 경우 외에는 사용하지 않는다.

② 가장 높은 정확도를 얻을 수 있으나 조정이 복잡하고 포함된 면적이 작으며 특히 기선을 확대할 때 주로 사용한다.

③ 거리에 비하여 측점수가 가장 적으므로 측량이 간단하며 조건식의 수가 적어 정확도가 낮다.

④ 광대한 지역의 측량에 적합하며 정확도가 비교적 높은 편이다.

✅ **A N S W E R** | **20.**② **21.**④

20 경중률(P)은 노선거리(L)에 반비례한다. 따라서 다음의 식으로 P점의 최확값을 구해야 한다.

$$P_1 : P_2 : P_3 : P_4 = \frac{1}{L_1} : \frac{1}{L_2} : \frac{1}{L_3} : \frac{1}{L_4} = \frac{1}{1} : \frac{1}{2} : \frac{1}{3} : \frac{1}{4} = 12 : 6 : 4 : 3$$

$$L_o = \frac{P_1 h_1 + P_2 h_2 + P_3 h_3 + P_4 h_4}{P_1 + P_2 + P_3 + P_4}$$

$$= \frac{12 \cdot 125.762 + 6 \cdot 125.750 + 4 \cdot 125.755 + 3 \cdot 125.771}{12 + 6 + 4 + 3} = 125.759\,\text{m}$$

21 ① 단열삼각망은 삼각망 가운데 가장 간단한 형태이며 측량의 정확도를 얻기 위한 조건이 부족하므로 특수한 경우 외에는 사용하지 않는다.

② 사변형삼각망은 가장 높은 정확도를 얻을 수 있으나 조정이 복잡하고 포함된 면적이 작으며 특히 기선을 확대할 때 주로 사용한다.

③ 단열삼각망은 거리에 비하여 측점수가 가장 적으므로 측량이 간단하며 조건식의 수가 적어 정확도가 낮다.

22 다음 중 노선측량에 대한 용어 설명 중 옳지 않은 것은?

① 교점 : 방향이 변하는 두 직선이 교차하는 점

② 중심말뚝 : 노선의 시점, 종점 및 교점에 설치하는 말뚝

③ 복심곡선 : 반지름이 서로 다른 두 개 또는 그 이상의 원호가 연결된 곡선으로 공통접선의 같은 쪽에 원호의 중심이 있는 곡선

④ 완화곡선 : 고속으로 이동하는 차량이 직선부에서 곡선부로 진입할 때 차량의 원심력을 완화하기 위해 설치하는 곡선

23 다음 등고선의 성질에 대한 설명으로 바르지 않은 것은?

① 등고선은 도면 내외에서 폐합하는 폐곡선이다.

② 등고선은 분수선과 직각으로 만난다.

③ 동굴 지형에서 등고선은 서로 만날 수 있다.

④ 등고선의 간격은 경사가 급할수록 넓어진다.

24 지반의 높이를 비교할 때 사용하는 기준면은?

① 표고(elevation)

② 수준면(level surface)

③ 수평면(horizontal plane)

④ 평균해수면(mean sea level)

ANSWER | 22.② 23.④ 24.④

22 중심말뚝은 노선의 중심선의 위치를 지상에 표시하는 말뚝으로서 일반적으로 20m마다 설치한다.

23 등고선의 간격은 경사가 급할수록 좁아진다.

24 지반의 높이를 비교할 때 사용하는 기준면은 평균해수면(mean sea level)이다.

25 트래버스 ABCD에서 각 측선에 대한 위거와 경거값이 아래 표와 같을 때 측선 BC의 배횡거는?

측선	위거(m)	경거(m)
AB	+75.39	+81.57
BC	−33.57	+18.78
CD	−61.43	−45.50
DA	+44.61	−52.65

① 81.57m   ② 155.10m

③ 163.14m   ④ 181.92m

26 사진축척이 1 : 5,000이고 종중복도가 60%일 때 촬영기선의 길이는? (단, 사진의 크기는 23cm×23cm이다.)

① 360[m]   ② 375[m]

③ 435[m]   ④ 460[m]

27 삼변측량에 관한 설명으로 바르지 않은 것은?

① 관측요소는 변의 길이 뿐이다.

② 관측값에 비하여 조건식이 적은 단점이 있다.

③ 삼각형의 내각을 구하기 위해 코사인제2법칙을 이용한다.

④ 반각공식을 이용하여 각으로부터 변을 구하여 수직위치를 구한다.

✅ **A N S W E R** | 25.④   26.④   27.④

25 제1측선(AB)의 배횡거는 제1측선의 경거이다.
임의 측선의 배횡거는 하나 앞측선의 배횡거, 하나 앞측선의 경거, 그 측선의 경거의 합이므로 BC의 배횡거는
81.57 + 81.57 + 18.78 = 181.92m

26 $B = ma\left(1 - \dfrac{p}{100}\right) = 5,000 \cdot 0.23 \cdot \left(1 - \dfrac{60}{100}\right) = 460\,\text{m}$

27 삼변측량은 반각공식을 이용하여 각과 변에 의해 수평위치를 구한다.

28 완화곡선에 대한 설명으로 바르지 않은 것은?

① 모든 클로소이드(clothoid)는 닮은꼴이며 클로소이드 요소는 길이의 단위를 가진 것과 단위가 없는 것이 있다.

② 완화곡선의 접선은 시점에서 원호에, 종점에서 직선에 접한다.

③ 완화곡선의 반지름은 그 시점에서 무한대, 종점에서는 원곡선의 반지름과 같다.

④ 완화곡선에 연한 곡선반지름의 감소율은 캔트(cant)의 증가율과 같다.

29 교호수준측량에서 A점의 표고가 55.00m이고 a1=1.34m, b1=1.14m, a2=0.84m, b2=0.56m일 때 B점의 표고는?

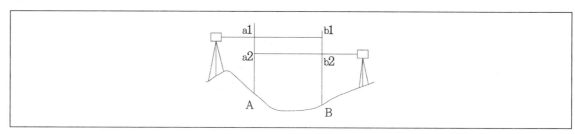

① 55.24m
② 56.48m
③ 55.22m
④ 56.42m

30 어떤 거리를 10회 관측하여 평균 2,403.557m의 값을 얻고 잔차의 제곱의 합 8,208mm^{2}을 얻었다면 1회 관측의 평균 제곱근 오차는?

① ±23.7mm
② ±25.5mm
③ ±28.3mm
④ ±30.2mm

ⓒ ANSWER | 28.② 29.① 30.④

28 완화곡선의 접선은 시점에서 직선에, 종점에서 원호에 접한다.

29 $H_B = H_A + \dfrac{(a_1 - b_1) + (a_2 - b_2)}{2} = 55.24\text{m}$

30 $\sigma = \pm \sqrt{\dfrac{\sum v^2}{n-1}} = \pm \sqrt{\dfrac{8,208}{10-1}} = \pm 30.2\text{mm}$

31 지반고(H_A)가 123.6m인 A점에 토털스테이션을 설치하여 B점의 프리즘을 관측하여, 기계고 1.5m, 관측사거리(S)는 150m, 수평선으로부터의 고저각(α)은 30°, 프리즘고(P_h) 1.5m를 얻었다면 B점의 지반고는?

① 198.0m

② 198.3m

③ 198.6m

④ 198.9m

32 측량성과표에 측점 A의 진북방향각은 0° 06′ 17″이고, 측점 A에서 측점 B에 대한 평균방향각은 263° 38′ 26″로 되어 있을 때에 측점 A에서 측점 B에 대한 역방위각은?

① 83° 32′ 09″

② 83° 44′ 43″

③ 263° 32′ 09″

④ 263° 44′ 43″

33 수심이 h인 하천의 평균유속을 구하기 위하여 수면으로부터 0.2h, 0.6h, 0.8h가 되는 깊이에서 유속을 측량한 결과 0.8m/s, 1.5m/s, 1.0m/s이었다. 3점법에 의한 평균유속은?

① 0.9m/s

② 1.0m/s

③ 1.1m/s

④ 1.2m/s

34 지상 1km²의 면적을 지도상에서 4cm²으로 표시하기 위한 축척으로 바른 것은?

① 1 : 5,000

② 1 : 50,000

③ 1 : 25,000

④ 1 : 250,000

✓ **ANSWER** | 31.③ 32.① 33.④ 34.②

31 $H_B = H_A + 1.5 + h - 1.5 = H_A + 150\sin 30^o = 123.6 + 75 = 198.6\,\mathrm{m}$

32 AB의 역방위각은 AB의 방위각에 180°를 더하고 여기서, 다시 360°를 뺀 값이다.
따라서 $(263° \, 38′ \, 26″ - 6′ \, 17″) + 180° - 360° = 83° \, 32′ \, 09″$

33 $V_m = \dfrac{1}{4}(V_{0.2} + 2V_{0.6} + V_{0.8}) = \dfrac{1}{4}(0.8 + 2 \cdot 1.5 + 1.0) = 1.2\,\mathrm{m/s}$

34 축척 : $\left(\dfrac{1}{m}\right)^2 = \dfrac{도상면적}{실제면적} = \dfrac{4\mathrm{cm}^2}{1\mathrm{km}^2} = \left(\dfrac{1}{50,000}\right)^2$

35 수준측량에서 레벨의 조정이 불완전하여 시준선이 기포관축과 평행하지 않을 때 생기는 오차의 소거방법으로 바른 것은?

① 경위, 반위로 측정하여 평균한다.

② 지반이 견고한 곳에 표척을 세운다.

③ 전시와 후시의 시준거리를 같게 한다.

④ 시작점과 종점에서의 표척을 같은 것을 사용한다.

36 GNSS 상대측위 방법에 대한 설명으로 바른 것은?

① 수신기 1대만을 사용하여 측위를 실시한다.

② 위성과 수신기 간의 거리는 전파의 파장개수를 이용하여 계산할 수 있다.

③ 위상차의 계산은 단순차, 2중차, 3중차와 같은 차분기법으로는 해결하기가 어렵다.

④ 전파의 위상차를 관측하는 방식이나 절대측위 방법보다 정확도가 낮다.

37 다음 중 노선측량의 일반적인 작업순서로 바른 것은?

A : 종 · 횡단측량	B : 중심선측량
C : 공사측량	D : 답사

① A→B→C→D

② D→B→A→C

③ D→C→A→B

④ A→C→D→B

ANSWER | 35.③ 36.② 37.②

✅ **ANSWER** | 35.③ 36.② 37.②

35 수준측량에서 레벨의 조정이 불완전하여 시준선이 기포관 축과 평행하지 않을 때 생기는 오차는 전시와 후시의 시준거리를 같게 하면 소거할 수 있다.

36 ① 수신기 2대 이상을 사용하여 측위를 실시한다.
③ 위상차의 계산은 단순차, 2중차, 3중차와 같은 차분기법으로 해결할 수 있다.
④ 절대측위 방법보다 정확도가 높다.

37 노선측량의 작업순서 … 답사→중심선측량→종 · 횡단측량→공사측량

48 토목일반

38 축척 1 : 5,000의 수치지형도의 주곡선 간격으로 바른 것은?

① 5m ② 10m

③ 15m ④ 20m

39 철도의 궤도간격 $b=1.069$m, 곡선반지름 $R=600$m인 원곡선 상을 열차가 100km/h로 주행하려고 할 때 켄트는?

① 100mm ② 140mm

③ 180mm ④ 220mm

40 다음 중 수준측량에서 발생하는 오차에 대한 설명으로 바르지 않은 것은?

① 기계의 조정에 의해 발생하는 오차는 전시와 후시의 거리를 같게 하여 소거할 수 있다.

② 표척의 영눈금오차는 출발점의 표척을 도착점에서 사용하여 소거할 수 있다.

③ 측지삼각수준측량에서 곡률오차와 굴절오차는 그 양이 미소하므로 무시할 수 있다.

④ 기포의 수평조정이나 표척면의 읽기는 육안으로 한계가 있으나 이로 인한 오차는 일반적으로 허용오차 범위 안에 들 수 있다.

⊘ ANSWER | 38.① 39.② 40.③

38 축척 1 : 5,000 수치 지형도의 주곡선 간격은 5m가 된다.

※ 주곡선의 간격

ⓐ 1 : 25,000 수치지형도는 10m

ⓑ 1 : 10,000과 1 : 5,000 수치지형도는 5m

ⓒ 1 : 1,000 수치지형도는 1m

39 켄트 … 차량이 곡선을 따라 주행할 때 원심력을 줄이기 위하여 곡선의 바깥쪽을 높여 차량을 안전하게 주행하도록 하는 것

$$C = \frac{SV^2}{gR} = \frac{1.069 \cdot \left(100 \cdot 1,000 \cdot \frac{1}{3,600}\right)^2}{9.8 \cdot 600} = 0.14\,\text{m}$$

40 수준측량에서는 곡률오차와 굴절오차를 모두 고려해야 한다.

02

토질역학

❶ 흙의 기본 성질 및 분류

① 흙의 각 성분의 상관관계

㉠ 흙의 체적관계

- 간극비 : $e = \dfrac{V_v}{V_s}$

- 간극률 : $n = \dfrac{V_v}{V} \times 100(\%)$

- 간극비와 간극률의 관계 : $e = \dfrac{n}{1-n}$, $n = \dfrac{e}{1+e} \times 100(\%)$

- 포화도 : $S = \dfrac{V_w}{V_v} \times 100(\%)$, 지하수위 아래의 흙의 경우 $S = 100\%$로 간주

  (V_v : 간극의 체적, V_s : 흙 입자의 체적, V_w : 물의 체적)

㉡ 흙의 중량관계

- 함수비 : $w = \dfrac{W_w}{W_s} \times 100(\%)$

- 함수비의 크기는 자연함수비의 경우 100% 이하이거나 해성점토나 유기질토의 경우 500% 이상이 될 수도 있다.
- 함수비를 구하기 위한 향온건조 온도 : 110℃ ±5℃
- 비중

  -4℃ 물에 대한 비중 : $G_s = \dfrac{W_s}{W_s + (W_a - W_b)} \times G_w$ (G_w : 물의 비중)

  -15℃ 물에 대한 비중 : $G_s = \dfrac{W_s}{W_s + (W_a - W_b)} \times K$ ($K = 1$)

  (W_s : 비중병에 넣은 흙의 건조무게, W_a : 비중병 + 증류수위 무게, W_b : 비중병 + 노건조흙 + 증류수의 무게)

ⓒ 단위중량

• 전체단위중량 : $\gamma_t = \dfrac{G_s + S \cdot e}{1+e}\gamma_w$, $\gamma_t = \dfrac{1+w}{1+e}G_s\gamma_w$

• 건조단위중량 : $\gamma_d = \dfrac{G_s}{1+e}\gamma_w = \dfrac{\gamma_t}{1+w}$

• 포화단위중량 : $\gamma_{sat} = \dfrac{G_s + e}{1+e}\gamma_w$

• 수중단위중량 : $\gamma_{sub} = \dfrac{G_s - 1}{1+e}\gamma_w$

ⓔ 상대밀도 : $D_r = \dfrac{e_{\max} - e}{e_{\max} - e_{\min}} \times 100\,(\%)$

($e_{\max}$: 가장 느슨한 상태의 공극비, $e_{\min}$: 가장 조밀한 상태의 공극비, e : 자연상태의 공극비)

② **흙의 연경도**(Atterberg 한계)

ⓐ 정의

• 세립토는 간극 속의 함수비 존재가 흙의 공학적 성질에 큰 영향을 미친다.

• 실제 흙은 함수비가 변화함에 따라 체적이 변화한다.

• 흙의 연경도는 흙의 물리적 특성을 대표하는 성질이다.

• Atterberg 한계를 구하기 위해서는 No.40(425μm)체를 통과한 시료를 사용하며, 이 경우 공기 건조된 상태로 물을 첨가해서 24시간 습윤상태로 양생 후 시험한다.

ⓑ 액성한계(W_L)

• 흙의 액체상태와 소성상태의 경계가 되는 함수비

• 소성을 나타내는 최대함수비 또는 점성유체로 되는 최소함수비

• 1cm 높이에서 1초간 2회의 비율로 25회 낙하시켰을 때 유동된 흙이 약 1.5cm의 길이로 합쳐졌을 때의 함수비

• 공학적 성질 판단에 사용

• 1점법 : $W_L = W_N \left(\dfrac{N}{25}\right)^{\tan\beta}$

($\tan\beta = 0.121$, N : 낙하횟수, W_N : N의 타격횟수에서 흙의 홈이 합쳐졌을 때의 함수비)

ⓒ 소성한계(W_P)

• 흙이 소성성질을 나타내는 최소의 함수비

• 흙덩이를 유리판 위에 놓고 손으로 밀어 지름 3mm의 국수 모양으로 만들어 부슬부슬해질 때의 함수비

• 비소성(NP)

–소성한계를 구할 수 없는 경우

–소성한계가 액성한계와 같은 경우

–소성한계가 액성한계보다 큰 경우

② 수축한계(W_S)

- 함수량이 감소해도 체적이 감소하지 않을 때의 함수비
- $W_S = \left(\dfrac{1}{R} - \dfrac{1}{G_s}\right) \times 100\,(\%)$

  (수축비 $R = \dfrac{W_S}{V_{SL}} \dfrac{1}{\gamma_w}$, W_S : 토립자 중량, V_{SL} : 흙의 체적)

⑩ 연경도에서 얻어지는 지수

- 소성지수 : $PI = W_L - W_P$
- 수축지수 : $SI = W_P - W_S$
- 액성지수 : $LI = \dfrac{w_n - W_P}{W_L - W_P}$
- 연경지수: $CI = \dfrac{W_L - w_n}{W_L - W_P}$
- 유동지수 : $IF = \dfrac{w_1 - w_2}{\log N_2 - \log N_1}$, 흙의 안정성 여부 파악
- 터프니스지수 : $TI = \dfrac{PI}{FI}$

③ **활성도와 점토광물**

㉠ **활성도**

- 활성도가 클수록 공학적으로 불안정하며, 팽창, 수축의 가능성이 커진다.
- 활성도는 소성지수를 2μ 이하의 점토 함유량으로 나눈 값으로 정의한다.
- 활성도는 흙 속의 점토분에 대한 소성정도를 나타낸다.

㉡ **점토광물의 구조**

- 기본구조
  - Tetrahedron : 1개의 규소와 4개의 산소로 사면체 구조
  - Octahedron : 1개의 알루미늄 혹은 마그네슘과 6개의 수산기로 팔면체 구조
- 2층구조 : Kaolinite – 공학적으로 안정
- 3층구조
  - Montmorillonite : 공학적으로 매우 불안정
  - Illite : 교환불가능 이온

PLUS CHECK 활성도 크기 순서

Kaolinite – Illite – Ca Montmorillonite – Na Montmorillonite

ⓒ 면모구조와 이산구조
- 면모구조 : 점토가 해수에 퇴적되는 경우 나타남, 면대단의 구조
- 이산구조 : 점토가 담수에 퇴적되는 경우 나타남, 면대면의 구조

④ **입경에 의한 흙의 분류**

㉠ 입경에 의한 분류(AASHTO 분류) : 자갈 – 모래 – 실트 – 점토 – 콜로이드

㉡ 흙의 입도시험
- 적용범위
  - No.10체에 잔류한 시료는 No.4체를 사용하여 체가름
  - No.200체를 잔류한 시료는 체분석
  - No.200체를 통과한 시료는 비중계분석
- 체분석
  - 잔류율 $P_r = \dfrac{W_{sr}}{W_s} \times 100(\%)$
  - 가적잔류율 $P_r' = \sum P_r$
  - 가적통과율 $P = 100 - P_r'$
- 비중계분석(Stokes 법칙) : $V = \dfrac{(\rho_s - \rho_w)g}{18\eta} \times d^2$
  - Stokes 법칙의 적용범위 : 0.2 ~ 0.0002mm
  - 입도시험시 유효깊이(L)는 현탁액 속의 흙의 입경을 구한다.

㉢ 입도분포곡선 : 가로축에 입경을 대수눈금으로, 세로축에 통과중량 백분율을 산술눈금으로 표시
- 유효경 D_{10} : 통과중량 백분율 10%에 대응하는 입경
- 균등계수 : $C_u = \dfrac{D_{60}}{D_{10}}$
- 곡률계수 : $C_g = \dfrac{(D_{30})^2}{D_{10} \times D_{60}}$

⑤ 흙의 공학적 분류

㉠ 통일분류법

분류	토질	토질속성	기호	흙의 명칭	분류기준
조립토 $P_{\#200} \leq 50\%$	자갈(G)	#4체통과량이 50% 이하 (#4 ≤ 50%)	GW	입도분포가 양호한 자갈	$C_u > 4$ $1 < C_g < 3$
			GP	입도분포가 불량한 자갈	GW의 조건이 아닐 때
			GM	실토질 자갈	
			GC	점토질 자갈	
	모래(S)	#4체통과량이 50% 이하 (#4 ≥ 50%)	SW	입도분포가 양호한 모래	$C_u > 6$ $1 < C_g < 3$
			SP	입도분포가 불량한 모래	SW의 조건이 아닐 때
			SM	실토질 모래, 모래 실트 혼합토	
			SC	점토질 모래, 모래 점토 혼합토	
세립토 $P_{\#200} \geq 50\%$	실트(M) 및 점토(C)	$W_L \leq 50$	ML	압축성이 낮은 실트, 무기질 실트	
			CL	압축성이 낮은 점토	
			OL	압축성이 낮은 유기질 점토	
		$W_L \geq 50$	MH	압축성이 높은 무기질 실트	
			CH	압축성이 높은 무기질 점토	
			OH	압축성이 높은 유기질 점토	
유기질토	이탄	$W_L \geq 50$	P_t	이탄, 심한 유기질토	

㉡ AASHTO분류법

- 입도분석, Atterberg 한계, 군지수를 근거
- 군지수 : $GI = 0.2a + 0.005ac + 0.01bd$
- No.200체 통과율 35% 기준

② 흙의 투수성과 침투

① 투수계수

  ㉠ 동수경사

    • 전수두 : 속도수두 무시

    • 동수경사 : $i = \dfrac{\Delta h}{l}$

  ㉡ Dancy의 법칙

    • 물의 침투유속 : $v = Ki$

    • 물의 총침투량 : $Q = KiA$

    • 적용범위 : 층류흐름, $R_e < 1 \sim 10$인 경우 타당

    • 침투유속 : $v_s = \dfrac{Ki}{n}$

  ㉢ 투수계수에 영향을 주는 인자 : 흙 입자의 크기·형상·배열, 지반의 간극비, 지반의 포화도, 점토의 구조, 물의 점성계수, 물의 밀도 및 농도, 물의 온도

  ㉣ 실내 투수시험

    • 정수위 투수시험 : 투수성이 비교적 큰 사질토에 적용($K > 10^{-3}$cm/sec)

$$K = \frac{Ql}{Aht}$$

    • 변수위 투수시험 : $10^{-3} > K > 10^{-7}$cm/sec

$$K = \frac{al}{At} \ln\left(\frac{h_1}{h_2}\right)$$

  ㉤ 간접적인 투수시험

    • Hazen의 경험식 : $K = C \cdot D_{10}{}^2$

    • 압밀시험에 의한 방법 : $K < 10^{-7}$cm/sec인 경우 $K = C_v m_v \gamma_w$

      (압밀계수 $C_v = \dfrac{TH^2}{t}$, 체적변화계수 $m_v = \dfrac{a_v}{1+e}$)

  ㉥ 현장에서의 투수시험

    • 깊은 우물에 의한 방법 : $K = \dfrac{Q \ln(r_1/r_2)}{\pi\left(h_1{}^2 - h_2{}^2\right)}$

    • 굴착정에 의한 방법 : $K = \dfrac{Q \ln(r_1/r_2)}{2\pi H(h_1 - h_2)}$

② **물 흐름의 기본 이론과 유선망**

　㉠ 유선망

　　• 유선 : 물이 흐르는 자취
　　• 등수두선 : 손실수두가 동일한 위치를 연결한 선
　　• 침투유량 및 임의 지점에서의 간극수압을 알기 위해 유선망 사용
　　• 특성
　　 −인접한 2개의 유선 사이, 즉 각 유로의 침투유량은 같다.
　　 −인접한 2개의 등수두선 사이의 수두손실은 서로 동일하다.
　　 −유선과 등수두선은 직교한다.
　　• 침투유량 : $Q = KH\dfrac{N_f}{N_d}$　(N_d : 등수두선에 의한 간격 수, N_f : 유선으로 나눈 간격 수)
　　• 전침투압 : $F = i\gamma_w Ah$

　㉡ 침윤선

　　• 기본 포물선 : $x = \dfrac{Z^2 - S^2}{2S}$
　　• 침윤선 작도 : $S = \sqrt{X^2 + H^2} - X$

③ **비등방 및 비균질토층의 투수계수와 유선망**

　㉠ 이질토층의 등가투수계수

　　• 수평방향의 등가투수계수 : $K_h = \dfrac{1}{H}(K_1 h_1 + K_2 h_2 + K_3 h_3)$
　　• 연직방향의 등가투수계수 : $K_v = \dfrac{H}{\dfrac{h_1}{K_1} + \dfrac{h_2}{K_2} + \dfrac{h_3}{K_3}}$
　　• 등방성 투수계수 : $K = \sqrt{K_h \times K_v}$

　㉡ 비등방성 토질의 침투량 : $q = K' \cdot H\dfrac{N_f}{N_d}$

❸ 유효응력과 지중응력

① 유효응력

ⓐ 개념 : 유효응력(σ')＝전응력(σ)－간극수압(u)

ⓑ 상향침투가 발생할 때의 유효응력

- 응력계산 : $\sigma_c{}' = \gamma_{\mathrm{sub}}z - \gamma_w iz$

- 한계동수경사 : $i_c = \dfrac{\gamma_{\mathrm{sub}}}{\gamma_w} = \dfrac{G_s - 1}{1 + e} = 1$

- 분사현상 : 모래가 위로 솟구쳐 오르려는 현상
  - 분사가 일어나지 않을 조건 : $i < i_c$
  - 분사가 일어날 조건 : $i \geq i_c$
  - 분사에 대한 안전율 : $F_s = \dfrac{i_c}{i}$

ⓒ 하향침투가 발생할 때의 유효응력

- 응력계산 : $\sigma_c{}' = \gamma_{\mathrm{sub}}z + \gamma_w iz$

- 침투압
  - 단위면적당 침투압 : $\triangle u = i\gamma_w z$
  - 전침투압 : $\triangle u = i\gamma_w A z$

ⓓ 히빙 : 지반이 부풀어 오르는 현상

② 모관현상

ⓐ 이상적인 경우 : $h_c = \dfrac{4T\cos\alpha}{\gamma_w d}$

ⓑ 자연지반인 경우 : $h_1 = \dfrac{C}{eD_{10}}$

③ 외부하중에 의한 응력증가

ⓐ 집중하중에 의한 응력증가

- Boussinesq 이론

$$\triangle\sigma_v = \frac{3Qz^3}{2\pi R^5} = \frac{Q}{z^2}I$$

- 연직응력 증가량은 깊이의 제곱에 반비례
- 하중 중심에서 멀어질수록 연직응력 증가량은 감소

ⓛ 사각형 등분포하중에 의한 응력증가

$$\triangle \sigma_v = q_s I \qquad I = f(m, \ n)$$

여기서, $m = \dfrac{B}{z}$, $n = \dfrac{L}{z}$ 즉, $B = mz$, $L = nz$

ⓒ 2:1 분포법

• 단면 등분포하중

$$\triangle \sigma_v = \dfrac{Q}{(B+z)(L+z)} = \dfrac{q_s BL}{(B+z)(L+z)}$$

• 띠하중

$$\triangle \sigma_v = \dfrac{q_s B}{(B+z)}$$

ⓔ 선하중에 의한 응력증가

$$\triangle \sigma_v = \dfrac{2qz^3}{\pi (x^2 + z^2)^2}$$

④ 흙의 압축성

① 즉시침하

$$\rho_i = q_s \dfrac{B(1 - \mu^2)}{E} I_\rho$$

※ 즉시침하는 주로 사질토에서 크게 일어나며, 점성토에서는 아주 작게 일어난다.

② 압밀의 원리

ⓐ 압밀속도(압축속도) : 수분제거, 토립자의 형성, 계속시간의 정도에 따라 달라짐

ⓑ Terzaghi의 압밀거동 : 간극수 → 간극수와 스프링 → 스프링

ⓒ Terzaghi의 압밀이론

• 기본가정

–흙은 균질하고 포화되어 있다.

–흙입자와 물의 압축성은 무시한다.

－흙 속의 물의 이동은 Darcy의 법칙에 따르며 투수계수는 일정하다.

－흙의 압축은 1축척으로 행해진다.

－유효응력이 증가할수록 압축토층의 간극비는 감소한다.

• 압밀계수 : $C_v = \dfrac{K}{m_v \gamma_w}$

• 압축계수 : $a_v = -\dfrac{e_1 - e_2}{P_2 - P_1}$ (P_1 : 후기의 압력도, P_2 : 초기의 압력도)

• 체적변화계수 : $m_v = \dfrac{a_v}{1 + e}$

• 시간계수 : $T = \dfrac{C_v t}{H^2}$

• 압밀도 : $U_z = \dfrac{u_i - u_e}{u_i} = 1 - \dfrac{u_e}{u_i} = \dfrac{\text{현재의 압밀량}}{\text{최종압밀량}}$

(u_i : 최초 과잉간극수압으로 전체면적을 의미, u_e : 현재의 과잉간극수압)

③ **압밀시험**($e - \log P$ 곡선)

㉠ 압밀링은 안지름 60mm, 높이 20mm, 두께 2.5mm를 원칙으로 하며, 저울의 감도는 0.1g을 사용

㉡ **흙입자의 높이** : $H_s = \dfrac{W_s}{A G_s \gamma_w}$

㉢ **정규압밀점토** : 현재 받고 있는 유효상재하중이 과거에 받았던 최대하중인 경우

㉣ **과압밀점토** : 현재 받고 있는 유효상재하중이 과거에 받았던 최대하중보다 작은 경우

㉤ 선행압밀하중

• 과거에 받았던 최대하중

• 과압밀비 : $OCR = \dfrac{\text{선행압밀하중}}{\text{현재압밀하중}}$

• 압축지수(C_c)

－불교란 점토의 경우 : $C_c = 0.009(w_l - 10)$

－교란 점토의 경우 : $C_c = 0.007(w_l - 10)$

㉥ 압밀계수의 결정

• $\sqrt{t}$ 법 : $C_v = \dfrac{H^2 T_{90}}{t_{90}}$ (T_{90} : 0.848, H : 배수거리, t_{90} : 압밀도 90%에 대한 압밀시간)

• $\log t$ 법 : $C_v = \dfrac{H^2 T_{50}}{t_{50}}$ (T_{50} : 0.197)

• 투수계수 : $K = C_v m_v r_w = \dfrac{a_v}{1 + e} C_v r_w$

• 압밀시간과 압밀층 두께와의 관계 : $t_1 = t \left(\dfrac{H_1}{H} \right)^2$

④ **압밀침하량 및 압밀시간의 산정**

㉠ 1차 압밀침하량 : $\Delta H = m_v \Delta PH = \dfrac{a_v}{1 + e_0} \Delta PH = \dfrac{C_c}{1 + e_0} \log_{10} \left(\dfrac{P_2}{P_1} \right) H$

㉡ 2차 압밀 : 이론계산에서 구한 압밀도 100%를 넘어서도 압밀이 계속되는 부분

㉢ 압밀시간 : $t = \dfrac{TH^2}{C_v}$

(H : 배수거리로서 양면배수의 경우 점토층의 두께의 반이고, 일면배수의 경우 점토층의 두께와 같다)

※ 압밀시험의 경우 H는 양면배수이므로 $\dfrac{H}{2}$ 적용

⑤ 흙의 전단강도

① **주응력**

㉠ 주응력

• 최대 주응력 : $\sigma_1 = \dfrac{\sigma_y + \sigma_x}{2} + \sqrt{\left(\dfrac{\sigma_y - \sigma_x}{2} \right)^2 + \tau_{xy}{}^2}$

• 최소 주응력 : $\sigma_1 = \dfrac{\sigma_y + \sigma_x}{2} - \sqrt{\left(\dfrac{\sigma_y - \sigma_x}{2} \right)^2 + \tau_{xy}{}^2}$

㉡ 주응력이 작용하는 요소

• $\sigma_\theta = \dfrac{\sigma_1 + \sigma_3}{2} + \dfrac{\sigma_1 - \sigma_3}{2} \cos 2\theta$

• $\tau_\theta = \dfrac{\sigma_1 - \sigma_3}{2} \sin 2\theta$

② **Mohr-Coulomb의 파괴포락선**

㉠ 보통 흙의 전단강도 : $\tau = c + \sigma \tan\phi$

㉡ 사질토의 전단강도 : $\tau = \sigma \tan\phi$

㉢ 점토의 인장강도 : $\tau = c$

여기서, c : 점착력, σ : 흙 중 어느 면에 작용하는 수직응력, ϕ : 내부마찰각

③ **전단강도정수의 결정**

    ㉠ 전단시험시 전단력 제어방법 중 변형제어법이 가장 많이 사용

    ㉡ 직접전단시험

- 사질토에 적합
- 전단응력계산

      –1면 전단시험 : $\tau = \dfrac{S}{A}$

      –2면 전단시험 : $\tau = \dfrac{S}{2A}$

    ㉢ **삼축압축시험** : 강도정수(c, ϕ)를 결정하는 데 가장 신뢰성이 높은 시험

- 비압밀 비배수시험(UU시험)
- –시공 중 또는 성토 직후 압밀이나 함수비의 변화가 없이 급속한 파괴가 예상될 때, 즉 체적변화가 없을 때 실시
- –내부마찰각 ϕ은 0, 파괴포락선이 수평
- –초기의 안정해석 및 지지력 계산
- 압밀비배수시험(CU 시험)
- –성토된 하중 때문에 어느 정도 압밀된 후 갑자기 파괴가 예상될 때 실시
- –전응력항으로 강도정수 결정
- 압밀배수시험(CD 시험) : 성토된 하중에 의해 서서히 압밀이 되고 파괴도 완만하게 일어나며, 구조물 재하 후 장시간을 경과한 후 안전성을 검토

    ㉣ 일축압축시험

- 점성토에 사용
- 파괴면과 최대주응력이 이루는 각 $\theta = 45° + \dfrac{\phi}{2}$
- 점착력 $c_u = \dfrac{q_u}{2} \tan\left(45° - \dfrac{\phi}{2}\right)$
- 전단강도 $s = \dfrac{q_u}{2} = c_u = \dfrac{N}{16}$ $\left(q_u = \dfrac{P}{A},\ A = \dfrac{A_0}{1 - \epsilon}\right)$

④ **전단강도에 대한 일반적인 성질**(점성토)

    ㉠ 예민비 $S_t = \dfrac{q_u}{q_{ur}} > 1$ (q_u : 불교란시의 일축압축강도, q_{ur} : 교란시의 일축압축강도)

    ㉡ 틱소트로피 현상 : 교란된 흙이 시간이 지남에 따라 손실된 강도를 일부 회복하는 현상

    ㉢ 리칭 : 해수에 퇴적된 점토가 담수에 의해 오랜 시간에 걸쳐 염분이 빠져나가 강도가 저하되는 현상으로 quick clay가 주 원인

⑤ **현장에서의 전단강도 측정**

   ⊙ 표준관입시험 : 샘플러를 보링 구멍에 넣고 처음 15cm 교란되지 않는 지반에 관입시킨 후 63.5kg의 해머로 76cm 높이에서 타격을 가해 30cm 관입할 때까지 타격횟수를 N치라 한다.

     • Dunham식(사질토)

     −토립자가 모가 나고 입도가 양호 : $\phi = \sqrt{12N} + 25°$

     −토립자가 모가 나고 입도가 균등 : $\phi = \sqrt{12N} + 20°$

     −토립자가 둥글고 입도가 양호 : $\phi = \sqrt{12N} + 20°$

     −토립자가 둥글고 입도가 균등 : $\phi = \sqrt{12N} + 15°$

     • N치의 수정

     −N이 15보다 큰 경우 : $N_m = 15 + \dfrac{1}{2}(N - 15)$

     −N이 15보다 작을 경우 수정 필요 없음

   ⊙ 베인시험

     • 연약한 점성토에 적용

     • 전단강도 $s = c_u = \dfrac{T}{\dfrac{\pi D^2 H}{2} + \dfrac{\pi D^3}{6}}$

     • 액화현상 : 느슨하고 포화된 가는 모래에 충격을 가하면 모래가 약간 수축하여 정(+)의 간극수압이 발생하며, 이로 인하여 유효응력이 감소하여 전단강도가 저하되어 모래 위에 있는 하중이 상당히 깊이 빠지는 현상

⑥ **간극수압계수와 응력경로**

   ⊙ 간극수압계수

> 등방압축으로 생기는 간극수압 $B = \dfrac{\triangle u}{\triangle \sigma_3}$
>
> 여기서, B를 간극수압계수 또는 B계수라 하며 B계수는 완전건조시 0, 포화시 1이다.

   ⊙ 응력경로

     • 응력이 변화하는 동안 각 응력상태에 대한 Mohr원의 $(p,\ q)$점을 연결하는 선

     • 응력변화의 과정을 연속적으로 표시할 때의 선

     • 응력이 변할 때 Mohr의 응력원에서 최대전단응력을 나타내는 선

     • 전응력 및 유효응력으로 표시 가능

     • 흙의 표준 삼축압축시험시 흙이 파괴될 때까지의 유효응력경로는 일정

6 토압

① **토압의 종류**

    ㉠ 정지토압(P_0) : 비김상태를 유지하고 있을 때의 토압

      • 정지토압계수 $K_0 = \dfrac{\sigma_h}{\sigma_v}$

      • K_0선 : 정지상태에서 Mohr원의 최대전단응력점을 연결한 선

    ㉡ 주동토압(P_A) : 전방으로 전도하려고 하는 경우의 토압

    ㉢ 수동토압(P_P) : 뒤채움 흙 중에서 파괴를 일어나게 할 때의 토압

    ㉣ 벽체의 이동과 토압 사이의 관계 : 주동토압 < 정지토압 < 수동토압

    ㉤ 토압이론의 분류

      • Coulomb의 토압이론 : 벽 마찰을 고려한 흙쐐기 이론
      • Rankine의 토압이론 : 벽 마찰을 무시한 소성이론
      • Boussinesq의 토압이론 : 탄성체 이론

② **Rankine의 토압이론**

    ㉠ 기본 가정

      • 흙은 불압축성의 균질의 분체이다.
      • 지표면은 무한히 벌어진 한 평면으로 존재한다.
      • 토압은 지표면에 평행하게 작용한다.
      • 지표의 모든 하중은 등분포하중이다.

    ㉡ 지표면이 수평이고 사질토인 경우 연직옹벽에 작용하는 토압

      • 주동토압계수

$$K_A = \tan^2\!\left(45° - \frac{\phi}{2}\right) = \frac{\sigma_v}{\sigma_h}$$

      • 수동토압계수

$$K_P = \tan^2\!\left(45° + \frac{\phi}{2}\right) = \frac{1}{K_A}$$

• 토압의 크기

－전주동토압

$$P_A = \frac{1}{2}K_A\gamma H^2 = \frac{1}{2}\gamma H^2 \tan^2\!\left(45° - \frac{\phi}{2}\right)$$

• 작용점 : $y = \dfrac{H}{3}$

• 파괴면이 수평면과 이루는 각 : $\alpha = 45° + \dfrac{\phi}{2}$

－전수동토압

$$P_P = \frac{1}{2}K_P\gamma H^2 = \frac{1}{2}\gamma H^2 \tan^2\!\left(45° + \frac{\phi}{2}\right)$$

• 작용점 : $y = \dfrac{H}{3}$

• 파괴면이 수평면과 이루는 각 : $\alpha = 45° - \dfrac{\phi}{2}$

－정지토압

$$P_0 = \frac{1}{2}\gamma H^2 K_0$$

• 사질토의 경우 $K_0 = 1 - \sin\phi$

ⓒ 상재하중이 있는 경우 토압의 크기

• $P_A = \dfrac{1}{2}K_A\gamma H^2 + K_A q_s H$

• $P_P = \dfrac{1}{2}K_P\gamma H^2 + K_P q_s H$

ⓡ 뒤채움 흙이 이질층인 경우

$$P_A = \frac{1}{2}K_{A1}\gamma_1 {H_1}^2 + K_{A2}\gamma_1 H_1 H_2 + \frac{1}{2}K_{A2}\gamma_2 {H_2}^2$$

ⓜ 지하수가 있는 경우

$$P_A = \frac{1}{2}K_A\gamma_d {H_1}^2 + K_A\gamma_d H_1 H_2 + \frac{1}{2}K_A\gamma_{\mathrm{sub}}{H_2}^2 + \frac{1}{2}\gamma_w {H_2}^2$$

ⓗ 점성토의 주동 및 수동토압

- 주동토압 : $P_A = \dfrac{1}{2}\gamma H^2 K_A - 2cH\sqrt{K_A}$

- 수동토압 : $P_P = \dfrac{1}{2}\gamma H^2 K_P + 2cH\sqrt{K_P}$

- 인장균열깊이(점착고) : $Z_c = \dfrac{2c}{\gamma}\tan\left(45° + \dfrac{\phi}{2}\right)$

③ **Coulomb의 토압이론**

ⓖ 파괴면은 Rankine의 이론과 같이 평면이다.

ⓛ 벽마찰을 고려한다.

ⓗ 가상파괴면 내의 흙쐐기는 하나의 강체와 같다.

ⓔ 옹벽배면각이 90°이고, 뒤채움 표면이 수평인 상태에서 벽마찰을 무시하면 Coulomb의 토압은 Rankine의 토압과 그 크기가 같다.

④ **옹벽의 안정조건**

ⓖ 활동에 대한 안정 : $F_s = \dfrac{R_v \tan\delta}{R_h} > 2$ (R_v : 옹벽의 자중과 토압의 연직분력을 포함한 모든 연직력의 합, R_h : 수평력의 총합, δ : 옹벽의 저면과 그 아래 흙과의 마찰각)

ⓛ 지지력에 대한 안정 : $\sigma = \dfrac{P}{A} \pm \dfrac{M}{I}y = \dfrac{R_v}{B}\left(1 \pm \dfrac{6e}{B}\right)$

ⓗ 전도에 대한 안정 : $F_s = \dfrac{M_R}{M_D} > 2$ (M_R : 저항모멘트, M_D : 활동모멘트)

7 사면의 안정

① **사면의 파괴**

ⓖ 사면의 활동원인

- 전단응력의 증대 원인(외적 요인)
 - 외력의 작용
 - 굴착에 의한 흙의 일부 제거
 - 지진, 폭파 등에 의한 진동
 - 함수비의 증가에 따르는 흙의 단위체적중량 증가
 - 인장응력에 의한 균열 발생

－균열 내 물의 유입으로 인한 수압 발생
- 전단응력의 감소 원인(내적 요인)
－흡수에 의한 점토의 팽창
－간극수압의 증가
－흙다짐이 불충분한 경우
－동토나 ice lens의 융해
ⓒ 임계활동면 : 안전율의 값이 최소인 활동면으로 가장 불안전한 활동면을 말한다.

② **사면의 안정해석**

ⓐ 직립사면의 안정
- 한계고

$$-H_c = 2z_0 = \frac{4c}{\gamma_t} \tan\left(45° + \frac{\phi}{2}\right)$$

$$-H_c = \frac{c}{\gamma_t} N_s \quad (N_s : 안정계수로서 1/안정수)$$

- 안전율 : $F_s = \dfrac{H_c}{H}$ (H : 사면의 높이)

ⓑ 무한사면의 안정
- 침투류가 없는 경우
－수직응력 : $\sigma = \gamma H \cos^2 \beta$
－전단응력 : $\tau = \gamma H \cos\beta \sin\beta$

－안전율 : $F_s = \dfrac{\tan\phi}{\tan\beta}$

- 지표면까지 포화된 경우 안전율 : $F_s = \dfrac{\gamma_{sub}}{\gamma_{sat}} \dfrac{\tan\phi}{\tan\beta}$

ⓒ 유한사면(단순사면)의 안정
- 일반적인 원호활동면에 의한 사면파괴의 종류
－사면내 파괴 : 사면의 중간에 굳은 지층, 성토층이 여러 층이 있을 때 일어나는 파괴
－사면 선단파괴 : 균일한 흙으로 되어 있을 때 일어나는 파괴
－사면 저부파괴 : 토질이 비교적 연약한 점착성의 흙으로 사면의 경사각이 비교적 느린 경우 일어나는 파괴

- 안정계수 : $N_s = \dfrac{\gamma H_c}{c}$

- 심도계수 : $n_d = \dfrac{H'}{H}$ (H' : 사면 어깨 지표면에서 굳은 지반까지의 깊이, H : 사면높이)

- 사면의 안정해석법
  - 질량법 : 균질한 흙에 적용
  - 절편법 : 비균질토나 간극수압이 발생하는 경우 적용
- ㄹ 반무한사면의 안정 : 반무한사면 파괴의 길이 변화원인은 경사면의 높이, 경사각, 토질에 따라 다르다.
  - 수직응력 : $\sigma = \gamma H \cos^2 \beta$
  - 전단응력 : $\tau = \gamma H \cos\beta \sin\beta$

③ **해석법**

ㄱ 질량법 : $F_s = \dfrac{c_u L_a r}{W_1 l_1}$ (L_a : 호의 길이)

ㄴ **절편법**
  - 예상파괴 활동면(가상활동면)은 원호라고 가정한다.
  - 사면의 c와 ϕ가 동일하지 않을 경우에 사용한다.
  - 이질토층이나 지하수위가 존재하는 경우에 적합하다.
  - 분할단면의 바닥은 직선으로 본다.

ㄷ Fellenius법 : $\phi = 0$ 해석법으로 사면의 단기해석에 유효하다.

ㄹ Bishop의 간편법 : c, ϕ 해석법으로, 흙의 장기 안전문제해석에 유효하다.

ㅁ 마찰원법 : 토층이 균일한 경우 적합하다.

④ **흙댐의 사면 안정**

ㄱ 상류측이 가장 위험한 경우 : 시공 직후, 수위 급강하시

ㄴ 하류측이 가장 위험한 경우 : 시공 직후, 정상침투시

⑧ 흙의 다짐

① **개요**

ㄱ 흙의 다짐효과에 영향을 주는 요소 : 흙, 함수비, 에너지의 종류와 크기

ㄴ 다짐시험방법 : 최대건조밀도와 최적함수비를 알기 위한 실험실 시험으로 일반적으로 표준시험은 A-1방법으로 한다.
  - 최적함수비(OMC) : 건조밀도가 가장 클 때의 함수비
  - 최대건조밀도(γ_{dmax}) : 최적함수비일 때의 건조밀도

② 실내다짐

ⓐ 다짐에너지와 다짐방법

- 다짐에너지 : $E_c = \dfrac{W_R H N_B N_L}{V}$

  (W_R : 추의 무게, H : 추의 낙하고, N_B : 각 층당 다짐횟수, N_L : 다짐층수)

- 다짐방법
  - A-1방법 : 2.5kg의 추로 30cm 높이에서 낙하시키는 방법, 다짐층수는 3층, 다짐횟수는 25회
  - A-2방법 : 4.5kg의 추로 45cm 높이에서 낙하시키는 방법, 다짐층수는 5층, 다짐횟수는 25회

ⓑ 함수비의 변화에 따른 흙 상태의 변화 : 수화단계(반고체영역) → 윤활단계(탄성영역) → 팽창단계(소성영역) → 포화단계(반점성영역)

ⓒ 다짐에너지 변화에 따른 다짐곡선의 성질

- 다짐에너지의 증가에 따라 최대건조단위중량은 증가하고, 최적함수비는 감소한다.
- 영공적곡선＝영공기공극곡선＝영공기간극곡선＝포화곡선 : 공기가 차지하는 공극이 0일 때 얻어진 이론상의 최대밀도를 나타내는 곡선

$$\gamma_d = \dfrac{G_s}{1 + \dfrac{w G_s}{S}} \gamma_w$$

ⓓ 흙의 종류에 따른 다짐곡선의 성질

- 양입도일수록 최대건조단위중량은 증가하고 최적함수비는 감소한다.
- 입도분포가 좋을수록 γ_{dmax} 는 증가하고 w_{opt} 는 감소한다.
- 조립토는 세립토에 비해 건조밀도가 높고, 곡선의 구배가 급하다.
- 점토분이 많을수록 최적함수비가 높다.
- 사질토일수록 최대건조밀도가 크고, 점성토일수록 작다.
- 다짐에너지가 클수록 최대건조밀도가 크고, 최적함수비는 작다.
- 흙을 다짐하면 전단강도는 증가하고, 투수성 및 압축성은 감소한다.

③ 상대다짐도＝$\dfrac{\text{현장의 건조밀도}(\gamma_d)}{\text{실험실의 최대건조밀도}(\gamma_{dmax})} \times 100\%$

④ **현장에서 건조단위중량을 구하는 방법** : 고무막법, 모래치환법, 절삭법, 방사선 밀도 측정기에 의한 방법

⑤ **현장에서 지지력을 구하는 방법**

ⓐ 평판재하시험

- 지지력계수 : $K = \dfrac{\text{하중강도}(q_u)}{\text{침하량}(y)}$ [kg/cm³](침하량은 0.125cm를 표준으로 한다.)

- 지지력계수의 결정 : 재하판의 직경이 30cm, 40cm, 75cm이며, 각각의 지지력계수를 K_{30}, K_{40}, K_{75}라 하면 $K_{75} = \dfrac{1}{2.2} K_{30}$, $K_{75} = \dfrac{1}{1.5} K_{40}$, $K_{40} = \dfrac{1.5}{2.2} K_{30}$이므로 지지력계수의 크기는 $K_{30} > K_{40} > K_{75}$이다.

ⓛ 노상토 지지력비시험(CBR시험)
- 적용범위 : 아스팔트 포장(연성포장)시 포장두께를 결정하기 위한 지지력을 구하는 시험
- 노상토의 지지력비 $= \dfrac{\text{시험단위하중}}{\text{표준단위하중}} \times 100\% = \dfrac{\text{시험하중}}{\text{표준하중}} \times 100\%$

⑨ 기초

① 개요

ⓖ 기초의 최소 구비조건
- 최소한의 근입깊이(동결깊이 이하)를 보유해야 한다.
- 안정해야 한다.
- 침하량이 허용값을 넘지 않아야 한다.
- 기초의 시공이 가능해야 한다.

ⓛ 기초의 종류
- 얕은 기초(직접기초, 확대기초) : 독립 footing 기초, 복합 footing 기초, 캔틸레버 footing 기초, 연속 footing 기초, 전면 기초
- 깊은 기초 : 말뚝 기초, 피어 기초, 케이슨 기초

ⓒ 기초파괴의 종류
- 국부전단파괴 : 느슨한 모래, 연약한 흙
- 전반전단파괴 : 조밀한 모래, 견고한 흙
- 관입전단파괴

ⓔ 지지력의 종류
- 극한지지력 : 전반전단파괴시의 응력(q_u)
- 허용지지력 : $q_a = \dfrac{\text{극한지지력}(q_u)}{\text{안전율}(F_s)}$
- 안전율 : $F_s = 3$

② 얕은 기초의 극한지지력 공식

　㉠ Terzaghi의 기초파괴 형상

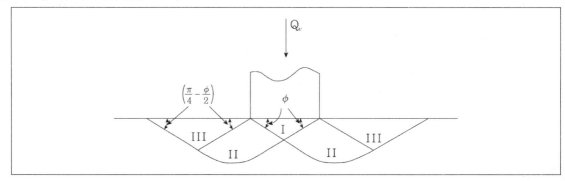

　　• 영역 Ⅰ은 탄성영역이다.
　　• 영역 Ⅱ는 원호전단영역이다.
　　• 영역 Ⅲ은 수동영역이다.
　　• 영역 Ⅲ에서 수평선과 $45° - \dfrac{\phi}{2}$의 각을 이룬다.
　　• 기초의 형상은 세장기초이며, 평면 변형문제로 해석한다.

　㉡ Terzaghi의 극한지지력 공식

　　• 일반식

$$q_u = \alpha c N_c + \beta \gamma_1 B N_r + \gamma_2 D_f N_q$$

　　　• N_c, N_r, N_q : 지지력계수로서 마찰각 ϕ의 함수
　　　• γ_1, γ_2 : 지하수위 아래에서는 수중단위중량을 사용
　　　• α, β : 형상계수로서 기초의 형상에 따라 변함

　　• 기초의 형상계수

구분	연속기초	정사각형기초	원형기초	직사각형기초
α	1.0	1.3	1.3	$1+0.3B/L$
β	0.5	0.4	0.3	$0.5-0.1B/L$

　　• Terzaghi의 허용지지력 공식

$$q_a = \frac{q_u}{3} = \frac{1}{3}(\alpha c N_c + \beta \gamma_1 B N_r + \gamma_2 D_f N_q^*)$$

　　　• $N_q^* = N_q + 2$

③ **배수조건에 대한 지지력 및 현장재하시험**

　㉠ 지지력과 침하량

　　• 지지력 : 점성토는 일정하고, 사질토는 기초 폭에 비례하여 커진다.

　　• 침하량 : 점성토는 기초 폭에 비례하여 커지며, 사질토는 기초 폭에 직접 비례하지는 않으나 최대 4배까지 증가한다.

　㉡ 비배수조건(점토지반)

　　• Skempton의 극한지지력

$$q_u = \alpha c N_c + \gamma D_f$$
$$q_u = c N_c$$

　　• 점토에 대한 지지력은 기초의 폭과 무관하며 기초의 폭이 커지면 침하량은 증가한다.

　㉢ 배수조건(사질토지반)

$$q_u = \beta \gamma_1 B N_r + \gamma_2 D_f N_q$$

④ **말뚝기초**

　㉠ 말뚝기초의 종류

　　• 지지력에 의한 분류 : 선단지지말뚝, 마찰말뚝, 하부지반지지말뚝

　　• 기능에 의한 분류 : 마찰말뚝, 선단지지말뚝, 불완전 지지말뚝, 다짐말뚝, 인장말뚝

　㉡ 현장 콘크리트말뚝

　　• Franky 말뚝 : 외관 속에 콘크리트를 채우고 해머로 콘크리트를 때려 땅 속에 관입시킨 후 외관을 고정시키고 콘크리트를 때려 구근을 형성시키고 난 후, 외관을 빼면서 콘크리트를 타설하여 시공하는 방법

　　• Pedestal 말뚝 : 직접 케이싱을 타격하여 땅 속에 박은 후 케이싱을 빼면서 콘크리트를 타설하는 방법

　　• Raymond 말뚝 : 외관과 내관을 동시에 박은 후 내관을 뽑아내고 외관 내에 콘크리트를 타설하는 방법

⑤ **말뚝의 지지력 결정**

　㉠ 정역학적 공식(Dunham 공식) : Terzaghi의 공식, Dorr의 공식, Meyerhof의 공식, Krey의 공식

$$Q_u = Q_p + Q_s$$

　　• Q_p : 말뚝선단지지력

　　• Q_s : 말뚝의 주면마찰지지력

ⓛ **동역학적 공식**(항타 공식) : Hiley의 공식, Weisbach의 공식, Sander의 공식, Engineering news공식, Terzaghi의 공식

- Hiley의 공식 : $W_r \times h \times$ 효율 $= R_u \times \delta +$ 손실에너지

  (W_r : 해머의 무게, h : 낙하고, δ : 한 타격으로 인한 말뚝의 침하량, R_u : 말뚝의 저항력)

- Engineering news공식

  −드롭해머 : $Q_a = \dfrac{W_r h}{F_s \times (\delta + 2.5)}$

  −단동식 증기해머 : $Q_a = \dfrac{W_r h}{F_s \times (\delta + 0.25)}$

  −복동식 증기해머 : $Q_u = \dfrac{(W_r + A_p p)h}{F_s \times (\delta + 2.5)}$ (A_p : 피스톤의 단면적, p : 증기압)

  −안전율 : $F_s = 6$

- Sander의 공식 : $Q_a = \dfrac{W_r h}{F_s \delta}$ ($F_s = 8$)

ⓒ **부마찰력**

- 연약지반에 말뚝을 박은 다음 그 위에 성토하는 경우, 또는 연약지반 위에 성토한 다음 말뚝을 박은 경우 성토하중으로 말미암아 압밀이 일어나면서 말뚝을 아래로 끌어 내려간다.
- 지하수위의 저하가 있을 때 일어난다.
- 부마찰력에 의해 지지력이 감소한다.
- 군항 중 말뚝 1개에 대한 부마찰 : $Q_f = \dfrac{Q_{NF}}{N}$ (Q_{NF} : 부의 주변 마찰력, N : 말뚝수)

ⓔ **말뚝의 재하시험**

- 허용지지력은 하중−침하곡선에서 구한 극한지지력의 1/3과 항복하중의 1/2 중 작은 쪽을 택한다.
- 하중−침하량 곡선, 하중−경과시간 곡선, 침하량−시간 곡선을 그릴 수 있다.

⑥ **군항**(군말뚝)

ⓖ **군항의 최대 중심간격** : $D_0 = 1.5\sqrt{rL}$ (r : 말뚝의 반경, L : 말뚝의 관입깊이)

- 실제 말뚝간격 d가 D_0보다 작으면 군항으로 간주한다.
- 군항은 전달되는 응력이 겹쳐져서 단항의 지지력에 개수를 곱한 값보다 훨씬 작다.
- 일반적으로 말뚝의 간격은 $2.5d$ 이상이면 되고, $4d$ 이상이면 비경제적이다.

ⓛ **효율** : $E = 1 - \dfrac{\phi}{90}\left\{\dfrac{(n-1)m + (m-1)n}{mn}\right\}$ (m : 각 열의 말뚝수, n : 말뚝의 열수)

ⓒ **군항의 허용지지력** : $Q_{ag} = ENQ_a$ (N : 말뚝 총수, Q_a : 단항으로서의 허용지지력)

ⓔ **안전율** : $F_s = 3$

⑦ 피어 공법의 종류
　㉠ 인력굴착방법 : Chicago 공법, Gow 공법(흙막이로서 강제 원통을 사용)
　㉡ 기계굴착방법 : Benoto 공법, Calwelde 공법, Reverse circulation 공법

❿ 지반개량공법

① 점성토개량공법

　㉠ 치환 공법

　㉡ 프리로딩 공법

　㉢ 샌드 드레인 공법
　　• 모래말뚝이 배열에 따른 영향원의 직경 d_e
　　−삼각형 배열 : $d_e = 1.05S$　(S : 모래말뚝의 중심간격)
　　−사각형 배열 : $d_e = 1.13S$
　　• 평균 압밀도 : 수평, 연직방향의 투수를 고려한 전체의 평균 압밀도

$$U = 1 - (1 - U_v)(1 - U_h)$$

　㉣ 페이퍼 드레인 공법
　　• 시공속도가 빠르다.
　　• 타설에 의해서 주변지반을 교란하지 않는다.
　　• 배수 단면이 깊이에 따라 일정하다.
　　• 배수효과가 양호하다.
　　• 공사비가 싸다.

　㉤ 팩 드레이 공법 : 샌드 드레인과 페이퍼 드레인의 장점을 복합적으로 이용한 공법

　㉥ 고결공법
　　• 석회안정처리공법
　　• 침투압공법 : 지반 내에 반투압 중공원통을 삽입하고, 그 속에 농도가 높은 용액을 넣어 점토 지반의 수분을 흡수, 탈수시켜 지반을 강화하는 공법
　　• 생석회 말뚝공법 : 탈수효과, 압축효과, 건조 및 화학반응 효과
　　• 전기침투공법

　㉦ 압성토공법

② **사질지반개량공법**

    ㉠ 다짐말뚝공법

    ㉡ **다짐모래말뚝공법** : 재료비 절감을 목적으로 나무 또는 콘크리트 말뚝 대신 모래를 지반내 압입하여 잘 다져진 모래 말뚝을 만드는 공법, 사질토뿐 아니라 점성토 지반에서도 적용 가능

    ㉢ 바이브로플로테이션 공법

    ㉣ 폭파다짐공법

    ㉤ 전기충격공법

③ **일시적 지반개량공법**

    ㉠ **웰 포인트 공법** : 지하수위를 저하시킬 목적으로 사용, 분사현상 및 파이핑현상을 방지할 수 있다.

    ㉡ 동결공

    ㉢ **대기압공법** : 비닐시트 등 기밀한 막으로 지표면을 덮은 다음 내부 압력을 저하시켜 대기압을 하중으로 활용하여 압밀을 촉진하는 공법

    ㉣ 소결공법

④ **특수 개량공법**

    ㉠ **동다짐공법** : 동다짐에 의한 영향깊이 $D = \alpha\sqrt{Wh}$ ($\alpha = 0.5$: 영향계수, W : 낙하추의 무게, h : 낙하고)

    ㉡ 주입공법

    ㉢ **지오텍스타일** : 흙 속에 폴리에스테르, 나일론, 폴리에틸렌 등을 사용하여 연약지반을 개량하는 공법

    ㉣ 주열식 흙막이 벽체

    ㉤ 지하연속벽 공법

⑤ **토질조사 및 시료채취**

    ㉠ 스플릿 배럴 샘플러에 의한 방법

    ㉡ **샘플링** : 얇은 판에 의한 시료채취방법

PLUS CHECK 시료의 불교란 조건(여영토의 혼입)

- 면적비 : $A_r = \dfrac{D_0{}^2 - D_e{}^2}{D_e{}^2} \times 100\%$

- 내경비 : $C_i = \dfrac{D_s - D_e}{D_e} \times 100\%$

ⓒ 보링
- 오거 보링
- 퍼커션 보링
- 로타리 보링 : 가장 많이 사용

ⓡ **사운딩** : 로드 끝에 설치한 저항체를 땅 속에 삽입하여 관입, 회전, 인발 등의 저항에서 토층의 성질을 탐사하는 것
- 정적인 방법(점성토 지반에 사용) : 휴대용 원추관입시험기, 화란식 원추관입시험기, 스웨덴식 관입시험기, 이스키 메터, 베인시험기
- 동적인 방법(사질토 지반에 사용) : 표준관입시험기, 동적 원추관입시험기

기출예상문제

1 토질실험 결과 내부마찰각(ϕ)은 30°, 점착력 $C=0.5$kg/cm², 간극수압이 8kg/cm²이고 파괴면에 작용하는 수직응력이 30kg/cm²일 때 이 흙의 전단응력은?

한국시설안전공단

① 12.7kg/cm²

② 13.2kg/cm²

③ 15.8kg/cm²

④ 19.5kg/cm²

2 다음 그림과 같은 점성토 지반의 굴착저면에서 바닥융기에 대한 안전율을 Terzaghi의 식에 의해서 구하면? (단, $\gamma = 1.731$t/m³, $C=2.4$t/m²)

한국철도시설공단

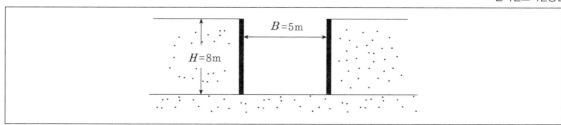

① 3.21

② 2.32

③ 1.64

④ 1.17

1 $\tau = C + \sigma'\tan\phi$에서

$\tau = C + (\sigma - u)\tan\phi = 0.5 + (30-8)\tan30^o = 13.2$kg/cm²

2 히빙(Heaving) 안전율

Teraghi의 식 $F_s = \dfrac{5.7C}{\gamma \cdot H - \dfrac{C \cdot H}{0.7B}} = \dfrac{5.7 \times 2.4}{1.731 \times 8 - \dfrac{2.4 \times 8}{0.7 \times 5}} = 1.64$

3 흙의 투수계수에 영향을 미치는 요소들로만 구성된 것은?

> ㉠ 흙입자의 크기 ㉡ 간극비
> ㉢ 간극의 모양과 배열 ㉣ 활성도
> ㉤ 물의 점성계수 ㉥ 포화도
> ㉦ 흙의 비중

① ㉠㉡㉣㉥
② ㉠㉡㉢㉤㉥
③ ㉠㉡㉣㉤㉦
④ ㉡㉢㉤㉦

4 노건조한 흙 시료의 부피가 1,000cm³, 무게가 1,700g, 비중이 2.65라면 간극비는?

① 0.71
② 0.43
③ 0.65
④ 0.56

5 연약지반 위에 성토를 실시한 다음 말뚝을 시공하였다. 시공 후 발생될 수 있는 현상에 대한 설명으로서 바른 것은?

① 성토를 실시하였으므로 말뚝의 지지력은 점차 증가하게 된다.
② 말뚝을 암반층 상단에 위치하도록 시공하였다면 말뚝의 지지력에는 변함이 없다.
③ 압밀이 진행됨에 따라 지반의 전단강도가 증가되므로 말뚝의 지지력은 점차 증가하게 된다.
④ 압밀로 인하여 부의 주면마찰력이 발생되므로 말뚝의 지지력은 감소하게 된다.

✅ **ANSWER** | 3.② 4.④ 5.④

3
투수계수 $K = D_s^2 \cdot \dfrac{r_w}{\eta} \cdot \dfrac{e^3}{1+e} \cdot C$

D_s : 흙 입자의 입경, r_w : 물의 단위중량, η : 물의 점성계수, e : 공극비, C : 합성형상계수, K : 투수계수

4
현장의 건조단위중량은 $\gamma_d = \dfrac{1,700}{1,000} = 1.7 \text{g/cm}^3$

공극비는 $e = \dfrac{G_s \cdot \gamma_w}{\gamma_d} - 1 = \dfrac{2.65 \cdot 1}{1.7} - 1 = 0.56$

5 ① 성토로 인하여 상부로부터 가해지는 하중의 증가에 의해, 시간이 지남에 따라 말뚝의 지지력은 감소하게 된다.
② 말뚝을 암반층 상단에 위치하도록 시공하였다면 부마찰력이 발생할 때 말뚝의 지지력은 감소하게 된다.
③ 압밀이 진행됨에 따라 지반의 전단강도는 증가될 수도 있으나 성토정도의 여부에 따라 말뚝의 지지력은 전체적으로 감소가 될 수 있다.

6 흙의 다짐에 대한 일반적인 설명으로 바르지 않은 것은?

① 다진 흙의 최대건조밀도와 최적함수비는 어떻게 다짐을 하더라도 일정한 값이다.

② 사질토의 최대건조밀도는 점성토의 최대건조밀도보다 크다.

③ 점성토의 최적함수비는 사질토보다 크다.

④ 다짐에너지가 크면 일반적으로 밀도는 높아진다.

7 연약점토지반에 압밀촉진공법을 적용한 후, 전체 평균압밀도가 90%로 계산되었다. 압밀촉진공법을 적용하기 전, 수직방향의 평균압밀도가 20%였다고 하면 수평방향의 평균압밀도는?

① 70%

② 77.5%

③ 82.5%

④ 87.5%

8 포화된 흙의 건조단위중량이 1.70t/m³이고, 함수비가 20%일 때 비중은 약 얼마인가?

① 2.58

② 2.68

③ 2.78

④ 2.88

ANSWER | 6.① 7.④ 8.①

6 다진 흙의 최대건조밀도와 최적함수비는 다짐에 따라 값이 달라진다.

7 평균압밀도 $U = 1 - (1 - U_v)(1 - U_h)$ 에서

$0.9 = 1 - (1 - 0.2)(1 - U_h)$

수평방향 평균압밀도 $U_h = 0.875 = 87.5\%$

8 간극비 $e = \dfrac{w}{S} G_s = \dfrac{20}{100} G_s = 0.2 G_s$ (포화점토인 경우 $S = 100\%$)

비중(G_s)을 구하면

$\gamma_d = \dfrac{G_s \cdot \gamma_w}{1 + e}$ 에서 $1.7 = \dfrac{G_s \cdot 1}{1 + 0.2 G_s}$

$1.7 \times (1 + 0.2 G_s) = G_s$

$0.66 G_s = 1.7$ 이며 $G_s = 2.58$

9 표준관입시험에 대한 설명으로 바르지 않은 것은?

① 질량 63.5 ± 0.5 kg인 해머를 사용한다.

② 해머의 낙하높이는 (760 ± 10) mm이다.

③ 고정 피스톤 샘플러를 사용한다.

④ 샘플러를 지반에 300mm 박아 넣는데 필요한 타격횟수를 N값이라고 한다.

10 얕은 기초의 지지력 계산에 적용하는 Terzaghi의 극한지지력 공식에 대한 설명으로 바르지 않은 것은?

① 기초의 근입깊이가 증가하면 지지력도 증가한다.

② 기초의 폭이 증가하면 지지력도 증가한다.

③ 기초지반이 지하수에 의해 포화되면 지지력은 감소한다.

④ 국부전단파괴가 일어나는 지반에서 내부마찰각(ϕ')은 $\frac{2}{3}\phi$을 적용한다.

11 다음 중 투수계수를 좌우하는 요인이 아닌 것은?

① 토립자의 비중

② 토립자의 크기

③ 포화도

④ 간극의 형상과 배열

ⓒ A N S W E R | 9.③ 10.④ 11.①

9 표준관입시험은 스플릿 스푼 샘플러를 사용한다.

10 국부전단파괴가 일어나는 지반에서 점착력은 $\frac{2}{3}C$ 를 적용한다.

11 토립자의 비중은 투수계수와는 무관하다.

12 어떤 점토의 압밀계수는 $1.92 \times 10^{-3} cm^2/sec$, 압축계수는 $2.86 \times 10^{-2} cm^2/g$이었다. 이 점토의 투수계수는? (단, 이 점토의 초기간극비는 0.8이다.)

① $1.05 \times 10^{-5} cm/sec$

② $2.05 \times 10^{-5} cm/sec$

③ $3.05 \times 10^{-5} cm/sec$

④ $4.05 \times 10^{-5} cm/sec$

13 흙의 다짐시험에서 다짐에너지를 증가시키면 일어나는 결과는?

① 최적함수비는 증가하고, 최대건조단위중량은 감소한다.

② 최적함수비는 감소하고, 최대건조단위중량은 증가한다.

③ 최적함수비와 최대건조단위중량이 모두 감소한다.

④ 최적함수비와 최대건조단위중량이 모두 증가한다.

14 유선망(Flow Net)의 성질에 대한 설명으로 틀린 것은?

① 유선과 등수두선은 직교한다.

② 동수경사(i)는 등수두선의 폭에 비례한다.

③ 유선망으로 되는 사각형은 이론상 정사각형이다.

④ 인접한 두 유선 사이, 즉 유로를 흐르는 침투수량은 동일하다.

ⓒ **ANSWER** | 12.③ 13.② 14.②

12
$$K = C_v \cdot m_v \cdot r_w = C_v \cdot \frac{a_v}{1+e} \cdot \gamma_w = 1.92 \times 10^{-3} \times \frac{2.86 \times 10^{-2}}{1+0.8} \times 1 = 3.05 \times 10^{-5} cm/sec$$

13 흙의 다짐시험에서 다짐에너지를 증가시키면 최적함수비는 감소하고, 최대건조단위중량은 증가한다.

14 동수경사는 등수두선의 폭에 반비례한다.

15 4.75mm체(4번체)의 통과율이 90%이고, 0.075mm체(200번체) 통과율이 4%, $D_{10}=0.25mm$, $D_{30}=0.6mm$, $D_{60}=2mm$인 흙을 통일분류법으로 분류하면?

① GW

② GP

③ SW

④ SP

16 전단마찰각이 25°인 점토의 현장에 작용하는 수직응력이 5t/m²이다. 과거 작용했던 최대 하중이 10t/m²이라고 할 때 대상지반의 정지토압계수를 구하면?

① 0.40

② 0.57

③ 0.82

④ 1.14

ANSWER | 15.④ 16.③

ⓖ **ANSWER** | 15.④ 16.③

15

균등계수 $C_u = \dfrac{D_{60}}{D_{10}} = \dfrac{2}{0.25} = 8$

곡률계수 $C_g = \dfrac{D_{30}^2}{D_{10} \cdot D_{60}} = \dfrac{0.6^2}{0.25 \cdot 2} = \dfrac{0.36}{0.50} = 0.72$

곡률계수가 1 미만이므로 빈입도(P)가 된다.

4.75mm체(4번체)의 통과율이 50% 이상이므로 모래이다. 따라서 입도분포가 나쁜 모래(SP)가 된다.

※ 양입도 판정기준

구분	균등계수	곡률계수
흙	10 초과	1~3
모래	6 초과	1~3
자갈	4 초과	1~3

16

과압밀비 $OCR = \dfrac{\text{선행압밀하중}}{\text{현재의 유효상재하중}} = \dfrac{10}{5} = 2$

정규압밀점토인 경우 정지토압계수 $K_o = 1 - \sin\phi = 1 - \sin 25^o = 0.58$

과압밀점토인 경우, 정지토압계수는 정규압밀점토인 경우의 정지토압계수에 $\sqrt{OCR} = \sqrt{2}$를 곱한 값이므로 과압밀점토의 정지토압계수는 $0.58\sqrt{2} = 0.82$

17 다음 중 점토 지반의 강성기초의 접지압 분포에 대한 설명으로 바르지 않은 것은?

① 기초 모서리 부분에서 최대응력이 발생한다.

② 기초 중앙부분에서 최대응력이 발생한다.

③ 기초 밑면의 응력은 어느 부분이나 동일하다.

④ 기초 밑면에서의 응력은 토질에 관계없이 일정하다.

18 점토의 다짐에서 최적함수비보다 함수비가 적은 건조측 및 함수비가 많은 습윤측에 대한 설명으로 옳지 않은 것은?

① 다짐의 목적에 따라 습윤 및 건조측으로 구분하여 다짐계획을 세우는 것이 효과적이다.

② 흙의 강도 증가가 목적인 경우, 건조측에서 다지는 것이 유리하다.

③ 습윤측에서 다지는 경우, 투수계수 증가효과가 크다.

④ 다짐의 목적이 차수를 목적으로 하는 경우, 습윤측에서 다지는 것이 유리하다.

✅ **A N S W E R** | 17.② 18.③

17 점토지반의 강성기초는 기초 중앙부분에서 최소응력이 발생한다.

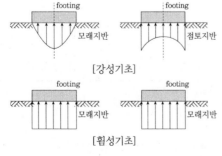

18 최적함수비보다 건조측에서 최대강도, 최적함수비보다 습윤측에서 최소투수계수가 나온다.

19 Meyerhof의 극한지지력 공식에서 사용하지 않는 계수는?

① 형상계수   ② 깊이계수
③ 시간계수   ④ 하중경사계수

20 토질조사에 대한 설명 중 옳지 않은 것은?

① 사운딩(Sounding)이란 지중에 저항체를 삽입하여 토층의 성상을 파악하는 현장시험이다.
② 불교란시료를 얻기 위하여 Foil Sampler, Thin Wall Tube Sampler 등이 사용된다.
③ 표준관입시험은 로드(Rod)의 길이가 길어질수록 N치가 작게 나온다.
④ 베인 시험은 정적인 사운딩이다.

21 다음 중 연약점토지반 개량공법이 아닌 것은?

① Preloading 공법   ② Sand drain 공법
③ Paper drain 공법   ④ Vibro floatation 공법

22 함수비 15%인 흙 2,300g이 있다. 이 흙의 함수비를 25%가 되도록 증가시키려면 얼마의 물을 추가해야 하는가?

① 200g   ② 230g
③ 345g   ④ 575g

✅ ANSWER | 19.③ 20.③ 21.④ 22.①

19 Meyerhof의 극한지지력 공식에서 사용되는 계수 … 형상계수, 깊이계수, 하중경사계수, 지지력계수

20 표준관입시험은 로드(Rod)의 길이가 길어질수록 N치가 크게 나온다. (타격에너지의 손실이 발생하여 실제보다 N치가 크게 나온다.)

21 Vibro floation공법은 사질지반의 개량공법이다.

22 함수비 15%일 때의 물의 양
$$W_w = \frac{W \cdot w}{1+w} = \frac{2,300 \times 0.15}{1+0.15} = 300g$$
함수비 25%일 때의 물의 양
$15 : 300 = 25 : W_w, \quad W_w = 500g$
추가해야 할 물의 양 $500 - 300 = 200g$

23 간극비(e)와 간극률(n, %)의 관계를 바르게 나타낸 것은?

① $e = \dfrac{1 - n/100}{n/100}$

② $e = \dfrac{n/100}{1 - n/100}$

③ $e = \dfrac{1 + n/100}{n/100}$

④ $e = \dfrac{1 + n/100}{1 - n/100}$

24 옹벽배면의 지표면 경사가 수평이고, 옹벽배면 벽체의 기울기가 연직인 벽체에서 옹벽과 뒤채움 흙 사이의 벽면 마찰각을 무시할 경우, Rankine토압과 Coulomb토압의 크기를 비교하면?

① Rankine토압이 Coulomb토압보다 크다.

② Coulomb토압이 Rankine토압보다 크다.

③ Rankine토압과 Coulomb토압의 크기는 항상 같다.

④ 주동토압은 Rankine토압이 더 크고, 수동토압은 Coulomb토압이 더 크다.

25 샘플러(Sampler)의 외경이 6cm, 내경이 5.5cm일 때 면적비(A_r)는?

① 8.3%
② 9.0%
③ 16%
④ 19%

ANSWER | 23.② 24.③ 25.④

23 간극비(e)와 간극률(n, %)의 관계는 다음과 같다.

$n = \dfrac{e}{1+e} \cdot 100$이므로 $e = \dfrac{n/100}{1 - n/100}$

24 Rankine토압에서는 옹벽의 벽면과 흙의 마찰 등을 무시하나 Coulomb토압에서는 이를 고려해야 한다. 그러나 이 문제에서는 마찰각이 0이라는 조건을 부여하였으므로, 두 토압은 동일하게 산정된다.

25 $A_r = \dfrac{D_w^{\,2} - D_e^{\,2}}{D_e^{\,2}} \times 100 = \dfrac{6^2 - 5.5^2}{5.5^2} \times 100 = 19\%$

26 수직방향의 투수계수가 4.5×10^{-8}m/sec이고 수평방향의 투수계수가 1.6×10^{-8}m/sec인 균질하고 비등방인 흙 댐의 유선망을 그린 결과 유로의 수가 4개이고 등수두선의 간격수가 18개였다. 단위길이(m)당 침투수량은? (단, 댐의 상하류의 수면차는 18m이다.)

① 1.1×10^{-7}m^3/sec

② 2.3×10^{-7}m^3/sec

③ 2.3×10^{-8}m^3/sec

④ 1.5×10^{-8}m^3/sec

27 사면안정 해석법에 대한 설명으로 바르지 않은 것은?

① 일체법은 활동면 위에 있는 흙덩어리를 하나의 물체로 보고 해석하는 방법이다.

② 절편법은 활동면 위에 있는 흙을 몇 개의 절편으로 분할해서 해석하는 방법이다.

③ 마찰원방법은 점착력과 마찰각을 동시에 갖고 있는 균질한 지반에 적용된다.

④ 절편법은 흙이 균질하지 않아도 적용이 가능하지만, 흙 속에 간극수압이 있을 경우 적용이 불가능하다.

28 흙의 다짐에 대한 설명으로 바르지 않은 것은?

① 조립토는 세립토보다 최대건조단위중량이 커진다.

② 습윤측 다짐을 하면 흙 구조가 면모구조가 된다.

③ 최적 함수비로 다질 때 최대건조단위중량이 된다.

④ 동일한 다짐에너지에 대해서는 건조측이 습윤측보다 더 큰 강도를 보인다.

ANSWER | 26.① 27.④ 28.②

26 $K = \sqrt{K_h K_v} = \sqrt{(1.6 \cdot 10^{-8}) \cdot (4.5 \cdot 10^{-8})} = 2.68 \times 10^{-8}$m^3/sec

$Q = KH \dfrac{N_f}{N_d} = 2.68 \times 10^{-8} \times 18 \times \dfrac{4}{18} = 1.07 \times 10^{-7}$m^3/sec

27 흙이 균질하지 않고 간극수압을 고려할 경우에는 절편법이 적합하다.

28 습윤측 다짐을 하면 흙 구조가 이산(분산)구조가 된다.

29 Sand drain공법의 지배영역에 관한 Barron의 정사각형 배치에서 사주(Sand Pile)의 간격을 d, 유효원의 지름을 d_e라 할 때 d_e를 구하는 식으로 옳은 것은?

① $d_e = 1.13d$ ② $d_e = 1.05d$

③ $d_e = 1.03d$ ④ $d_e = 1.50d$

30 Vane-Test에서 Vane의 지름 5cm, 높이 10cm 파괴 시 토크가 590kg·cm일 때 점착력은?

① 1.29kg/cm^2 ② 1.57kg/cm^2

③ 2.13kg/cm^2 ④ 2.76kg/cm^2

31 연약지반에 구조물을 축조할 때 피조미터를 설치하여 과잉간극수압의 변화를 측정했더니 어떤 점에서 구조물 축조 직후 10t/m^2이었지만 4년 후는 2t/m^2이었다. 이때의 압밀도는?

① 20%   ② 40%

③ 60%   ④ 80%

32 다음 중 Rankine 토압이론의 기본가정에 속하지 않는 것은?

① 흙은 비압축성이고 균질의 입자이다.   ② 지표면은 무한히 넓게 존재한다.

③ 옹벽과 흙과의 마찰을 고려한다.   ④ 토압은 지표면에 평행하게 작용한다.

⊘ ANSWER | **29.**①   **30.**①   **31.**④   **32.**③

29 Sand Pile의 유효 원지름
    ⊙ 정삼각형 배열 시 : $d_e = 1.05d$
    ⓛ 정사각형 배열 시 : $d_e = 1.13d$

30 $C_c = \dfrac{M_{\max}}{\pi D^2 \left(\dfrac{H}{2} + \dfrac{D}{6}\right)} = \dfrac{590}{\pi \cdot 5^2 \left(\dfrac{10}{2} + \dfrac{5}{6}\right)} = 1.29\text{kg/cm}^2$

31 $u_s = \dfrac{u_i - u}{u_i} \cdot 100 = \dfrac{10 - 2}{10} \cdot 100 = 80\%$

32 Rankine토압에서는 옹벽의 벽면과 흙의 마찰 등을 무시하나 Coulomb토압에서는 이를 고려해야 한다.

33 보링(Boring)에 관한 설명으로 바르지 않은 것은?

① 보링(Boring)에는 회전식(Rotary Boring)과 충격식(Percussion Boring)이 있다.

② 충격식은 굴진속도가 빠르고 비용도 저렴하나 분말상의 교란된 시료만 얻어진다.

③ 회전식은 시간과 공사비가 많이 들 뿐만 아니라 확실한 코어(Core)도 얻을 수 없다.

④ 보링은 지반의 상황을 판단하기 위해 실시한다.

34 흙이 동상을 일으키기 위한 조건으로 가장 거리가 먼 것은?

① 아이스렌즈를 형성하기 위한 충분한 물의 공급이 있을 것

② 양(+)이온을 다량 함유할 것

③ 0℃ 이하의 온도가 오랫동안 지속될 것

④ 동상이 일어나기 쉬운 토질일 것

35 예민비가 큰 점토란 어느 것인가?

① 입자의 모양이 날카로운 점토

② 입자가 가늘고 긴 형태의 점토

③ 다시 반죽했을 때 강도가 감소하는 점토

④ 다시 반죽했을 때 강도가 증가하는 점토

ANSWER | 33.③ 34.② 35.③

33 보링(Boring) … 지반을 천공하고 토질의 시료를 채취하여 지층상황을 판단하는 방법

ㄱ 보링의 목적 : 흙(토질)의 주상도 작성, 토질조사(토질시험), 시료채취, 지하수위측정, 공내의 원위치시험, 지내력 측정

ㄴ 보링의 종류

- 오거 보링 : 오거의 회전으로 시료를 채취하며 얕은 점토질 지반에 적용하는 방식이다.
- 수세식 보링 : 물로 흙을 씻어내어 땅에 구멍을 뚫는 방법. 연약한 토사에 수압을 이용하여 탐사하는 방식이다.
- 충격식 보링 : 각종 형태의 무거운 긴 철주를 와이어 로프로 매달아 떨어뜨려서 땅에 구멍을 내는 방벙. 경질층의 깊은 굴삭에 사용되며 와이어로프 끝에 Bit를 달고 낙하충격으로 토사, 암석을 파쇄 후 천공하는 방식이다.
- 회전식 보링 : 동력에 의하여 내관인 로드 선단에 설치한 드릴 피트를 회전시켜 땅에 구멍을 뚫으며 내려간다. 지층의 변화를 연속적으로 비교적 정확히 알 수 있는 방식이다. [로터리 보링=코어 보링, 논코어 보링(코어 채취를 하지 않고 연속적으로 굴진하는 보링), 와이어라인공법(파들어 가면서 로드 속을 통해 코어를 당겨 올리는 공법)]

34 양이온을 다량으로 함유하고 있다는 것은 입자가 다수 존재한다는 것이며 이는 물의 어는점을 낮추어 동상을 억제한다.

35 예민비가 큰 점토란 다시 반죽했을 때 강도가 반죽 전의 강도보다 감소하는 점토를 말한다.

36 모래지반에 30cm×30cm의 재하판으로 재하실험을 한 결과 10t/m²의 극한지지력을 얻었다. 4m×4m의 기초를 설치할 때 기대되는 극한지지력은?

① $10t/m^2$

② $100t/m^2$

③ $133t/m^2$

④ $154t/m^2$

37 Terzaghi는 포화점토에 대한 1차 압밀이론에서 수학적 해를 구하기 위해 다음과 같은 가정을 하였다. 이 중 바르지 않은 것은?

① 흙은 균질하다.

② 흙은 완전히 포화되어 있다.

③ 흙 입자와 물의 압축성을 고려한다.

④ 흙 속에서의 물의 이동은 Darcy 법칙을 따른다.

38 흙의 투수계수 K에 관한 설명으로 옳은 것은?

① 투수계수는 물의 단위중량에 반비례한다.

② 투수계수는 입경의 제곱에 반비례한다.

③ 투수계수는 형상계수에 반비례한다.

④ 투수계수는 점성계수에 반비례한다.

✅ **ANSWER** | 36.③ 37.③ 38.④

36 사질토 지반의 지지력은 재하판의 폭에 비례한다.

$0.3 : 10 = 4 : q_u$ 이므로 $q_u = 133.33t/m^2$

37 ③ 흙 입자와 물의 압축성은 무시한다.

※ Terzaghi의 1차 압밀에 대한 가정

　㉠ 흙은 균질하다.

　㉡ 지반은 완전 포화상태이다.

　㉢ 흙입자와 물의 압축성은 무시한다.

　㉣ 흙 속의 물의 이동은 Darcy법칙이 적용되며, 투수계수는 일정하다.

　㉤ 흙의 압축은 일축압축으로 행하여진다.

　㉥ 압밀시 압력-간극비 관계는 이상적으로 직선적 변화를 한다.

38 투수계수 $K = D_s^2 \cdot \dfrac{r_w}{\eta} \cdot \dfrac{e^3}{1+e} \cdot C$

D_s : 흙 입자의 입경, r_w : 물의 단위중량, η : 물의 점성계수, e : 공극비, C : 합성형상계수, K : 투수계수

39 모어(Mohr)의 응력원에 대한 설명 중 바르지 않은 것은?

① 임의 평면의 응력상태를 나타내는데 매우 편리하다.

② σ_1과 σ_3의 차의 벡터를 반지름으로 해서 그린 원이다.

③ 한 면에 응력이 작용하는 경우 전단력이 0이면, 그 연직응력을 주응력으로 가정한다.

④ 평면기점(O_p)은 최소주응력이 표시되는 좌표에서 최소주응력면과 평행하게 그은 선이 Mohr의 원과 만나는 점이다.

40 통일분류법에 의해 흙이 MH로 분류가 되었다면, 이 흙의 공학적 성질은 어떠한 것으로 봐야 하는가?

① 핵성한계가 50% 이하인 점토이다.

② 액성한계가 50% 이하인 실트이다.

③ 소성한계가 50% 이하인 실트이다.

④ 소성한계가 50% 이상인 점토이다.

39 Mohr 응력원은 σ_1과 σ_3의 차의 벡터를 지름으로 해서 그린 원이다.

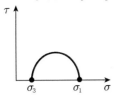

40 통일분류법
- GP : 입도분포 불량한 자갈 또는 모래 혼합토
- GM : 실트질 자갈, 자갈모래실트혼합토
- GC : 점토질 자갈, 자갈모래점토혼합토
- SW : 입도분포가 양호한 모래 또는 자갈 섞인 모래
- SP : 입도분포가 불량한 모래 또는 자갈 섞인 모래
- SM : 실트질 모래, 실트 섞인 모래
- SC : 점토질 모래, 점토 섞인 모래
- ML : 무기질 점토, 극세사, 암분, 실트 및 점토질 세사
- CL : 저·중소성의 무기질 점토, 자갈 섞인 점토, 모래 섞인 점토, 실트 섞인 점토, 점성이 낮은 점토
- OL : 저소성 유기질 실트, 유기질 실트 점토
- MH : 무기질 실트, 운모질 또는 규조질 세사 또는 실트, 탄성이 있는 실트
- CH : 고소성 무기질 점토, 점성 많은 점토
- OH : 중 또는 고소성 유기질 점토
- Pt : 이탄토 등 기타 고유기질토

03

수리수문학

03 수리수문학

❶ 유체의 기본 성질

① **중량, 단위중량, 비중**

   ㉠ 중량(힘, 무게) : $W = mg$ (W : 중량, g : 중력가속도)

   ㉡ 단위중량 : $w = \dfrac{W}{V} = \dfrac{mg}{V} = \dfrac{m}{V} \cdot g = \rho \cdot g$ (V : 용적, ρ : 밀도)

   ㉢ 비중 : 물의 단위중량에 대한 물체의 중량, 무차원

② **평균압축률 및 체적탄성계수**

   ㉠ 평균압축률 : $C = \dfrac{\left(\dfrac{dV}{V}\right)}{dp} = \dfrac{\left(\dfrac{V_1 - V_2}{V_1}\right)}{P_1 - P_2}$ ($\dfrac{dV}{V}$: 체적변화율, dp : 용기에 가해진 압력차)

   ㉡ 체적탄성계수 : $E = \dfrac{1}{C}$ (C : 압축률)

③ **점성**

   ㉠ 유체 내부 입자 간의 속도차에 의해 연속적으로 저항하려는 성질

   ㉡ 뉴턴의 점성법칙 : $\tau = \mu \dfrac{dv}{dy}$ (τ : 전단응력, $\dfrac{dv}{dy}$: 속도변화율)

   ㉢ 동점성계수 : $\nu = \dfrac{\mu}{\rho}$

④ 차원

물리량	공학단위	절대단위계	공학단위계
밀도	g/cm^3	$[ML^{-3}]$	$[FL^{-4}T^2]$
힘	$g \cdot cm/sec^2$	$[MLT^{-2}]$	$[F]$
각속도	l/sec	$[T^{-1}]$	$[T^{-1}]$
점성계수	$g/cm \cdot sec$	$[ML^{-1}T^{-1}]$	$[FL^{-2}T]$
동점성계수	cm^2/sec	$[L^2T^{-1}]$	$[L^2T^{-1}]$
투수계수	cm/sec	$[LT^{-1}]$	$[LT^{-1}]$
운동량	$g \cdot cm/sec$	$[MLT^{-1}]$	$[FT]$
표면장력	g/cm	$[MT^{-2}]$	$[FL^{-1}]$

❷ 정수역학

① **정수역학의 기본 성질**

　㉠ 정지유체 : 유체입자 상호 간의 상대 속도차가 없는 상태

　㉡ 기본성질

　　• 정수압은 항상 면에 직각으로 작용

　　• 정수압 강도 : $p = \dfrac{P}{A}$

　　• 한 점에 작용하는 정수압은 모든 방향에서 같은 크기로 작용

② **대기압**(1기압) ··· 위도 45° 해면에서 단위면적에 작용하는 0℃, 높이 760mm의 수은 기둥무게

　1atm = 760mmHg = 13.6g/cm³ × 76cm = 1,033.6g/cm³ = 1.0336kg/cm³ = 10.336ton/m³ = 물기둥　10.33m의 무게

③ **정수역학의 기본식**

　㉠ 정지유체의 평형조건식 : $dp = \rho(Xdx + Ydy + Zdz)$

　㉡ 수심 h인 점에 작용하는 정수압

　　• 절대압력 : $p = wh + p_a$　　(p_a : 대기압)

　　• 계기압력 : $p = wh$

④ **파스칼의 원리** … 용기 내 한 점에 작용하는 압력은 모든 곳에 동일하게 전달된다.

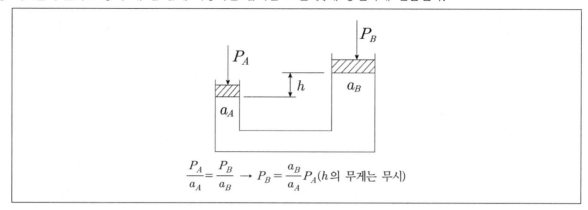

$$\frac{P_A}{a_A} = \frac{P_B}{a_B} \rightarrow P_B = \frac{a_B}{a_A}P_A (h 의 \ 무게는 \ 무시)$$

⑤ **액주계** … 밀폐된 용기나 관 내의 압력을 측정할 경우 사용

  ㉠ U자형 액주계

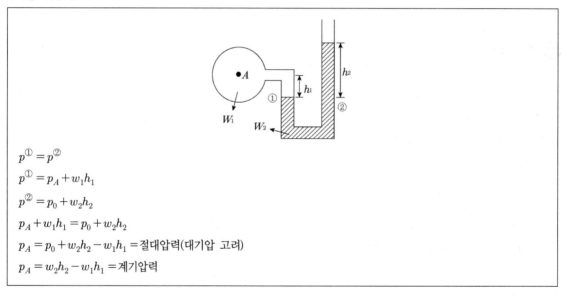

$p^{①} = p^{②}$

$p^{①} = p_A + w_1 h_1$

$p^{②} = p_0 + w_2 h_2$

$p_A + w_1 h_1 = p_0 + w_2 h_2$

$p_A = p_0 + w_2 h_2 - w_1 h_1 = 절대압력(대기압 \ 고려)$

$p_A = w_2 h_2 - w_1 h_1 = 계기압력$

ⓒ 역U자형 액주계

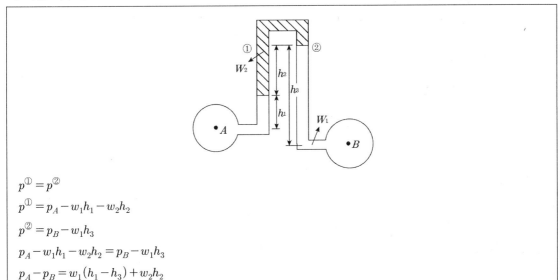

$p^{①} = p^{②}$

$p^{①} = p_A - w_1 h_1 - w_2 h_2$

$p^{②} = p_B - w_1 h_3$

$p_A - w_1 h_1 - w_2 h_2 = p_B - w_1 h_3$

$p_A - p_B = w_1 (h_1 - h_3) + w_2 h_2$

⑥ **수중의 평면에 작용하는 수압**

　㉠ 수평한 평면에 작용하는 수압 : $P = whA$

　㉡ 수직한 평면에 작용하는 수압 : $P = wh_G A$　　(h_G : 수면에서 도심점까지의 거리)

　　• 작용점 : $h_c = h_G + \dfrac{I_G}{h_G \cdot A}$

　　• 단면 2차 모멘트(I_G)

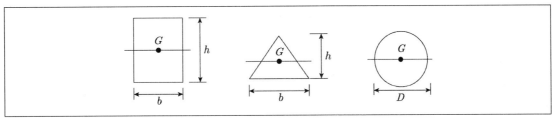

　－직사각형 단면 : $I_G = \dfrac{bh^3}{12}$

　－삼각형 단면 : $I_G = \dfrac{bh^3}{36}$

　－원형 단면 : $I_G = \dfrac{\pi D^4}{64}$

ⓒ 경사진 평면에 작용하는 수압

- $P = wh_G A = w \cdot S_G \cdot \sin\theta \cdot A$

- $S_c = S_G + \dfrac{I_G}{S_G \cdot A}$

ⓔ 곡면에 작용하는 수압 : 수평방향력과 수직방향력의 합력

- 수평방향 분력(P_H) : 곡면의 수평투영면에 작용하는 수압과 동일

$$P_H = wh_{PG} \cdot A_P$$

- 수직방향 분력(P_V) : 곡면을 바닥으로 하는 물기둥의 무게

$$P_V = wV \qquad P = \sqrt{P_H{}^2 + P_V{}^2}$$

⑦ **원관에 작용하는 수압**

$$\text{관의 두께 } t = \frac{pD}{2\sigma} \qquad (P : \text{원관 내부압력}, \; \sigma : \text{허용인장응력})$$

⑧ **부력**

ⓐ 물체가 수중에서 밀어낸 물의 무게만큼 가벼워지는 힘

$$B = w \times V \qquad (w : \text{물}, \; V : \text{물체의 물속 부피})$$

ⓑ 부력의 무게

- 물체가 물에 떠 있는 경우 : $B = W$ (W : 물체의 무게)
- 물체가 물속에 완전히 가라앉은 경우 : $W = B + W'$ (W' : 수중무게)

ⓒ 흘수 : 물속에 물체가 떠 있을 때 수면에서 물체의 최심부까지의 거리

ⓓ 부체의 안정조건

안정	M이 G보다 위에 있을 때	$\overline{MG} > 0$	$\dfrac{I_x}{V} > \overline{CG}$
불안정	M이 G보다 아래에 있을 때	$\overline{MG} < 0$	$\dfrac{I_x}{V} < \overline{CG}$
중립	M이 G와 일치할 때	$\overline{MG} = 0$	$\dfrac{I_x}{V} = \overline{CG}$

여기서. M : 경심, G : 중심, C : 부심, $\overline{MC}$: 경심고, I_x : 최소 단면의 2차 모멘트

⑨ 상대정지

　㉠ 평형방정식 및 등압면방정식
　　• 정수역학의 기본식 : $dp = \rho(Xdx + Ydy + Zdz)$
　　• 등압면의 방정식 : $Xdx + Ydy + Zdz = 0$

　㉡ 압력의 변화

　　• 연직상방향 가속도 작용 : $P = wh\left(1 + \dfrac{\alpha}{g}\right) = wh + wh\dfrac{\alpha}{g}$

　　• 연직하방향 가속도 작용 : $P = wh\left(1 - \dfrac{\alpha}{g}\right) = wh - wh\dfrac{\alpha}{g}$

　㉢ 수평가속도 : $\tan\theta = \dfrac{\alpha}{g} = \dfrac{b-h}{\dfrac{l}{2}}$ 에서 가속도 $\alpha = \dfrac{2g(b-h)}{l}$

❸ 동수역학

① 기본 개념
　㉠ 유선 : 유체가 흐르는 한 순간에 각 유체입자의 속도벡터를 그릴 때 이 속도벡터에 접선이 되는 가상의 곡선
　㉡ 유관 : 흐름 영역 안에 두 개의 가상 폐곡선을 가정할 때 이 폐곡선 위를 지나는 유선의 다발
　㉢ 유적선 : 유체입자의 시간에 따른 운동경로, 정류인 경우 유선과 일치

② 흐름의 특성 및 종류
　㉠ 시간에 따른 흐름특성 변화
　　• 정상류 : 한 단면에서 흐름 특성(유속, 유량, 수심 등)이 시간에 따라 변하지 않는 흐름
　　　$\dfrac{\partial v}{\partial t} = 0, \ \dfrac{\partial Q}{\partial t} = 0, \ \dfrac{\partial h}{\partial t} = 0$
　　• 부정류 : 한 단면에서 흐름 특성이 시간에 따라 변하는 흐름
　　　$\dfrac{\partial v}{\partial t} \neq 0, \ \dfrac{\partial Q}{\partial t} \neq 0, \ \dfrac{\partial h}{\partial t} \neq 0$
　㉡ 공간에 따른 흐름특성 변화
　　• 등류 : 어느 순간에 위치에 따른 흐름 특성이 일정한 흐름
　　　$\dfrac{\partial v}{\partial l} = 0, \ \dfrac{\partial Q}{\partial l} = 0, \ \dfrac{\partial h}{\partial l} = 0$

- 부등류 : 어느 순간에 위치에 따라 흐름 특성이 달라지는 흐름

$$\frac{\partial v}{\partial l} \neq 0, \ \frac{\partial Q}{\partial l} \neq 0, \ \frac{\partial h}{\partial l} \neq 0$$

③ **연속방정식**

㉠ 1차원 연속방정식 : $Q - A_1 V_1 = A_2 V_2$

㉡ 3차원 연속방정식

- 압축성 부정류 : $\dfrac{\partial \rho}{\partial t} + \dfrac{\partial \rho u}{\partial x} + \dfrac{\partial \rho v}{\partial y} + \dfrac{\partial \rho w}{\partial z} = 0$

- 압축성 정상류($\dfrac{\partial \rho}{\partial t} = 0$) : $\dfrac{\partial \rho u}{\partial x} + \dfrac{\partial \rho v}{\partial y} + \dfrac{\partial \rho w}{\partial z} = 0$

- 비압축성 정상류($\rho = $ 일정, $\dfrac{\partial \rho}{\partial t} = 0$) : $\dfrac{\partial u}{\partial x} + \dfrac{\partial v}{\partial y} + \dfrac{\partial w}{\partial z} = 0$

④ **Bernoulli 정리** ⋯ 유체 흐름에 대한 에너지 불변의 법칙의 특수한 형태

㉠ Bernoulli 정리의 기본 가정

- 유체의 흐름은 완전유체의 흐름이다.
- 하나의 유선을 따라서 성립한다. (회전류)
  ※ 흐름의 모든 영역에서 성립 (비회전류)
- 비압축성, 정상류

㉡ 형태

- 단위 질량당 에너지 : $\dfrac{1}{2} V^2 + \dfrac{p}{\rho} + gz = C_1$

- 단위 면적당 압력 : $\dfrac{\rho}{2} V^2 + P + \rho gz = C_2$

- 정체압력 : $P = \dfrac{\rho}{2} V^2 + p$

- 수두 : $\dfrac{V^2}{2g} + \dfrac{p}{w} + z = C_3$

- 동수경사선 : $z + \dfrac{p}{w}$

㉢ Torricelli의 정리 : $V = \sqrt{2gh}$ (h : 수조의 수심)

㉣ 피토관 : $V = \sqrt{2gH}$ (H : 피에조미터와 피토관의 높이 차)

⑤ **운동량 방정식**

㉠ 운동량 방정식 : $F \triangle t = m(V_2 - V_1)$에서 $\triangle t = 1$이면, $F = \dfrac{w}{g} Q(V_2 - V_1)$

(여기서, V_1은 유입속도, V_2는 유출속도, w는 단위질량, g는 중력가속도)

ⓒ 판에 직각으로 충돌하는 경우 물이 판에 작용하는 힘

$$F = \frac{w}{g} Q V_1 \quad (V_2 = 0)$$

ⓒ 충돌 후 180° 방향이 바뀌는 경우

$$F = \frac{2w}{g} Q V$$

ⓔ 곡면판에 충돌하는 경우

$$F_x = \frac{w}{g} Q(V_{1x} - V_{2x}), \ F_y = \frac{w}{g} Q(V_{1y} - V_{2y})$$

$$F = \sqrt{F_x^{\,2} + F_y^{\,2}}$$

⑥ **항력** : 유체 속을 물체가 움직일 때 유체에 의해 흐름 방향으로 물체가 받는 힘

$$D = C_D \cdot A \cdot \frac{\rho V^2}{2}$$

여기서, C_D : 항력계수, A : 물체의 투영면적

⑦ **에너지 보정계수와 운동량 보정계수**

ⓐ 에너지 보정계수
- 원형관의 경우 층류이면 $\alpha = 2$, 난류이면 $\alpha = 1.01 \sim 1.1$
- 폭 넓은 사각형 수로인 경우 $\alpha = 1.058$
- 보통 원형관인 경우 $\alpha = 1.1$

ⓑ 운동량 보정계수 : 원형관의 경우 층류이면 $\eta = \frac{4}{3}$, 난류이면 $\eta = 1.0 \sim 1.05$

4 오리피스와 위어

① **오리피스**

ⓐ 작은 오리피스 : $h > 5d$ (h : 수심, d : 오리피스 직경)
- 이론유속 $V = \sqrt{2gH}$
- 실제유속 $V_r = C_v V = C_v \sqrt{2gH}$ (C_v : 유속계수)

- 유량 $Q = CA\sqrt{2gH}$ $[C : 유량계수(C_v \times C_a),\ C_a : 단면계수\left(\dfrac{a}{A}\right)]$

ⓛ 큰 오리피스 : $h < 5d$ (오리피스 상하단의 수위차를 고려하여야 함)

$$유량\ Q = \frac{2}{3}Cb\sqrt{2g}\left(H_2^{\frac{3}{2}} - H_1^{\frac{3}{2}}\right)$$

ⓒ 오리피스의 수두 측정오차와 유량 측정오차

$$\frac{dQ}{Q} = \frac{1}{2}\frac{dH}{H}$$
$$유량\ 측정오차\quad 수두\ 측정오차$$

ⓔ 오리피스 배출시간

- 보통 오리피스

$$T = \frac{2A}{Ca\sqrt{2g}}\left(H_1^{\frac{1}{2}} - H_2^{\frac{1}{2}}\right)$$

- 수중 오리피스

$$T = \frac{2A_1A_2}{Ca\sqrt{2g}\,(A_1 + A_2)}\left(H_1^{\frac{1}{2}} - H_2^{\frac{1}{2}}\right)$$

② 위어

㉠ 개요
- 규칙적인 모양을 가지며 물이 월류할 때 유량을 측정하는 장치
- 사용목적 : 유량 측정 및 조정, 취수를 위한 수위 증가, 개수로의 유량 측정 등
- 특징
-작은 유량을 측정할 경우 3각 위어가 효과적
-위어를 월류하는 흐름은 일반적으로 상류에서 사류로 변함
-위어를 넘어서 흐르는 수맥이 사류가 되면 하류부의 영향을 받지 않으므로 유량은 월류 수심에 의해 결정

㉡ 사각 위어(=큰 오리피스와 동일)의 유량

$$Q = \frac{2}{3}Cb\sqrt{2g}\,h^{\frac{3}{2}}$$

- Francis 공식 : $Q = 1.95b_o h^{\frac{3}{2}}$ $(b_o = b - 0.1nh,\ n : 단수축수)$

• 사각위어 오차 : $\dfrac{dQ}{Q} = \dfrac{3}{2}\dfrac{dH}{H}$

ⓒ 삼각 위어의 유량

$$Q = \frac{8}{15}C\tan\frac{\theta}{2}\sqrt{2g}\,h^{\frac{5}{2}}$$

PLUS CHECK 삼각 위어의 오차 계산

$$\frac{dQ}{Q} = \frac{5}{2}\frac{dH}{H}$$

ⓔ 광정 위어의 유량

$$Q = 1.7CbH^{\frac{3}{2}}\quad\left(H = h + \alpha\frac{v^2}{2g}\right)$$

❺ 관수로

① 관수로의 개념

ⓐ 관수로는 자유수면을 갖지 않는 흐름으로 개수로와 구분시 자유수면의 존재 유무로 판단

ⓑ 압력과 점성력에 의해 흐름이 지배(압력은 흐름의 원인이며, 점성은 흐름을 지배)

② 흐름의 분류

ⓐ 층류 : $R_e < 2,000$ ($R_e = 2,000$을 층류 한계로 봄)

ⓑ 천이구역 : $2,000 < R_e < 4,000$

ⓒ 난류 : $R_e > 4,000$

PLUS CHECK 레이놀즈수

$$R_e = \frac{\rho VD}{\mu} = \frac{VD}{\nu} = \frac{\text{관성력}}{\text{점성력}}\quad\left(\mu : \text{점성계수},\ \nu : \text{동점성계수}\left(= \frac{\mu}{\rho}\right)\right)$$

③ 윤변과 경심

ⓐ 윤변 : 유체와 관벽이 접하는 길이(P)

ⓑ 경심(동수반경) : 흐름 단면적을 윤변으로 나눈 값

$$R = \frac{A}{P} \quad (\text{원관} \ R = \frac{D}{4})$$

④ Hazen-Poiseuille의 법칙

㉠ 전단력

$$\tau = \frac{\omega h_L}{2l} r$$

㉡ 유속분포

$$V = \frac{\omega h_L}{4\mu l}(r_0{}^2 - r^2)$$

⑤ **마찰손실수두**

㉠ 마찰손실수두

$$h_L = f \frac{l}{D} \frac{V^2}{2g}$$

㉡ 마찰손실계수

$$f = \frac{64}{R_e} : \text{층류} \quad (R_e < 2,000)$$

- Chezy식에서의 유도 : $f = \dfrac{8g}{C^2}$ \quad (C : Chezy의 유속계수)

- Manning식에서의 유도 : $f = \dfrac{124.6n^2}{\sqrt[3]{D}}$ \quad (n : Manning의 조도계수)

㉢ 마찰속도

$$U = \sqrt{\frac{\tau_0}{\rho}} = \sqrt{\frac{\omega RI}{\rho}} = \sqrt{gRI}$$

㉣ 마찰손실과 미소손실

- $\dfrac{l}{D} > 3,000$: 마찰손실만 고려

- $\dfrac{l}{D} < 3,000$: 마찰손실과 미소손실 모두 고려 $\rightarrow h = h_L + h_f = \left(f_L \dfrac{l}{D} + f_f\right)\left(\dfrac{V^2}{2g}\right)$

⑥ 관수로의 유속과 유량

　㉠ 단일관수로

　　• 양쪽이 수로로 연결된 경우

$$V = \sqrt{\dfrac{2gH}{f_L \dfrac{l}{D} + \Sigma f_f}}$$

　　• 한쪽은 수조, 다른 한 쪽은 자유유출인 경우

$$V_2 = \sqrt{\dfrac{2gH}{1 + f_L \dfrac{l}{D} + \Sigma f_f}}$$

　㉡ 병렬관수로 : 각 방향 관로의 손실수두는 동일하다.

⑦ 발전기와 펌프

　㉠ 발전기

　　• $E = \dfrac{1,000\eta Q H_e}{102} = 9.8\eta Q H_e \, [\mathrm{kW}]$

　　• $E = \dfrac{1,000\eta Q H_e}{75} = 13.33\eta Q H_e \, [\mathrm{HP}] \quad (H_e = H - \Sigma h_L)$

　㉡ 펌프

　　• $E = \dfrac{9.8 Q H_p}{\eta} \, [\mathrm{kW}]$

　　• $E = \dfrac{13.33 Q H_p}{\eta} \, [\mathrm{HP}] \quad (H_p = H + \Sigma h_L)$

6 개수로

① 개념

　㉠ 자유수면을 갖는 흐름

　㉡ 중력에 의해 흐름이 발생하며 수로 경사에 지배

② 흐름의 분류

　㉠ 상류 : $Fr < 1, \ h > h_c, \ I < I_c, \ V < V_c$

　㉡ 한계류 : $Fr = 1, \ h = h_c, \ I = I_c, \ V = V_c$

ⓒ 사류 : $Fr > 1$, $h < h_c$, $I > I_c$, $V > V_c$

PLUS CHECK Froude Number

$$F_r = \frac{V}{\sqrt{gh}} = \frac{관성력}{중력}$$

---

③ **수리수심** : 흐름단면적 A를 수로폭 B로 나눈 값

$$D = \frac{A}{B}$$

④ **유속 측정**

ⓐ 표면법 : $V_m = 0.85 V_s$　　(V_s : 표면유속)

ⓑ 1점법 : $V_m = V_{0.6}$　　($V_{0.6}$: 수심 60% 지점 유속)

ⓒ 2점법 : $V_m = \dfrac{V_{0.2} + V_{0.8}}{2}$

ⓓ 3점법 : $V_m = \dfrac{V_{0.2} + 2V_{0.6} + V_{0.8}}{4}$

⑤ **수리학적으로 유리한 단면** : 일정 흐름 단면적에서 최대 유량이 흐르는 단면

ⓐ $Q = AC\sqrt{RI} = AC\sqrt{\dfrac{A}{P}I}$에서 경심 R이 클수록, 윤변 P가 작을수록 최대 유량이 흐른다.

ⓑ **직사각형 단면** : $B = 2h$인 단면 → 수심이 폭의 $\dfrac{1}{2}$인 단면

ⓒ **사다리꼴 단면** : 수심 h를 반지름으로 하는 반원이 내접하는 단면형

⑥ **비에너지**

ⓐ 수로 바닥을 기준으로 한 물의 에너지를 말한다.

ⓑ $H_e = h + \alpha \dfrac{V^2}{2g}$

ⓒ 비에너지가 최소가 되는 수심 → 한계수심

ⓓ 한계수심에서 유량이 최대

⑦ **한계수심**

ⓐ 한계유속 V_c의 수심　　($V_c = \sqrt{ghc}$)

ⓑ 비에너지가 최소가 되는 수심

ⓒ 유량이 최대가 되는 수심 → 수리학적으로 유리한 단면

ⓐ 한계수심

$$h_c = \frac{2}{3} H_e$$

ⓜ 한계수심의 일반식

$$h_c = \left(\frac{n \alpha Q^2}{ga^2} \right)^{\frac{1}{2n+1}} (A = ah^n)$$

• 사각형 단면

$$A = bh_1 \quad h_c = \left(\frac{\alpha Q^2}{gb^2} \right)^{\frac{1}{3}}$$

• 삼각형 단면

$$A = mh_2 \quad h_c = \left(\frac{2\alpha Q^2}{gm^2} \right)^{\frac{1}{5}}$$

ⓗ 한계경사 : 한계수심으로 흐르는 경우의 수로경사

$$\text{직사각형 수로의 한계수심 } I_c = \frac{g}{\alpha C^2}$$

⑧ **비력** : 단위 중량당의 물의 운동량과 정수압의 합으로 충력치라고도 한다.

㉠ $M = \eta \dfrac{Q}{8} V + hcA$

㉡ 도수 : 사류에서 상류로 변할 때 수면이 불연속적으로 뛰는 현상

• 도수 후 수심 : $h_2 = \dfrac{h_1}{2} (\sqrt{8Fr_1^2 + 1} - 1)$

• 에너지 손실량 : $\triangle H_e = \dfrac{(h_2 - h_2)^2}{4h_1 h_2}$

• 도수의 분류
- 파상도수(불완전도수) : $1 < Fr_1 < \sqrt{3}$
- 완전도수 : $Fr_1 \geq \sqrt{3}$
- 약도수 : $\sqrt{3} < Fr_1 < 2.5$
- 진동도수 : $2.5 < Fr_1 < 4.5$
- 정상도수 : $4.5 < Fr_1 < 9$
- 강도수 : $Fr_1 > 9$

⑨ 배수, 단파, 부등류 수면계산

　　㉠ 배수 : 하류쪽 수위를 상승시키면 그 영향이 상류 쪽으로 전파되어 상류수위가 상승하는 현상

　　㉡ 단파 : 수문을 열거나 닫아 유량이 변동될 때 계산상의 모양으로 흐름이 전파되는 현상

　　㉢ 수면형 계산

　　　• 상류흐름 : 하류에서 상류로 계산

　　　• 사류흐름 : 상류에서 하류로 계산

⑦ 지하수

① Darcy의 법칙

　㉠ 속도 $V = KI = K\dfrac{h_L}{l}$

　㉡ 유량 $Q = KIA$

　㉢ 면적 $A = \dfrac{Q}{KI} = \dfrac{Ql}{K\triangle h}$

　㉣ 적용범위

　　• 정상류

　　• 다공질층 내의 입자특성(입경, 공극)은 균일하고 동질

　　• 흐름은 층류 ($R_e < 1 \sim 10$)

　㉤ 이론유속과 실제유속

$$V_{실제} = \frac{V_{이론}}{n} = \frac{KI}{n} \, (n : 간극비)$$

② Dupuit의 침윤선 이론

$$제방을 통한 침투량 \; Q = \frac{K}{2l}(h_1{}^2 - h_2{}^2)$$

③ 우물

　㉠ 굴착정 : 피압대수층의 지하수 양수

$$Q = \frac{2\pi aK(H - h_0)}{\ln\left(\dfrac{R}{r_0}\right)}$$

ⓒ 심정(깊은 우물) : 바닥이 불투수층에 도달한 우물

$$Q = \frac{\pi K(H^2 - h_0{}^2)}{\ln\left(\dfrac{R}{r_0}\right)}$$

ⓒ 천정(얕은 우물) : 바닥이 불투수층에 도달하지 않은 우물

$$Q = 4Kr_0(H - h_0)$$

ⓔ 집수암거

$$Q = \frac{Kl}{R}(H^2 - h^2)$$

❽ 수문학

① 물의 순환

$$강수량(P) \rightleftarrows 유출량(R) + 증발산량(E) + 침투량(C) + 저유량(S)$$

② 기온

　ⓐ 일평균기온 : 일 최고 · 최저 기온의 평균

　ⓑ 월평균기온 : 해당 월의 일 평균기온의 최고치와 최저치의 평균

　ⓒ 연평균기온 : 각 월 평균기온의 평균

③ 강우자료의 보완 · 일관성 검증

　ⓐ 결측자료 보완

　　• 산술평균법 : 결측 지점과 주변의 정상연평균강우량의 차가 10% 이내

$$P_x = \frac{1}{3}(P_A + P_B + P_C)$$

　　• 정상연강우량비율법 : 결측 지점과 주변지역과의 정상연평균강우량의 차가 10% 이상

$$P_x = \frac{N_x}{3}\left(\frac{P_A}{N_A} + \frac{P_B}{N_B} + \frac{P_C}{N_C}\right)$$

• 단순비례법 : 결측 지점 부근에 1개의 다른 관측점만이 존재하는 경우

$$P_x = \frac{P_A}{N_A} N_x$$

ⓒ 일관성 검증 : 우량계의 위치, 종류, 관측방법, 주변 환경 등의 변화로 발생하는 강우자료의 변화를 검토, 주로 누가우량분석법(이중누가곡선법)을 사용

④ **강우강도**

㉠ 단위시간에 내린 강우량

ⓒ Talbot형 : $I = \dfrac{a}{t+b}$ (t : 강우가 지속되는 기간인 지속시간)

ⓒ Sherman형 : $I = \dfrac{C}{t^n}$

㉣ Japanese형 : $I = \dfrac{d}{\sqrt{t}+e}$

㉤ 모노노베(물부)식 : 24시간 강우자료에서 특정 지속시간의 강우강도 산정

$$I = \frac{R_{24}}{24}\left(\frac{24}{t}\right)^{\frac{2}{3}}$$ (t : 강우지속시간, R_{24} : 24시간 강우량)

⑤ **면적우량**(평균강우량) **산정**

㉠ 산술평균법 : 평야지역, 유역면적이 500km^2 미만인 유역

$$P_m = \frac{P_1 + P_2 + P_3 + \cdots + P_N}{N}$$

ⓒ Thiessen 가중법
• 유역 내 관측소 분포만을 고려하여 Thiessen망 작성
• 산악 효과가 반영되지 않음
• 유역면적 : 500 ~ 5,000km^2

$$P_m = \frac{A_1 P_1 + A_2 P_2 + \cdots + \Sigma A_N P_N}{A_1 + A_2 + A_3 + \cdots + A_N}$$

ⓒ 등우선법
• 지형특성이 고려된 것
• 5,000km^2 이상의 유역에서도 적용이 가능

$$P_m = \frac{A_1 P_{1m} + A_2 P_{2m} + \cdots + A_N P_{Nm}}{A_1 + A_2 + A_3 + \cdots + A_N}$$

⑥ **강우의 시간적·공간적 분포**

    ㉠ DAD 해석 : 강우깊이 − 유역면적 − 강우지속시간

       • 최대평균우량은 지속시간에 비례, 유역면적에 반비례

       • 필요자료 : 관측점별 지속기간별 최대 강우량, 관측점의 지배면적, 지형도, 자기우량기록지, 구적기

    ㉡ 강우강도 − 지속시간 − 생기빈도곡선 분석(I − D − F curve)

    ㉢ 최대가능강수량(PMP) : 어떤 지역에서 생성될 수 있는 최악의 기상조건 하에서 발생 가능한 최대강수량, 대규모 수공구조물의 설계에 이용

⑦ **증발산량의 산정**

    ㉠ 증발접시 : 증발접시의 증발량을 측정하여 증발량 산정

    ㉡ 증발접시계수 $= \dfrac{\text{실제 증발량}}{\text{증발접시 증발량}}$: $0.7 \sim 0.8$

⑧ **침투**(Infiltration)

    ㉠ 침투 : 물이 토양 속으로 스며드는 현상

    ㉡ 침루 : 토양면을 통해 스며든 물이 중력의 영향으로 계속 지하로 이동하여 지하수면까지 도달하는 현상

    ㉢ 침투능 : 주어진 조건 하에서 어떤 토양면을 통해 침투할 수 있는 최대율

    ㉣ 침투능 결정법

       • Horton의 침투능 곡선식 : $f_p = f_c + (f_o - f_c)e^{-kt}$

       • ϕ−index법 : 총강우량 중 손실량에 해당하는 평균침투율

$$\phi = \frac{F}{t} = \frac{1}{t}(P - Q)$$

⑨ **유출**

    ㉠ 유출의 구성

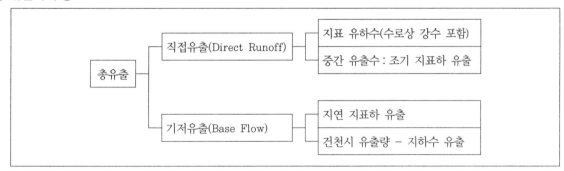

    ㉡ 강우의 구성

       • 총강우량 = 유효우량 + 손실우량

- 유효우량 : 직접 유출을 일으키는 우량

ⓒ 유출률 $= \dfrac{\text{직접 유출량}}{\text{총강수량}}$

⑩ **수문곡선**

ㄱ **기저유량** : 지하수가 하천으로 흘러 하천유량을 이루는 부분

ⓛ **지체시간** : 유효 우량주상도의 중심선부터 첨두유량이 발생하는 시간까지의 시간차

ⓒ **기저시간** : 수문곡선의 상승기점에서 직접유출이 끝나는 점까지의 시간

ⓔ **유효우량** : 강우량에서 손실우량을 뺀 부분 – 직접 유출되는 우량

ⓜ **직접 유출과 기저 유출의 분리** : 지하수 감수곡선법, 수평 직선분리법, N-day법, 수정 N-day법

⑪ **단위유량도**

ㄱ **개념** : 특정 단위시간동안 균일한 강도로 유역전반에 걸쳐 균등하게 내린 단위유효우량으로 인해 발생하는 직접유출의 수문곡선

ⓛ **기본 가정**

- 일정기저시간 가정 : 유역특성의 불변성
- 비례가정 : 유역의 선형성
- 중첩가정

ⓒ **적용을 위한 전제조건**

- 강우가 계속되는 기간 동안 강우가 일정
- 유역전반에 걸쳐 강우강도가 일정

⑫ **합성단위유량도** … Synder 방법, SCS 방법

⑬ **합리식** … 어떤 배수영역에 발생한 강우강도와 첨두유량 간의 관계를 나타내며 홍수도달시간과 강우지속시간은 동일하다.

$$Q = 0.2778\,CIA \quad (A : \text{km}^2)$$

여기서, Q : 첨두유량, C : 유출계수, I : 강우강도, A : 유역면적

기출예상문제

1 관수로의 마찰손실공식 중 난류에서의 마찰손실계수 f는?

한국시설안전공단

① 상대조도만의 함수이다.

② 레이놀즈수와 상대조도의 함수이다.

③ 프루드수와 상대조도의 함수이다.

④ 레이놀즈수만의 함수이다.

2 우물에서 장기간 양수를 한 후에도 수면강하가 일어나지 않는 지점까지의 우물로부터 거리(범위)를 무엇이라 하는가?

한국수자원공사

① 용수효율권 ② 대수층권

③ 수류영역권 ④ 영향권

3 지름 d인 구(球)가 밀도 ρ의 유체 속을 유속 V로 침강할 때 구의 항력 D는? (단, 항력계수는 C_D라 한다.)

한국농어촌공사

① $\dfrac{1}{8} C_D \pi d^2 \rho V^2$ ② $\dfrac{1}{2} C_D \pi d^2 \rho V^2$

③ $\dfrac{1}{4} C_D \pi d^2 \rho V^2$ ④ $C_D \pi d^2 \rho V^2$

✅ **ANSWER** | 1.② 2.④ 3.①

1 관수로의 마찰손실공식 중 난류에서의 마찰손실계수 f는 레이놀즈수와 상대조도의 함수이다.

2 영향원 ··· 우물에서 장기간 양수를 한 후에도 수면강하가 일어나지 않는 지점까지의 우물로부터 거리(범위)

3 지름 d인 구(球)가 밀도 ρ의 유체 속을 유속 V로 침강할 때 구의 항력 D는 $\dfrac{1}{8} C_D \pi d^2 \rho V^2$가 된다.

4 개수로의 상류(subcritical flow)에 대한 설명으로 바른 것은?

한국수력원자력

① 유속과 수심이 일정한 흐름   ② 수심이 한계수심보다 작은 흐름

③ 유속이 한계유속보다 작은 흐름   ④ Froude수가 1보다 큰 흐름

5 다음 중 관수로에 대한 설명으로 바르지 않은 것은?

① 단면 점확대로 인한 수두손실은 단면급확대로 인한 수두손실보다 클 수 있다.

② 관수로 내의 마찰손실수두는 유속수두에 비례한다.

③ 아주 긴 관수로에서는 마찰 이외의 손실수두를 무시할 수 있다.

④ 마찰손실수두는 모든 손실수두 가운데 가장 큰 것으로 마찰손실계수에 유속수두를 곱한 것과 같다.

6 유속이 3m/s인 유수 중에 유선형 물체가 흐름방향으로 향하여 $h=3$m 깊이에 놓여있을 때 정체압력 (stagnation pressure)은?

① 0.46kN/m^2 ② 12.21kN/m^2

③ 33.90kN/m^2 ④ 102.35kN/m^2

✓ ANSWER | 4.③ 5.④ 6.③

4 상류는 유속이 한계수심보다 작은 흐름이며 유속이 한계수심보다 크면 사류가 된다.

5 점확대란 점진적으로 서서히 확대되는 것을 의미한다.
마찰손실수두는 유속수두와 다른 변수들을 곱해서 구한다.

6 정체압력(총압력)은 정압력과 동압력의 합이다.

$$P_s = P + \frac{\rho v^2}{2} = 1 \cdot 9.8 \cdot 3 + \frac{1 \cdot 3^2}{2} = 33.9$$

(단위가 N이 사용되었음에 유의해야 한다.)

7 수리학에서 취급되는 여러 가지 양에 대한 차원이 바른 옳은 것은?

① 유량 = $[L^3T^{-1}]$ ② 힘 = $[MLT^{-3}]$

③ 동점성계수 = $[L^3T^{-1}]$ ④ 운동량 = $[MLT^{-2}]$

8 다음 중 누가우량곡선(Rainfall mass curve)의 특성으로 바른 것은?

① 누가우량곡선의 경사가 클수록 강우강도가 크다.

② 누가우량곡선의 경사는 지역에 관계없이 일정하다.

③ 누가우량곡선으로 일정기간 내의 강우량을 산출할 수는 없다.

④ 누가우량곡선은 자기우량기록에 의해 작성하는 것보다 보통 우량계의 기록에 의하여 작성하는 것이 더 정확하다.

ANSWER | 7.① 8.①

7 ② 힘 = $[MLT^{-2}]$
③ 동점성계수 = $[L^2T^{-1}]$
④ 운동량 = $[MLT^{-1}]$

물리량	MLT계	FLT계	물리량	MLT계	FLT계
길이	$[L]$	$[L]$	질량	$[M]$	$[FL^{-1}T^2]$
면적	$[L^2]$	$[L^2]$	힘	$[MLT^{-2}]$	$[F]$
체적	$[L^3]$	$[L^3]$	밀도	$[ML^{-3}]$	$[FL^{-4}T^2]$
시간	$[T]$	$[T]$	운동량, 역적	$[MLT^{-1}]$	$[FT]$
속도	$[LT^{-1}]$	$[LT^{-1}]$	비중량	$[ML^{-2}T^2]$	$[FL^{-3}]$
각속도	$[T^{-1}]$	$[T^{-1}]$	점성계수	$[ML^{-1}T^{-1}]$	$[FL^{-2}T]$
가속도	$[LT^{-2}]$	$[LT^{-2}]$	표면장력	$[MT^{-2}]$	$[FL^{-1}]$
각가속도	$[T^{-2}]$	$[T^{-2}]$	압력강도	$[ML^{-1}T^{-2}]$	$[FL^{-2}]$
유량	$[L^3T^{-1}]$	$[L^3T^{-1}]$	일, 에너지	$[ML^2T^{-2}]$	$[FL]$
동점성계수	$[L^2T^{-1}]$	$[L^2T^{-1}]$	동력	$[ML^2T^{-3}]$	$[FLT^{-1}]$

8 ② 누가우량곡선의 경사는 지역에 따라 다를 수 있다.
③ 누가우량곡선으로부터 일정기간 내의 강우량을 산출하는 것은 가능하다.
④ 누가우량곡선은 자기우량기록에 의해 작성하는 것이 보통 우량계의 기록에 의해 작성하는 것보다 더 정확하다.

9 폭이 b인 직사각형 위어에서 접근유속이 작은 경우 월류수심이 h일 때 양단수축 조건에서 월류수맥에 대한 단수축의 폭(b_o)은? (단, Francis공식을 적용한다.)

① $b_o = b - \dfrac{h}{5}$

② $b_o = 2b - \dfrac{h}{5}$

③ $b_o = b - \dfrac{h}{10}$

④ $b_o = 2b - \dfrac{h}{10}$

10 배수곡선(backwater curve)에 해당하는 수면곡선은?

① 댐을 월류할 때의 수면곡선

② 홍수시의 하천의 수면곡선

③ 하천 단락부(段落部) 상류의 수면곡선

④ 상류상태로 흐르는 하천에 댐을 구축했을 때 저수지의 수면곡선

⊘ ANSWER | 9.① 10.④

9 프란시스(Francis)공식을 적용할 경우, 폭이 b인 직사각형 위어에서 접근유속이 작은 경우 월류수심이 h일 때 양단수축 조건에서 월류수맥에 대한 단수축의 폭(b_o)은 $b_o = b - \dfrac{h}{5}$ 가 된다.

※ 프란시스(Francis)공식
유량계수 $C = 0.623$

측면수축을 고려한 월류수맥의 폭 $b_o = b - \dfrac{nh}{10}$

(n값은 양면수축인 경우 2, 일면수축인 경우 1, 수축이 없는 경우 0이 된다.)

10 배수곡선(backwater curve) ··· 상류로 흐르는 수로에 댐, 위어(weir) 등의 수리구조물을 만들면 수리구조물의 상류에 흐름방향으로 수심이 증가하게 되는 수면곡선이 나타내게 되는데 이러한 수면곡선을 말한다. 댐의 상류부에서는 흐름방향으로 수심이 증가하는 배수곡선이 나타난다.

11 오리피스(orifice)의 이론유속 $V = \sqrt{2gh}$ 이 유도되는 이론으로 옳은 것은? (단, V는 유속, g는 중력가속도, h는 수두차)

① 베르누이(Bernoulli)의 정리

② 레이놀즈(Reynolds)의 정리

③ 벤츄리(Venturi)의 이론식

④ 운동량 방정식 이론

12 어느 소유역의 면적이 20ha, 유수의 도달시간은 5분이다. 강수자료의 해석으로부터 얻어진 이 지역의 강우강도식이 다음과 같을 때 합리식에 의한 홍수량은? (단, 유역의 평균 유출계수는 0.60이다.)

> 강우강도식: $I = \dfrac{6{,}000}{t+35}$[mm/hr]
>
> 여기서, t : 강우지속시간[분]

① 18.0m³/s

② 5.0m³/s

③ 1.8m³/s

④ 0.5m³/s

---

11 베르누이(Bernoulli)의 정리에 대한 설명이다.

※ 베르누이의 정리 … 점성이 없는 비압축성 유체가 중력만의 작용으로 그 흐름이 정류인 때에 하나의 유관에 의하여 $z + \dfrac{p}{w} + \dfrac{v^2}{2g} = \text{const}$(일정)의 관계가 성립한다. 여기서 z : 어떤 수평 기준면으로부터의 유관 중 어떤 단면의 높이, p : 그 어떤 단면의 압력, v : 그 단면의 유속, $w \fallingdotseq \rho g$, ρ : 유체의 밀도, g : 중력 가속도. 이것은 유관에 의한 에너지 보존의 법칙을 나타내는 것으로, 베르누이의 정리라 하고, z, $\dfrac{p}{w}$, $\dfrac{v^2}{2g}$ 를 각각 고도 수두(위치 수두)·압력 수두·속도 수두라 한다. 개수로·관수로 계산의 기본적인 식으로서 에너지보존 법칙의 변형의 한 형태로 여겨진다.

12 합리식 $Q = 0.2779CIA$

문제에서 주어진 조건을 위의 합리식에 대입하면 홍수량은 5.0m³/s가 된다. (20ha=0.2km²)

$Q = \dfrac{1}{360}CIA = 0.2779 \cdot 0.6 \cdot \dfrac{6{,}000}{5+35} \cdot 0.2 \fallingdotseq 5.0[\text{m}^3/\text{s}]$

Q : 첨두유량[m³/hr], C : 유출계수, I : 강우강도[mm/hr], A ; 유역면적[km²]

13 3차원 흐름의 연속방정식을 다음과 같은 형태로 나타낼 때 이에 알맞은 흐름의 상태는?

$$\frac{\partial u}{\partial x} + \frac{\partial v}{\partial y} + \frac{\partial w}{\partial z} = 0$$

① 비압축성 정상류　　　　　　　　② 비압축성 부정류

③ 압축성 정상류　　　　　　　　　④ 압축성 부정류

14 토양면을 통해 스며든 물이 중력의 영향 때문에 지하로 이동하여 지하수면까지 도달하는 현상은?

① 침투(infiltration)　　　　　　　② 침투능(infiltration capacity)

③ 침투율(infiltration rate)　　　　④ 침루(percolation)

15 다음 중 레이놀즈(Reynolds)수에 대한 설명으로 바른 것은?

① 중력에 대한 점성력의 상대적인 크기

② 관성력에 대한 점성력의 상대적인 크기

③ 관성력에 대한 중력의 상대적인 크기

④ 압력에 대한 탄성력의 상대적인 크기

ANSWER | 13.① 14.④ 15.②

---

13 비압축성 정상류 : $\frac{\partial u}{\partial x} + \frac{\partial v}{\partial y} + \frac{\partial w}{\partial z} = 0$

※ 3차원 흐름의 연속방정식

㉠ 부정류의 연속방정식

• 압축성 유체일 때 $\frac{\partial(\rho u)}{\partial x} + \frac{\partial(\rho v)}{\partial y} + \frac{\partial(\rho w)}{\partial z} = -\frac{\partial \rho}{\partial t}$

• 비압축성 유체일 때 $\frac{\partial u}{\partial x} + \frac{\partial v}{\partial y} + \frac{\partial w}{\partial z} = -\frac{\partial \rho}{\partial t}$

㉡ 정상류의 연속방정식

• 압축성 유체일 때 $\frac{\partial \rho}{\partial t} = 0$이므로 $\frac{\partial(\rho u)}{\partial x} + \frac{\partial(\rho v)}{\partial y} + \frac{\partial(pw)}{\partial z} = 0$

• 비압축성 유체일 때 ρ는 일정하므로 $\frac{\partial u}{\partial x} + \frac{\partial v}{\partial y} + \frac{\partial w}{\partial z} = 0$

14 침루(percolation) ⋯ 토양면을 통해 스며든 물이 중력의 영향 때문에 지하로 이동하여 지하수면까지 도달하는 현상

15 레이놀즈(Reynolds)수 ⋯ 관성력에 대한 점성력의 상대적인 크기

16 지하수의 투수계수에 관한 설명으로 바르지 않은 것은?

① 같은 종류의 토사라 할지라도 그 간극률에 따라 변한다.
② 흙입자의 구성, 지하수의 점성계수에 따라 변한다.
③ 지하수의 유량을 결정하는데 사용된다.
④ 지역에 따른 무차원 상수이다.

17 물의 점성계수를 μ, 동점성계수를 ν, 밀도를 ρ라 할 때 관계식으로 옳은 것은?

① $\nu = \rho\mu$

② $\nu = \dfrac{\rho}{\mu}$

③ $\nu = \dfrac{\mu}{\rho}$

④ $\nu = \dfrac{1}{\rho\mu}$

18 Manning의 조도계수 $n=0.012$인 원형관을 사용하여 1m/s^2의 물을 동수경사 1/100로 송수하려고 할 때 적당한 관의 지름은?

① 70cm

② 80cm

③ 90cm

④ 100cm

16 투수계수의 단위는 cm/sec, $[LT^{-1}]$이다.

17 동점성계수 $\nu = \dfrac{\mu(\text{점성계수})}{\rho(\text{밀도})}$

18
$Q = \dfrac{\pi D^2}{4} \cdot \dfrac{1}{n} \cdot \left(\dfrac{D}{4}\right)^{\frac{2}{3}} \cdot \sqrt{I}$ 이므로,

$I = \dfrac{\pi D^2}{4} \cdot \dfrac{1}{0.012} \cdot \left(\dfrac{D}{4}\right)^{\frac{2}{3}} \cdot \sqrt{\dfrac{1}{100}}$

$0.385 = D^{\frac{8}{3}}$ 이므로 $D = 0.7\text{m}$

19 개수로 흐름에 관한 설명으로 바르지 않은 것은?

① 사류에서 상류로 변하는 곳에 도수현상이 발생한다.

② 개수로 흐름은 중력이 원동력이 된다.

③ 비에너지는 수로바닥을 기준으로 한 에너지이다.

④ 배수곡선은 수로가 단락(段落)이 되는 곳에 생기는 수면곡선이다.

20 다음 중 평균 강우량의 산정방법이 아닌 것은?

① 각 관측점의 강우량을 산술평균하여 얻는다.

② 각 관측점의 지배면적을 가중인자로 잡아서 각 강우량에 곱하여 합산한 후 전 유역면적으로 나누어서 얻는다.

③ 각 등우선 간의 면적을 측정하고 전유역면적에 대한 등우선 간의 면적을 등우선 간의 평균 강우량에 곱하여 이들을 합산하여 얻는다.

④ 각 관측점의 강우량을 크기순으로 나열하여 중앙에 위치한 값을 얻는다.

21 다음 물의 순환에 관한 설명으로서 틀린 것은?

① 지구상에 존재하는 수자원이 대기권을 통해 지표면에 공급되고 지하로 침투하여 지하수를 형성하는 등 복잡한 반복과정이다.

② 지표면 또는 바다로부터 증발된 물이 강수, 침투 및 침루, 유출 등의 과정을 거치는 물의 이동현상이다.

③ 물의 순환과정은 성분과정 간의 물의 이동이 일정률로 연속된다는 것을 의미한다.

④ 물의 순환과정 중 강수, 증발 및 증산은 수문기상학 분야이다.

✅ **ANSWER** | 19.④ 20.④ 21.③

19 수로가 단락(段落)이 되는 곳에 생기는 곡선은 저하곡선이다.
배수곡선은 개수로에 댐, 위어 등의 구조물이 있을 때 수위의 상승이 상류 쪽으로 미칠 때 발생하는 수면곡선이다.

20 ① 각 관측점의 강우량을 산술평균하여 얻는다. → 산술평균법
② 각 관측점의 지배면적을 가중인자로 잡아서 각 강우량에 곱하여 합산한 후 전 유역면적으로 나누어서 얻는다. → 티센법
③ 각 등우선 간의 면적을 측정하고 전유역면적에 대한 등우선 간의 면적을 등우선 간의 평균 강우량에 곱하여 이들을 합산하여 얻는다. → 등우선법

21 물의 순환과정은 성분과정 간의 물의 이동이 일정률로 연속되지 않고 물의 순환과정 중 강수, 증발 및 증산은 강우가 지상에 도달하기 이전까지의 대기현상을 연구하는 학문인 수문기상학 분야이다.

22 폭 2.5m, 월류수심 0.4m인 사각형 위어(Weir)의 유량은? (단, Francis 공식 : $Q = 1.84 B_o h^{3/2}$ 에 의하며 B_o 는 유효폭, h는 월류수심, 접근유속은 무시하며 양단수축이다.)

① 1.117m³/sec

② 1.126m³/sec

③ 1.536m³/sec

④ 1.557m³/sec

23 관수로에서 관의 마찰손실계수가 0.02, 관의 지름이 40cm일 때, 관내 물의 흐름이 100m를 흐르는 동안 2m 의 마찰손실수두가 발생되었다면 관내의 유속은?

① 0.3m/s

② 1.3m/s

③ 2.8m/s

④ 3.8m/s

24 직사각형 단면의 위어에서 수두(h) 측정에 2%의 오차가 발생했을 때, 유량(Q)에 발생되는 오차는?

① 1%

② 2%

③ 3%

④ 4%

ANSWER | 22.② 23.③ 24.③

22 사각형 위어의 유량공식인 Francis공식

$Q = 1.84(2.5 - 0.1 \times 2 \times 0.4) \times 0.4^{3/2} = 1.126 \text{m}^3/\text{sec}$

23 $h_L = f \cdot \dfrac{l}{D} \cdot \dfrac{V^2}{2g}$ 이므로, $2 = 0.02 \cdot \dfrac{100}{0.4} \cdot \dfrac{V^2}{2 \cdot 9.8}$, 따라서 $V = 2.8 \text{m/s}$

24 직사각형 위어의 유량오차 $\dfrac{dQ}{Q} = \dfrac{3}{2} \cdot \dfrac{dh}{h} = \dfrac{3}{2} \cdot 2 = 3\%$

25 다음 그림과 같은 병렬관수로 ㉠, ㉡, ㉢에서 각 관의 지름과 관의 길이를 각각 D_1, D_2, D_3, L_1, L_2, L_3라 할 때 $D_1 > D_2 > D_3$이고, $L_1 > L_2 > L_3$이면 A점과 B점의 손실수두는?

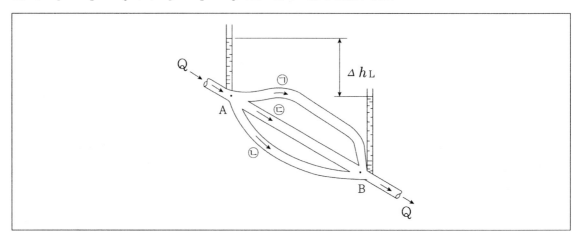

① ㉠의 손실수두가 가장 크다.

② ㉡의 손실수두가 가장 크다.

③ ㉢에서만 손실수두가 발생한다.

④ 모든 관의 손실수두가 같다.

26 다음 중 단위도(단위유량도)에 대한 설명으로 바르지 않은 것은?

① 단위도의 3가지 가정은 일정기저시간 가정, 비례가정, 중첩가정이다.

② 단위도는 기저유량과 직접유출량을 포함하는 수문곡선이다.

③ S-Curve를 이용하여 단위도의 단위시간을 변경할 수 있다.

④ Synder는 합성단위도법을 연구발표하였다.

Ⓢ **ANSWER** | 25.④ 26.②

25 주어진 병렬관수로에서는 모든 관의 손실수두가 동일하다.

26 단위도는 직접유출의 수문곡선이며 기저유출을 포함하지 않는다.

※ S-Curve방법 ··· 긴 강우지속시간을 가진 단위도로부터 짧은 지속시간을 가진 단위도로 유도하기 위해 사용하는 방법으로 S-Curve의 형상을 지배하는 인자는 단위도의 지속시간, 평형 유출량, 직접유출의 수문곡선 등이 있다.

27 다음 중 상류(Subcritical flow)에 관한 설명으로 바르지 않은 것은?

① 하천의 유속이 장파의 전파속도보다 느린 경우이다.

② 관성력이 중력의 영향보다 더 큰 흐름이다.

③ 수심은 한계수심보다 크다.

④ 유속은 한계유속보다 작다.

28 물체의 공기 중 무게가 750N이고 물속에서의 무게는 250N일 때 이 물체의 체적은? (단, 무게 1kg중=10N)

① $0.05m^3$ ② $0.06m^3$

③ $0.50m^3$ ④ $0.60m^3$

29 유역면적이 15km^{2}이고 1시간에 내린 강우량이 150mm일 때 하천의 유출량이 350m^3/s이면 유출률은?

① 0.56   ② 0.65

③ 0.72   ④ 0.78

✅ **ANSWER** | 27.② 28.① 29.①

27 관성력이 중력의 영향보다 더 큰 흐름은 사류($F_r > 1$)이다.

	상류	사류
유속의 흐름	전파속도보다 작다	전파속도보다 크다
수로경사	완만하다	급격하다
지배력	중력	관성력
수심	작다	크다
유속	크다	작다

28 250N을 25kg으로 환산하여 다음 식에서 답을 구한다.
$W = B + W'$에서 부력 $B = wV$이므로
$75 = 1,000 \times V + 25$이므로 $V = 0.05m^3$

29 $Q = 0.2778CIA$이므로 $350 = 0.2778 \cdot C \cdot 150 \cdot 15$이므로
$C = 0.56$

30 표고 20m인 저수지에서 물을 표고 50m인 지점까지 1.0m³/sec의 물을 양수하는데 소요되는 펌프동력은? (단, 모든 손실수두의 합은 3.0m이고 모든 관은 동일한 직경과 수리학적 특성을 지니며, 펌프의 효율은 80%이다.)

① 248kW

② 330kW

③ 404kW

④ 650kW

31 여과량이 2m³/s, 동수경사가 0.2, 투수계수가 1cm/s일 때 필요한 여과지 면적은?

① 1,000m²

② 1,500m²

③ 2,000m²

④ 2,500m²

32 도수 전후의 수심이 각각 2m, 4m일 때 도수로 인한 에너지 손실(수두)은?

① 0.1m

② 0.2m

③ 0.25m

④ 0.5m

✅ **A N S W E R** | 30.③ 31.① 32.③

30 펌프의 축동력 ··· 축동력 결정 시 수두는 전수두를 사용해야 한다.
축동력은 다음의 식으로 구한다.

$$\frac{9.8 \cdot Q \cdot H_t}{\eta} w = \frac{9.8 \cdot 1 \cdot (50 - 20 + 3)}{0.8} = 404.25\,\text{kW}$$

31 $V = K_i = 1\text{cm/s} \cdot 0.2 = 0.2\text{cm/s}$
$Q = VA = 0.2\text{cm/s} \cdot A = 2\text{m}^3/\text{s}$이므로 $A = 1,000\text{m}^2$

32 도수에 의한 에너지 손실량

$$\triangle H_e = \frac{(h_2 - h_1)^3}{4h_1 h_2} = \frac{(4-2)^3}{4 \times 2 \times 4} = 0.25\text{m}$$

33 다음 표는 어느 지역의 40분간 집중호우를 5분 간격으로 관측한 것이다. 지속기간이 20분인 최대강우강도는?

시간(분)	우량(mm)
0 ~ 5	1
5 ~ 10	4
10 ~ 15	2
15 ~ 20	5
20 ~ 25	8
25 ~ 30	7
30 ~ 35	3
35 ~ 40	2

① $I = 49\text{mm/hr}$

② $I = 59\text{mm/hr}$

③ $I = 69\text{mm/hr}$

④ $I = 72\text{mm/hr}$

34 오리피스(Orifice)에서의 유량 Q를 계산할 때 수두 H의 측정에 1%의 오차가 있으면 유량계산의 결과에는 얼마의 오차가 생기는가?

① 0.1%

② 0.5%

③ 1%

④ 2%

33 15 ~ 35분 사이일 때가 20분 지속 최대강우량이다.

20분 지속 최대강우강도

$$I = n\text{시간 최대강우량} \times \frac{60}{\text{지속시간}} = (5+8+7+3) \times \frac{60}{20} = 69\text{mm/hr}$$

34 유량오차 $\dfrac{dQ}{Q} = \dfrac{1}{2}\dfrac{dH}{H} = \dfrac{1}{2} \times 1 = 0.5\%$

35 폭 8m의 구형단면 수로에 40m³/s의 물을 수심 5m로 흐르게 할 때, 비에너지는? (단, 에너지 보정계수 $\alpha = 1.11$로 가정한다.)

① 5.06m

② 5.87m

③ 6.19m

④ 6.73m

36 폭이 넓은 개수로($R \fallingdotseq hc$)에서 Chezy의 평균유속계수 $C=29$, 수로경사 $I = \dfrac{1}{80}$인 하천의 흐름상태는? (단, $\alpha = 1.11$)

① $I_c = \dfrac{1}{105}$로 사류

② $I_c = \dfrac{1}{95}$로 사류

③ $I_c = \dfrac{1}{70}$로 상류

④ $I_c = \dfrac{1}{50}$로 상류

37 지하수의 흐름에 대한 Darcy의 법칙은? (단, V는 유속, $\triangle h$는 길이 $\triangle L$에 대한 손실수두, k는 투수계수이다.)

① $V = k\left(\dfrac{\triangle h}{\triangle L}\right)^2$

② $V = k\left(\dfrac{\triangle h}{\triangle L}\right)$

③ $V = k\left(\dfrac{\triangle h}{\triangle L}\right)^{-1}$

④ $V = k\left(\dfrac{\triangle h}{\triangle L}\right)^{-2}$

ANSWER | 35.① 36.② 37.②

35
$$V = \frac{Q}{A} = \frac{40\text{m}^3/\text{s}}{8 \cdot 5\text{m}^2} = 1\text{m/sec}$$

$$H_e = h + \alpha\frac{V^2}{2g} = 5 + 1.11 \cdot \frac{1^2}{2 \cdot 9.8} = 5.056\text{m}$$

36 한계경사는 $I_e = \dfrac{g}{a \cdot C^2} = \dfrac{9.8}{1.11 \cdot 29^2} = \dfrac{1}{95.26}$

하천의 흐름상태는 $I_e = \dfrac{1}{95.26} < I = \dfrac{1}{80}$이므로 사류이다.

37
$$V = k\left(\frac{\triangle h}{\triangle L}\right)$$

V는 유속, $\triangle h$는 길이 $\triangle L$에 대한 손실수두, k는 투수계수

38 수로의 경사 및 단면의 형상이 주어질 때 최대유량이 흐르는 조건은?

① 수심이 최소이거나 경심이 최대일 때

② 윤변이 최대이거나 경심이 최소일 때

③ 윤변이 최소이거나 경심이 최대일 때

④ 수로 폭이 최소이거나 수심이 최대일 때

39 단위유량도(Unit Hydrograph)를 작성함에 있어서 기본 가정에 해당하지 않는 것은?

① 비례가정

② 중첩가정

③ 직접유출의 가정

④ 일정 기저시간의 가정

40 도수가 15m 폭의 수문 하류 측에서 발생되었다. 도수가 일어나기 전의 깊이가 1.5m이고 그 때의 유속은 18m/s이었다. 도수로 인한 에너지 손실수두는? (단, 에너지보정계수는 1.0이다.)

① 3.24m   ② 5.40m

③ 7.62m   ④ 8.34m

---

38 개수로에서 일정한 단면적에 대하여 최대 유량이 흐르는 조건은 윤변이 최소이거나 경심이 최대일 때이다.

39 단위유량도 3가지 기본 가정 … 일정 기저시간의 가정, 중첩가정, 비례가정

40 $F_r = \dfrac{V}{\sqrt{gh}} = \dfrac{18}{\sqrt{9.8 \cdot 1.5}} = 4.69$

$\dfrac{h_2}{h_1} = \dfrac{1}{2}(-1 + \sqrt{1 + 8F_r^2}) = \dfrac{h_2}{1.5}(-1 + \sqrt{1 + 8 \cdot 4.69^2})$

$\therefore h_2 = 9.23 [\text{m}]$

$\triangle H_e = \dfrac{(h_2 - h_3)^3}{4h_1 h_2} = \dfrac{(9.23 - 1.5)^3}{4 \cdot 1.5 \cdot 9.23} = 8.34\text{m}$

05

철근콘크리트
PSC 및 강구조학

04 철근콘크리트 PSC 및 강구조학

① 철근콘크리트의 기본 개념

① 개요

  ㉠ 개념 : 콘크리트가 압축에는 강하지만 인장에는 약하기 때문에 인장구역에 철근을 배치하여 인장에 저항하도록 하기 위한 상호보완적인 일체식 구조물을 철근콘크리트라 한다.

  ㉡ 철근콘크리트의 성립 이유
  - 철근과 콘크리트 사이의 부착강도가 크다. → 일체식 구조 가능
  - 철근은 콘크리트 속에서 부식하지 않는다. → 콘크리트 피복두께의 역할
  - 철근과 콘크리트의 열팽창계수가 거의 같다. → 온도 변화에 따른 응력 무시

  ㉢ 철근콘크리트의 특징
  - 경제성, 내구성, 내화성이 좋다.
  - 구조물의 형상과 치수에 제약을 받지 않는다.
  - 자중이 크고 균열이 발생한다.
  - 국부적 파손과 개조, 보강이 곤란하다.

② 콘크리트의 강도

  ㉠ 설계기준강도(f_{ck}) : 콘크리트 부재 설계 시 기준으로 정한 재령 28일의 압축강도

  ㉡ 배합강도(f_{cr}) : 시공 시 재령 28일의 목표로 하는 압축강도
  - 다음 두 식에 의한 값 중 큰 값을 적용

  > - $f_{cr} = f_{ck} + 1.34S[\text{MPa}]$
  > - $f_{cr} = (f_{ck} - 3.5) + 2.33S[\text{MPa}] \rightarrow f_{ck} \leq 35\text{MPa}$
  > $\quad 0.9f_{ck} + 2.33S[\text{MPa}] \rightarrow f_{ck} > 35\text{MPa}$ (S : 압축강도의 표준편차)

  - 현장콘크리트의 압축강도 시험값이 설계기준강도 이하로 되는 확률은 5% 이하이어야 하고, 압축강도의 시험값이 설계기준강도의 85% 이하로 되는 확률은 0.13% 이하이어야 한다.
  - 압축강도 시험값이란 평균값을 말한다.

ⓒ 강도의 종류

• 압축강도 : 콘크리트 품질의 척도, 표준공시체의 지름 15cm, 높이 30cm

$$f_c = \frac{P}{A}$$

여기서, f_c : 압축강도, P : 파괴시의 최대하중, A : 공시체의 단면적

• 인장강도 : 간접시험인 쪼갬인장강도 시험

$$f_{sp} = \frac{2P}{\pi dl}$$

여기서, f_{sp} : 쪼갬인장강도, P : 파괴시의 최대하중, d : 공시체의 지름, l : 공시체의 길이

• 휨인장강도 : 압축강도의 약 $\frac{1}{10}$

• 전단강도 : 압축강도의 약 $\frac{1}{4}$

③ 탄성계수

㉠ 콘크리트의 탄성계수(E_c) : 그림의 응력-변형률선도에서 단위 변형률에 대한 단위응력의 변화율을 탄성계수라 한다.

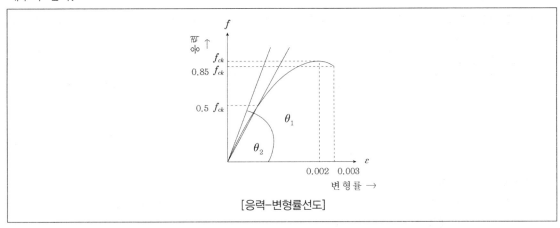

[응력-변형률선도]

㉡ 철근의 탄성계수(E_s)

$$E_s = 2.0 \times 10^5 [\text{N/mm}^2]$$

㉢ 탄성계수비(n)

$$n = \frac{E_s}{E_c} = \frac{200,000}{8,500 \cdot \sqrt[3]{f_{ck} + \triangle f}}$$

• 탄성계수비는 계산된 값의 가장 가까운 정수를 사용한다.
• 탄성계수비는 6보다 작아서는 안 된다.

④ **크리프와 건조수축**

㉠ 크리프(creep) : 시간의 경과에 따른 소성변형을 크리프라 하며, 이때의 변형률을 크리프변형률이라 한다.

• 크리프 계수(ϕ)

$$\phi = \frac{크리프변형률}{탄성변형률} = \frac{\epsilon_c}{\epsilon_e}$$

－옥내 : $\phi = 3.0$
－옥외 : $\phi = 2.0$
－수중 : $\phi \leq 1.0$

• 크리프의 특징
－하중 재하 후 시간이 경과됨에 따라 크리프 증가, 4～5년 후면 종결된다.
－크리프 변형률은 탄성변형률의 1.5～3배 정도이다.
－$\frac{w}{c}$가 작고, 재령이 크고, 단면이 큰 고강도 콘크리트일수록 크리프가 작다.
－시멘트량이 많을수록 크리프는 증가한다.

㉡ 건조수축 : 콘크리트가 경화할 때 수화작용에 필요한 양 이상의 물이 증발하면서 체적이 감소하는데 이를 건조수축이라 한다.

• 건조수축계수

구조물의 종류		건조수축계수
라멘		0.00015
아치	철근량 0.5% 이상	0.00015
	철근량 0.1～0.5% 이상	0.00020

• 건조수축의 특징
－단위시멘트량이 많을수록 건조수축이 크다. (모르타르는 콘크리트의 2배)
－적절한 습윤양생을 하거나, 단위수량이 적을수록 건조수축이 작다.
－건조 초기에는 콘크리트 표면에는 인장응력이 일어나고, 내부에는 압축응력이 일어난다.
－우리나라 시방서의 온도 승강은 보통의 경우 20℃, 부재의 치수가 70cm 이상인 경우에는 15℃를 표준으로 한다.

⑤ **철근**

㉠ 철근의 종류

- 철근 표면의 요철 유무에 따른 분류
- 원형철근 : 표면이 매끈하고, 보조철근 또는 스터럽과 나선철근에 사용
- 이형철근 : 표면에 리브와 마디가 있고, 부착력이 증대되며, 균열의 폭을 감소시킴
- 사용목적이나 용도에 따른 분류
- 주철근 : 설계하중에 의하여 그 단면적이 결정되는 철근
  - → 정철근 : 정(+)의 휨모멘트에 의해서 일어나는 인장응력을 받도록 배치한 주철근으로 하단부에 배치
  - → 부철근 : 부(−)의 휨모멘트에 의해서 일어나는 인장응력을 받도록 배치한 주철근으로 상단부에 배치
- 배력철근 : 응력분포가 주 목적으로 정철근 또는 부철근과 직각에 가까운 방향으로 배치한 보조적인 철근, 주로 주철근의 위치 확보, 건조수축이나 온도변화에 의한 균열방지에 사용
- 조립용 철근 : 철근 조립시 철근의 위치를 확보하기 위하여 사용되는 철근으로 별도의 응력계산은 필요 없음
- 가외철근 : 콘크리트의 건조수축, 온도변화로 인한 인장응력에 대비하여 가외로 더 넣는 보조적인 철근
- 용접철망 : 얇은 슬래브나 쉘 구조를 보강하는데 사용

㉡ 철근의 간격

- 보(정철근, 부철근)
- 수평 순간격 : 2.5cm 이상, 철근의 공칭지름 이상
- 연직 순간격 : 2.5cm 이상, 상하철근 동일연직면내
- 기둥(나선철근, 띠철근) : 순간격은 4cm 이상, 철근 직경의 1.5배 이상

㉢ 철근의 피복두께 : 콘크리트의 표면에서 최외측단 철근의 표면까지의 최단거리를 의미

- 피복두께를 하는 이유
- 철근의 부식방지
- 내화성 증진
- 부착강도 증진
- 현장치기 콘크리트의 최소피복두께
- 콘크리트를 칠 때부터 흙에 접히거나 수중 콘크리트 : 8cm
- 보, 기둥 : 4cm

㉣ 철근의 설계강도와 허용응력

- 철근의 설계강도
- 철근의 설계항복강도 : $f_y \leq 600\,\text{MPa}$
- 전단철근의 설계항복강도 : $f_y \leq 500\,\text{MPa}$

- 콘크리트의 허용응력
- 휨압축응력 : $0.6f_{ci}$
- 단순지지 부재 단부의 휨압축응력 : $0.71f_{ci}$
- 휨인장응력 : $0.25f_{ci}$
- 단순지지 부재 단부의 휨인장응력 : $0.5f_{ci}$
- 철근의 허용응력 : 철근의 허용응력(f_{sa})은 항복강도(f_y)의 50% (단, $SD40$은 제외)
- $SD30\,(f_y=3,000\,\mathrm{kgf/cm^2}) : f_{sa}=1,500\,\mathrm{kgf/cm^2}=150\,\mathrm{MPa}$
- $SD35\,(f_y=3,500\,\mathrm{kgf/cm^2}) : f_{sa}=1,750\,\mathrm{kgf/cm^2}=175\,\mathrm{MPa}$
- $SD40\,(f_y=4,000\,\mathrm{kgf/cm^2}) : f_{sa}=1,800\,\mathrm{kgf/cm^2}=180\,\mathrm{MPa}$

❷ 보의 허용응력 설계법에 의한 해석

① 단철근 직사각형보

⊙ 해석

- 중립축의 위치(x) : $\dfrac{b\cdot x}{2}\times x = n\cdot A_s(d-x) \;\rightarrow\; x=k\cdot d,\;\; \rho=\dfrac{A_s}{b\cdot d}$

  $\therefore\; k=-n\rho\pm\sqrt{(n\rho)^2+2n\cdot\rho}$

- 응력
- 내부우력모멘트

$$M=C\cdot Z=\frac{1}{2}\cdot f_c\cdot x\cdot b\cdot(j\cdot d)=\frac{1}{2}\cdot f_c\cdot x\cdot b\cdot\left(d-\frac{1}{3}\right)$$

$$M=T\cdot Z=A_s\cdot f_s\cdot(j\cdot d)=A_s\cdot f_s\cdot\left(d-\frac{x}{3}\right)$$

$$f_c=\frac{2M}{x\cdot b\cdot\left(d-\dfrac{1}{3}\right)}=\frac{2M}{k\cdot j\cdot b\cdot d^2}$$

$$f_s=\frac{M}{A_s\left(d-\dfrac{x}{3}\right)}=\frac{M}{A_s\cdot j\cdot d}=\frac{M}{\rho\cdot j\cdot b\cdot d^2}$$

－휨공식

$$f = \frac{M}{I} \cdot y \rightarrow f_c = \frac{M}{I_{cr}} \cdot x, \ f_s = \frac{M}{I_{cr}}(d-x)$$

여기서, 균열환산단면 2차 모멘트 $I_{cr} = \dfrac{b \cdot x^3}{3} + n \cdot A_s(d-x)^2$

－비례식 : f_c 또는 f_s를 알고 있을 경우 사용 가능

응력도 비례식 $f_c : \dfrac{f_s}{n} = x : (d-x) \rightarrow f_c = \dfrac{f_s}{n} \cdot \dfrac{x}{d-x}, \ f_s = n \cdot f_c \cdot \dfrac{d-x}{x}$

• 단면의 저항모멘트(M_r) : 내부 우력 모멘트 식에서 콘크리트와 철근의 최대 응력 허용치인 f_{ca}와 f_{sa}를 대입하면 $M_{rc} = \dfrac{1}{2} f_{ca} \cdot x \cdot b \cdot \left(d - \dfrac{x}{3}\right), \ M_{rs} = A_s \cdot f_{sa} \cdot \left(d - \dfrac{x}{3}\right)$

M_{rc}와 M_{rs} 중 작은 값을 단면의 저항모멘트라 한다.

ⓛ 설계

• M_{rc}와 M_{rs} 값이 다르면 비경제적이므로 이 두 값을 같도록 설계하는 것이 바람직하다. 즉 f_c와 f_s가 동시에 그들의 허용응력인 f_{ca}와 f_{sa}에 도달하도록 설계하는 데 이와 같은 보를 균형보라 한다.

• 균형보의 중립축 위치(x_0)

$$x_0 = \frac{n \cdot f_{ca}}{n \cdot f_{ca} + f_{sa}} \cdot d, \ x_0 = k_0 \cdot d \text{이므로} \ k_0 = \frac{n \cdot f_{ca}}{n \cdot f_{ca} + f_{sa}}$$

• 균형철근비(ρ_0)

$$C = T \rightarrow \frac{1}{2} f_{ca} \cdot x \cdot b = A_s \cdot f_s \quad \text{여기서,} \ A_s = \rho_0 \cdot b \cdot d$$

$$\therefore \rho_0 = \frac{f_{ca}}{2 \cdot f_{sa}} \cdot k_0 = \frac{f_{ca}}{2 \cdot f_{sa}} \cdot \frac{n \cdot f_{ca}}{n \cdot f_{ca} + f_{sa}}$$

• 단면결정(d, A_s) : 폭 b를 가정하고, 균형단면이 되도록 유효깊이 d와 철근량 A_s를 구한다.

$$d = C_1 \sqrt{\frac{M}{b}} \rightarrow C_1 = \frac{n \cdot f_{ca} + f_{sa}}{n \cdot f_{ca}} \cdot \sqrt{\frac{6n}{3 f_{sa} + 2n \cdot f_{ca}}}$$

$$A_s = C_2 \sqrt{M \cdot b} \rightarrow C_2 = \frac{f_{ca}}{2 f_{sa}} \cdot \sqrt{\frac{6n}{3 f_{sa} + 2n \cdot f_{ca}}}$$

$$\frac{C_2}{C_1} = \frac{f_{ca}}{2 f_{sa}} \cdot k_0 = \rho_0$$

② **T형보**

ⓐ 플랜지의 유효폭 결정(b_e)

- 대칭 T형보 : $16t + b_w$, 양쪽 슬래브의 중심간 거리, 보의 경간의 $\frac{1}{4}$ 중 최솟값

- 비대칭 T형보 : $6t + b_w$, 보의 경간의 $\frac{1}{12} + b_w$, 인접 보와의 내측거리 $\frac{1}{2} + b_w$ 중 최솟값

ⓑ T형보의 판정

- 중립축의 위치 x와 플랜지의 두께 t를 비교
- 경계면에 대하여 인장철근 환산단면적의 단면 1차 모멘트와 플랜지의 단면 1차 모멘트를 비교

$$(b \cdot t) \cdot \frac{t}{2} = n \cdot A_s \cdot (d - t)$$

- 판정

$$-x \le t \text{인 경우 } \frac{b \cdot t^2}{2} \ge n \cdot A_s \cdot (d - t)$$

$$-x > t \text{인 경우 } \frac{b \cdot t^2}{2} < n \cdot A_s \cdot (d - t)$$

③ **단철근 T형보**

ⓐ 해석

- 정밀해법 : 복부의 압축응력을 고려하여 전압축력 C의 크기를 정확히 구한다.
- 근사해법(복부의 압축응력 무시)
  - 사다리꼴의 도심에 압축력 C가 작용 즉, 전압축력 C의 정확한 위치(도심)를 구하여 계산한다.
  - 근사해법 : 근사적으로 압축력 C가 플랜지의 도심$\left(\frac{t}{2}\right)$에 있다고 본다.

$$\text{즉, } u = \frac{t}{2} \text{이므로 } Z = j \cdot d = d - u = d - \frac{t}{2}$$

$$M = C \cdot Z = \left(\frac{f_c + f_u}{2} \cdot t \cdot b\right) \cdot \left(d - \frac{t}{2}\right) \text{에서 } f_u = \frac{x - t}{x} \cdot f_c \text{이므로}$$

$$\therefore M = f_c \cdot b \cdot t \cdot \left(1 - \frac{t}{2x}\right) \cdot \left(d - \frac{t}{2}\right)$$

$$\therefore f_c = \frac{M \cdot x}{b \cdot t \cdot \left(x - \frac{t}{2}\right) \cdot \left(d - \frac{t}{2}\right)}$$

$$M = T \cdot Z = A_s \cdot f_s \cdot \left(d - \frac{t}{2}\right)$$

$$\therefore f_c = \frac{M}{A_s \cdot \left(d - \frac{t}{2}\right)}$$

ⓒ 설계 – 철근량 결정

$$A_s = \dfrac{M}{f_{sa} \cdot \left(d - \dfrac{t}{2}\right)}$$

③ 보의 강도설계법에 의한 해석

① 개요

ⓐ 개념

- 철근 콘크리트보를 소성체로 보고 소성이론에 의해 그 부재의 계수강도를 알아내어 안정성을 확보하는 설계법

$$\phi M_n \geq M_u = 1.4 M_D + 1.7 M_L$$

M_D : 고정하중에 의한 모멘트, M_L : 활하중에 의한 모멘트, ϕM_n : 설계휨강도, M_u : 계수강도

- 강도설계법의 특징
- 파괴에 대한 안전도의 확보가 확실하다.
- 하중계수에 의하여 하중의 특성을 설계에 반영할 수 있다.
- 사용성의 확보를 위해 별도의 검토(균열 · 처짐) 필요

PLUS CHECK

안정성은 계수하중으로 검토 → 강도설계법의 설계하중은 계수하중
사용성은 사용하중으로 검토 → 허용응력설계법의 설계하중은 사용하중

ⓑ 기본가정

- 변형률은 중립축으로부터 거리에 비례(허용응력 설계법과 동일)
- 압축측 연단의 콘크리트 최대변형률은 0.003으로 가정
- 항복강도 f_y 이하에서 철근의 응력은 그 변형률의 E_s 배이고, 변형률에 관계없이 최대응력을 f_y와 같다고 가정
- 콘크리트 인장강도는 휨응력 계산시 무시 – 허용응력 설계법과 동일
- 응력은 변형률에 비례하지 않음
- 콘크리트의 압축응력이 $0.85 f_{ck}$로 균등하고, 이 응력이 $a = \beta_1 \cdot c$까지 등분포한다고 가정
- β_1값의 규정
- $f_{ck} \leq 28\,\text{MPa} \rightarrow \beta_1 = 0.85$

  $f_{ck} > 28\,\text{MPa} \rightarrow f_{ck}$값이 1MPa씩 증가할 때마다 0.85에서 0.007씩 감소시킨 값을 사용
- 단, β_1값은 0.65보다 작아서는 안 된다.

ⓒ 강도감소계수와 하중계수

- 강도감소계수(ϕ) : 구조물에 발생할 수 있는 강도의 결함, 치수오차 등을 보완하기 위한 계수

인장지배단면		0.85
전단과 비틀림		0.75
압축지배단면	나선철근 부재	0.70
	기타 부재(띠철근)	0.65
콘크리트의 지압		0.65
무근 콘크리트의 휨부재		0.55

- 하중계수
- 초과하중의 영향과 하중의 조합 영향을 고려하는 계수
- 고정하중(D)와 활하중(L)이 작용하는 경우 : 계수하중(U) $= 1.2D + 1.6L \geq 1.4D$

② 단철근 직사각형보

㉠ 균형보

- 인장철근이 항복강도 f_y에 도달함과 동시에 콘크리트도 극한변형률 0.003에 도달하는 보를 균형보라 하며, 이러한 보의 파괴형태를 균형파괴라 한다. (이론상만 가능, 실재상은 없음)
- 균형보의 중립축 위치(C_b)

$$C_b : 0.003 = d : 0.003 + \frac{f_y}{E_s} \quad (E_s = 2.0 \times 10^5 \, \text{MPa})$$

$$C_b = \frac{0.003 E_s}{0.003 E_s + f_y} \times d \rightarrow C_b = \frac{600}{600 + f_y} \cdot d$$

- 균형철근비(ρ_b)

$$C_b = T_b \text{이므로} \ 0.85 f_{ck} \cdot a_b \cdot b = A_{s(b)} \cdot f_y \quad \text{여기서,} \ a_b = \beta_1 \cdot C_b, \ A_{s(b)} = \rho_b \cdot b \cdot d$$

$$\therefore \ \rho_b = 0.85 \cdot \beta_1 \cdot \frac{f_{ck}}{f_y} \cdot \frac{600}{600 + f_y}$$

㉡ 보의 휨파괴 거동

- 균형파괴 (균형보 : $\rho = \rho_b$)
- 이론상의 파괴형태로서 실제파괴에서는 생길 수 없다.
- 인장철근이 항복점(f_y)에 도달할 때, 콘크리트도 극한변형률 0.003에 동시에 도달하여 철근의 연성을 활용하지 못한 일종의 취성파괴
- 과다철근에 의한 취성파괴($\rho > \rho_0$)
- 철근을 과다하게 사용하여 콘크리트는 최대변형률인 0.003에 도달되었지만, 인장철근의 응력은 아직 항복강도(f_y)에 도달하지 못한 비경제적인 보
- 파괴시 변형이 크게 생기지 않고, 압축부 콘크리트 파쇄로 붕괴되므로 위험을 예측할 수 없는 취성파괴를 일으킨다.

- 과소철근에 의한 연성파괴 $\left(\dfrac{14}{f_y} \text{ 또는 } \dfrac{0.80\sqrt{f_{ck}}}{f_y} < \rho < \rho_b\right)$

−철근비를 균형철근비보다 작게 사용하여 인장철근의 응력이 항복강도(f_y)에 도달되었지만, 콘크리트는 최대변형률인 0.003에 도달하지 못한 보

−1차적으로 파괴시 변형이 크게 생겨 파괴를 예측할 수 있으며, 2차적으로 중립축의 위치가 압축측 콘크리트쪽으로 상승하여 콘크리트의 파괴를 일으킨다. (연성파괴)

- 최근비(량)의 제한

−최대철근비 : 사용철근비[$\rho_{(use)}$]가 균형철근비[$\rho_{(b)}$]보다 작으면 과소철근으로서 연성파괴를 유도할 수 있으나, 시방서에서는 확실한 연성파괴로 유도하기 위하여 최대철근비[$\rho_{(\max)}$]를 균형철근비[$\rho_{(b)}$]의 75% 상한을 두어 규제하고 있다.

$$\rho_{(use)} \leq \rho_{(\max)} = 0.75\rho_{(b)}$$

−최소철근량 : 철근을 적게 넣으면, 콘크리트에 균열이 생기는 순간 철근도 동시에 끊어져서 갑자기 파괴가 일어난다. 이러한 취성파괴를 방지하기 위하여 하한을 두어 규제하고 있다. 다음의 값 중 큰 값 이상을 선택한다. 단, 주철근이 설치되는 휨부재에서는 정·부 철근량을 해석상 소요되는 양보다 $\dfrac{1}{3}$을 더 많이 배근하면 최소철근비 규정을 따르지 않아도 좋다.

$$A_{s(use)} \geq A_{s(\min)} = \frac{1.4}{f_y}b_w \cdot d \text{ 또는 } \frac{0.25\sqrt{f_{ck}}}{f_y}b_w \cdot d$$

ⓒ 과소철근보 $\left(\rho_{\min} = \dfrac{1.4}{f_y} \text{ 또는 } \dfrac{0.25\sqrt{f_{ck}}}{f_y} \leq \rho \leq \rho_{\max} = 0.75\rho_{(b)}\right)$

- 해석
−등가응력 사각형의 깊이(a)

$$C = T \to 0.85f_{ck} \cdot a \cdot b = A_s \cdot f_y \to a = \frac{A_s \cdot f_y}{0.85 \cdot f_{ck} \cdot b}$$

−공칭휨강도(M_n)

$$\bullet \ M_n = C \cdot Z = 0.85f_{ck} \cdot a \cdot b \cdot \left(d - \frac{a}{2}\right)$$
$$\bullet \ M_n = T \cdot Z = A_s \cdot f_y \cdot \left(d - \frac{a}{2}\right)$$

−설계휨강도(ϕM_n) : 공칭휨강도에 ϕ(휨 = 0.85)를 곱한 값

$$\phi M_n = \phi\left[0.85 \cdot f_{ck} \cdot a \cdot b \cdot \left(d - \frac{a}{2}\right)\right] = \phi\left[A_s \cdot f_y \cdot \left(d - \frac{a}{2}\right)\right]$$

- 설계 : 소요휨강도(M_u)와 설계휨강도(ϕM_n)을 같다고 하여, 콘크리트 단면의 폭 b를 가정하면 유효깊이 d와 철근량 A_s를 구할 수 있다.

$$\phi M_n = \phi\left[A_s \cdot f_y \cdot \left(d - \frac{a}{2}\right)\right] \rightarrow \phi\left[f_y \cdot \rho \cdot b \cdot d^2\left(1 - 0.59\rho \cdot \frac{f_y}{f_{ck}}\right)\right]$$

$$= \phi \cdot f_{ck} \cdot q \cdot (1 - 0.59q) \cdot b \cdot d^2 = R_u \cdot b \cdot d^2$$

여기서, $a = \dfrac{A_s \cdot f_y}{0.85 \cdot f_{ck} \cdot b}$, $A_s = \rho \cdot b \cdot d$, $q = \rho \cdot \dfrac{f_y}{f_{ck}}$, $R_u = \phi \cdot f_{ck} \cdot q \cdot (1 - 0.59q)$

- 유효깊이(d)의 결정

$$1.4 M_D + 1.7 M_L = M_u \leq \phi M_n = R_u \cdot b \cdot d^2$$

$$\therefore d = \sqrt{\frac{M_u}{R_u \cdot b}}$$

- 철근량(A_s)의 결정

$$M_u \leq \phi M_n = \phi\left[A_s \cdot f_y \cdot \left(d - \frac{a}{2}\right)\right] \rightarrow A_s = \frac{\phi M_n}{f_y \cdot \left(d - \dfrac{a}{2}\right)} = \frac{M_u}{f_y \cdot \left(d - \dfrac{a}{2}\right)}$$

단, $A_s \leq \rho_{\max} \cdot b \cdot d$(최대철근비 규정)

③ 복철근 직사각형보

㉠ 개요 : 복철근 보에서도 인장철근은 물론 압축철근도 항복응력 f_y에 도달하여야 한다. 인장철근비가 $\rho \leq 0.75\rho_b$이면, 보의 강도는 압축철근을 무시하고 계산해도 좋으나, $0.75\rho_b$보다 크면 압축철근의 항복에 대한 정밀계산이 필요하다.

㉡ 해석

- 복철근 보의 해석은 압축철근과 동일한 인장철근량과 압축철근에 의해 생기는 우력모멘트(M_{n1}), 나머지 인장철근과 콘크리트에 의한 우력모멘트(M_{n2})로 나누어 해석한다.
- 설계휨강도(ϕM_n)

$M_{n1} = C \cdot Z = T_1 \cdot Z = A_s{}' \cdot f_y \cdot (d - d')$

$M_{n2} = C_c \cdot Z = 0.85 \cdot f_{ck} \cdot a \cdot b \cdot \left(d - \dfrac{a}{2}\right) = T_2 \cdot Z = (A_s - A_s{}') \cdot f_y \cdot \left(d - \dfrac{a}{2}\right)$

$\therefore \phi M_n = \phi[M_{n1} + M_{n2}] = \phi\left[A_s{}' \cdot f_y \cdot (d - d') + (A_s - A_s{}') \cdot f_y \cdot \left(d - \dfrac{a}{2}\right)\right]$

- 등가응력 사각형의 깊이(a)

$C_c = T_2 \rightarrow 0.85 f_{ck} \cdot a \cdot b = (A_s - A_s{}') \cdot f_y$

$$\therefore a = \frac{(A_s - A_s') \cdot f_y}{0.85 \cdot f_{ck} \cdot b}$$

- 압축철근이 항복하기 위한 조건

  압축철근의 변형률 ϵ_s이 항복변형률보다 크려면

$$0.003\left(\frac{c-d}{c}\right) \geq \frac{f_y}{E_s} \quad \rightarrow \quad c \geq \frac{600}{600 - f_y} \cdot d' \quad \cdots\cdots \text{⊙}$$

  힘의 평형조건에서 $T - C_s = C_c \quad \rightarrow \quad A_s \cdot f_y - A_s' \cdot f_y = 0.85 f_{ck} \cdot a \cdot b$

$$= b \cdot d \cdot (\rho - \rho') \cdot f_y = 0.85 \cdot f_{ck} \cdot (\beta_1 \cdot c) \cdot b$$

$$\therefore c = \frac{(\rho - \rho') \cdot f_y \cdot d}{0.85 \cdot \beta_1 \cdot f_{ck}} \quad \cdots\cdots \text{ⓛ}$$

ⓛ 식에 ⊙을 대입하면 압축철근이 항복하기 위한 조건은

$$\rho - \rho' \geq 0.85 \beta_1 \cdot \frac{f_{ck}}{f_y} \cdot \frac{d'}{d} \cdot \frac{600}{600 - f_y}$$

④ **단철근 T형보**

⊙ T형보의 판정 : 폭 b인 직사각형보로 등가응력깊이 a를 구하면 $a = \dfrac{A_s \cdot f_y}{0.85 \cdot f_{ck} \cdot b}$

  a와 두께 t를 비교하여 판정하면 $a \leq t$일 경우 폭 b인 직사각형보는 단철근 직사각형을 해석하며, $a > t$인 T형보의 경우에는 T형보로 해석한다.

ⓛ 해석 : T형보의 해석은 압축측 콘크리트에서 복부를 제외한 플랜지 부분과 가상철근량 A_{sf}에 의한 우력모멘트(M_{n1}), 복부의 콘크리트와 A_{sf}를 제외한 나머지 인장철근에 의한 우력모멘트(M_{n2})로 나누어 해석한다.

- 가상압축철근량(A_{sf}) : $C_f = T_f$이므로 $0.85 f_{ck} \cdot t \cdot (b - b_w) = A_{sf} \cdot f_y$

$$\therefore A_{sf} = \frac{0.85 f_{ck} \cdot t \cdot (b - b_w)}{f_y}$$

- 등가응력 사각형의 깊이(a) : $C_w = T_w$이므로 $0.85 f_{ck} \cdot a \cdot b_w = (A_s - A_{sf}) \cdot f_y$

$$\therefore a = \frac{(A_s - A_{sf}) \cdot f_y}{0.85 f_{ck} \cdot b_w}$$

- 설계휨강도(ϕM_n)

$$-M_{n1} = C_f \cdot Z = 0.85 f_{ck} \cdot t \cdot (b - b_w) \times \left(d - \frac{t}{2}\right) = T_f \cdot Z = A_{sf} \cdot f_y \cdot \left(d - \frac{t}{2}\right)$$

$$-M_{n2} = C_w \cdot Z = 0.85 f_{ck} \cdot a \cdot b_w \times \left(d - \frac{a}{2}\right) = T_w \cdot Z = (A_s - A_{sf}) \cdot f_y \times \left(d - \frac{a}{2}\right)$$

$$-\phi M_n = \phi[M_{n1} + M_{n2}] = \phi\left[A_{sf} \cdot f_y \cdot \left(d - \frac{t}{2}\right) + (A_s - A_{sf}) \cdot f_y \cdot \left(d - \frac{a}{2}\right)\right]$$

⑤ **처짐과 균열**

　㉠ 처짐과 균열은 사용하중 하에서 보의 사용성을 검토하기 위한 규정

　㉡ 처짐

　　• 탄성처짐 : 하중이 재하되는 순간 발생되는 처짐으로 즉시처짐 또는 순간처짐이라고 한다. 응용역학에서는 등분포하중 재하 시 처짐계산식을 다음과 같이 표현한다.

$$\delta = \frac{5wl^4}{384EI}$$

　　• 장기처짐 : 지속하중 재하 시 콘크리트의 건조수축과 크리프에 의한 추가적인 처짐으로 장기처짐은 지속하중에 의한 탄성처짐에 λ을 곱하여 구한다. 여기서, $\lambda = \dfrac{\xi}{1+50\rho'}$, 압축철근비 $\rho' = \dfrac{A_s{}'}{b \cdot d}$, ξ는 지속하중의 재하기간에 따른 계수를 의미한다.

PLUS CHECK 지속하중의 재하기간에 따른 계수

재하기간(개월)	3개월	6개월	12개월	5년 이상
ξ	1.0	1.2	1.4	2.0

　　• 최종처짐

최종처짐=탄성처짐+장기처짐=탄성처짐+(탄성처짐×λ)=탄성처짐×$(1+\lambda)$

　㉢ 균열

　　• 특별히 수밀성이 요구되는 구조는 적절한 방법으로 균열에 대한 검토를 하여야 한다. 이 경우 소요수밀성을 갖도록 하기 위한 허용균열폭을 설정하여 검토할 수 있다.

　　• 미관이 중요한 구조는 미관상의 허용균열폭을 설정하여 균열을 검토할 수 있다.

　　• 부재는 하중에 의한 균열을 제어하기 위해 필요한 철근 외에도 필요에 따라 온도변화, 건조수축 등에 의한 균열을 제어하기 위한 추가적인 보강철근을 배치하여야 한다. 그리고 균열 제어를 위한 철근은 필요로 하는 부재 단면의 주변에 분산시켜 배치하여야 하고, 이 경우 철근의 지름과 간격을 가능한 한 작게 하여야 한다.

❹ 보의 전단설계

① 전단균열

⊙ 휨전단균열
- 휨균열이 먼저 발생하고 휨균열 끝에 경사로 나타나는 균열
- 휨모멘트와 전단력이 큰 단면에 발생

⊙ 복부전단균열
- 복부가 얇고 플랜지가 큰 I형 단면 PC보에서 발생
- 휨모멘트는 작고, 전단력이 큰 단면에 발생

② 전단철근

⊙ 개념 : 전단균열에 의하여 전단파괴가 일어나게 되는데, 이러한 파괴를 막기 위해 사용하는 철근을 전단철근(사인장철근, 복부철근)이라 한다.

⊙ 전단철근의 종류
- 역학적 분류
-부재축에 직각인 수직스터럽
-주인장 철근에 45° 이상의 각도로 배치하는 경사스터럽
-주인장 철근에 30° 이상의 각돌로 구부린 굽힘철근
-나선철근
- 형태상 분류 : U형스터럽, W형스터럽, 폐쇄스터럽 등이 있으며, 폐쇄스터럽은 압축철근이 있는 경우, 부 (−)의 모멘트를 받는 곳, 비틀림을 받는 곳에서 사용

⊙ 전단철근의 설계항복강도(f_y) : 사인장 균열폭을 억제하기 위하여 전단철근의 설계항복강도 $f_y \leq 500$ MPa로 제한

③ 전단철근의 설계

⊙ 전단에서는 휨설계와 달리 콘크리트의 전단에 대한 전단강도를 인정하고, 콘크리트로써 부족할 때에는 전단철근으로 보강

⊙ 전단강도

$$V_u \leq \phi V_n = \phi(V_c + V_s)$$

V_u : 계수전단강도, V_n : 공칭전단강도, V_c : 콘크리트가 부담하는 공칭전단강도, V_s : 전단철근이 부담하는 공칭전단강도, ϕ : 0.8

- 콘크리트가 부담하는 전단강도(V_c)

$$V_c = \frac{1}{6}\lambda\sqrt{f_{ck}} \cdot b_w \cdot d$$

- 전단철근이 부담하는 전단강도(V_s)

$$V_s = \frac{A_v f_{yt}}{S} d$$

$$V_s = \frac{A_v f_{yt}(\sin\alpha + \cos\alpha)}{S} d$$

A_V : 전단철근의 단면적, d : 보의 유효길이, S : 수직스터럽의 간격, f_{yt} : 전단철근의 항복강도

ⓒ 전단철근의 간격 제한
- 수직스터럽의 간격은 $0.5d$ 이하, $60\,\mathrm{cm}$ 이하
- V_s가 $\frac{1}{3}\lambda\sqrt{f_{ck}} \cdot b_w \cdot d$를 초과하는 경우 위의 간격 절반으로 감소

❺ 정착 및 이음

① 부착 및 정착

ⓐ 개요
- 개념 : 철근과 콘크리트의 경계면에서 활동에 저항하는 것을 부착, 철근의 단부가 콘크리트 속에서 빠져 나오지 않도록 고정하는 것을 철근의 정착이라 함
- 부착효과가 생기는 이유
- 이형철근 표면의 마디에 의한 기계적 작용
- 콘크리트와 철근 표면의 마찰 작용
- 시멘트풀과 철근 표면의 교착 작용

ⓑ 부착강도에 영향을 주는 요소
- 철근의 표면상태 : 이형철근의 부착강도가 원형철근보다 크다.
- 콘크리트 강도 : 콘크리트의 강도가 클수록 부착강도가 크다. 단, 철근의 항복강도는 부착강도와 무관
- 철근의 지름 : 동일한 단면적일 경우 작은 철근을 여러 개 사용하는 것이 유리
- 철근의 피복두께 : 피복두께가 클수록 부착강도가 크다.
- 철근의 배치방향 : 블리딩 현상으로 상부철근이 하부철근보다 부착강도가 저하
- 콘크리트 배합 및 다짐

② 강도설계법에 의한 철근의 정착

$$A_s \cdot f_y = U \cdot l_d \cdot \tau_u \rightarrow l_d = \frac{A_s \cdot f_y}{\tau_u \cdot U}$$

U : 철근의 둘레길이 $\pi \cdot d$

㉠ 정착방법

- 매입길이에 의한 정착
- 이형철근에 한해 사용
- 충분한 길이를 콘크리트 속에 묻어 콘크리트와의 부착에 의해 정착력 확보
- 갈고리에 의한 정착
- 원형철근에는 반드시 갈고리를 두어야 함
- 압축을 받는 구역에서는 갈고리의 정착효과가 없음
- 기계적 정착

㉡ 인장을 받는 이형철근의 정착길이 : 정착길이 l_d는 기본정착길이 l_{db}에 보정계수 α, β, λ 등을 곱해서 구하며, 최소 $l_d = 300\,\mathrm{mm}$

- 기본정착길이

$$l_{db} = \frac{0.6d_b \cdot f_y}{\lambda \sqrt{f_{ck}}}$$

d_b : 철근의 공칭직경

- 보정계수
- 철근배근 위치계수(α) : 상부철근의 경우 1.3, 기타 철근의 경우 1.0을 사용
- 에폭시 도막계수(β) : 피복두께가 $3d_b$ 미만 또는 순간격이 $6d_b$ 미만인 에폭시 도막철근 및 철선의 경우 1.5, 기타 에폭시 도막철근의 경우 1.2, 도막되지 않은 철근의 경우 1.0을 사용
- 경량콘크리트 계수(λ) : f_{sp}가 주어지지 않은 경우 모래경량은 0.85, 전경량은 0.75

$\dfrac{f_{sp}}{0.56\sqrt{f_{ck}}} \leq 1.0$, 일반 콘크리트의 경우 1.0을 사용

㉢ 압축을 받는 이형철근의 정착길이

$$\text{최소 } l_{db}\text{는 200mm,} \quad \frac{0.25 \cdot d_b \cdot f_y}{\lambda\sqrt{f_{ck}}} \geq 200\,\mathrm{mm} \geq 0.043 \cdot d_b \cdot f_y$$

㉣ 인장을 받는 표준갈고리의 정착 : 압축을 받는 구역에서 갈고리는 정착효과가 없으며, 최소 l_{dh}는 $8d_b$ 이상 또는 $150\,\mathrm{mm}$ 이상

- 기본정착길이 : $f_y \leq 400\,\mathrm{MPa}$인 철근

$$l_{hb} = \frac{0.24\beta d_b f_y}{\lambda\sqrt{f_{ck}}} \geq 150\,\mathrm{mm} \geq 8d_b$$

- 보정계수
- 콘크리트 피복두께 : 0.7
- 띠철근 또는 스터럽 : 0.8

$-$과다철근 : $\dfrac{\text{소요 } A_s}{\text{배근 } A_s}$

- 철근다발의 정착길이
-3개로 된 철근다발 : 각 철근의 정착길이에 20% 증가
-4개로 된 철근다발 : 각 철근의 정착길이에 33% 증가

⑪ 철근의 이음
- 철근이음의 일반사항
-철근은 이어대지 않는 것을 원칙으로 함
-D35 이상인 철근은 겹침이음 불가
-휨부재에서 서로 접촉되지 않는 겹침이음으로서 이어진 철근의 순간격은 겹침이음 길이의 1/5 또는 150mm 중 작은 값 이상 떨어지지 않아야 함
-용접이음은 철근 항복강도의 125% 이상의 인장 또는 압축력을 발휘할 수 있는 연결이어야 함
-보통 철근 다발을 전부 겹침이음으로 해서는 안 됨
- 인장(이형)철근의 겹침이음 : 최소길이 l_d는 300mm 이상
-A급 이음 : $1.0l_d$
-B급 이음 : $1.3l_d$
- 겹침이음 길이
-A급 이음 : 배근철근량이 소요철근량의 2배 이상이고, 겹침이음된 철근량이 총철근량의 1/2 이하인 경우 A급 이음으로 함
-B급 이음 : A급 이음에 해당되지 않을 시 B급 이음으로 봄

⑥ 기둥

① 개요

㉠ 개념 : 연직 또는 연직에 가까운 압축부재로 그 높이가 단면의 최소치수의 3배 이상인 경우를 기둥이라 함

㉡ 종류
- 철근 배근 상태에 따른 분류 : 띠철근 기둥, 나선철근 기둥, 합성 기둥, 조합 기둥
- 기둥 길이(세장비)의 영향을 고려하느냐에 따라 단주와 장주로 구분

㉢ 단주와 장주의 판별
- 단주 : 시방서에서는 유효세장비 $\lambda = \dfrac{k \cdot l_u}{r}$ 가 다음과 같을 때 단주로 규정한다.

-횡방향 상대변위가 방지되어 있는 압축부재 : $\dfrac{k \cdot l_u}{r} < 34 - 12\dfrac{M_{1b}}{M_{2b}}$

−횡방향 상대변위가 방지되어 있지 않는 압축부재 : $\dfrac{k \cdot l_u}{r} < 22$

• 장주 : $\dfrac{k \cdot l_u}{r}$ 의 값이 100을 초과하는 모든 압축부재에 대해서는 장주의 영향을 고려

② **강도설계법에 의한 기둥 해석**

㉠ 중심 축하중을 받는 기둥의 설계강도

$$P_u = \alpha \phi P_n$$

• 나선철근기둥

$$P_u = \alpha \phi P_n = 0.85 \cdot \phi [0.85 f_{ck} \cdot A_c + f_y \cdot A_{st}]$$

• 띠철근기둥

$$P_u = \alpha \phi P_n = 0.80 \cdot \phi [0.85 f_{ck} \cdot A_c + f_y \cdot A_{st}]$$

㉡ 축방향 압축과 휨을 받는 기둥의 설계강도

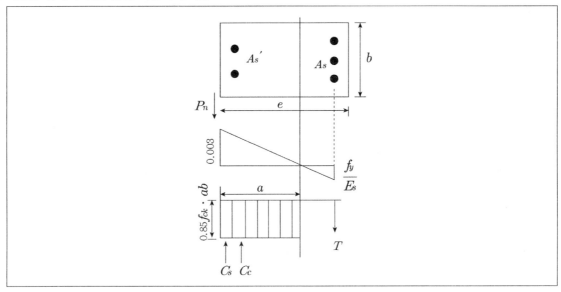

공칭 축하중 P_n 을 $\sum V = 0$ 에서 구해보면 $-P_n - T + C_s + C_c = 0$

$\therefore\ P_n = C_c + C_s - T \quad (C_c = 0.85 f_{ck} \cdot a \cdot b,\ C_s = A_s{'} \cdot f_y,\ T = A_s \cdot f_y)$

$\quad \phi P_n = \phi (0.85 f_{ck} \cdot a \cdot b + A_s{'} \cdot f_y - A_s \cdot f_y)$

㉢ 축하중과 모멘트 상관도($P - M$상관도) : 파괴시 기둥의 축하중 P_n과 편심에 의한 모멘트 M_n의 관계를 나타낸 것

- 평형파괴($e = e_b$, $P_u = P_b$) : 압축부 콘크리트가 극한변형률($\epsilon_c = 0.003$)에 도달함과 동시에 인장부철근도 항복변형률$\left(\epsilon_y = \dfrac{f_y}{E_s}\right)$에 도달하여 균형(평형)파괴를 일으킨다.
- 압축파괴($e < e_b$, $P_u > P_b$) : 편심이 작아 모멘트의 영향이 크지 않고, 압축하중이 크므로 압축에 의한 파괴가 일어난다.
- 인장파괴($e > e_b$, $P_u < P_b$) : 압축하중이 작아서 압축에 의한 파괴는 일어나지 않으나, 편심이 크므로 모멘트의 영향이 커져서 인장에 의한 파괴가 일어난다.
  ㉣ 장주 영향의 근사해법
    - 모멘트 확대법
    - 수정 R계수법
③ **허용응력설계법에 의한 기둥 설계** – 허용축하중 이용
  ㉠ 강도설계법에서 계산된 기둥의 공칭강도(P_n)의 40%를 취한다.
  ㉡ 나선철근기둥 : $P \le P_a = 0.4 \cdot P_n = 0.4 \cdot [0.85 \cdot \{0.85 f_{ck} \cdot (A_g - A_{st}) + f_y \cdot A_{st}\}]$
  ㉢ 띠철근기둥 : $P \le P_a = 0.4 \cdot P_n = 0.4 \cdot [0.80 \cdot \{0.85 f_{ck} \cdot (A_g - A_{st}) + f_y \cdot A_{st}\}]$
④ **기둥의 구조세목**
  ㉠ 나선철근 기둥
    - 축방향철근 : 철근비는 1% 이상 8% 이하
    - 콘크리트 설계기준강도는 21MPa 이상
    - 나선철근비(P_s) : 체적비로 정의되며 다음 값 이상

$$P_s = 0.45 \cdot \left(\frac{A_g}{A_c} - 1\right) \cdot \frac{f_{ck}}{f_y}$$

A_g : 기둥의 총단면적, A_c : 심부의 단면적, $f_y \le 700\,\mathrm{MPa}$

  ㉡ 띠철근 기둥
    - D32 이하의 축방향 철근 사용 시→D10 이상의 띠철근 사용
    - D35 이상의 축방향 철근 사용 시→D13 이상의 띠철근 사용
    - 띠철근 수직간격은 다음 중 최솟값을 선택
    - 축방향 철근 지름의 16배 이하
    - 띠철근 지름의 48배 이하
    - 기둥 단면의 최소치수 이하

7 슬래브 · 옹벽 · 확대기초

① 슬래브

　㉠ 개념 : 두께에 비하여 폭이나 길이가 매우 큰 보

　㉡ 종류

　　• 구조형태에 따른 분류 : 평판 슬래브, 플랫 슬래브, 워플 슬래브, 장선 슬래브 등

　　• 철근 배치에 따른 분류

　　－1방향 슬래브 : $\dfrac{장변(L)}{단변(S)} \geq 2.0$, 거의 모든 하중이 단변 방향으로 전달, 철근배근은 단변 방향은 주철근 배근, 장변 방향은 배력철근배근으로 한다.

　　－2방향 슬래브 : $\dfrac{장변(L)}{단변(S)} < 2.0$, 장변과 단변 방향으로 하중이 분배, 장변과 단변 방향으로 주철근 배근

　　• 지지조건에 따른 분류 : 단순 슬래브, 고정 슬래브, 연속 슬래브

　　• 지지변의 수에 따른 분류 : 1변지지 슬래브, 2변지지 슬래브, 3변지지 슬래브, 4변지지 슬래브

　㉢ 1방향 슬래브의 설계법

　　• 슬래브의 최소두께 : 100mm 이상 지지조건과 경간에 따라 다음 값 이상

	단순지지	일단연속	양단연속	켄틸레버
1방향 슬래브	1/20	1/24	1/28	1/10

　　• 정(부)철근의 중심간격
　　－최대휨모멘트 단면의 경우 슬래브 두께의 2배 이하, 300mm 이하
　　－기타 단면의 경우 슬래브 두께의 3배 이하, 450mm 이하

　㉣ 2방향 슬래브 설계법

　　• 슬래브의 최소 두께 : 보나 지판이 없는 슬래브의 경우 120mm 이상, 보는 없으나 지판을 갖는 슬래브의 경우 100mm 이상

　　• 정(부)철근의 중심간격 : 위험단면에서는 슬래브 두께의 2배를 초과하지 않아야 한다.

　　• 슬래브가 그 지지보나 지지벽과 일체로 되지 않는 경우에는 장지간(L) 길이의 1/5 되는 모서리 부분을 보강해야 한다.

　　• 2방향 슬래브의 하중 분담

$$\delta_e = \frac{5 \cdot w_{ab} \cdot S^4}{384 \cdot E \cdot I} = \frac{5 \cdot w_{cd} \cdot L^4}{384 \cdot E \cdot I} \rightarrow \frac{w_{ab}}{w_{cd}} = \frac{L^4}{S^4}$$

$$w = w_{ab} + w_{cd}$$

　　두 식을 정리하면 $w_{ab} = \dfrac{L^4}{L^4 + S^4} \cdot w$, $w_{cd} = \dfrac{S^4}{L^4 + S^4} \cdot w$

　　집중하중 P작용 시 $P_{ab} = \dfrac{L^3}{L^3 + S^3} \cdot P$, $P_{cd} = \dfrac{S^3}{L^3 + S^3} \cdot P$

◎ 슬래브의 전단설계
- 1방향 슬래브의 전단설계는 강도설계법, 허용응력설계법 모두 단위 폭을 1m로 보는 보의 경우에 준한다. 일반적으로 슬래브에서는 전단이 설계를 지배하는 경우가 드물다.
- 2방향 슬래브의 전단설계는 등분포하중을 받을 때 슬래브가 보 또는 벽체에 지지되는 경우에는 전단응력이 작아서 보의 경우에 준한다.
- 4변 지지된 슬래브는 거의 전단보강이 필요하지 않다.

② **옹벽**

㉠ **개념** : 안식각을 이루고 있던 흙이 안식각을 벗어나면 흙이 붕괴하려고 하는데, 이를 방지할 목적으로 만들어진 구조물

㉡ **종류** : 중력식, 캔틸레버식, 뒷부벽식, 앞부벽식

㉢ **옹벽의 안정** : 옹벽의 안정성은 사용하중에 의하여 검토되어야 하며, 전도, 활동, 지반지지력에 대한 안정조건이 만족되어야 한다.

- 전도에 대한 안정

$$F_s = \frac{\text{저항 모멘트}(M_r)}{\text{전도 모멘트}(M_0)} \geq 2.0$$

M_r : 옹벽의 자중과 저판 위의 흙의 중량에 의한 저항 모멘트, M_0 : 옹벽 배면의 토압 등으로 옹벽을 전도시키려는 모멘트

- 활동에 대한 안정 : 옹벽 배면의 주동토압에 의한 옹벽을 밀어내기 위한 수평력(H)보다 옹벽저면의 마찰력에 의한 수평저항력(H_u)이 커야 활동에 대해 안전

$$F_s = \frac{\text{수평저항력}(H_u)}{\text{수평력}(H)} \geq 1.5$$

- 지반지지력에 대한 안정 : 기초지반에 작용하는 최대지반 반력(q_{max})이 지반의 허용지지력(q_a) 이하가 되면 안전

㉣ **옹벽 뒷부벽과 앞부벽의 설계** : 뒷부벽은 T형보로, 앞부벽은 직사각형보로 설계되어야 한다.

③ **확대기초**

㉠ **개념** : 상부구조들의 하중을 넓은 면적에 분포시켜 구조물의 하중을 안전하게 지반에 전달하기 위해 설치되는 구조물 즉, 기둥 또는 벽체의 하부를 확대하여 만든 기초 슬래브

㉡ **종류** : 독립 확대기초, 연결 확대기초, 캔틸레버 확대기초, 벽의 확대기초, 전면기초 등

ⓒ 독립 확대기초

- 설계가정
- 확대기초 저면의 지반반력 분포를 직선으로 가정
- 외력에 의한 합력의 작용점이 핵 밖에 있을 경우 기초저면과 흙 사이의 인장응력은 생기지 않는 것으로 봄
- 휨모멘트에 대한 위험단면
- 콘크리트 기둥, 받침대 또는 벽체를 지지하는 확대기초에 대하여는 기둥, 받침대 또는 벽체의 전면
- 석공벽을 지지하는 확대기초에 대해서는 벽의 중심선과 전면과의 중간
- 강철 저판을 갖는 기둥을 지지하는 확대기초에 대해서는 강철저판 연단과 기둥 전면의 중간
- 전단력
- 1방향 개념 : 전단에 대한 위험단면은 기둥 전면에서 d 만큼 떨어진 단면 – 보, 1방향 슬래브
- 2방향 개념 : 기둥 전면에서의 $\dfrac{d}{2}$ 만큼 떨어진 주변이 전단에 대한 위험단면 – 펀칭전단, 2방향 슬래브, 확대기초
- 확대기초의 최소높이
- 흙 위에 놓인 경우 : 150mm 이상
- 말뚝기초 위에 놓인 경우 : 300mm 이상

⑧ 프리스트레스트 콘크리트

① **개요** ··· 철근 콘크리트의 결함인 균열을 방지하여 전 단면을 유효하게 이용할 수 있도록 설계하중 작용 시 발생되는 인장응력을 소정의 한도까지 상쇄할 수 있도록 미리 인공적으로 압축력을 도입한 콘크리트

② **프리스트레스트 콘크리트의 기본 개념**

ⓐ 응력개념(균등질 보의 개념) : 탄성이론에 의한 해석

- PC강재가 도심축과 일치하는 경우

$$f = \frac{P}{A} \pm \frac{M}{I}y$$

- PC강재가 도심축과 편심 배치되는 경우 : 단면도심에서 e 만큼 편심되어 강선을 배치한다면 프리스트레스는 축방향력 P 와 편심모멘트($P \cdot e$), 하중에 의한 모멘트 M 에 따른 콘크리트 응력을 조합한다.

$$f = \frac{P}{A} \mp \frac{P \cdot e}{I}y \pm \frac{M}{I}y$$

ⓛ 강도개념(내력모멘트 개념)
- 극한강도 이론에 의한 해석
- 압축력은 콘크리트가 받고 인장력은 PC강재(긴장재)가 받는다는 이론

ⓒ 하중평형개념(등가하중 개념) : PC강선이 포물선으로 지간중앙에 새그(sag) s로 배치되어 있다면 프리스트레스 P에 의한 등분포 상향력은 다음과 같다.

$$\frac{u \cdot l^2}{8} = P \cdot s \,(\text{단, } P\cos\theta \fallingdotseq P) \rightarrow u = \frac{8P \cdot s}{l^2}$$

하중평형 개념은 포물선으로 배치된 PC강선에만 성립되는 것이 아니라 절곡된 PC강선의 배치에도 적용된다.

③ **프리스트레싱 방법과 공법**

ⓐ **프리스트레싱 방법** : 기계적 방법, 화학적 방법, 전기적 방법

ⓛ **프리텐션 공법** : 콘크리트를 타설하기 전에 PC강재를 미리 긴장시키고, 콘크리트를 타설하여 경화하면 긴장력을 풀어서 콘크리트에 프리스트레스를 도입하는 공법으로 콘크리트와 PC강재의 부착에 의해서 프리스트레스가 도입된다.
- Long line 공법 : 연속식
- 1회의 긴장으로 동시에 여러 개의 부재를 제작할 수 있는 공법
- 넓은 면적이 필요
- Individual mold 공법 : 단속식
- 1회의 긴장으로 비교적 큰 부재 1개를 제작
- 거푸집과 긴장대의 회전율을 높여 경제성을 확보
- 거푸집 비용이 고가

ⓒ **포스트텐션 공법** : 프리캐스트 PC 부재의 결합과 조립이 편리하여 현장에서 1개의 크고 긴 부재를 만들 수 있다.
- 제작순서
- 거푸집과 시스(sheath)를 배치
- 콘크리트를 타설
- 콘크리트 경화 후 PC강재 긴장
- 정착장치를 이용하여 PC강재 정착
- 부식을 방지하기 위해 그라우팅 실시
- 포스트텐션 공법의 종류
- 쐐기식 : Freyssinet 공법, CCL 공법, Magnel 공법
- 지압식 : 리벳머리식 공법, 너트식 공법
- 루프식 : B먹-Leonhart 공법, Leoba 공법

ㄹ 프리텐션 공법과 포스트텐션 공법의 특징

- 프리텐션 공법
- 공장 생산에 의하여 품질의 신뢰도가 높고 대량생산 가능
- 장대지간 부재에는 운반상의 문제가 있어 적합하지 않음
- 프리스트레스 힘의 유지를 콘크리트와 PC강재의 부착에 의존하므로 포스트텐션 공법보다 고강도의 콘크리트 사용
- 포스트텐션 공법
- PC강재를 곡선배치 할 수 있어서 대형구조물에 적합
- 정착장치, 시스, 그라우팅 등이 필요
- 프리스트레스 힘의 유지를 정착장치에 의존하므로 프리텐션 공법보다 낮은 강도의 콘크리트 사용 가능
- PC강재의 재긴장 후 다시 사용 가능

④ **PC의 특징**

㉠ 장점
- 내구성이 크고, 탄력성과 복원성이 좋다.
- 보통 완전 프리스트레싱 상태로 설계하므로, 전단면을 유효하게 사용할 수 있다.
- 완전 프리스트레싱 : 부재의 어느 부분에서도 인장응력이 생기지 않도록 프리스트레스를 가하는 것
- 부분 프리스트레싱 : 작용하중 하에서 부재단면의 일부에 인장응력이 생기는 경우

㉡ 단점
- 변형이 크고, 진동하기 쉬우며, 내화성, 즉 열에 약하다.
- RC에 비해 단가가 비싸고, 보조재료비용의 추가로 공사비가 많이 든다.

⑤ **PC의 재료**

㉠ 콘크리트
- 압축강도가 크고, 크리프나 건조수축이 작아야 한다.
- 프리텐션 공법 : $f_{ck} \geq 30\,\text{MPa}$
- 포스트텐션 공법 : $f_{ck} \geq 28\,\text{MPa}$ (강연선, 단봉의 경우 17MPa)
- 배합설계시 단위수량, 단위시멘트량을 가능한 한 최소로 하여야 한다.

㉡ PC강재
- PC강재의 종류
- PC강선 : 지름 2.9 ~ 8mm 정도로 주로 프리텐션 공법에 많이 사용
- PC강연선 : 강선을 꼬아서 만든 것으로 2연선, 7연선을 많이 사용
- PC강봉 : 지름 9.2 ~ 32mm 정도로 주로 포스트텐션 공법에 많이 사용되며 강선이나 강연선보다 릴렉세이션이 작다.
- PC강재에 요구되는 성질
- 인장강도와 항복비가 클 것
- 부식에 대한 저항성과 부착강도가 클 것

−릴렉세이션이 작을 것
  −신직성(곧게 잘 펴지는 성질)이 좋을 것
- PC강재의 탄성계수(E_P) : 시험에 의하여 정하는 것을 원칙으로 하나 보통의 경우 다음 값을 사용

$$E_P = 2.0 \times 10^5 \text{MPa}$$

ⓒ 기타 재료 : 시스, PC그라우트 등

⑥ **프리스트레스의 도입과 손실**

ⓐ 프리스트레스의 도입

- 프리텐션 공법

$$f'_{ci} \geq 1.7 f_{ci} (= 30 \text{MPa})$$

f'_{ci} : 프리스트레스 도입시 콘크리트 압축강도, f_{ci} : 콘크리트에 도입할 최대압축응력

- 포스트텐션 공법

$$f'_{ci} \geq 1.7 f_{ci} (= 28 \text{MPa})$$

ⓑ 프리스트레스 손실

- 초기 프리스트레스 힘과 유효 프리스트레스 힘
  −초기 프리스트레스 힘 : 프리스트레스 도입 직후 jacking에 의한 P_j는 즉시 손실에 따라서 초기 프리스트레스 힘 P_i로 감소
  −유효 프리스트레스 힘 : 프리스트레스 도입 후 초기 프리스트레스 힘 P_i는 시간적 손실에 따라서 유효 프리스트레스 힘 P_e로 감소
- 유효율과 감소율

  −유효율 : $R = \dfrac{P_e}{P_i}$ (프리텐션 방식일 경우 $R = 0.80$, 포스트텐션 방식일 경우 $R = 0.85$)

  −감소율 : $\dfrac{\triangle P}{P_i} = \dfrac{P_i - P_e}{P_i}$

ⓒ 프리스트레스의 손실 원인

- 프리스트레스 도입 시 일어나는 손실(즉시 손실)
  −콘크리트의 탄성수축
  −PC강재와 시스 사이 마찰
  −정착장치의 활동
- 프리스트레스 도입 후 손실(시간적 손실)
  −콘크리트의 건조수축
  −콘크리트의 크리프

-PC강재의 릴렉세이션

㉣ 손실량 계산

- 탄성변형에 의한 손실
- 프리텐션 방식

$$\triangle f_p = n \cdot f_c \text{ 여기서, } n = \frac{PC강재의 \ 탄성계수(E_p)}{콘크리트의 \ 탄성계수(E_c)} : 보통의 \ 경우 \ 6 \ 사용$$

$\triangle f_p$: PC강재의 인장응력 감소량, f_c : PC강재 도심위치에서의 콘크리트 압축응력

- 포스트텐션 방식 : 여러 개의 PC강재를 한꺼번에 긴장 시 긴장재의 응력은 콘크리트 부재가 이미 탄성수축한 후에 측정되므로 손실은 없다. 여러 개의 PC강재를 순차적으로 긴장·정착하는 경우 제일 먼저 긴장하여 정착한 PC강재가 가장 많이 감소하고, 마지막으로 정착한 긴장재는 감소가 없다. 따라서 프리스트레스의 감소량을 정확하게 계산하려면 복잡하므로 근사적으로 제일 먼저 긴장한 긴장재의 감소량을 계산하여 그 값의 1/2을 모든 긴장재의 평균감소량으로 한다.

- 정착단의 활동에 의한 손실

$$\triangle f_p = E_p \times \frac{\triangle l}{l}$$

E_p : PC강재의 탄성계수(2.0×10^5MPa), l : 긴장재의 길이, $\triangle l$: 정착단의 활동량(1단 정착시 $\triangle l$, 2단 정착시 $2 \times \triangle l$)

- 강재와 시스 사이의 마찰에 의한 손실

$$손실율 = \frac{\triangle P}{P_0} \times 100\% = (\mu \cdot \alpha + k \cdot l) \times 100\%$$

π : 곡률마찰계수, α : 각변화, k : 파상마찰계수, l : 인장단으로부터 생각하는 단면까지의 긴장재의 길이

- 콘크리트의 건조수축에 의한 손실

$$\triangle f_p = E_p \cdot \epsilon_{cs}$$

ϵ_{cs} : 건조수축변형률

• 콘크리트의 크리프에 의한 손실

$$\triangle f_p = E_p \cdot \epsilon_c = E_p \cdot \phi \cdot \epsilon_e = E_p \cdot \phi \cdot \frac{f_c}{E_c} = \phi \cdot n \cdot f_c$$

ϵ_c : 크리프 변형률, ϵ_e : 탄성 변형률, ϕ : 크리프 계수$\left(= \dfrac{\epsilon_c}{\epsilon_e}\right)$

• 강재의 릴렉세이션에 의한 손실 : PC강재에 인장응력을 작용시켜 강재의 길이를 일정하게 유지해 두면 처음에 가한 인장력은 시간의 경과와 함께 감소하는데 이 현상을 릴렉세이션이라 한다.

$$\triangle f_p = f_{pi} \cdot \frac{\log_{10}t}{10}\left(\frac{f_{pi}}{f_{py}} - 0.55\right)$$

$$\triangle f_p = r \cdot f_{pi}$$

f_{pi} : 프리스트레스 도입 직후 긴장재의 인장응력, r : 릴렉세이션 감소율(PC강선, 강연선의 경우 5%, PC강봉의 경우 3%)

⑨ 강구조

① 리벳이음

⊙ 리벳의 강도

• 전단강도

−겹대기이음 : 리벳의 전단면적이 1개인 경우

$$e_s = \tau_a \times \frac{\pi \cdot d^2}{4}$$

−맞대기이음 : 리벳의 전단면적이 2개인 경우

$$e_s = \tau_a \times \left(\frac{\pi \cdot d^2}{4} \times 2\right)$$

e_s : 리벳의 허용전단강도, τ_a : 리벳의 허용전단응력, d : 리벳의 지름

• 지압강도

$$e_b = f_{ba} \cdot d \cdot t$$

e_b : 리벳의 허용지압강도, f_{ba} : 리벳의 허용지압응력, t : 얇은 판의 두께

- 리벳의 허용강도(e)는 전단강도와 지압강도 중 작은 값으로 한다.
- 리벳의 개수

$$n = \frac{P}{e}$$

P : 부재에 작용하는 힘, e : 리벳의 허용강도, n : 리벳의 개수로 계산값을 올림

ⓛ 부재의 강도
- 압축재 : 부재에 압축력이 작용하는 경우는 총단면(A_g)이 유효하다고 본다.

$$P = f_a \cdot A_g$$

f_a : 부재의 허용압축응력

- 인장재 : 부재에 인장력이 작용하는 경우에는 리벳 구멍의 크기를 공제한 순단면적(A_n)으로 계산한다.

$$P = f_{ta} \cdot A_n$$

f_{ta} : 부재의 허용인장응력

－순단면적(A_n)

$$A_n = b_n \cdot t$$

b_n : 순폭, t : 부재의 두께

－순폭(b_n)

▶ 리벳이 일직선으로 배치된 경우

$$b_n = b_g - 2d$$

b_g : 총폭, d : 리벳구멍의 지름 + 3mm

▶ 리벳이 지그재그로 배치된 경우

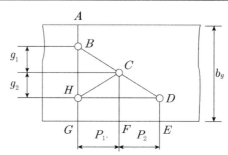

경사파괴를 고려, 총폭에서 (리벳구멍의 지름 + 3mm)를 리벳 구멍의 수만큼 빼주고, 각각의 경사에 따른 $\dfrac{P^2}{4g}$를 더해준다.

- $ABHG : b_n = b_g - 2d$

- $ABCHG : b_n = b_g - 3d + \dfrac{P_1^{\,2}}{4g_1} + \dfrac{P_1^{\,2}}{4g_2}$

- $ABCF : b_n = b_g - 2d + \dfrac{P_1^{\,2}}{4g_1}$

- $ABCDE : b_n = b_g - 3d + \dfrac{P_1^{\,2}}{4g_1} + \dfrac{P_2^{\,2}}{4g_2}$

여기서, d = 리벳구멍의 지름 + 3mm

위의 값 중 가장 작은 값을 순폭(b_n)으로 한다.

▶ L형강의 경우

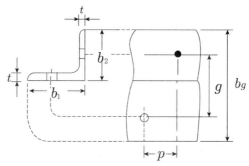

- $\dfrac{P^2}{4g} \geq d$인 경우 $b_n = b_g - d$

- $\dfrac{P^2}{4g} < d$인 경우 $b_n = b_g - 2d + \dfrac{P^2}{4g}$

여기서, $b_g = b_1 + b_2 - t$, $g = g_1 - t$

② **용접이음**

　㉠ **용접의 종류**
- 홈 용접 : 홈의 형상에 따라 I형, V형, X형, K형 등이 있다.
- 필렛 용접 : 겹대기 이음이나 T이음에서 구석에 용접하는 것으로 목두께의 방향은 모재의 면과 $45°$로 한다.

　㉡ **용접부의 강도계산**
- 용접부의 강도
- 용접부의 강도 = 용접면적 × 허용응력
- 용접면적 = 목두께 × 유효길이
- 목두께(a) : 홈 용접시 치수(s), 필렛 용접시 $0.707 ×$ 치수(s)
- 응력 : $f = \dfrac{P}{\sum a \cdot l}$
- 유효길이
- 홈 용접 : 응력에 직각인 경우 용접길이를 사용하며, 응력에 경사진 경우에는 응력에 직각인 방향으로 투영시킨 길이를 유효길이로 한다.
- 필렛 용접 : 용접길이
- 필렛 용접의 치수
- 치수는 등치수로 하는 것을 원칙으로 한다.
- 중요부재의 치수는 6 이상으로 하고 다음의 조건을 만족시켜야 한다.

$$\sqrt{2}\,t_2 \leq s \geq t_1$$

t_1 : 얇은 모재의 두께(mm), t_2 : 두꺼운 모재의 두께(mm), s : 용접치수

- 용접의 특징
- 인장재의 경우 리벳과 달리 단면적이 감소되지 않으므로 재료가 절약되고 강도 저하가 생기지 않는다.
- 구조가 간단하고 소음이 적으나 피로에 약하다.
- 용접이음 시 주의사항
- 용접의 열을 될 수 있는 대로 균등하게 분포시켜야 한다.
- 용접부의 구속을 될 수 있는 대로 적게 하여 수축변형을 일으키더라도 해로운 변형이 남지 않도록 하여야 한다.
- 평행한 용접은 같은 방향으로 동시에 용접하도록 한다.
- 중심에서 주변을 향해 대칭이 되도록 하여야 한다.

③ **고장력 볼트이음**

　㉠ 마찰이음, 지압이음, 인장이음이 있으며, 일반적으로 마찰이음을 사용한다.

　㉡ 부재의 순단면을 계산하는 경우 볼트구멍은 볼트의 공칭지름에 3mm를 더한 것으로 한다.

　㉢ 하나의 이음에 2개 이상의 고장력 볼트를 사용해야 한다.

CHAPTER

04

기출예상문제

1 다음 중 철근콘크리트 보에서 사인장철근이 부담하는 주된 응력은?

부산교통공사

① 부착응력　　　　　　　　　　　　② 전단응력

③ 지압응력　　　　　　　　　　　　④ 휨인장응력

2 강도설계법에 의한 휨부재의 등가사각형 압축응력 분포에서 $f_{ck} = 40\,\text{MPa}$일 때 β_1의 값은?

한국전력공사

① 0.766　　　　　　　　　　　　　② 0.801

③ 0.833　　　　　　　　　　　　　④ 0.850

3 다음 중 표준갈고리를 갖는 인장이형철근의 정착에 대한 설명으로 바르지 않은 것은? (단, d_b는 철근의 공칭지름이다.)

부국수력원자력

① 갈고리는 압축을 받는 경우 철근정착에 유효하지 않은 것으로 본다.

② 정착길이는 위험단면으로부터 갈고리의 외측단까지의 길이로 나타낸다.

③ f_{sp}값이 규정되어 있지 않은 경우 모래경량콘크리트계수는 0.7이다.

④ 기본정착길이에 보정계수를 곱하여 정착길이를 계산하는데 이렇게 구한 정착길이는 항상 $8d_b$ 이상, 또한 150mm 이상이어야 한다.

✔ **ANSWER** | 1.② 2.① 3.③

1 사인장철근은 주로 전단응력을 부담한다.

2 $f_{ck} > 28\,\text{MPa}$인 경우
$\beta_1 = 0.85 - 0.007(f_{ck} - 28) = 0.766\,(\beta_1 \geq 0.65)$

3 f_{sp}값이 규정되어 있지 않은 경우 모래경량콘크리트계수는 1.0이다.

4 다음 중 옹벽의 구조해석에 대한 내용으로 바르지 않은 것은?

① 부벽식 옹벽의 전면벽은 3변 지지된 2방향 슬래브로 설계할 수 있다.

② 캔틸레버식 옹벽의 전면벽은 저판에 지지된 캔틸레버로 설계할 수 있다.

③ 뒷부벽은 T형보로 설계해야 하며, 앞부벽은 직사각형 보로 설계해야 한다.

④ 부벽식 옹벽의 저판은 정밀한 해석이 사용되지 않는 한 부벽의 높이를 경간으로 가정한 고정보 또는 연속보로 설계할 수 있다.

5 철근콘크리트 부재의 비틀림철근 상세에 대한 설명으로 틀린 것은? (단, P_h는 가장 바깥의 횡방향 폐쇄스터럽 중심선의 둘레(mm)이다.)

① 종방향 비틀림철근은 양단에 정착하여야 한다.

② 횡방향 비틀림철근의 간격은 $P_h/4$보다 작아야 하고 또한 200mm보다 작아야 한다.

③ 종방향 철근의 지름은 스터럽 간격의 1/24 이상이어야 하며 D10 이상의 철근이어야 한다.

④ 비틀림에 요구되는 종방향 철근은 폐쇄스터럽의 둘레를 따라 300mm 이하의 간격으로 분포시켜야 한다.

6 강도설계법에서 강도감소계수를 규정하는 목적이 아닌 것은?

① 부정확한 설계방정식에 대비한 여유를 반영하기 위하여

② 구조물에서 차지하는 부재의 중요도 등을 반영하기 위하여

③ 재료강도와 치수가 변동될 수 있으므로 부재의 강도저하 확률에 대비한 여유를 반영하기 위해

④ 하중의 변경, 구조해석을 할 때의 가정 및 계산의 단순화로 인해 야기될지 모르는 초과하중에 대비한 여유를 반영하기 위해

✓ ANSWER | 4.④ 5.② 6.④

4 부벽식 옹벽의 저판은 정밀한 해석이 사용되지 않는 한 부벽간 거리를 경간으로 가정한 고정보 또는 연속보로 설계할 수 있다.

5 횡방향 비틀림철근의 간격은 $P_h/8$보다 작아야 하고 또한 300mm보다 작아야 한다.

6 하중의 변경, 구조해석을 할 때의 가정 및 계산의 단순화로 인해 야기될지 모르는 초과하중에 대비한 여유를 반영하기 위해 사용하는 것은 하중계수이다.

7 캔틸레버식 옹벽(역 T형 옹벽)에서 뒷굽판의 길이를 결정할 때 가장 주가되는 것은?

① 전도에 대한 안정   ② 침하에 대한 안정

③ 활동에 대한 안정   ④ 지반지지력에 대한 안정

8 다음 중 콘크리트 슬래브 설계 시 직접설계법을 적용할 수 있는 제한사항에 대한 설명으로 바르지 않은 것은?

① 각 방향으로 3경간 이상 연속되어야 한다.

② 각 방향으로 연속한 받침부 중심간 경간 차이는 긴 경간의 1/3 이하여야 한다.

③ 슬래브 판들은 단변 경간에 대한 장변 경간의 비가 2 이하인 직사각형이어야 한다.

④ 연속한 기둥 중심선을 기준으로 기둥의 어긋남은 그 방향 경간의 15% 이하여야 한다.

9 철근콘크리트 구조물의 균열에 관한 설명으로 바르지 않은 것은?

① 하중으로 인한 균열의 최대폭은 철근응력에 비례한다.

② 인장측에 철근을 잘 분배하면 균열폭을 최소로 할 수 있다.

③ 콘크리트 표면의 허용균열폭은 철근에 대한 최소피복두께에 반비례한다.

④ 많은 수의 미세한 균열보다는 폭이 큰 몇 개의 균열이 내구성에 불리하다.

⊘ **ANSWER** | 7.③ 8.④ 9.③

7 저판의 뒷굽판은 주로 저판 위의 활하중, 흙의 자중에 의해 설계하며, 응력의 뒷면에서 작용하는 횡토압의 수평력에 의하여 활동하려고 한다. 이 활동에 저항하는 힘은 옹벽 밑면에서 마찰력과 점착력으로 형성된다. 활동에 대한 저항력은 옹벽에 작용하는 수평력의 1.5배 이상이어야 한다.

8 연속한 기둥 중심선을 기준으로 기둥의 어긋남은 그 방향 경간의 최대 10% 이하여야 한다.

9 콘크리트 표면의 허용균열폭은 철근에 대한 최소피복두께에 비례한다.

※ **철근콘크리트 구조물의 허용균열폭**(큰 값으로 한다.)

강재의 종류	강재의 부식에 대한 환경조건			
	건조환경	습윤환경	부식성환경	고부식성환경
철근	0.4mm $0.006c_c$	0.3mm $0.005c_c$	0.3mm $0.004c_c$	0.3mm $0.0035c_c$
긴장재	0.4mm $0.006c_c$	0.2mm $0.004c_c$	–	–

10 옹벽의 구조해석에 대한 설명으로 바르지 않은 것은?

① 저판의 뒷굽판은 정확한 방법이 사용되지 않는 한, 뒷굽판 상부에 재하되는 모든 하중을 지지하도록 설계해야 한다.

② 부벽식 옹벽의 전면벽은 저판에 지지된 캔틸레버로 설계해야 한다.

③ 부벽식 옹벽의 저판은 정밀한 해석이 사용되지 않는 한, 부벽 사이의 거리를 경간으로 가정한 고정보 또는 연속보로 설계할 수 있다.

④ 뒷부벽은 T형보로 설계해야 하며, 앞부벽은 직사각형보로 설계해야 한다.

11 다음 중 강도설계법의 기본 가정으로 바르지 않은 것은?

① 철근과 콘크리트의 변형률은 중립축에서의 거리에 비례한다고 가정한다.

② 콘크리트 압축연단의 극한변형률은 0.003으로 가정한다.

③ 철근의 응력이 설계기준항복강도(f_y) 이상일 때 철근의 응력은 그 변형률에 E_s를 곱한 값으로 한다.

④ 콘크리트의 인장강도는 철근콘크리트의 휨계산에서 무시한다.

12 길이가 7m인 양단연속보에서 처짐을 계산하지 않은 경우 보의 최소두께로 옳은 것은? (단, 보통중량 콘크리트를 사용하고, $f_{ck} = 28\,\text{MPa}$, $f_y = 400\,\text{MPa}$이다.)

① 275mm

② 334mm

③ 379mm

④ 438mm

✅ **ANSWER** | 10.② 11.③ 12.②

10 부벽식 옹벽의 전면벽은 3변 지지된 2방향 슬래브로 설계할 수 있다.

11 철근의 응력이 설계기준항복강도(f_y) 이상일 때 철근의 응력은 설계기준항복강도와 동일한 값으로 해야 한다.

12 양단연속보에서 처짐을 계산하지 않는 보의 최소두께는 $L/21$이어야 하므로 $L = 7\text{m}$, 따라서 333mm가 된다.
처짐을 계산하지 않는 경우 보 또는 1방향 슬래브의 최소두께는 다음과 같다.

부재	최소두께			
	단순지지	1단연속	양단연속	캔틸레버
1방향 슬래브	$L/20$	$L/24$	$L/28$	$L/10$
보 및 리브가 있는 1방향 슬래브	$L/16$	$L/18.5$	$L/21$	$L/8$

13 계수 전단강도 $V_u = 60$kN을 받을 수 있는 직사각형 단면이 최소전단철근 없이 견딜 수 있는 콘크리트의 유효깊이 d는 최소 얼마이상이어야 하는가?) (단, $f_{ck} = 24$MPa, 단면의 폭은 350mm)

① 560mm   ② 525mm

③ 434mm   ④ 328mm

14 전단철근에 대한 설명으로 바르지 않은 것은?

① 철근콘크리트 부재의 경우 주인장 철근에 45° 이상의 각도로 설치되는 스터럽을 전단철근으로 사용할 수 있다.

② 철근콘크리트 부재의 경우 주인장 철근에 30° 이상의 각도로 구부린 굽힘철근을 전단철근으로 사용할 수 있다.

③ 전단철근으로 사용하는 스터럽과 기타 철근 또는 철선은 콘크리트 압축연단으로부터 거리 d만큼 연장하여야 한다.

④ 용접이형철망을 사용할 경우 전단철근의 설계기준항복강도는 500MPa을 초과할 수 없다.

13 $V_u \leq \dfrac{1}{2}\phi V_c = \dfrac{1}{2}\phi\left(\dfrac{1}{6}\sqrt{f_{ck}}\,b_w d\right)$

$d \geq \dfrac{2 \cdot 6 \cdot V_u}{\phi\lambda\sqrt{f_{ck}}\,b_w} = \dfrac{2 \cdot 6 \cdot 60,000}{0.75 \cdot 1.0\sqrt{24} \cdot 350} = 560$mm

14 전단철근의 설계기준항복강도는 500MPa를 초과할 수 없다. 그러나 용접이형철망을 사용할 경우 전단철근의 설계기준항복강도는 600MPa을 초과할 수 없다.

15 비틀림철근에 대한 설명으로 바르지 않은 것은? (단, A_{oh}는 가장 바깥의 비틀림보강철근의 중심으로 닫혀진 단면적이고 P_h는 가장 바깥의 횡방향 폐쇄스터럽 중심선의 둘레이다.)

① 횡방향 비틀림철근은 종방향 철근 주위로 135° 표준갈고리에 의해 정착되어야 한다.

② 비틀림모멘트를 받는 속빈 단면에서 횡방향 비틀림철근의 중심선으로부터 내부 벽면까지의 거리는 $0.5A_{oh}/P_A$ 이상이 되도록 설계해야 한다.

③ 횡방향 비틀림철근의 간격은 $\dfrac{P_h}{6}$ 및 400mm보다 작아야 한다.

④ 종방향 비틀림철근은 양단에 정착하여야 한다.

16 휨부재에서 철근의 정착에 대한 안전을 검토해야 하는 것으로 거리가 먼 것은?

① 최대응력점
② 경간 내에서 인장철근이 끝나는 곳
③ 경간 내에서 인장철근의 굽혀진 곳
④ 집중하중이 재하되는 점

15 횡방향 비틀림철근의 간격은 $\dfrac{P_h}{8}$ 및 300mm보다 작아야 한다.

16 집중하중이 재하되는 곳은 휨에 대한 검토가 요구되는 곳이지 정착에 대한 검토가 요구되는 곳이 아니다. (일반적으로 집중하중이 재하되는 곳에서는 철근의 정착을 하지 않는다.)

17 단면이 400 × 500mm이고, 150mm²의 PSC강선 4개를 단면도심축에 배치한 프리텐션 PSC부재가 있다. 초기 프리스트레스가 1,000MPa일 때 콘크리트의 탄성변형에 의한 프리스트레스 감소량은? (단, $n=6$)

① 22MPa

② 20MPa

③ 18MPa

④ 16MPa

18 콘크리트의 강도설계법에서 $f_{ck} = 38\,\text{MPa}$일 때 직사각형 응력분포의 깊이를 나타내는 β_1의 값은 얼마인가?

① 0.78

② 0.92

③ 0.80

④ 0.75

19 경간 10m인 대칭 T형보에서 양쪽 슬래브의 중심간 거리 2,100mm, 슬래브두께 100mm, 복부의 폭 400mm일 때 플랜지의 유효폭은 얼마인가?

① 2,000mm

② 2,100mm

③ 2,300mm

④ 2,500mm

ANSWER | 17.③ 18.① 19.①

17
$$\triangle f_{pe} = nf_{cs} = n\frac{P_i}{A_g} = n\frac{f_p \cdot NA_p}{bh} = 6 \cdot \frac{1,000 \cdot 4 \cdot 150}{400 \cdot 500} = 18\,\text{MPa}$$

18 $\beta_1 = 0.85 - 0.007(38 - 28) = 0.78$

f_{ck}	등가 압축영역 계수 β_1
$f_{ck} \leq 28\,\text{MPa}$	$\beta_1 = 0.85$
$f_{ck} > 28\,\text{MPa}$	$\beta_1 = 0.85 - 0.007(f_{ck} - 28) \geq 0.65$

19 T형보(대칭 T형보)에서 플랜지의 유효폭
$16t_f + b_w = 16 \times 100 + 400 = 2,000\,\text{mm}$
양쪽슬래브의 중심간 거리 : 2,100mm
보 경간의 1/4 : $10,000 \times 1/4 = 2,500\,\text{mm}$
위의 값 중 최솟값을 적용해야 한다.

20 철근 콘크리트보에 스터럽을 배근하는 가장 중요한 이유로 옳은 것은?

① 주철근 상호간의 위치를 바르게 하기 위하여
② 보에 작용하는 사인장 응력에 의한 균열을 제어하기 위하여
③ 콘크리트와 철근과의 부착강도를 높이기 위하여
④ 압축측 콘크리트의 좌굴을 방지하기 위하여

21 철근콘크리트 부재에서 처짐을 방지하기 위해서는 부재의 두께를 크게 하는 것이 효과적인데 구조상 가장 두꺼워야 될 순서대로 바르게 나열된 것은? (단, 동일한 부재의 길이를 갖는다고 가정)

① 캔틸레버 > 단순지지 > 양단연속 > 일단연속
② 단순지지 > 캔틸레버 > 일단연속 > 양단연속
③ 일단연속 > 양단연속 > 단순지지 > 캔틸레버
④ 양단연속 > 일단연속 > 단순지지 > 캔틸레버

ⓒ ANSWER | 20.② 21.①

20 철근 콘크리트보에 스터럽을 배근하는 가장 중요한 이유는 보에 작용하는 사인장 응력에 의한 균열을 제어하기 위해서이다.

21 일반적인 부재의 두께의 경우, 캔틸레버 > 단순지지 > 양단연속 > 일단연속 순이다.

22 다음 중 프리스트레스의 도입 후에 일어나는 손실의 원인이 아닌 것은?

① 콘크리트의 크리프

② PS강재와 시스 사이의 마찰

③ 콘크리트의 건조수축

④ PS강재의 릴렉세이션

23 폭(b_w)이 400mm, 유효깊이(d)가 500mm인 단철근 직사각형보의 단면에서 강도설계법에 의한 균형철근량은 약 얼마인가? (단, $f_{ck} = 35\,\text{MPa}$, $f_y = 400\,\text{MPa}$)

① $6,135\text{mm}^2$

② $6,623\text{mm}^2$

③ $7,149\text{mm}^2$

④ $7,841\text{mm}^2$

24 복철근 콘크리트 단면에 인장철근비는 0.02, 압축철근비는 0.01이 배근된 경우 순간처짐이 20mm일 때 6개월이 지난 후 처짐량은? (단, 작용하는 하중은 지속하중이며 6개월 재하기간에 따르는 계수 ξ는 1.20이다.)

① 56mm

② 46mm

③ 36mm

④ 26mm

22 프리스트레스의 손실 원인
ㄱ 도입 시 발생하는 손실 : PS강재의 마찰, 콘크리트 탄성변형, 정착장치의 활동
ㄴ 도입 후 손실 : 콘크리트의 건조수축, PS강재의 릴렉세이션, 콘크리트의 크리프

23 균형철근비 $\rho_b = \dfrac{0.85 f_{ck} \beta_1}{f_y} \cdot \dfrac{600}{600 + f_y} = 0.0357$

$\beta_1 = 0.85 - (35 - 28) \cdot 0.007 = 0.801$

균형철근량 $A_{sb} = \rho_b b_w d = 0.0357 \cdot 400 \cdot 500 = 7,149\text{mm}^2$

24 장기처짐 = 순간처짐 $\times \dfrac{\xi}{1 + 50\rho'} = 20 \times \dfrac{1.2}{1 + 50 \cdot 0.01} = 16\,\text{mm}$

총처짐 = 순간처짐 + 장기처짐 $= 20 + 16 = 36\,\text{mm}$

25 철근콘크리트 부재의 피복두께에 관한 설명으로 바르지 않은 것은?

① 최소 피복두께를 제한하는 이유는 철근의 부식방지, 부착력의 증대, 내화성을 갖도록 하기 위해서이다.

② 현장치기 콘크리트로서 흙에 접하거나 옥외의 공기에 직접 노출되는 콘크리트의 최소 피복두께는 D25 이하의 철근의 경우 40mm이다.

③ 현장치기 콘크리트로서 흙에 접하여 콘크리트를 친 후 영구히 흙에 묻혀있는 콘크리트의 최소 피복두께는 80mm이다.

④ 콘크리트 표면과 그와 가장 가까이 배치된 철근 표면 사이의 콘크리트 두께를 피복두께라 한다.

26 폭 350mm, 유효깊이 500mm인 보에 설계기준 항복강도가 400MPa인 D13철근을 인장 주철근에 대한 경사각이 60°인 U형 경사스터럽을 설치했을 때 전단보강철근의 공칭강도는? (단, 스터럽의 간격은 250mm, D13 철근 1본의 단면적은 127mm²이다.)

① 201.4kN ② 212.7kN

③ 243.2kN ④ 277.6kN

✅ **ANSWER** | 25.② 26.④

25 현장치기 콘크리트로서 흙에 접하거나 옥외의 공기에 직접 노출되는 콘크리트의 최소 피복두께는 D25 이하의 철근의 경우 50mm이다.

종류			피복두께
수중에서 타설하는 콘크리트			100mm
흙에 접하여 콘크리트를 친 후 영구히 흙에 묻혀있는 콘크리트			80mm
흙에 접하거나 옥외의 공기에 직접 노출되는 콘크리트		D29 이상의 철근	60mm
		D25 이하의 철근	50mm
		D16 이하의 철근	40mm
옥외의 공기나 흙에 직접 접하지 않는 콘크리트	슬래브, 벽체, 장선	D35 초과 철근	40mm
		D35 이하 철근	20mm
	보, 기둥		40mm
	쉘, 절판부재		20mm

26 $V_s = \dfrac{A_v f_y (\sin\alpha + \cos\alpha)d}{s} = \dfrac{2 \times 127 \cdot 400(\sin 60° + \cos 60°) \cdot 500}{250} = 277.57\,\text{kN}$

27 옹벽의 토압 및 설계일반에 대한 설명 중 바르지 않은 것은?

① 활동에 대한 저항력은 옹벽에 작용하는 수평력의 1.5배 이상이어야 한다.

② 뒷부벽식 옹벽의 저판은 정밀한 해석이 사용되지 않는 한, 3변 지지된 2방향 슬래브로 설계해야 한다.

③ 뒷부벽은 T형보로 설계해야 하며, 앞부벽은 직사각형 보로 설계해야 한다.

④ 지반에 유발되는 최대지반반력이 지반의 허용지지력을 초과하지 않아야 한다.

28 보통중량 콘크리트의 설계기준강도가 35MPa, 철근의 항복강도가 400MPa로 설계된 부재에서 공칭지름이 25mm인 압축 이형철근의 기본정착길이는?

① 425mm

② 430mm

③ 1,010mm

④ 1,015mm

27

옹벽의 종류	설계위치	설계방법
뒷부벽식 옹벽	전면벽	2방향 슬래브
	저판	연속보
	뒷부벽	T형보
앞부벽식 옹벽	전면벽	2방향 슬래브
	저판	연속보
	앞부벽	직사각형 보

28

$$l_{db} = \frac{0.25 d_b f_y}{\sqrt{f_{ck}}} = \frac{0.25 \times 25 \times 400}{1 \times \sqrt{35}} = 422.6 \, \text{mm}$$

$$0.043 d_b f_y = 0.043 \times 25 \times 400 = 430 \, \text{mm}$$

$l_{db} \geq 0.043 d_b f_y$ 이어야 한다.

29 계수하중에 의한 단면의 계수휨모멘트가 350kN·m인 단철근 직사각형 보의 유효깊이의 최솟값은? (단, $\rho = 0.0135$, $b = 300$mm, $f_{ck} = 24$MPa, $f_y = 300$MPa, 인장지배단면이다.)

① 245mm

② 368mm

③ 490mm

④ 613mm

30 다음 중 반 T형보의 유효폭(b)을 구할 때 고려해야 할 사항이 아닌 것은? (단, b_w는 플랜지의 플랜지가 있는 부재의 복부폭)

① 양쪽 슬래브의 중심 간 거리

② (한쪽으로 내민 플랜지 두께의 6배) + b_w

③ (보의 경간의 $\dfrac{1}{12}$) + b_w

④ (인접 보와의 내측거리의 $\dfrac{1}{2}$) + b_w

29
$$\phi M_n = \phi \rho f_y b d^2 \left(1 - 0.59 \rho \frac{f_y}{f_{ck}}\right)$$

$$q = \rho \frac{f_y}{f_{ck}} = 0.0135 \times \frac{300}{24} = 0.169$$

$$d = \sqrt{\frac{\phi M_n}{\phi b f_{ck} q(1 - 0.59q)}} = \sqrt{\frac{350}{0.85 \times 300 \times 24 \times 0.169(1 - 0.59 \times 0.169)}} = 0.613\text{m} = 613\text{mm}$$

30 반 T형보의 유효폭은 다음의 식으로 구한 값 중 최솟값을 적용한다.

㉠ (한쪽으로 내민 플랜지 두께의 6배) + b_w

㉡ (보의 경간의 $\dfrac{1}{12}$) + b_w

㉢ (인접 보와의 내측거리의 $\dfrac{1}{2}$) + b_w

31 다음 중 콘크리트 구조물을 설계할 때 사용하는 하중인 활하중(live load)에 속하지 않는 것은?

① 건물이나 다른 구조물의 사용 및 전용에 의해 발생되는 하중으로서 사람, 가구, 이동칸막이 등의 하중

② 적설하중

③ 교량 등에서 차량에 의한 하중

④ 풍하중

32 다음 중 용접부의 결함이 아닌 것은?

① 오버랩(overlap)

② 언더컷(undercut)

③ 스터드(stud)

④ 균열(crack)

---

31 풍하중은 활하중에 속하지 않는다.
  ※ **활하중** … 구조물의 사용 및 점용에 의해 발생하는 하중으로서 가구, 창고 저장물, 차량, 군중에 의한 하중 등이 포함된다. 일반적으로 차량의 충격효과도 활하중에 포함되나, 풍하중, 지진하중과 같은 환경하중은 포함되지 않는다.

32 스터드(stud)는 합성보에 사용되는 전단연결재이다.

33 철근콘크리트 보를 설계할 때 변화구간에서 강도감소계수(ϕ)를 구하는 식으로 옳은 것은? (단, 나선철근으로 보강되지 않은 부재이며, ε_t는 최외단 인장철근의 순인장변형률이다.)

① $\phi = 0.65 + (\varepsilon_t - 0.002) \cdot \dfrac{200}{3}$

② $\phi = 0.70 + (\varepsilon_t - 0.002) \cdot \dfrac{200}{3}$

③ $\phi = 0.65 + (\varepsilon_t - 0.002) \cdot 50$

④ $\phi = 0.7 + (\varepsilon_t - 0.002) \cdot 50$

34 다음 그림과 같은 띠철근 기둥에서 띠철근의 최대간격은? (단, D10의 공칭직경은 9.5mm, D22의 공칭직경은 31.8mm)

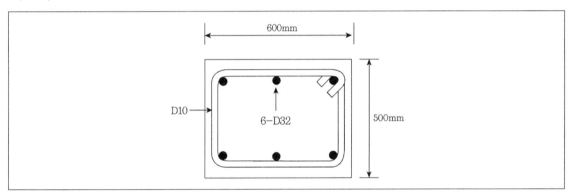

① 400mm
② 456mm
③ 500mm
④ 509mm

33 변화구간의 강도감소계수 $\phi = 0.65 + (\varepsilon_t - 0.002) \cdot \dfrac{200}{3}$

34 다음 중 최솟값을 적용해야 한다.
　㉠ 축방향 철근 지름의 16배 이하 : $31.8 \times 16 = 508.8$mm 이하
　㉡ 띠철근 지름의 48배 이하 : $9.5 \times 48 = 456$mm 이하
　㉢ 기둥 단면의 최소 치수 이하 : 400mm 이하
　위의 값 중 최솟값인 400mm 이하여야 한다.

35 경간 6m인 단순 직사각형 단면(b=300mm, h=400mm인 보에 계수하중 30kN/m가 작용할 때 PS강재가 단면도심에서 긴장되며 경간 중앙에서 콘크리트 단면의 하연의 응력이 0이 되려면 PS강재에 얼마의 긴장력이 작용되어야 하는가?

① 1,805kN

② 2,025kN

③ 3,064kN

④ 3,557kN

36 부분 프리스트레싱(Partial Prestressing)에 대한 설명으로 옳은 것은?

① 부재단면의 일부에만 프리스트레스를 도입하는 방법이다.

② 구조물에 부분적으로 프리스트레스트 콘크리트 부재를 사용하는 방법이다.

③ 사용하중 작용 시 프리스트레스트 콘크리트 부재 단면의 일부에 인장응력이 생기는 것을 허용하는 방법이다.

④ 프리스트레스트 콘크리트 부재 설계 시 부재 하단에만 프리스트레스를 주고 부재 상단에는 프리스트레스 하지 않는 방법이다.

37 다음 설명 중 바르지 않은 것은?

① 과소철근 단면에서는 파괴 시 중립축은 위로 조금 올라간다.

② 과다철근 단면인 경우 강도설계에서 철근의 응력은 철근의 변형률에 비례한다.

③ 과소철근 단면인 보는 철근량이 적어 변형이 갑자기 증가하면서 취성파괴를 일으킨다.

④ 과소철근 단면에서는 계수하중에 의해 철근의 인장응력이 먼저 항복강도에 도달한 후 파괴된다.

✓ **ANSWER** | 35.② 36.③ 37.③

35

$$f_{하연} = -\frac{P}{A} + \frac{M}{Z} = -\frac{P}{300 \cdot 400} + \frac{\dfrac{30 \cdot 6,000^2}{8}}{\dfrac{300 \cdot 400^2}{6}} = 0$$

이를 만족하는 $P = 2,025\,\text{kN}$

36 부분 프리스트레싱은 부재 단면의 일부에 인장응력이 발생하며 완전 프리스트레싱은 부재단면에 인장응력이 발생하지 않는다.

37 과소철근 단면인 보는 철근량이 적어 변형이 서서히 증가하면서 연성파괴를 일으킨다.

38 단면이 300mm × 300mm인 철근콘크리트 보의 인장부에 균열이 발생할 때의 모멘트(M_{cr})가 13.9kN · m이다. 이 콘크리트의 설계기준압축강도 f_{ck}는? (단, 보통중량콘크리트이다.)

① 18MPa

② 21MPa

③ 24MPa

④ 27MPa

39 설계기준압축강도 f_{ck}가 24MPa이고, 쪼갬인장강도 f_{sp}가 2.4MPa인 경량골재 콘크리트에 작용하는 경량콘크리트계수 λ는?

① 0.75

② 0.81

③ 0.87

④ 0.93

40 T형보에서 주철근이 보의 방향과 같은 방향일 때 하중이 직접적으로 플랜지에 작용하게 되면 플랜지가 아래로 휘면서 파괴될 수 있다. 이 휨 파괴를 방지하기 위해서 배치하는 철근은?

① 연결철근

② 표피철근

③ 종방향철근

④ 횡방향철근

✅ **ANSWER** | 38.③ 39.③ 40.④

38 $M_{cr} = 0.63\sqrt{f_{ck}}\, Z$이므로

$$f_{ck} = \left(\frac{M_{cr}}{0.63Z}\right)^2 = \left(\frac{M_{cr}}{0.63 \cdot \dfrac{bh^2}{6}}\right)^2 = \left(\frac{13.9 \cdot 10^6}{0.63 \cdot \dfrac{300 \cdot 300^2}{6}}\right)^2 = 24\,\mathrm{MPa}$$

39 경량콘크리트계수 $\lambda = \dfrac{f_{sp}}{0.56\sqrt{f_{ck}}} \leq 1.0$

이므로 $\dfrac{2.4}{0.56\sqrt{24}} = 0.87$

40 **횡방향철근** ⋯ T형보에서 주철근이 보의 방향과 같은 방향일 때 하중이 직접적으로 플랜지에 작용하게 되면 플랜지가 아래로 휘면서 파괴될 수 있으므로 이 휨 파괴를 방지하기 위해서 배치하는 철근이다.

응용역학

1 정역학

① 힘의 합성 및 분해

ⓐ 동일 평면상의 동일점에 작용하는 두 힘의 합력

• 합력의 크기 : $R = \sqrt{P_1^2 + P_2^2 + 2P_1P_2\cos\alpha}$

• 합력의 방향 : $\tan\theta = \dfrac{P_2\sin\alpha}{P_1 + P_2\cos\alpha}$

• 합력의 작용점 : O점

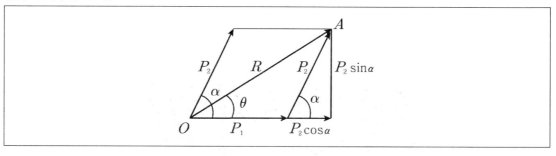

ⓑ 한 힘을 두 방향으로 분해

$$P_1^2 = R^2 + P_2^2 - 2R \cdot P_2 \cdot \cos\alpha$$

$$\cos\alpha = \frac{R^2 + P_2^2 - P_1^2}{2R \cdot P_2}$$

$$P_2^2 = R^2 + P_1^2 - 2R \cdot P_1 \cdot \cos\beta$$

$$\cos\beta = \frac{R^2 + P_1^2 - P_2^2}{2R \cdot P_1}$$

ⓒ 동일평면상의 동일점에 작용하지 않는 힘들의 합력 : 동일평면상의 동일점에 작용하지 않는 여러 힘의 합력은 각 힘의 수평성분과 수직성분으로 분해한 후 바리논의 정리를 이용하여 구할 수 있다.

② 라미의 정리 : 한 점에 작용하는 서로 다른 세 힘이 평형을 이루면 $\dfrac{P_1}{\sin\theta_1}=\dfrac{P_2}{\sin\theta_2}=\dfrac{P_3}{\sin\theta_3}$ 가 성립한다.

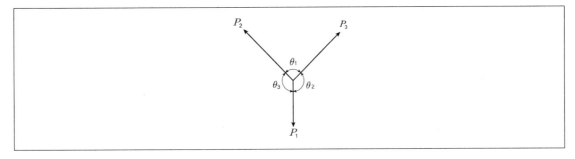

② **모멘트와 우력**

㉠ 모멘트 : 힘과 거리의 곱으로서 어떤 점을 중심으로 회전을 발생시키는 힘(시계방향 +, 반시계방향 −)

㉡ 우력 : 크기가 같고 방향이 반대인 한 쌍의 나란한 힘이다. 우력의 합력은 0이다. 우력모멘트의 크기 $M = P \times L$

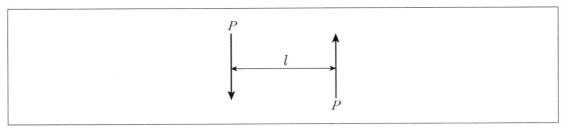

③ **합력의 작용점**

㉠ 바리논의 정리 : 여러 힘들에 대한 임의 점의 합력모멘트는 각각의 힘에 대한 모멘트의 합과 같다. 이때에 모멘트의 중심점을 임의점으로 할 수 있다.

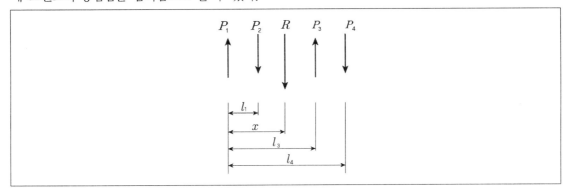

ⓛ 합력의 위치 x는 $R \cdot x = P_2 \cdot l_2 - P_3 \cdot l_3 + P_4 \cdot l_4$

$$x = \frac{P_2 \cdot l_2 - P_3 \cdot l_3 + P_4 \cdot l_4}{R}$$

④ **마찰력의 종류**

ⓐ 마찰력(R) = 마찰계수(μ) × 수직항력(N)

ⓑ **정지마찰력** : 물체가 움직이기 전의 마찰력

ⓒ **최대정지마찰력** : 물체가 움직이려는 순간에 작용하는 마찰력

ⓓ **동마찰력** : 물체가 움직이는 동안의 마찰력

경사면의 미끄럼 마찰력(R)	굴림마찰력(R)
마찰계수(μ) × 수직항력(N) = 마찰계수(μ) × 물체의 자중 × $\cos\theta$	$R = f \cdot \dfrac{W}{r}$ 여기서, N : 수직항력, P : 하중(수평력), W : 자중, f : 마찰계수

❷ 구조물

① **구조물의 판별**

ⓐ **구조물 판별의 일반식** : $N = r + m + S - 2K$
   여기서, N : 총부정정 차수, r : 지점반력수, m : 부재의 수, S : 강절점 수, K : 절점 및 지점수(K값 산정시 자유단 포함)

ⓑ **총 부정정 차수** : 내적 부정정 차수 + 외적 부정정 차수
   • 외적 부정정 차수 : $N_e = r - 3$
   • 내적 부정정 차수 : $N_i = N - N_e = 3 + m + S - 2K$

ⓒ $N < 0$이면 불안정구조물, $N = 0$이면 정정구조물, $N > 0$이면 부정정구조물

절점형태				
S(강절점의 수)	1	2	3	1
m(부재의 수)	2	3	4	3
K(절점의 수)	1	1	1	1
절점형태				
S(강절점의 수)	1	2	3	0
m(부재의 수)	4	4	4	4
K(절점의 수)	1	1	1	1

ⓓ 보와 단층 구조물의 간편식 : $N = r - 3 - h$(h는 내부힌지수[힌지절점수])

ⓔ 트러스의 간편식 : $N = r + m - 2K$(트러스 부재는 핀으로 연결되어 있어서 절점을 모두 힌지절점으로 간주하므로 강절점수 $S = 0$이다.)

② **라멘 구조의 부정정차수**

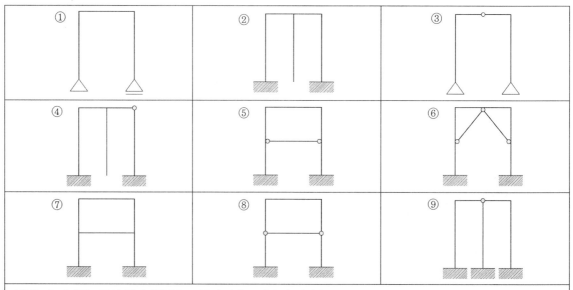

(위의 각 라멘구조물의 부정정차수는 번호순서대로 다음과 같다.)

① $N = M_e + N_i = [(2 + 1) - 3] + [0] = 0$차(정정)

② $N = M_e + N_i = [(3 + 3) - 3] + [0] = 3$차(부정정)

③ $N = M_e + N_i = [(2 + 2) - 3] + [-1 \times 1] = 0$차(정정)

④ $N = M_e + N_i = [(3 + 3) - 3] + [-1 \times 1] = 2$차(부정정)

⑤ $N = M_e + N_i = [(3 + 3) - 3] + [+1 \times 1] = 4$차(부정정)

⑥ $N = M_e + N_i = [(3 + 3) - 3] + [+1 \times 2] = 5$차(부정정)

⑦ $N = M_e + N_i = [(3 + 3) - 3] + [+3 \times 1] = 6$차(부정정)

⑧ $N = M_e + N_i = [(3 + 3) - 3] + [-1 \times 2 + 1 \times 1] = 2$차(부정정)

⑨ $N = M_e + N_i = [(3 + 3 + 3) - 3] + [-1 \times 2] = 4$차(부정정)

③ **트러스 구조의 부정정차수**

㉠ 트러스는 특성상 내적 부정정차수와 외적 부정정차수를 각각 독립적으로 산출할 수 있다. 트러스를 형성하고 있는 각각의 단면형태가 삼각형 형상을 유지하면 정정구조로 본다.

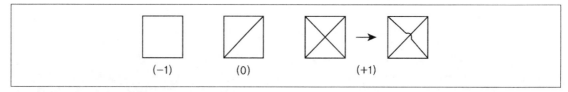

㉡ 트러스 부정정차수 산정의 원칙
  • 모든 절점이 힌지인 사각형 트러스의 부정정차수는 −1

- 모든 절점이 힌지이며 가새부재가 1개인 트러스의 부정정차수는 0
- 모든 절점이 힌지이며 서로 교차하는 가새부재가 2개인 트러스의 부정정차수는 1

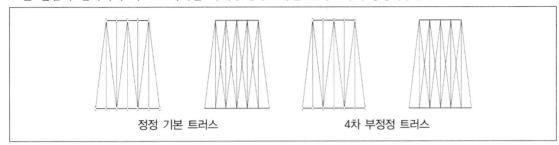

정정 기본 트러스   4차 부정정 트러스

3 단면의 성질

① 단면 1차 모멘트

㉠ 주어진 단면의 미소면적과 임의 축에서 그 미소면적의 도심까지의 거리를 곱하여 전단면에 대해 적분한 값

$$G_x = \int_A y \cdot dA = A \cdot y_0$$

$$G_y = \int_A x \cdot dA = A \cdot x_0$$

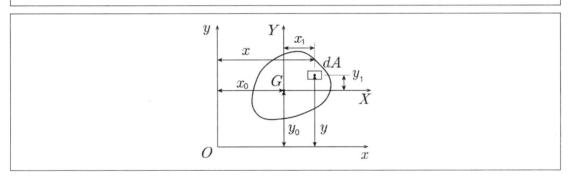

㉡ 단면 1차 모멘트 = 단면적 × 도심까지의 거리
도심의 위치는 다음과 같다.

$$x_0 = \frac{G_y}{A}, \ y_0 = \frac{G_x}{A}$$

② **단면 2차 모멘트**(관성모멘트)

ㄱ 임의의 x, y축에서부터 미소면적의 도심까지의 거리를 제곱한 값에 미소면적을 곱하여 전단면에 대해 적분한 값

$$I_x = \int_A y^2 \cdot dA$$

$$I_y = \int_A x^2 \cdot dA$$

ㄴ 도심축에 대한 단면 2차 모멘트

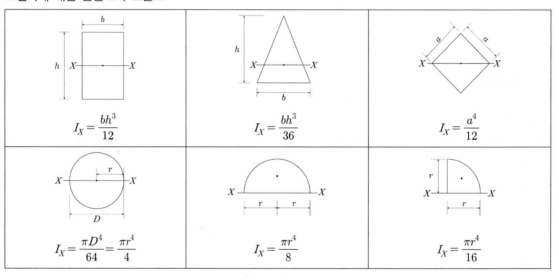

③ **단면계수**

$$Z_t = \frac{I_X}{y_1}, \ Z_c = \frac{I_X}{y_2}$$

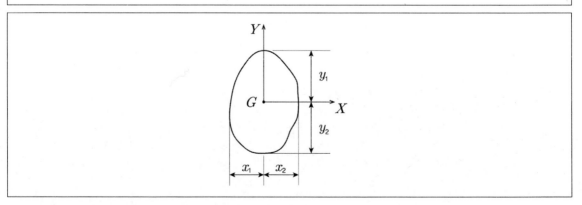

④ **단면 2차 반경**(회전반경)

　㉠ 단면 2차 모멘트를 단면적으로 나눈 값의 제곱근

　㉡ 단면 2차 반경은 축으로부터 원래 면적의 단면 2차 모멘트와 같은 단면 2차 모멘트 값을 갖는 전면적
　이 집중되어 있다고 생각되는 점까지의 거리

⑤ **단면 2차 극모멘트**(극관성 모멘트)

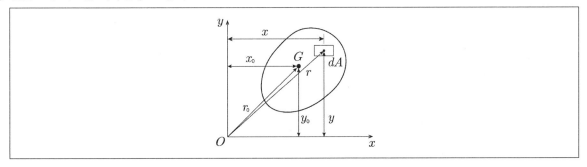

　㉠ 단면 2차 극모멘트(I_P) = 미소면적 × 극점에서 미소면적까지 거리의 제곱으로서 $I_P = I_X + I_Y$가 성립

　㉡ 단면 2차 극모멘트는 비틀림 부재 설계에 적용하며, 축의 회전에 관계없이 항상 일정

⑥ **단면 상승 모멘트**(관성상승 모멘트)

$$I_{XY} = \int x \cdot y dA$$

⑦ **평행축 정리**

　㉠ **단면 2차 모멘트에 대한 평행축의 정리**

$$I_x = I_X + A y_0{}^2$$
$$I_y = I_Y + A x_0{}^2$$

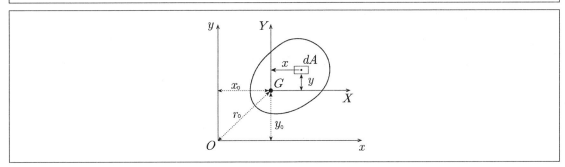

• 비대칭 단면

$$I_{xy} = \int_A x \cdot y dA = I_{XY} + A x_0 y_0 \quad (I_{XY} \neq 0)$$

• 대칭 단면

$$I_{xy} = \int_A x \cdot y dA = I_{XY} + A x_0 y_0 = A x_0 y_0 \quad (I_{XY} = 0)$$

ⓛ 단면 2차 극모멘트에 대한 평행축의 정리

$$I_{P(O)} = I_{P(G)} + A \cdot r_0{}^2$$

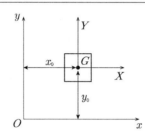

ⓒ 단면상승 모멘트에 대한 평행축의 정리

$$I_{xy} = I_{XY} + A \cdot x_0 \cdot y_0$$

ⓔ 단면 2차 반경에 대한 평행축의 정리

$$r_x{}^2 = r_X{}^2 + y_0{}^2$$

※ 단면의 유형별 성질

구분	직사각형(구형) 단면	이등변삼각형 단면	중실원형 단면
단면형태			
단면적	$A = bh$	$A = \dfrac{bh}{2}$	$A = \pi r^2 = \dfrac{\pi D^2}{4}$
도심위치	$x_0 = \dfrac{b}{2},\ y_0 = \dfrac{h}{2}$	$x_0 = \dfrac{b}{2},\ y_0 = \dfrac{h}{3},\ y_1 = \dfrac{2h}{3}$	$x_0 = y_0 = r = \dfrac{D}{2}$
단면 1차 모멘트	$G_X = G_Y = 0$ $G_x = \dfrac{bh^2}{2},\ G_y = \dfrac{bh^2}{2}$	$G_X = G_Y = 0$ $G_x = \dfrac{bh^2}{6},\ G_y = \dfrac{bh^2}{4}$	$G_X = G_Y = 0$ $G_x = A \cdot y_o = \pi r^3 = \dfrac{\pi D^3}{8}$
단면 2차 모멘트	$I_X = \dfrac{bh^3}{12},\ I_Y = \dfrac{hb^3}{12}$ $I_x = \dfrac{bh^3}{3},\ I_y = \dfrac{hb^3}{3}$	$I_X = \dfrac{bh^3}{36},\ I_Y = \dfrac{hb^3}{48}$ $I_x = \dfrac{bh^3}{12},\ I_y = \dfrac{7hb^3}{48}$ $I_{x1} = \dfrac{bh^3}{4}$	$I_X = I_Y = \dfrac{\pi r^4}{4} = \dfrac{\pi D^4}{64}$ $I_x = \dfrac{5\pi r^4}{4} = \dfrac{5\pi D^4}{64}$
단면계수	$Z_X = \dfrac{bh^2}{6},\ Z_Y = \dfrac{hb^2}{6}$	$Z_{X(상단)} = \dfrac{bh^2}{24}$ $Z_{X(하단)} = \dfrac{bh^2}{12}$	$Z_X = Z_Y = \dfrac{\pi r^3}{4} = \dfrac{\pi D^3}{32}$
회전반경	$r_X = \dfrac{h}{2\sqrt{3}},\ r_x = \dfrac{h}{\sqrt{3}}$ $r_Y = \dfrac{b}{2\sqrt{3}},\ r_y = \dfrac{b}{\sqrt{3}}$	$r_X = \dfrac{h}{3\sqrt{2}},\ r_x = \dfrac{h}{\sqrt{6}}$ $r_{x1} = \dfrac{h}{\sqrt{2}}$	$r_X = \dfrac{r}{2} = \dfrac{D}{4}$ $r_x = \dfrac{\sqrt{5}\,r}{2} = \dfrac{\sqrt{5}\,D}{4}$
단면 2차 극모멘트	$I_{P(G)} = \dfrac{bh}{12}(h^2 + b^2)$ $I_{P(O)} = \dfrac{bh}{3}(h^2 + b^2)$	$I_{P(G)} = \dfrac{bh}{144}(3b^2 + 4h^2)$ $I_{P(O)} = \dfrac{bh}{48}(4h^2 + 7b^2)$	$I_{P(G)} = \dfrac{\pi r^4}{2} = \dfrac{\pi D^4}{32}$ $I_{P(O)} = \dfrac{5\pi r^4}{2} = \dfrac{5\pi D^4}{32}$
단면상승 모멘트	$I_{XY} = 0$ $I_{xy} = \dfrac{b^2 h^2}{4}$	$I_{XY} = 0$ $I_{XY} = \dfrac{b^2 h^2}{12}$	$I_{XY} = 0$ $I_{XY} = \pi r^4 = \dfrac{\pi D^4}{16}$

구분	사다리꼴 단면	반원 단면	1/4 단면
단면형태			
단면적	$A = \dfrac{h}{2}(a+b)$	$A = \dfrac{\pi r^2}{2} = \dfrac{\pi D^2}{8}$	$A = \dfrac{\pi r^2}{4} = \dfrac{\pi D^2}{16}$
도심위치	$y_0 = \dfrac{h(2a+b)}{3(a+b)}$ $y_1 = \dfrac{h(a+2b)}{3(a+b)}$	$y_0 = \dfrac{4r}{3\pi}$	$x_0 = y_0 = \dfrac{4r}{3\pi}$
단면 1차 모멘트	$G_X = 0$ $G_x = \dfrac{h^2(2a+b)}{6}$	$G_X = G_Y = 0$ $G_x = \dfrac{2r^3}{3} = \dfrac{D^3}{12}$	$G_X = G_Y = 0$ $G_x = \dfrac{r^3}{3}$
단면 2차 극모멘트	$I_X = \dfrac{h^3(a^2+4ab+b^2)}{36(a+b)}$ $I_x = \dfrac{h^3(3a+b)}{12}$	$I_X = \dfrac{(9\pi^2-64)}{72\pi}r^4$ $I_Y = \dfrac{\pi r^4}{8} = \dfrac{\pi D^4}{128}$ $I_x = \dfrac{\pi r^4}{8} = \dfrac{\pi D^4}{128}$	$I_x = I_y = \dfrac{\pi r^4}{16}$ $I_X = \dfrac{(9\pi^2-64)r^4}{144\pi}$
단면상승 모멘트		$I_{XY} = 0$	

구분	타원 단면	1/4타원 단면	부채꼴 단면
단면형태			
단면적	$A = \pi ab$	$A = \dfrac{\pi ab}{4}$	$A = \alpha r^2$
도심위치	$x_0 = a,\ y_0 = b$	$x_0 = \dfrac{4a}{3\pi},\ y_0 = \dfrac{4b}{3\pi}$	$x_0 = \dfrac{2}{3}\left(\dfrac{r\sin\alpha}{\alpha}\right)$
단면 1차 모멘트	$G_X = G_Y = 0$ $G_x = \pi ab^2,\ G_y = \pi a^2 b$	$G_x = \dfrac{ab^2}{3},\ G_y = \dfrac{a^2 b}{3}$	$G_y = \dfrac{2r^3}{3}\sin\alpha$
단면 2차 모멘트	$I_X = \dfrac{\pi ab^3}{4},\ I_Y = \dfrac{\pi ba^3}{4}$	$I_x = \dfrac{\pi ab^3}{16},\ I_y = \dfrac{\pi ba^3}{16}$	$I_x = \dfrac{r^4}{4}\left(\alpha - \dfrac{1}{2}\sin 2\alpha\right)$ $I_y = \dfrac{r^4}{4}\left(\alpha + \dfrac{1}{2}\sin 2\alpha\right)$
단면 2차 극모멘트	$I_{P(G)} = \dfrac{\pi ab}{4}\left(b^2 + a^2\right)$	$I_{P(G)} = \dfrac{\pi ab}{16}\left(b^2 + a^2\right)$	$I_{P(O)} = \dfrac{\alpha r^4}{2}$
단면상승 모멘트	$I_{XY} = 0$		

구분	삼각형 단면	직각삼각형 단면	중공원형 단면
단면형태			
단면적	$A = \dfrac{bh}{2}$	$A = \dfrac{bh}{2}$	$A = \pi(R^2 - r^2)$
도심위치	$x_0 = \dfrac{b+c}{3}, \; y_0 = \dfrac{h}{3}$ $\overline{x_0} = \dfrac{b+d}{3}$	$x_0 = \dfrac{b}{3}, \; y_0 = \dfrac{h}{3}$	$x_0 = 0, \; y_0 = 0$
단면 1차 모멘트	$G_X = G_Y = 0$	$G_X = G_Y = 0$	$G_X = G_Y = 0$
단면 2차 모멘트			$I_X = I_Y = \dfrac{\pi}{4}(R^4 - r^4)$
단면상승 모멘트	$I_{XY} = \dfrac{bh^2}{72}(b - 2c)$ $I_{xy} = \dfrac{bh^2}{24}(3b - 2c)$	$I_{XY} = -\dfrac{b^2 h^2}{72}$ $I_{xy} = \dfrac{b^2 h^2}{24}$	$I_{XY} = 0$
단면 2차 극모멘트	$I_{P(G)} = \dfrac{bh}{36}(h^2 + b^2 - bc + c^2)$	$I_{P(G)} = \dfrac{bh}{36}(b^2 + h^2)$ $I_{P(G)} = \dfrac{bh}{12}(b^2 + h^2)$	$I_{P(G)} = \dfrac{\pi}{2}(R^4 - r^4)$

구분	얇은 원환 단면	스팬드럴 단면	포물선 단면
단면형태			
단면적	$A = 2\pi r t$	$A = \dfrac{bh}{n+1}$	$A = \dfrac{bh}{3}$
도심위치	$x_0 = 0, \; y_0 = 0$	$x_0 = \dfrac{(n+1)b}{n+2}$ $y_0 = \dfrac{(n+1)h}{2(2n+1)}$	$x_0 = \dfrac{3b}{4}$ $y_0 = \dfrac{3h}{10}$
단면 1차 모멘트	$G_X = G_Y = 0$	$G_x = \dfrac{b^2 h}{n+2}$ $G_y = \dfrac{bh^2}{2(2n+1)}$	$G_x = \dfrac{b^2 h}{4}$ $G_y = \dfrac{bh^2}{10}$
단면 2차 모멘트	$I_X = I_Y = \pi r^3 t$	$I_x = \dfrac{bh^3}{3(3n+1)}$ $I_y = \dfrac{hb^3}{n+3}$	$I_x = \dfrac{bh^3}{21}$ $I_y = \dfrac{bh^3}{5}$
단면상승 모멘트	$I_{XY} = 0$	$I_{xy} = \dfrac{b^2 h^2}{4(n+1)}$	$I_{xy} = \dfrac{b^2 h^2}{12}$
단면 2차 극모멘트	$I_{P(G)} = 2\pi r^3 t$		

평행사변형	정사각형 마름모	일반삼각형
$I_X = \dfrac{bh^3}{12}$	$I_X = \dfrac{a^4}{12}$, $Z_X = \dfrac{\sqrt{2}\,a^3}{12}$	$I_X = \dfrac{bh^3}{36}$, $I_x = \dfrac{bh^3}{12}$

직사각형 단면의 회전단면	ㄷ형 단면
	$Z_X = \dfrac{BH^3 - bh^3}{6H}$
	T형 단면
$A = bt$, $I_X = \dfrac{tb^3}{12}\sin^2\alpha$, $I_Y = \dfrac{tb^3}{12}\cos^2\alpha$, $I_x = \dfrac{tb^3}{3}\sin^2\alpha$	$Z_X = \dfrac{BH^3 - (B-b)h^3}{6H}$

④ 정정보

① 보에 발생하는 힘

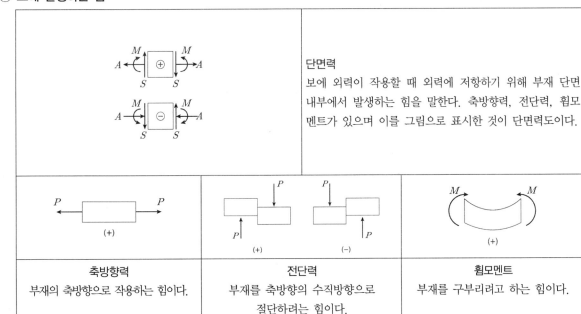

	단면력 보에 외력이 작용할 때 외력에 저항하기 위해 부재 단면 내부에서 발생하는 힘을 말한다. 축방향력, 전단력, 휨모멘트가 있으며 이를 그림으로 표시한 것이 단면력도이다.

축방향력 부재의 축방향으로 작용하는 힘이다.	**전단력** 부재를 축방향의 수직방향으로 절단하려는 힘이다.	**휨모멘트** 부재를 구부리려고 하는 힘이다.

㉠ 전단력

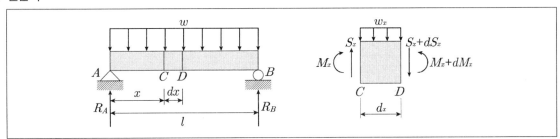

등분포 하중과 전단력의 관계를 보면

$$\sum V = 0, \ S_x - (S_x + dS_x) - w \cdot dx = 0$$

$$\therefore \ \frac{dS_x}{dx} = -w$$

여기서 (−)는 등분포하중이 하향으로 작용하는 것을 의미한다.

$$S_C - S_D = -\int_C^D w \cdot dx$$

㉡ 휨모멘트 : 전단력과 휨모멘트의 관계를 보면

$$\sum M_n = 0, \ M_x - (M_x + dM_x) + S_x \cdot dx - \frac{w \cdot (dx)^2}{2} = 0$$ 이며 여기서 $(dx)^2$을 무시하면

$\dfrac{dM_x}{dx} = S_x$ 이며 $dM_x = S_x \cdot dx$ 가 되는데 임의의 두 구간에 대해 적분하면 두 구간의 휨모멘트 차이는 $M_C - M_D = \displaystyle\int_C^D S_x \cdot dx$ 이다.

그러므로 휨모멘트와 전단력, 하중과의 관계는 $\dfrac{d^2 M}{dx^2} = \dfrac{dS}{dx} = -w$ 이 성립한다.

이를 다시 적분으로 표시하면 $M = \displaystyle\int Sdx = -\iint wdxdx$, $S = -\displaystyle\int wdx$

② **단순보의 주의사항**

㉠ 보의 휨모멘트의 극대 및 극소는 전단력이 0인 단면에서 생기며 이 반대도 성립

㉡ 집중하중만을 받는 보의 극대 또는 극소 휨모멘트는 그 좌우에 있어서 전단력의 부호가 바뀌는 단면에 생긴다. 그러므로 반드시 하중이 작용하는 점에서 발생

㉢ 하중이 없는 부분의 전단력도는 기선과 나란한 직선이 되고, 또 이 부분의 휨모멘트도 직선

㉣ 모멘트가 아닌 하중을 받는 보의 임의의 단면에서 휨모멘트의 절댓값은 그 단면의 좌측 또는 우측에서 전단력도의 넓이의 절댓값과 같음

㉤ 단순보에 모멘트 하중이 작용하지 않을 경우 전단력도의 (+)면적과 (−)면적은 서로 같다.

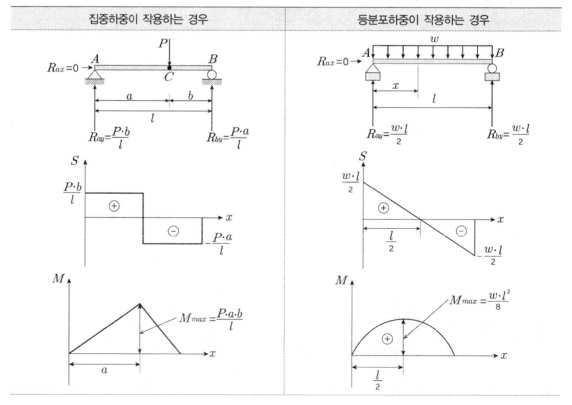

| 집중하중이 작용하는 경우 | 등분포하중이 작용하는 경우 |

등변분포하중이 작용하는 경우	모멘트하중이 작용하는 경우
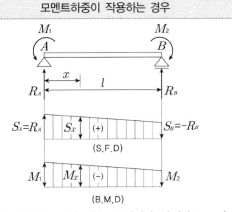	

$R_{ax}=0$, $R_{ay}=\dfrac{w\cdot l}{6}$, $R_{by}=\dfrac{w\cdot l}{3}$

- 반력표시에서 R_{ax}의 경우 A점에서 발생하는 x방향 (수평방향)의 반력을 의미한다.
- 반력표시에서 R_{ay}의 경우 A점에서 발생하는 y방향 (연직방향)의 반력을 의미한다.

③ **캔틸레버보의 주요 사항**

㉠ 반력

- 자유단에 집중하중 P가 작용시 고정단에는 수직, 수평, 모멘트 반력이 발생
- 자유단에 모멘트 하중 M만이 작용할 때는 고정단에는 모멘트 반력만 발생

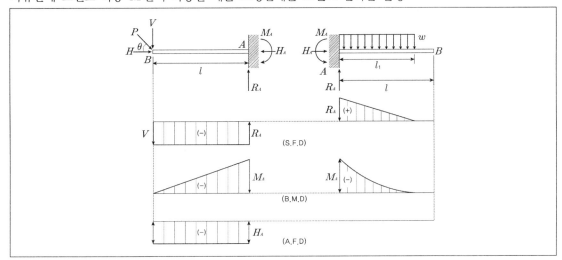

㉡ 전단력

- 캔틸레버의 전단력은 하중이 하향 또는 상향으로만 작용하는 경우 고정단에서 최대
- 전단력의 계산은 고정단의 위치에 관계없이 좌측에서 우측으로 계산

ⓒ 휨모멘트
- 휨모멘트의 계산은 고정단의 위치에 관계없이 자유단에서 시작
- 휨모멘트 부호는 하향일 경우 고정단의 위치에 관계없이 (−) (단, 상향일 경우 반대)
- 자유단에서 임의 단면까지 전단력의 면적은 그 단면의 휨모멘트 크기와 동일
- 캔틸레버에서 하중이 하향 또는 상향일 경우 고정단에서 최대

ⓔ 응력도
- 자유단에 집중하중이 작용하는 경우 (자유단을 0점으로 봄)

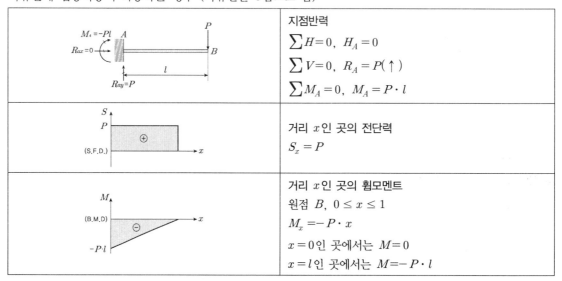

	지점반력
	$\sum H = 0, \ H_A = 0$
	$\sum V = 0, \ R_A = P(\uparrow)$
	$\sum M_A = 0, \ M_A = P \cdot l$
	거리 x인 곳의 전단력
	$S_x = P$
	거리 x인 곳의 휨모멘트
	원점 B, $0 \le x \le 1$
	$M_x = -P \cdot x$
	$x = 0$인 곳에서는 $M = 0$
	$x = l$인 곳에서는 $M = -P \cdot l$

- 지간 전체에 걸쳐 등분포하중이 작용하는 경우

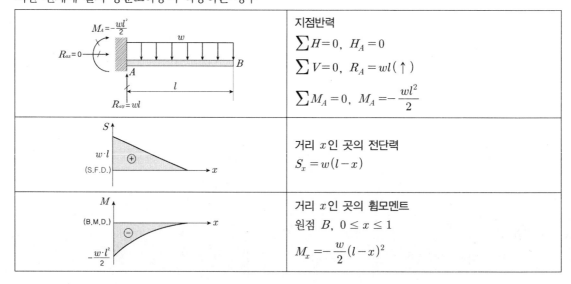

	지점반력
	$\sum H = 0, \ H_A = 0$
	$\sum V = 0, \ R_A = wl(\uparrow)$
	$\sum M_A = 0, \ M_A = -\dfrac{wl^2}{2}$
	거리 x인 곳의 전단력
	$S_x = w(l-x)$
	거리 x인 곳의 휨모멘트
	원점 B, $0 \le x \le 1$
	$M_x = -\dfrac{w}{2}(l-x)^2$

⑤ 정정라멘 · 아치 · 트러스

① 정정라멘 구조물의 해석

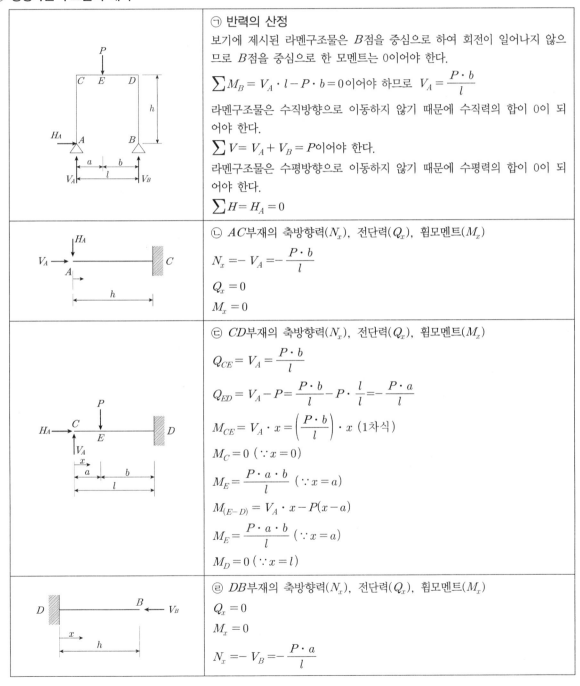

⊙ **반력의 산정**

보기에 제시된 라멘구조물은 B점을 중심으로 하여 회전이 일어나지 않으므로 B점을 중심으로 한 모멘트는 0이어야 한다.

$$\sum M_B = V_A \cdot l - P \cdot b = 0 \text{이어야 하므로 } V_A = \frac{P \cdot b}{l}$$

라멘구조물은 수직방향으로 이동하지 않기 때문에 수직력의 합이 0이 되어야 한다.

$$\sum V = V_A + V_B = P \text{이어야 한다.}$$

라멘구조물은 수평방향으로 이동하지 않기 때문에 수평력의 합이 0이 되어야 한다.

$$\sum H = H_A = 0$$

ⓒ AC부재의 축방향력(N_x), 전단력(Q_x), 휨모멘트(M_x)

$$N_x = -V_A = -\frac{P \cdot b}{l}$$

$$Q_x = 0$$

$$M_x = 0$$

ⓒ CD부재의 축방향력(N_x), 전단력(Q_x), 휨모멘트(M_x)

$$Q_{CE} = V_A = \frac{P \cdot b}{l}$$

$$Q_{ED} = V_A - P = \frac{P \cdot b}{l} - P \cdot \frac{l}{l} = -\frac{P \cdot a}{l}$$

$$M_{CE} = V_A \cdot x = \left(\frac{P \cdot b}{l}\right) \cdot x \ (1\text{차식})$$

$$M_C = 0 \ (\because x = 0)$$

$$M_E = \frac{P \cdot a \cdot b}{l} \ (\because x = a)$$

$$M_{(E-D)} = V_A \cdot x - P(x-a)$$

$$M_E = \frac{P \cdot a \cdot b}{l} \ (\because x = a)$$

$$M_D = 0 \ (\because x = l)$$

ⓔ DB부재의 축방향력(N_x), 전단력(Q_x), 휨모멘트(M_x)

$$Q_x = 0$$

$$M_x = 0$$

$$N_x = -V_B = -\frac{P \cdot a}{l}$$

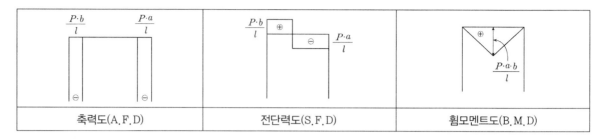

축력도(A.F.D)	전단력도(S.F.D)	휨모멘트도(B.M.D)

② **정정아치 구조물의 해석**

㉠ 지점에 작용하는 반력 산정 : 다음 3힌지 아치에서 B지점에서의 수평반력은 다음과 같이 구할 수 있다.

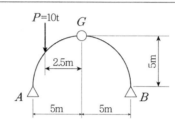

A점을 중심으로 한 회전이 일어나지 않으므로 $\sum M_A = 0$이어야 한다.

$\sum M_A = V_B \times 10 - 10 \times 2.5 = 0$이므로 $V_B = 2.5\mathrm{t}$

또한 G점은 힌지절점이며 이 점을 중심으로 우측부재의 회전이 발생하지 않으므로 B점의 수평력과 수직력은 다음의 관계가 성립한다.

$\sum M_G = H_B \cdot 5 - V_B \cdot 5 = 0$, 따라서 $H_B = 2.5\mathrm{t}(\leftarrow)$가 성립한다.

㉡ **축력, 전단력, 휨모멘트의 산정**

• 다음 캔틸레버 구조물의 C점에 작용하는 축력, 전단력, 휨모멘트의 산정은 다음의 과정을 통해 구할 수 있다.

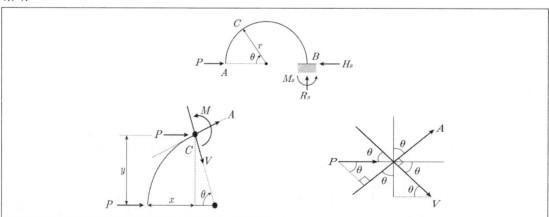

- 보의 특정 단면에 작용하는 전단력, 휨모멘트를 구하기 위해서는 단면의 한쪽만을 고려하는 것처럼 아치의 경우도 이와 마찬가지이다.
- C점에 작용하는 힘을 기하학적으로 표현하면, 전단력 $V=-P\cdot\cos\theta$, 축방향력 $A=-P\cdot\sin\theta$, 휨모멘트 $M=-P\cdot y=-P\cdot r\cdot\sin\theta$이다.
- 전단력도, 축력도, 휨모멘트도의 작도

전단력도	축력도	휨모멘트도
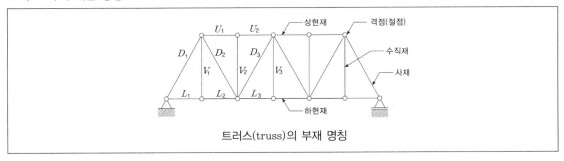		
$V=-P\cdot\cos\theta$	$A=-P\cdot\sin\theta$	$M=-P\cdot r\cdot\sin\theta$
$\theta=0^o : V=-P$	$\theta=0^o : A=0$	$\theta=0^o : M=0$
$\theta=45^o : V=-\dfrac{1}{\sqrt{2}}P$	$\theta=45^o : A=-\dfrac{1}{\sqrt{2}}P$	$\theta=45^o : M=-\dfrac{1}{\sqrt{2}}P\cdot r$
$\theta=90^o : V=0$	$\theta=90^o : A=-P$	$\theta=90^o : M=-P\cdot r$

③ **트러스 구조의 해석**

㉠ 트러스 각 부재별 명칭

트러스(truss)의 부재 명칭

㉡ 트러스 해석의 전제조건 : 모든 절점은 핀으로 되어 회전할 수 있으며, 외력의 작용선은 트러스를 품는 평면 내에 있다. 그리고 각 부재는 모두 직선으로 가정한다. 실제에서 트러스의 각 절점은 용접 등의 강철로 되어 있는 것이 대부분이나, 구조해석을 위해 가정되는 이상적인 트러스는 다음과 같은 조건을 만족한다.
- 모든 외력의 작용선은 트러스를 품는 평면 내에 존재
- 부재들은 마찰이 없는 핀으로 연결되어 있으며 회전 가능
- 부재들은 마찰이 없는 핀으로 연결되어 있어 삼각형만의 안정한 형태를 이루며, 부재들에 인접한 부재는 휘어지지 않음

ⓒ 절점법
- 부재의 한 절점에 대해 힘의 평형조건식을 적용하여 미지의 부재력을 구하는 방법으로 비교적 간단한 트러스에 적용 ($\sum V = 0$, $\sum H = 0$)
- 트러스 전체를 하나의 보로 보고 가정하여 반력을 산정, 캔틸레버 트러스는 반력을 산정하지 않아도 부재력 산정이 가능
- 각 절점에서 이 절점에 작용하는 모든 항(하중, 반력)에 대해 $\sum H = 0$, $\sum V = 0$의 식을 사용하여 미지의 부재력을 산정한다. 이때 방정식이 2개이므로 미지의 부재력인 2개 이하인 절점부터 차례로 산정
- 계산에서 힘의 부호는 상향과 우향을 정(+), 하향과 좌향을 부(−)로 함

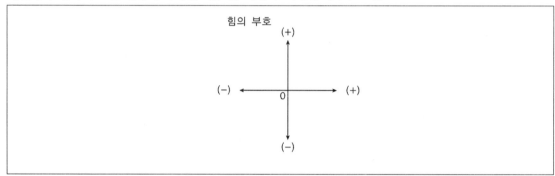

- 부재력은 모두 인장으로 가정하여 산정하며 결과가 (+)이면 인장, (−)이면 압축
- 트러스의 부재력 산정시 절점에서부터 멀어지는 힘이 작용하면 인장력이 작용한다고 봄

ⓓ 절단법
- 트러스의 면내에 작용하는 외력과 부재력의 힘의 평형조건식을 사용하여 산정하는 방법으로 트러스의 임의 부재력을 직접 산정할 수 있음
- 모멘트법(Ritter법) : 상현재나 하현재의 부재력을 구할 때 적용한다. ($\sum M = 0$)
- 전단력법(Culmann법) : 수직재나 사재의 부재력을 구할 때 적용한다. ($\sum V = 0$)

ⓔ 트러스의 영(0)부재 판별
- 두 개의 부재가 모이는 절점에 외력이 작용하지 않을 경우 이 두 부재의 응력은 0이다. 절점에 외력이 한 부재의 방향에 작용시에는 그 부재의 응력은 외력과 같고 다른 부재의 응력은 0이다.
- 3개의 부재가 절점에서 교차되고 있고, 2개의 부재가 동일선상에 있으며, 나머지 하나의 부재가 동일 직선상에 있지 않을 경우 절점에 외력 P가 작용할 때, 이 부재의 응력은 외력 P와 같고 동일 직선상에 있는 두 개의 부재응력은 서로 같다.
- 한 절점에 4개의 부재가 교차되어 있고 그 절점에서 외력이 작용하지 않는 경우 동일선상에 있는 2개의 부재의 응력은 서로 동일하다.

6 영향선

① **개념** … 단위 이동하중($P=1$)이 구조물 위를 지나갈 때 특정위치에 작용하는 반력과 전단력, 휨모멘트 등 단면력의 값을 단위이동하중의 작용 위치마다 종거(y)로 표시하고 이를 연결한 선도를 영향선이라고 한다. (단, 등분포하중의 경우는 단위이동하중의 경우와 달리 면적으로 표시한다.)

② **단순보의 영향선**

지점 반력의 영향선	
집중하중의 경우	등분포하중의 경우
$R_A = P \times y \left(y = \dfrac{l-x}{l} \right)$ $R_B = P \times y \left(y = \dfrac{x}{l} \right)$	$R_A = w \times A \left(A = \dfrac{(l-x)y}{2}, \ y = \dfrac{l-x}{l} \right)$ $R_B = w \times A \left(A = \dfrac{1+y}{2} \times (l-x), \ y = \dfrac{x}{l} \right)$

전단력의 영향선	
집중하중의 경우	등분포하중의 경우
$S_c = P \times (-y) \left(y = -\dfrac{a}{l} \right)$	$S_c = -wA_1 + wA_2$ $\left(A_1 = \dfrac{y_1 + y_2}{2} \times a_2, \ A_2 = \dfrac{y_3 \times a_3}{2} \right)$

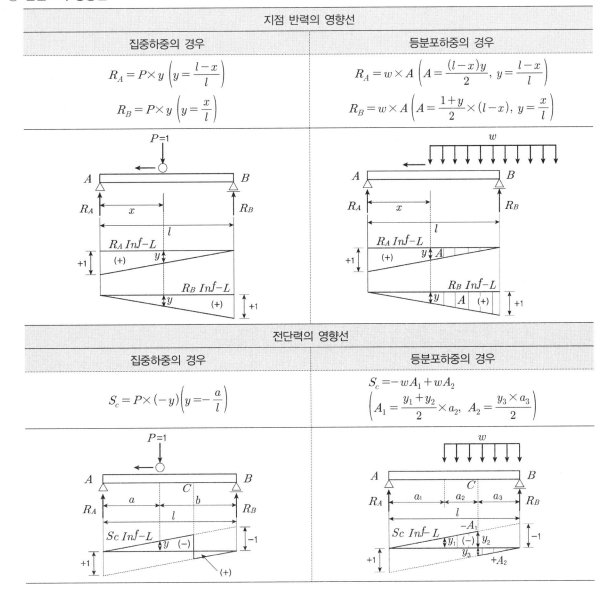

휨모멘트의 영향선	
집중하중의 경우	등분포하중의 경우
$$M_c = P \times y \left(y = \frac{bx}{l} \right)$$	$$M_c = w(A_1 + A_2)$$ $$\left(A_1 = \frac{xy}{2}, \ A_2 = \frac{y}{2}(l-x) \right)$$

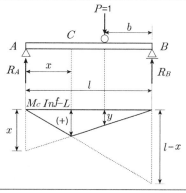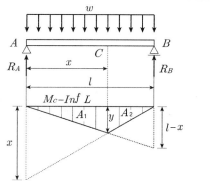

③ 캔틸레버보의 영향선

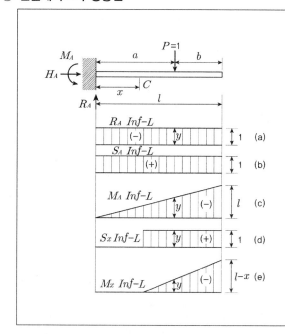

(a) R_A의 영향선

　(종거 y가 1인 직사각형)

　$R_A = P \cdot y = 1 \times (-1) = -1$

(b) S_A의 영향선

　(자유단에서 A점까지 $y=1$인 직사각형)

　$S_A = P \cdot y = 1 \times (1) = +1$

(c) M_A의 영향선

　(A점까지 거리를 종거로 한 직각이등변 삼각형)

　$M_A = P \cdot y = 1 \times (-a) = -a$

(d) S_x의 영향선

　(x점까지 $y=1$인 직사각형)

　$S_x = P \cdot y = 1 \times (1) = +1$

(e) M_x의 영향선

　(x점까지 거리를 종거로 한 직각이등변 삼각형)

　$M_x = P \cdot y = 1 \times (a-x) = a-x$

④ 내민보의 영향선

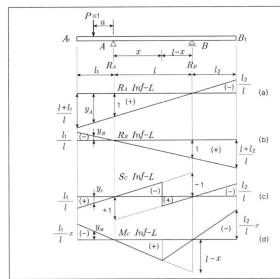

(a) R_A의 영향선

$$R_A = P \times y_A$$

(b) R_B의 영향선

$$R_B = P \times y_B$$

(c) S_C의 영향선

$$S_C = P \times y_s$$

(d) $M_C = (-)P \times Y_M$

⑤ 게르버보의 영향선

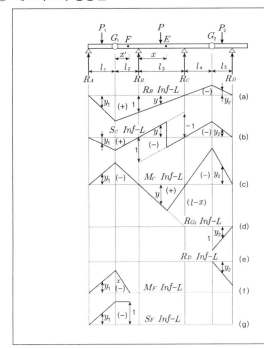

(a) R_B의 영향선

$$R_B = P_1 y_1 + Py - P_2 y_2$$

(b) S_C의 영향선

$$S_C = P_1 y_1 - Py - P_2 y_2$$

(c) M_C의 영향선

$$M_C = P_1 y_1 + Py - P_2 y_2$$

(d) R_{G_2}의 영향선

$$R_{G_2} = P_2 y_2$$

(e) R_D의 영향선

$$R_D = P_2 y_2$$

(f) M_F의 영향선

$$M_F = -P_1 y_1$$

(g) S_F의 영향선

$$S_F = -P_1 y_1$$

⑥ **최대 단면력 산정**

　㉠ 절대 최대 휨모멘트
　　• 한 개의 집중하중이 이동하는 경우 : 최대 종거에 재하될 때 발생
　　• 두 개의 집중하중이 이동하는 경우 : 차례로 최대 종거에 재하시켜 계산한 휨모멘트 중 큰 값
　　• 등분포하중이 이동하는 경우 : 영향선도의 면적이 큰 쪽에 재하될 때 발생

　㉡ 임의점에서의 최대 단면적
　　• 임의점에서의 최대 전단력 산정

$$S_{c \cdot \max} = A \cdot w$$

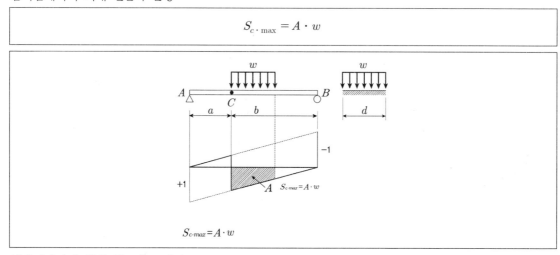

$$S_{c \cdot max} = A \cdot w$$

　　• 임의점에서의 최대 휨모멘트 산정

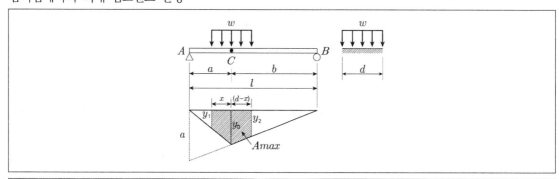

$$\frac{d}{l} = \frac{x}{a} = \frac{d-x}{b}$$

$$M_{c \cdot \max} = A_{\max} \cdot w$$

① **변형률**

　㉠ **축변형률**

　　• 길이변형률(선변형률) : 부재가 축방향력(인장력, 압축력)을 받을 때의 변형량($\triangle l$)을 변형전의 길이(l)로 나눈 값

　　• 세로변형률 : 부재가 축방향력을 받을 때 부재단면폭의 변형량을 변형전의 폭으로 나눈 값

　　• 체적변형률 : 부재에 축방향력을 가한 후의 변형량을 부재에 축방향력을 가하기 전의 체적으로 나눈 값, 체적변형률은 길이변형률의 약 3배 정도

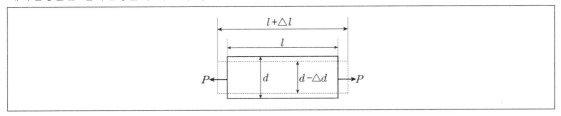

　㉡ **휨변형률**

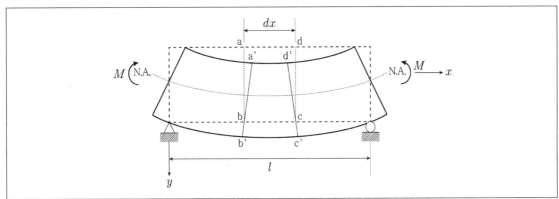

위의 그림과 같은 단순보의 변경 전 미소요소 $abcd$의 변형 후 모양인 $a'b'c'd'$를 단순화하면 다음과 같다.

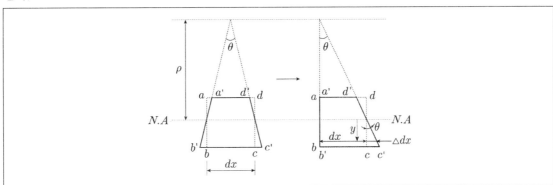

위의 그림에서 중립축으로부터 y만큼 떨어진 점의 휨변형률 ϵ_b를 구하면 다음과 같다.

$$\frac{dx}{\rho}=-\frac{\triangle dx}{y}\ ,\ \ \frac{\triangle dx}{dx}=-\frac{y}{\rho}\ ,\ \ \varepsilon_b=\frac{\triangle dx}{dx}=-\frac{y}{\rho}$$

ρ : 보의 곡률반경

k : 곡률

y : 중립축으로부터의 거리

dx : 임의 두 단면 사이의 미소거리

$\triangle dx$: dx의 변형량

ⓒ 전단변형률

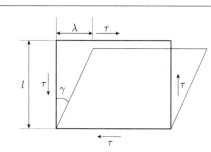

$$\gamma=\frac{\lambda}{l}\ ,\ \ \tau=G\cdot\gamma$$

G : 전단탄성계수

γ : 비틀림각

τ : 전단응력

ⓔ 비틀림 변형률

$$\gamma_t=\frac{r\cdot\phi}{l}\ \ (\tau_t=G\cdot\gamma_t)$$

② **후크의 법칙**

㉠ 한 재료가 선형 탄성거동을 할 때 응력은 변형률에 비례

$$\sigma=\epsilon E\ (여기서\ \sigma : 축응력,\ \epsilon : 변형률,\ E : 탄성계수)$$

㉡ 후크의 법칙은 인장뿐만 아니라 압축에 대해서도 성립

$$\frac{P}{A}=\frac{\triangle l}{l}E \rightarrow E=\frac{P\cdot l}{A\cdot\triangle l}$$

③ **포아송비와 포아송수**

㉠ 포아송비(v)는 축방향 변형률에 대한 축의 직각방향 변형률의 비이다.

$$v=\frac{가로\ 변형률}{세로\ 변형률}=\frac{축에\ 직각방향\ 변형률}{축방향\ 변형률}$$

ⓛ 포아송수는 포아송비의 역수이다. (코르크의 포아송수는 0이다.)

$$v = -\frac{\epsilon_d}{\epsilon_l} = -\frac{l \cdot \triangle d}{d \cdot \triangle l} = \frac{1}{m} \quad (v : \text{포아송비}, \ m : \text{포아송수})$$

ⓒ 포아송비의 식은 단일방향으로만 축하중이 작용하는 부재에 적용된다.

ⓒ 포아송비는 항상 양의 값만을 갖으며 정상적인 재료에서 포아송비는 0과 0.5 사이의 값을 가진다.

ⓜ 포아송비가 0인 이상적 재료는 축하중이 작용할 경우 어떤 측면의 수축이 없이 한쪽 방향으로만 늘어난다.

ⓗ 포아송비가 1/2 이상인 재료는 완전비압축성 재료이다.

④ **안전율**

$$\text{안전율}(S) = \frac{\text{실제강도}}{\text{요구강도}} > 1$$

⑤ **탄성계수**

ⓐ "재료의 응력은 선형탄성한도 내에서 응력과 변형률은 비례한다."는 후크의 법칙에서 비례상수 E를 탄성계수라고 한다. $E = \dfrac{\sigma}{\epsilon}$ (즉, 탄성계수는 $\sigma - \epsilon$ 선도의 탄성범위까지의 기울기를 의미한다.)

ⓑ E가 크다는 것은 외력에 대한 변형의 저항능력이 크다는 것이다.

ⓒ E는 재료에 따라 거의 일정한 값을 갖는다.

ⓓ **탄성계수의 종류**

• 영계수 = 종탄성계수 = 영률이다. 즉, 종방향 탄성계수를 의미한다.

$$E = \frac{\sigma}{\epsilon} = \frac{\dfrac{P}{A}}{\dfrac{\triangle l}{l}} = \frac{P \cdot l}{A \cdot \triangle l}$$

• 전단탄성계수 = 횡탄성계수 = 강성률

$$G = \frac{r}{\gamma} = \frac{\dfrac{S}{A}}{\dfrac{\lambda}{l}} = \frac{S \cdot l}{A \cdot \lambda}$$

⑥ **전단응력**

㉠ 직접전단에 의한 전단응력

$$\text{일면전단(단전단)} : r = \frac{P}{A}, \ \text{이면전단(복전단)} : r = \frac{P}{2A}$$

여기서, P는 전단력

㉡ 펀칭전단에 의한 전단응력

$$r = \frac{P}{A} = \frac{P}{\pi dh}$$

㉢ 보의 전단응력

$$\text{전단응력의 크기 } T_B = \frac{SG}{Ib}$$

S : 부재 단면의 전단력
I : 중립축에 대한 단면 2차 모멘트
b : 전단응력을 구하고자 하는 위치의 폭
G : 단면의 연단으로부터 전단응력을 구하고자 하는 위치까지 면적의 중립축에 대한 단면 1차 모멘트

⑦ **조합응력**

㉠ **축응력과 휨응력의 조합**

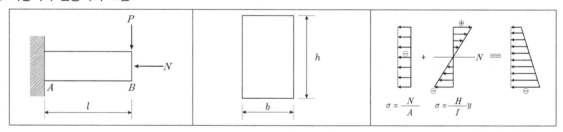

• 상연응력

$$\sigma_t = -\frac{N}{A} + \frac{M}{I}y = -\frac{N}{bh} + \frac{6PL}{bh^2}$$

• 하연응력

$$\sigma_b = -\frac{N}{A} + \frac{M}{I}y = -\frac{N}{bh} - \frac{6PL}{bh^2}$$

ⓛ 휨응력과 비틀림응력의 조합

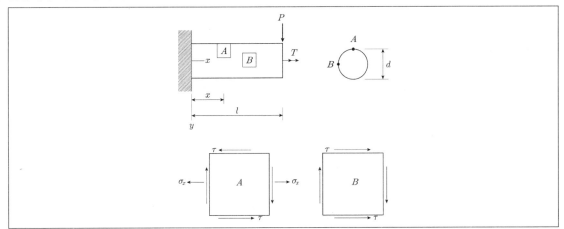

ⓐ A요소의 응력

$$\sigma_x = \frac{M}{I}y = \frac{32M}{\pi d^3}$$

$$\tau = \frac{T \cdot r}{J} = \frac{16T}{\pi d^3}$$

여기서

$$M = P \cdot (l-x), \quad J = I_P = \frac{\pi d^4}{32}, \quad r = \frac{d}{2}$$

ⓑ A요소의 주응력

$$\sigma_{1,2} = \frac{\sigma_x}{2} \pm \frac{1}{2}\sqrt{{\sigma_x}^2 + 4\tau^2}$$

$$= \frac{\sigma_x}{2} \pm \sqrt{\left(\frac{\sigma_x}{2}\right)^2 + \tau^2}$$

ⓒ A요소의 최대 전단응력

$$\tau_{\max} = \frac{\sigma_1 - \sigma_2}{2} = \frac{1}{2}\sqrt{{\sigma_x}^2 + 4\tau^2}$$

$$= \sqrt{\left(\frac{\sigma_x}{2}\right)^2 + \tau^2}$$

$$\sigma_{1 \cdot 2} = \frac{16}{\pi d^3}(M \pm \sqrt{M^2 + T^2})$$

$$\tau_{\max} = \frac{16}{\pi d^3}\sqrt{M^2 + T^2}$$

ⓐ B요소의 응력

요소 B는 중립축 상에 있으므로 순수전단 상태에 있다.

비틀림 모멘트(T)에 의한 전단응력

$$: \tau_1 = \frac{T \cdot r}{I_P}$$

전단력($S = P$)에 의한 전단응력

$$: \tau_2 = \frac{S \cdot G}{Ib} = \frac{4}{3} \cdot \frac{S}{A}$$

ⓑ 따라서 요소 B에 작용하는 전체 전단응력 τ는

$$\tau = \tau_1 + \tau_2 = \frac{T \cdot r}{I_P} + \frac{4}{3} \cdot \frac{S}{A}$$

ⓒ 이 때 주응력은 축에 $45°$방향에서 작용한다.

$$\sigma_{1 \cdot 2} = \pm \tau$$

⑧ **주응력과 최대 전단응력의 크기**

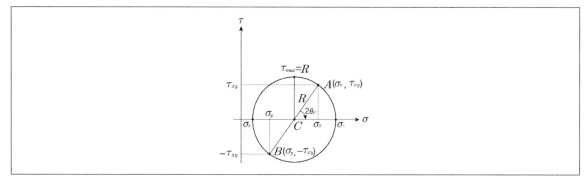

㉠ 주응력의 크기 : $\sigma_{\max,\min} = \dfrac{\sigma_x + \sigma_y}{2} \pm \sqrt{\left(\dfrac{\sigma_x - \sigma_y}{2}\right)^2 + \tau_{xy}^2}$

　(위의 그림에서 $\sigma_{\max} = \sigma_1$, $\sigma_{\min} = \sigma_2$이다.)

㉡ 주평면각을 구하기 위한 식 : $\tan2\theta_P = \dfrac{2\tau_{xy}}{\sigma_x - \sigma_y}$

㉢ 최대 전단응력 : $\tau_{\max,\min} = \sqrt{\left(\dfrac{\sigma_x - \sigma_y}{2}\right)^2 + \tau_{xy}^2}$

　(최대 전단응력의 크기는 모어원의 반지름, 주응력 차이의 1/2과 같다.)

⑧ 기둥

① **단주와 장주**

㉠ 단주 : 단면의 크기에 비해 길이가 짧은 기둥으로서 부재 단면의 압축응력이 재료의 압축강도에 도달하여 압축에 의한 파괴가 발생되는 기둥으로서 세장비는 100 미만이다.

㉡ 장주 : 단면의 크기에 비해 길이가 긴 기둥으로서 부재단면의 압축응력이 재료의 압축강도에 도달하기 전에 부재의 좌굴에 의한 파괴가 발생된다. (장주의 좌굴현상은 장주에 작용하는 응력이 비례한도응력보다 작은 값에서 발생되므로 탄성좌굴이다.) 일반적으로 세장비(기둥의 가늘고 긴 정도의 비)가 100 이상인 경우 장주로 간주한다.

㉢ 세장비(λ)

$$\lambda_{\max} = \frac{\text{기둥의 유효길이}}{\text{최소회전반경}} = \frac{kl}{r_{\min}} = \frac{kl}{\sqrt{\dfrac{I_{\min}}{A}}}$$

여기서, l : 부재의 길이, $r_{\min}$: 최소 단면 2차 회전반경, $I_{\min}$: 최소 단면 2차 모멘트, A : 단면적

종류	세장비	파괴형태	해석
단주	30 ~ 45	압축파괴, 좌굴없음	Hooke 법칙
중간주	45 ~ 100	비탄성 좌굴파괴	실험 공식
장주	100 이상	탄성 좌굴파괴	오일러 공식

② 각 단면의 세장비

	직사각형단면	원형단면	삼각형단면
세장비(λ)	$2\sqrt{3}\dfrac{l}{b}=\dfrac{l}{0.28b}$	$\dfrac{4l}{d}=\dfrac{l}{0.25d}$	$3\sqrt{2}\dfrac{l}{b}=\dfrac{l}{0.23b}$

※ 일반적인 임계세장비는 $\lambda_c = \sqrt{\dfrac{\pi^2 \cdot E}{0.5\sigma_y}}$ 이다.

② **단주의 해석**

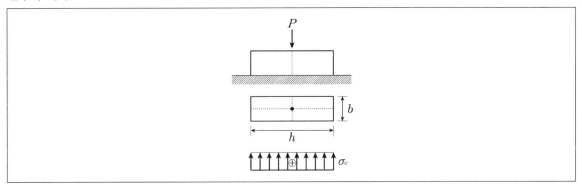

㉠ 중심축 하중이 작용하는 경우 : 압축을 (+), 인장을 (−)

$$\sigma_c = \frac{P}{A} \quad (\sigma_c : 압축응력,\ P : 중심축하중,\ A : 단면적)$$

㉡ 1축 편심축 하중이 작용하는 경우

• X축으로 편심이 된 경우

$$\sigma = \frac{P}{A} \pm \frac{P \cdot e_x}{I_y} \cdot x$$

• Y축으로 편심이 된 경우

$$\sigma = \frac{P}{A} \pm \frac{P \cdot e_y}{I_x} \cdot y$$

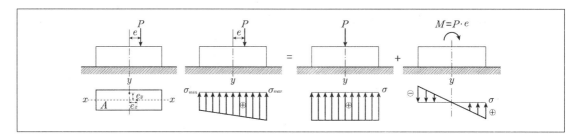

ⓒ 2축 편심축 하중이 작용하는 경우 임의 단면에서의 응력

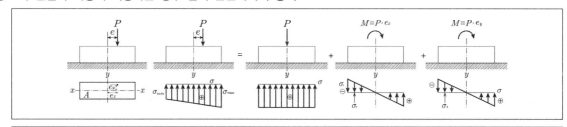

$$\sigma = \frac{P}{A} \pm \frac{P \cdot e_x}{I_y} \cdot x \pm \frac{P \cdot e_y}{I_x} \cdot y$$

ⓓ 2축 편심축 하중이 작용하는 경우 단면의 각 꼭짓점에 발생하는 응력의 크기

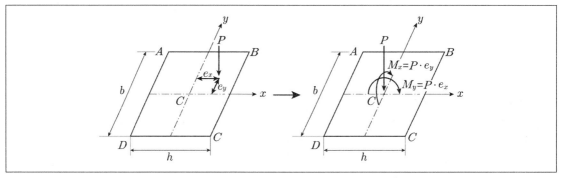

- A점에서 발생하는 응력 : $\sigma_A = \dfrac{P}{A}\left(1 + \dfrac{6 \cdot e_y}{b} - \dfrac{6 \cdot e_x}{h}\right)$

- B점에서 발생하는 응력 : $\sigma_B = \dfrac{P}{A}\left(1 + \dfrac{6 \cdot e_y}{b} + \dfrac{6 \cdot e_x}{h}\right)$

- C점에서 발생하는 응력 : $\sigma_C = \dfrac{P}{A}\left(1 - \dfrac{6 \cdot e_y}{b} + \dfrac{6 \cdot e_x}{h}\right)$

- D점에서 발생하는 응력 : $\sigma_D = \dfrac{P}{A}\left(1 - \dfrac{6 \cdot e_y}{b} - \dfrac{6 \cdot e_x}{h}\right)$

③ **장주의 해석**

㉠ **좌굴(buckling)과 좌굴하중** : 장주에 압축하중이 작용하고 있으며 이 하중이 일정크기 이상에 도달하면 휘기 시작하고, 어느 정도 휘어진 상태에서는 작용하고 있는 압축하중과 평형상태(중립평형상태)를 이룬다. 그러나 이 상태에서 조금 더 큰 하중이 작용하게 되면 기둥은 더 이상 압축하중에 저항하지 못하고 계속 휘어지게 되는데 이런 현상을 좌굴이라고 하며 좌굴을 발생시키는 최소한의 하중을 좌굴하중(P_{cr})이라고 한다.

㉡ **장주의 좌굴특성**
- 장주의 좌굴응력은 비례한도응력보다 작으므로 장주의 좌굴은 탄성좌굴에 속한다.
- 중간주의 좌굴은 오일러 응력보다는 낮고 비례한도 응력보다는 높은 영역에서 발생하므로 비탄성좌굴에 속한다.
- 장주의 좌굴은 단면 2차 모멘트가 최대인 주축의 방향으로 발생하며 이는 단면 2차 모멘트가 최소인 주축의 직각방향과 동일하다.

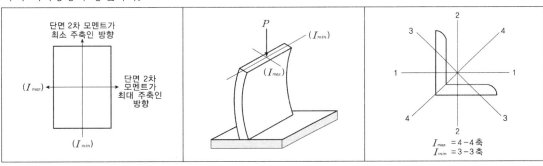

㉢ **좌굴하중의 기본식**(오일러의 장주공식)

$$P_{cr} = \frac{\pi^2 EI}{(kl)^2} = \frac{n\pi^2 EI}{l^2}$$

EI : 기둥의 휨강성

l : 기둥의 길이

k : 기둥의 유효길이 계수

kl : (l_k로도 표시함) 기둥의 유효길이(장주의 처짐곡선에서 변곡점과 변곡점 사이의 거리)

n : 좌굴계수(강도계수, 구속계수 $n = \dfrac{1}{k^2}$)

좌굴응력(임계응력) : $\sigma_b = \dfrac{P_b}{A} = \dfrac{n\pi^2 E}{\lambda^2}$

ⓐ 단부의 조건에 따른 좌굴하중

- 단부의 조건에 따라 기둥의 유효길이계수와 좌굴계수가 달라진다.
- 좌굴하중을 크게 하기 위한 방법으로는 굽힘강성을 증대시키거나 기둥의 길이를 짧게 하거나 측면지지 (횡지지)의 보강 등이 있다.
- 좌굴하중은 재료의 항복강도의 크기와는 관련이 없다.
- 좌굴하중은 휨강성(EI), 강도계수(n)에 비례하고 기둥 길이의 제곱에 반비례한다.

	양단 힌지	1단 고정 1단 힌지	양단 고정	1단 고정 1단 자유
지지상태	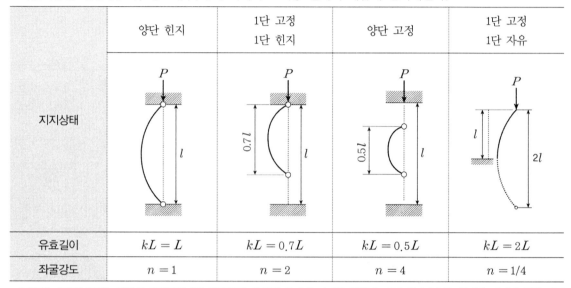			
유효길이	$kL = L$	$kL = 0.7L$	$kL = 0.5L$	$kL = 2L$
좌굴강도	$n = 1$	$n = 2$	$n = 4$	$n = 1/4$

[기둥의 유효길이(kl) : 장주의 처짐곡선에서 변곡점과 변곡점 사이의 거리를 말한다. 유효길이계수를 부재의 길이에 곱한 값이다.]

9 탄성변형에너지

① **탄성변형에너지**

　　㉠ 축하중에 의한 변형에너지(U)

　　　• 단면력으로 표시

$$U = \frac{N^2 \cdot L}{2EA}$$

　　　• 강성도로 표시

$$U = \frac{N^2 \cdot L}{2EA} = \frac{N^2}{2\left(\dfrac{EA}{L}\right)} = \frac{N^2}{2k}$$

　　　• 변형량으로 표시

$$U = \frac{N^2 \cdot L}{2EA} = \frac{L}{2EA}\left(\frac{EA\delta}{L}\right)^2 = \frac{EA}{2L}\delta^2$$

　　　• 변형률로 표시

$$U = \frac{EA\delta^2}{2L} = \frac{EAL}{2} \times \left(\frac{\delta}{L}\right)^2 = \frac{EAL}{2}\epsilon^2$$

　　　• 단면이 불균일하거나 축력이 변하는 경우의 변형에너지

$$U = \int_0^L \frac{N_x^2}{2EA}dx$$

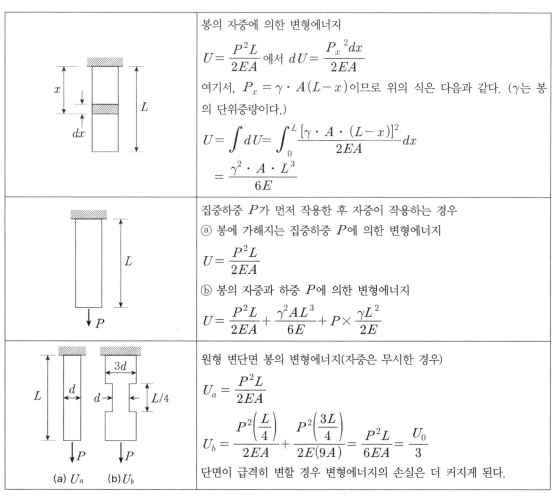

	봉의 자중에 의한 변형에너지
	$U = \dfrac{P^2 L}{2EA}$ 에서 $dU = \dfrac{P_x{}^2 dx}{2EA}$ 여기서, $P_x = \gamma \cdot A(L-x)$ 이므로 위의 식은 다음과 같다. (γ는 봉의 단위중량이다.) $U = \displaystyle\int dU = \int_0^L \dfrac{[\gamma \cdot A \cdot (L-x)]^2}{2EA} dx$ $\quad = \dfrac{\gamma^2 \cdot A \cdot L^3}{6E}$
	집중하중 P가 먼저 작용한 후 자중이 작용하는 경우 ⓐ 봉에 가해지는 집중하중 P에 의한 변형에너지 $U = \dfrac{P^2 L}{2EA}$ ⓑ 봉의 자중과 하중 P에 의한 변형에너지 $U = \dfrac{P^2 L}{2EA} + \dfrac{\gamma^2 A L^3}{6E} + P \times \dfrac{\gamma L^2}{2E}$
	원형 변단면 봉의 변형에너지(자중은 무시한 경우) $U_a = \dfrac{P^2 L}{2EA}$ $U_b = \dfrac{P^2\left(\dfrac{L}{4}\right)}{2EA} + \dfrac{P^2\left(\dfrac{3L}{4}\right)}{2E(9A)} = \dfrac{P^2 L}{6EA} = \dfrac{U_0}{3}$ 단면이 급격히 변할 경우 변형에너지의 손실은 더 커지게 된다.

ⓛ 전단응력에 의한 탄성변형에너지

$$U = \int_0^l \frac{\alpha_s \cdot S^2}{2GA} dx$$

$$\left[\text{여기서, } \alpha_s = \int_A \left(\frac{G}{Ib}\right)^2 A dA \text{로 형상계수이다. 직사각형 단면 } \alpha_x = \frac{6}{5}, \text{ 원형단면 } \alpha_x = \frac{10}{9} \right]$$

ⓒ 휨모멘트에 의한 탄성변형에너지

$$U = \int dU = \int_0^l \frac{M^2}{2EI} \cdot dx$$

보에 작용하는 하중	휨모멘트에 의한 변형에너지

$$U = \int_0^l \frac{M_x^2}{2EI} dx = \frac{M^2 l}{2EI}$$

$$\theta_A = \theta_B = \frac{Ml}{6EI}$$

$$U = \frac{M}{2} \times \frac{Ml}{6EI} \times 2 = \frac{M^2 l}{6EI}$$

$$M_x = \frac{M}{l} x$$

$$U = \frac{M^2 l}{6EI}$$

$$U = \frac{P^2 l^3}{6EI}$$

$$U = \frac{M^2 l}{2EI}$$

$$U = \frac{w^2 l^5}{40EI}$$

$$U = \frac{P^2 l^3}{96EI}$$

$$U = \frac{w^2 l^5}{240}$$

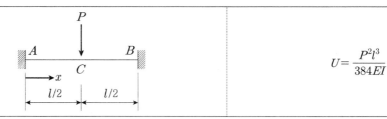

$$U = \frac{P^2 l^3}{384 EI}$$

ⓔ 비틀림 모멘트에 의한 탄성변형에너지

$$U = \frac{T^2 L}{2GJ}$$

ⓜ 전체 변형 에너지

$$U = \int \frac{N^2}{2EA} dx + \int \frac{M^2}{2EI} dx + \int \frac{\alpha_x S^2}{2GA} dx + \int \frac{T^2}{2GJ} dx$$

② **상반일의 정리 및 상반변위의 정리**

ㄱ 상반일의 정리(Betti의 상반작용 정리) : 온도변화 및 지점침하가 없는 선형탄성 구조물에서 이 동일한 구조물에 작용하는 서로 독립된 두 하중군 P_1, P_2에서 P_1 하중군이 P_2 하중군에 의한 변위를 따라가며 한 외적 가상 일은 P_2 하중군이 P_1하중군이 의한 변위를 따라가며 한 외적 가상일은 같다. 이것을 상반일의 정리, 또는 Betti의 상반작용정리라고 한다. P_1이 먼저 작용하고 P_2가 나중에 작용한 외적 일의 식과 P_2이 먼저 작용하고 P_1가 나중에 작용한 외적 일의 식은 서로 같다.

$$\frac{P_1}{2} \cdot \delta_{11} + \frac{P_2}{2} \cdot \delta_{22} + P_1 \delta_{12} = \frac{P_2}{2} \cdot \delta_{22} + \frac{P_1}{2} \cdot \delta_{11} + P_2 \delta_{21} \text{이므로}$$

$$P_1 \cdot \delta_{12} = P_2 \cdot \delta_{21}$$

δ_{12} : P_2에 의한 P_1작용점의 작용방향 변위

δ_{21} : P_1에 의한 P_2작용점의 작용방향 변위

Betti의 정리는 직선변위 뿐만 아니라 회전변위에 대해서도 성립하며 부정정구조물의 부정정력의 영향선 작도에도 사용된다.

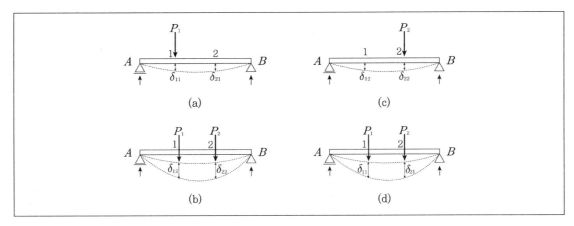

(a)   (c)   (b)   (d)

ⓛ **상반변위의 정리**(Maxwell의 상반작용정리) : 온도변화 및 지점침하가 없는 선형탄성구조물에서 $P_1 = 1$, $P_2 = 1$일 때 $\delta_{12} = \delta_{21}$가 된다. 이것을 상반변위의 정리 또는 Maxwell의 상반작용정리라고 한다. (Maxwell의 상반작용정리는 Betti의 상반작용정리의 특수한 경우이다.)

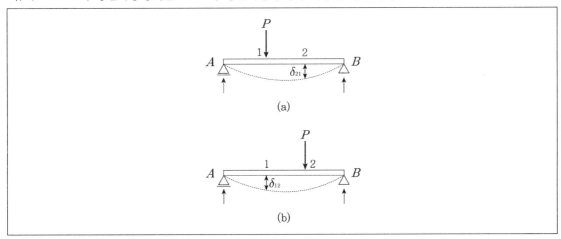

(a)

(b)

⑩ 구조물의 처짐과 처짐각

① **탄성하중법**(Mohr의 정리)

ⓞ 개념과 적용

• 탄성하중법은 휨모멘트도를 EI로 나눈 값을 하중(탄성하중)으로 취급한다.

• $(+)M$은 하향의 탄성하중, $(-)M$은 상향의 탄성하중으로 한다.

• 탄성하중법은 오직 단순보에만 적용한다.

ⓛ 탄성하중법의 정리

- 제1정리 : 단순보의 임의점에서 처짐각(θ)은 $\dfrac{M}{EI}$ 도를 탄성하중으로 한 경우의 그 점의 전단력 값과 같다.

- 제2정리 : 단순보의 임의점에서의 처짐(δ)은 $\dfrac{M}{EI}$ 도를 탄성하중으로 한 경우의 그 점의 휨모멘트값과 같다.

탄성하중법 적용 예)

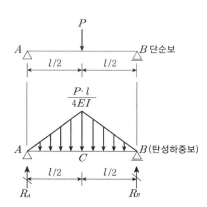

① A지점의 처짐각(θ_A)

$$\theta_A = S_A = R_A = \left(\frac{1}{2} \times l \times \frac{P \cdot l}{4EI}\right) \times \frac{1}{2} = \frac{P \cdot l^2}{16EI}$$

② B지점의 처짐각(θ_B)

$$\theta_b = S_B = -R_B = -\frac{P \cdot l^2}{16EI}$$

③ 중앙점의 처짐(δ_C)

$$\delta_C = R_A \times \frac{l}{2} - \left(\frac{l}{2} \times \frac{l}{2} \times \frac{P \cdot l}{4EI}\right)\left(\frac{1}{3} \times \frac{l}{2}\right)$$

$$= \frac{P \cdot l^2}{16EI} \times \frac{1}{2} - \left(\frac{P \cdot l^2}{16EI}\right)\left(\frac{l}{6}\right) = \frac{P \cdot l^3}{48EI}(\downarrow)$$

② **공액보법**

㉠ 개념 : 탄성하중법의 원리를 그대로 적용시켜 지점 및 단부의 조건을 변화시켜 처짐각, 처짐을 구한다. 단부의 조건 및 지점의 조건을 변화시킨 보를 공액보라 한다. 공액보법은 모든 보에 적용된다.

㉡ 공액보를 만드는 방법

- 힌지단은 롤러단으로 변형시키고, 롤러단은 힌지단으로 변형시킨다.
- 고정단은 자유단으로 변형시미고, 자유단은 고정단으로 변형시킨다.
- 중간힌지 또는 롤러지점은 내부힌지절점으로 변형시키고, 내부힌지절점은 중간힌지 또는 롤러지점으로 변형시킨다.

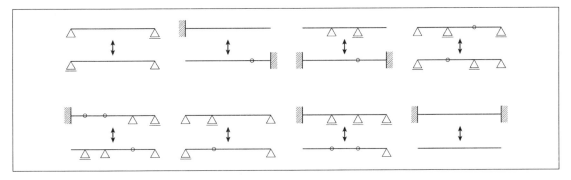

③ **모멘트 면적법**

㉠ **모멘트 면적법 제1정리**(Green의 정리) : 탄성곡선상에서 임의의 두 점의 접선이 이루는 각(θ)은 이 두 점간의 휨모멘트도의 면적(A)을 EI로 나눈 값과 같다.

$$\theta = \int \frac{M}{EI} dx = \frac{A}{EI}$$

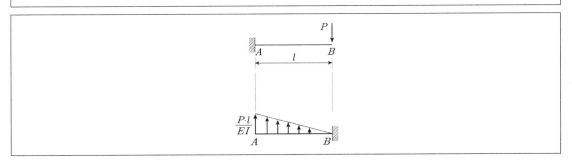

㉡ **모멘트 면적법 제2정리** : 탄성곡선상의 임의의 m점으로부터 n점에서 그은 접선까지의 수직거리(y_m)는 그 두 점 사이의 휨모멘트도 면적의 m점에 대한 1차 모멘트를 EI로 나눈 값과 같다.

$$y_m = \int \frac{M}{EI} \cdot x_1 \cdot dx = \frac{A}{EI} \cdot x_1$$

$$y_n = \int \frac{M}{EI} \cdot x_2 \cdot dx = \frac{A}{EI} \cdot x_2$$

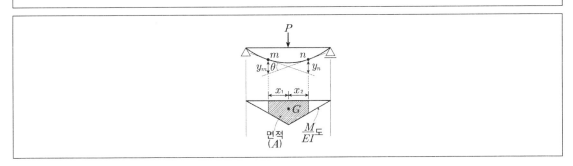

④ **가상일의 방법**(단위하중법, Maxwell-Mohr법)

㉠ **가상일의 원리** : 어떤 하중을 받고 있는 구조물이 평형상태에 있을 때 이 구조물에 작은 가상변형을 주면 외부하중에 의한 가상일은 내력(합응력)에 의한 가상일과 동일하다.

$$W_{ext} = W_{int}$$

W_{ext} : 외부가상일

W_{int} : 내부가상일 $\left(\int N d\delta + \int M d\theta + \int S d\lambda + \int T d\phi \right)$

N, M, S, T : 축력, 휨모멘트, 전단력, 비틀림 모멘트 등의 실제합응력

$d\delta, d\theta, d\lambda, d\phi$: 가상변위

㉡ 단위하중법의 일반식

• 단위하중($P=1$)에 의한 외적가상일 W_{ext}

$$W_{ext} = 1 \cdot \triangle \ (\triangle : P=1\text{에 의한 } P\text{방향의 변위})$$

• 단위하중에 의한 내적가상일 W_{int}

$$W_{int} = \int n d\delta + \int m d\theta + \int s d\lambda + \int t d\phi$$

(여기서 n, m, s, t는 단위하중에 의한 합응력이다.)

• $W_{ext} = W_{int}$이므로 $\triangle = \int n d\delta + \int m d\theta + \int s d\lambda + \int t d\phi$로 된다. 여기서, 실제하중에 의한 구조물의 합응력 N, M, S, T를 변형으로 표시한다.

$$d\delta = \frac{Ndx}{EA}, \ d\theta = \frac{Mdx}{EI}, \ d\lambda = \frac{\alpha_x Sdx}{GA}, \ d\phi = \frac{Tdx}{GI_p} \text{(여기서 } \alpha_x \text{는 형상계수이다.)}$$

• 선형탄성구조물의 단위하중법의 일반식

$$\triangle = \int \frac{nN}{EA} dx + \int \frac{mM}{EI} dx + \int \alpha_s \frac{sS}{GA} dx + \int \frac{tT}{GJ} dx$$

($\triangle$는 수직 및 수평변위, 회전각, 상대변위 등 계산하고자 하는 변위를 의미한다.)

⑤ **카스틸리아노의 정리**

㉠ **카스틸리아노의 제1정리(하중)** : 변위의 함수로 표시된 변형에너지에서 임의의 변위 δ_i에 대한 변형에너지의 1차 편도함수는 그 변위에 대응하는 하중 P_i와 같다. 즉, 다음의 식이 성립한다.

$$P_i = \frac{\partial U}{\partial \delta_i}, \ M_i = \frac{\partial U}{\partial \theta_i}$$

ⓛ 카스틸리아노의 제2정리(변위)

- 구조물의 재료가 선형탄성적이고, 온도변화나 지점침하가 없는 경우에 하중의 함수로 표시된 변형에너지의 임의의 하중 P_i에 대한 변형에너지의 1차 편도함수는 그 하중의 대응변위 δ_i와 같다. 즉, 다음의 공식이 성립한다.

$$\delta_i = \frac{\partial U}{\partial P_i}, \ \theta_i = \frac{\partial U}{\partial M_i}$$

$$\delta_i = \frac{\partial U}{\partial P_i} = \int \left(\frac{\partial N}{\partial P_i}\right) \cdot \frac{N}{EA}dx + \int \left(\frac{\partial M}{\partial P_i}\right) \cdot \frac{M}{EI}dx + \int \left(\frac{\partial S}{\partial P_i}\right) \cdot \frac{\alpha_x S}{GA}dx + \int \left(\frac{\partial T}{\partial P_i}\right) \cdot \frac{T}{GJ}dx$$

- 휨부재

$$\delta_i = \int \frac{\partial M}{\partial P_i} \cdot \frac{M}{EI}dx, \ \theta_i = \int \frac{\partial M}{\partial M_i} \cdot \frac{M}{EI}dx$$

- 트러스부재

$$\delta_i = \int \frac{\partial N}{\partial P_i} \cdot \frac{N}{EA}dx$$

⑥ 처짐 및 처짐각 공식

하중조건	처짐각	처짐
A⎸————L————B P	$\theta_B = \dfrac{PL^2}{2EI}$	$\delta_B = \dfrac{PL^3}{3EI}$
A⎸ P at C, $L/2$, $L/2$, L	$\theta_B = \dfrac{PL^2}{8EI}, \ \theta_C = \dfrac{PL^2}{8EI}$	$\delta_C = \dfrac{PL^3}{24EI}, \ \delta_C = \dfrac{5PL^3}{48EI}$
A⎸ P at C, a, b, L	$\theta_B = \dfrac{Pa^2}{2EI}, \ \theta_C = \dfrac{Pa^2}{2EI}$	$\delta_B = \dfrac{Pa^3}{6EI}(3L-a), \ \delta_C = \dfrac{Pa^3}{48EI}$
A⎸ w over L B	$\theta_B = \dfrac{wL^3}{6EI}$	$\delta_B = \dfrac{wL^4}{8EI}$
A⎸ w over $L/2$, $L/2$ B	$\theta_B = \dfrac{7wL^3}{46EI}$	$\delta_B = \dfrac{41wL^4}{384EI}$

	θ	δ
(beam AB, cantilever, UDL over left half)	$\theta_B = \dfrac{wL^3}{48EI}$	$\delta_B = \dfrac{7wL^4}{384EI}$
(cantilever, UDL over length a)	$\theta_B = \dfrac{wa^3}{6EI}$	$\delta_B = \dfrac{wa^3}{24EI}(3a+4b)$
(cantilever, triangular load)	$\theta_B = \dfrac{wL^3}{24EI}$	$\delta_B = \dfrac{wL^4}{30EI}$
(cantilever, moment M at B)	$\theta_B = \dfrac{ML}{EI}$	$\delta_B = \dfrac{ML^2}{2EI}$
(cantilever, moment M at C)	$\theta_B = \dfrac{Ma}{EI}$	$\delta_B = \dfrac{Ma}{2EI}(L+b)$
(simply supported, point load at center)	$\theta_A = -\theta_B = \dfrac{PL^2}{16EI}$	$\delta_{max} = \delta_C = \dfrac{PL^3}{48EI}$
(simply supported, point load at C)	$\theta_A = \dfrac{Pab}{6EI \cdot L}(a+2b)$ $\theta_B = -\dfrac{Pab}{6EI \cdot L}(2a+b)$	$\delta_{max} = \dfrac{Pb}{9\sqrt{3}\,EI \cdot L}\sqrt{(L^2-b^2)^3}$
(simply supported, UDL)	$\theta_A = -\theta_B = \dfrac{wL^3}{24EI}$	$\delta_{max} = \dfrac{5wL^4}{384EI}$
(simply supported, triangular load)	$\theta_A = \dfrac{7wL^3}{360EI}$ $\theta_B = -\dfrac{8wL^3}{360EI}$	$\delta_{max} = \dfrac{wl^4}{153EI}$
(simply supported, moment M at C)	$\theta_A = \dfrac{M}{6EI \cdot L^2}(a^3+3a^2b-2b^3)$ $\theta_B = \dfrac{M}{6EI \cdot L^2}(b^3+3ab^2-2a^3)$	$\delta_C = \dfrac{Ma}{3EI \cdot L}(3aL-L^2-2a^2)$

	$\theta_A = \dfrac{ML}{6EI}$ $\theta_B = -\dfrac{ML}{3EI}$	$\delta_{max} = \dfrac{ML^2}{9\sqrt{3}\,EI}$
	$\theta_A = \dfrac{L}{6EI}(2M_A + M_B)$ $\theta_B = -\dfrac{L}{6EI}(M_A + 2M_B)$	$M_A = M_B = M$인 경우 $\delta_{max} = \dfrac{ML^2}{8EI}$

하중조건	A점의 처짐각(θ_A)	B점의 처짐각(θ_B)
	$\theta_A = \dfrac{M_A \cdot l}{3EI}$	$\theta_B = -\dfrac{M_A \cdot l}{6EI}$
	$\theta_A = -\dfrac{M_A \cdot l}{3EI}$	$\theta_B = \dfrac{M_A \cdot l}{6EI}$
	$\theta_B = \dfrac{M_B \cdot l}{6EI}$	$\theta_B = -\dfrac{M_B \cdot l}{3EI}$
	$\theta_B = -\dfrac{M_B \cdot l}{6EI}$	$\theta_B = \dfrac{M_B \cdot l}{3EI}$
	$\theta_A = \left(\dfrac{M_A \cdot l}{3EI} - \dfrac{M_B \cdot l}{6EI}\right)$	$\theta_B = \left(\dfrac{M_B \cdot l}{3EI} + \dfrac{M_A \cdot l}{6EI}\right)$
	$\theta_A = \left(\dfrac{M_A \cdot l}{3EI} + \dfrac{M_B \cdot l}{6EI}\right)$	$\theta_B = -\left(\dfrac{M_B \cdot l}{3EI} + \dfrac{M_A \cdot l}{6EI}\right)$
	$\theta_A = -\left(\dfrac{M_A \cdot l}{3EI} + \dfrac{M_B \cdot l}{6EI}\right)$	$\theta_B = \left(\dfrac{M_B \cdot l}{3EI} + \dfrac{M_A \cdot l}{6EI}\right)$
	$\theta_A = \left(-\dfrac{M_A \cdot l}{3EI} + \dfrac{M_B \cdot l}{6EI}\right)$	$\theta_B = \left(-\dfrac{M_B \cdot l}{3EI} + \dfrac{M_A \cdot l}{6EI}\right)$

11 부정정구조물의 해석

① 3연 모멘트법

⊙ 3연 모멘트법의 원리 : 연속보에서 각 경간의 부재 양단에 발생하는 휨모멘트를 잉여력으로 두고 각 경간을 단수보로 간주하였을 때 인접한 두 경간의 내부지점에서 잉여력 및 실하중에 의한 처짐각은 연속이어야 한다는 적합조건식으로부터 인접한 두 경간마다 3연 모멘트식을 유도하고 각 지점의 힘의 경계조건을 적용하여 각 부재 양단의 휨모멘트를 구하는 방법이다.

ⓒ 3연 모멘트법의 적용
- 연속된 3지점에 대한 휨모멘트의 방정식을 만든다.
- 고정단은 힌지지점으로 하여 단면 2차 모멘트가 무한대인 가상지간으로 만든다.
- 단순보 지간별로 하중에 의한 처짐각이나 침하에 의한 부재각을 계산한다.
- 왼쪽부터 2지간씩 중복되게 묶어 공식에 대입한다.
- 연립하여 내부 휨모멘트를 계산한다.
- 지간을 하나씩 구분하여 계산된 휨모멘트를 작용시켜 반력을 구한다.

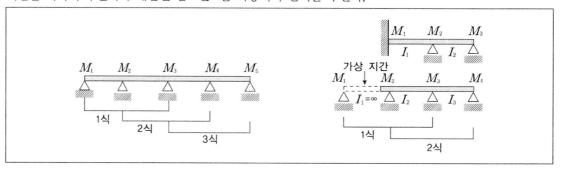

ⓒ 3연 모멘트법의 기본식
- 지점침하가 없는 경우

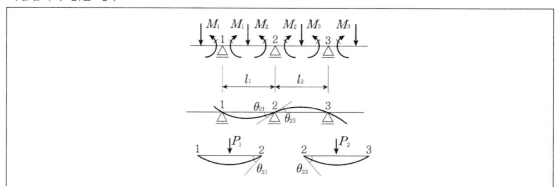

처짐곡선이 연속되므로 2점에서의 좌우의 처짐각은 같다.

$\theta_{21}' = \theta_{23}'$

$\theta_{21}' = -\dfrac{(M_1 + 2M_2)}{6EI_1}l_1 + \theta_{21}$

$\theta_{23}' = -\dfrac{(2M_2 + M_3)}{6EI_2}l_2 + \theta_{23}$

θ_{21} : 1-2 구간을 단순보로 고려한 하중 P_1에 의한 2점의 처짐각

θ_{23} : 2-3 구간을 단순보로 고려한 하중 P_2에 의한 2점의 처짐각

$\theta_{21}' = \theta_{23}'$이므로 $M_A\left(\dfrac{L_1}{I_1}\right) + 2M_B\left(\dfrac{L_1}{I_1} + \dfrac{L_2}{I_2}\right) + M_C\cdot\left(\dfrac{L_2}{I_2}\right) = 6E(\theta_{21} - \theta_{23})$가 성립한다.

(이 때 처짐각은 시계방향이 (+)이다.)

• 지점침하가 있는 경우

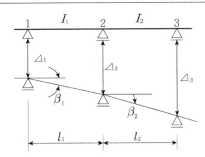

$M_A\left(\dfrac{L_1}{I_1}\right) + 2M_B\left(\dfrac{L_1}{I_1} + \dfrac{L_2}{I_2}\right) + M_C\left(\dfrac{L_2}{I_2}\right) = 6E(\theta_{21} - \theta_{23}) + 6E(\beta_1 - \beta_2)$

θ : 구간을 단순보로 생각한 경우의 처짐각

β : 구간을 단순보로 생각한 경우의 침하에 의한 부재각

$\beta_{21} = \dfrac{\delta_2 - \delta_1}{l_1}, \ \ \beta_{23} = \dfrac{\delta_3 - \delta_2}{l_2}$

(이 때 부재각은 시계방향이 (+)이다.)

- 3연 모멘트법을 적용한 2경간 연속보의 해석 1 – 지점침하가 없는 경우

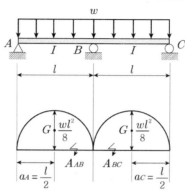

AB, BC 경간을 단순보로 보았을 때의 $B.M.D$

A_{AB} : AB경간을 단순보로 보았을 때 $B.M.D$의 면적

A_{BC} : BC경간을 단순보로 보았을 때 $B.M.D$의 면적

$$A_{AB} = \frac{2}{3} \times \frac{wl^2}{8} \times l = \frac{wl^3}{12}$$

$$A_{BC} = \frac{2}{3} \times \frac{wl^2}{8} \times l = \frac{wl^3}{12}$$

-3연 모멘트식

$$M_A\left(\frac{L}{I}\right) + 2M_B\left(\frac{L}{I} + \frac{L}{I}\right) + M_c\left(\frac{L}{I}\right) = -\frac{6A_{AB} \cdot \alpha_C}{IL} - \frac{6A_{BC} \cdot \alpha_c}{IL}$$

$$\frac{l}{I}(M_A + 4M_B + M_C) = -\frac{6}{IL}\left(\frac{wl^3}{12}\right)\left(\frac{l}{2}\right) - \frac{6}{IL}\left(\frac{wl^3}{12}\right)\left(\frac{l}{2}\right)$$

$$M_A + 4M_B + M_C = -\frac{wl^2}{2}$$

-지점에서의 힘의 경계조건

$$M_A = 0, \ M_C = 0$$

-부재 양단의 휨모멘트

$$4M_B = -\frac{wl^2}{2}, \ M_B = -\frac{wl^2}{8}$$

－반력

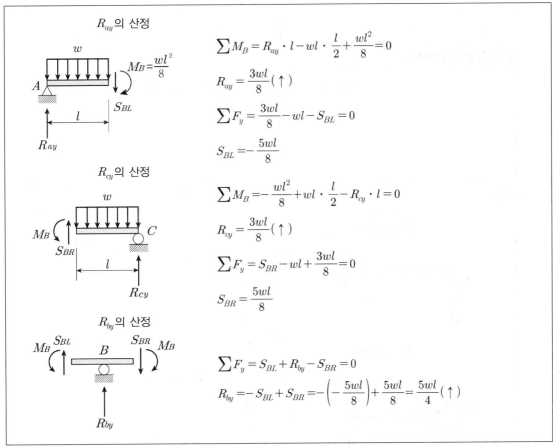

R_{ay}의 산정

$$\sum M_B = R_{ay} \cdot l - wl \cdot \frac{l}{2} + \frac{wl^2}{8} = 0$$

$$R_{ay} = \frac{3wl}{8}(\uparrow)$$

$$\sum F_y = \frac{3wl}{8} - wl - S_{BL} = 0$$

$$S_{BL} = -\frac{5wl}{8}$$

R_{cy}의 산정

$$\sum M_B = -\frac{wl^2}{8} + wl \cdot \frac{l}{2} - R_{cy} \cdot l = 0$$

$$R_{cy} = \frac{3wl}{8}(\uparrow)$$

$$\sum F_y = S_{BR} - wl + \frac{3wl}{8} = 0$$

$$S_{BR} = \frac{5wl}{8}$$

R_{by}의 산정

$$\sum F_y = S_{BL} + R_{by} - S_{BR} = 0$$

$$R_{by} = -S_{BL} + S_{BR} = -\left(-\frac{5wl}{8}\right) + \frac{5wl}{8} = \frac{5wl}{4}(\uparrow)$$

• 3연 모멘트법을 적용한 2경간 연속보의 해석 2 – 지점침하만 있는 경우

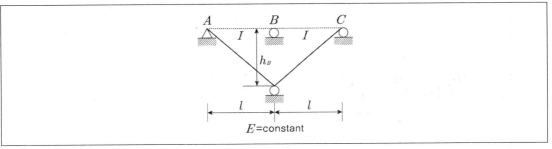

E=constant

－3연 모멘트식

$$M_A\left(\frac{L}{I}\right) + 2M_B\left(\frac{L}{I} + \frac{L}{I}\right) + M_C\left(\frac{L}{I}\right) = \frac{6Eh_B}{L^2} + \frac{6Eh_B}{L^2}$$

-지점에서의 힘의 경계조건

$$M_A = 0, \ M_C = 0$$

-부재 양단의 휨모멘트

지점에서의 경계조건을 3연 모멘트식에 적용하면

$$4M_B = \frac{12EIh_B}{L^2}$$

$$M_B = \frac{3EIh_B}{L^2}$$

-반력

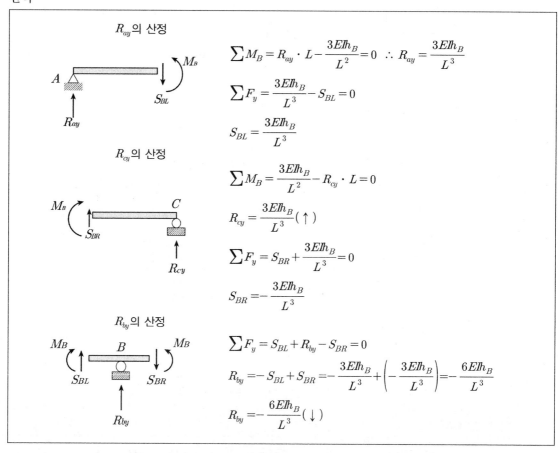

R_{ay}의 산정

$$\sum M_B = R_{ay} \cdot L - \frac{3EIh_B}{L^2} = 0 \quad \therefore R_{ay} = \frac{3EIh_B}{L^3}$$

$$\sum F_y = \frac{3EIh_B}{L^3} - S_{BL} = 0$$

$$S_{BL} = \frac{3EIh_B}{L^3}$$

R_{cy}의 산정

$$\sum M_B = \frac{3EIh_B}{L^2} - R_{cy} \cdot L = 0$$

$$R_{cy} = \frac{3EIh_B}{L^3} \ (\uparrow)$$

$$\sum F_y = S_{BR} + \frac{3EIh_B}{L^3} = 0$$

$$S_{BR} = -\frac{3EIh_B}{L^3}$$

R_{by}의 산정

$$\sum F_y = S_{BL} + R_{by} - S_{BR} = 0$$

$$R_{by} = -S_{BL} + S_{BR} = -\frac{3EIh_B}{L^3} + \left(-\frac{3EIh_B}{L^3}\right) = -\frac{6EIh_B}{L^3}$$

$$R_{by} = -\frac{6EIh_B}{L^3} (\downarrow)$$

• 3연 모멘트법을 적용한 2경간 연속보의 해석 3 – 지점이 고정단일 경우

가상경간을 만들어 부재를 연장시킨 후 3연 모멘트법 적용

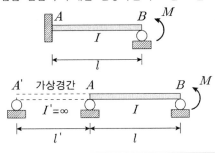

-3연 모멘트식

$$M_A'\left(\frac{L'}{I'}\right)+2M_A\left(\frac{L'}{I'}+\frac{L}{I}\right)+M_B\left(\frac{L}{I}\right)=0$$

$$I'=\infty$$

$$2M_A+M_B=0$$

-지점에서의 힘의 경계조건

$$M_B=M$$

-부재 양단의 휨모멘트

지점에서의 경계조건을 3연 모멘트식에 적용하면

$$2M_A+M=0$$

-반력

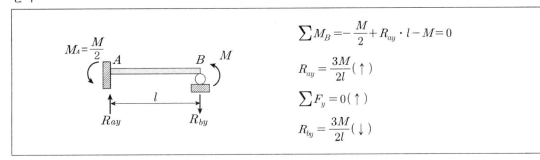

$$\sum M_B=-\frac{M}{2}+R_{ay}\cdot l-M=0$$

$$R_{ay}=\frac{3M}{2l}(\uparrow)$$

$$\sum F_y=0(\uparrow)$$

$$R_{by}=\frac{3M}{2l}(\downarrow)$$

- 3연 모멘트법을 적용한 3경간 연속보의 해석

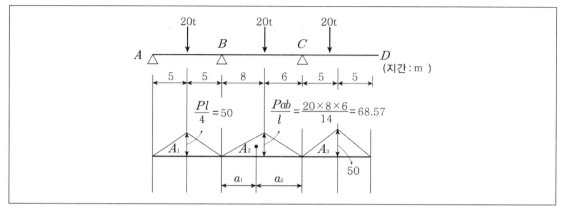

- 단순보로 가정하고 $B.M.D$를 그린다.
- $B.M.D$의 면적과 도심의 위치를 산정한다.

$$A_1 = 50 \times 10 \times \frac{1}{2} = -250, \; A_2 = -68.57 \times 14 \times \frac{1}{2} = 480$$

$$a_1 = \frac{1}{3}(14+8) = \frac{22}{3}, \; a_2 = \frac{1}{3}(14+6) = \frac{20}{3}$$

$$A_3 = A_1 = 250$$

- 3연 모멘트식을 세운다.

ⓐ $A-B-C$ 보

$$M_A\left(\frac{10}{I}\right) + 2M_B\left(\frac{10}{I} + \frac{14}{I}\right) + M_C\left(\frac{14}{I}\right) = -\frac{6 \times 250 \times 5}{I \times 10} - \frac{6 \times 480 \times \frac{20}{3}}{I \times 14}$$

ⓑ $B-C-D$ 보

$$M_B\left(\frac{14}{I}\right) + 2M_C\left(\frac{14}{I} + \frac{10}{I}\right) + M_D\left(\frac{10}{I}\right) = -\frac{6 \times 480 \times \frac{22}{3}}{I \times 14} - \frac{6 \times 250 \times 5}{I \times 10}$$

- 연립방정식을 푼다.

$$48M_B + 14M_C = -2,121.43$$

$$14M_B + 48M_C = -2,258.47$$

$$\therefore M_C = -37.34 \,(\text{t} \cdot \text{m})$$

$$\therefore M_B = -33.28 \,(\text{t} \cdot \text{m})$$

－다음의 자유물체도로부터 반력을 산정한다.

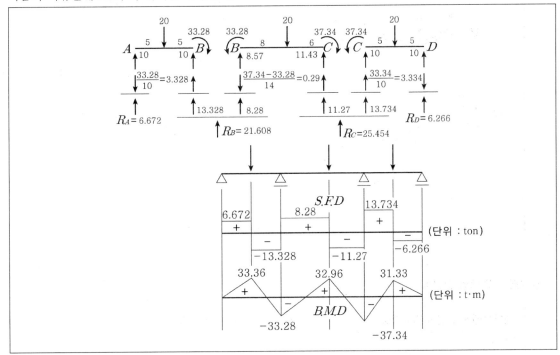

② **처짐각법**(요각법)

㉠ **처짐각법의 원리**

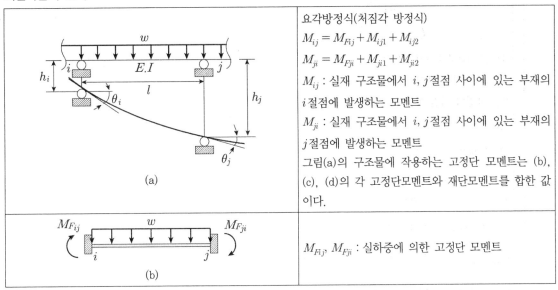

	요각방정식(처짐각 방정식) $M_{ij} = M_{Fij} + M_{ij1} + M_{ij2}$ $M_{ji} = M_{Fji} + M_{ji1} + M_{ji2}$ M_{ij} : 실재 구조물에서 i, j절점 사이에 있는 부재의 i절점에 발생하는 모멘트 M_{ji} : 실재 구조물에서 i, j절점 사이에 있는 부재의 j절점에 발생하는 모멘트 그림(a)의 구조물에 작용하는 고정단 모멘트는 (b), (c), (d)의 각 고정단모멘트와 재단모멘트를 합한 값이다.
	M_{Fij}, M_{Fji} : 실하중에 의한 고정단 모멘트

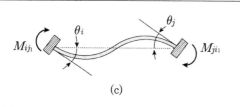 (c)	절점의 처짐각에 의한 재단모멘트 $M_{ij1} = 2k_{ij}(2\theta_i + \theta_j)$ $M_{ij1} = 2k_{ij}(2\theta_j + \theta_i)$ $k_{ij} = \left(\dfrac{EI}{l}\right)_{ij}$: i, j 절점 사이에 있는 부재의 강성
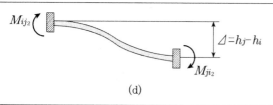 (d)	절점의 처짐에 의한 재단모멘트 $M_{ij2} = -\dfrac{6EI\Delta}{l^2}$ $M_{ji2} = -\dfrac{6EI\Delta}{l^2}$

$$M_{ij} = M_{Fij} + 2k_{ij}(2\theta_i + \theta_j - 3R)$$
$$M_{ji} = M_{Fji} + 2k_{ij}(2\theta_j + \theta_i - 3R)$$

ⓛ 재단모멘트의 일반식

재단모멘트의 일반식(요각방정식)은 부재 양단의 처짐각, 부재각, 하중항으로 구성된다.

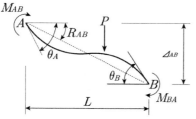 M_{AB} : AB부재에서 A단의 재단모멘트 M_{BA} : AB부재에서 B단의 재단모멘트 θ_A : A점의 처짐각 θ_B : B점의 처짐각 R : 부재각 $(= \dfrac{\Delta}{l})$ C_{AB} : AB부재의 A단의 하중항 C_{BA} : AB부재의 B단의 하중항	$M_{AB} = 2EK_{AB}(2\theta_A + \theta_B - 3R) + C_{AB}$ $M_{BA} = 2EK_{AB}(\theta_A + 2\theta_B - 3R) + C_{BA}$ $2EK_o(2\theta_A + \theta_B)$: 처짐각 θ_A와 θ_B에 의해 발생되는 모멘트 $2EK_o(-3R)$: 침하에 의해 발생되는 모멘트 여기서 강도 $K_{AB} = \dfrac{I}{l}$ 이므로 $M_{AB} = \dfrac{2EI}{l}(2\theta_A + \theta_B - 3R) + C_{AB}$ $M_{BA} = \dfrac{2EI}{l}(\theta_A + 2\theta_B - 3R) + C_{BA}$

부재의 한쪽단이 힌지인 경우 (B단이 힌지인 경우) $M_{BA} = 0$이 되므로

$M_{AB} - \dfrac{1}{2}M_{BA}$를 통해서 다음의 식이 성립한다.

$M_{AB} = 2EK_{AB}(1.5\theta_A - 1.5R) + C_{AB} - \dfrac{1}{2}C_{BA}$

이 때 $C_{AB} - \dfrac{1}{2} C_{BA} = H_{AB}$로 설정하면 다음의 식이 성립하게 된다.

$$M_{AB} = 2EK_{AB}(1.5\theta_A - 1.5R) + H_{AB}$$

H_{AB} : 1단 힌지(B단이 힌지)인 경우 AB부재의 A단의 하중항

ⓒ 처짐각법을 적용한 부정정구조물의 해법

• 처짐각법을 적용한 연속보의 해석

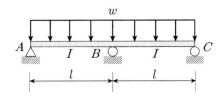

ⓐ 고정단 모멘트

$$M_{FAB} = -\frac{wl^2}{12}, \ M_{FBA} = -M_{FAB} = \frac{wl^2}{12}$$

$$M_{FBC} = -\frac{wl^2}{12}, \ M_{FCB} = -M_{FBC} = \frac{wl^2}{12}$$

ⓑ 부재의 강성

$$k_{AB} = \frac{EI}{l}, \ k_{BC} = \frac{EI}{l}$$

ⓒ 처짐각 방정식

$$M_{AB} = M_{FAB} + 2k_{AB}(2\theta_A + \theta_B) = -\frac{wl^2}{12} + \frac{2EI}{l}(2\theta_A + \theta_B)$$

$$M_{BA} = M_{FBA} + 2k_{AB}(2\theta_B + \theta_A) = \frac{wl^2}{12} + \frac{2EI}{l}(2\theta_B + \theta_A)$$

$$M_{BC} = M_{FBC} + 2k_{BC}(2\theta_B + \theta_C) = -\frac{wl^2}{12} + \frac{2EI}{l}(2\theta_B + \theta_C)$$

$$M_{CB} = M_{FCB} + 2k_{BC}(2\theta_C + \theta_B) = \frac{wl^2}{12} + \frac{2EI}{l}(2\theta_C + \theta_B)$$

ⓓ 조건식

$-M_{AB} = 0$ (Hinge 지점)

$$M_{AB} = -\frac{wl^2}{12} + \frac{2EI}{l}(2\theta_A + \theta_B) = 0$$

$$2\theta_A + \theta_B = \frac{wl^3}{24EI}$$

$-M_{CB} = 0$ (Roller 지점)

$$M_{CB} = \frac{wl^2}{12} + \frac{2EI}{l}(2\theta_C + \theta_B) = 0$$

$$2\theta_C + \theta_B = -\frac{wl^3}{24EI}$$

- B절점에서의 모멘트에 대한 평형방정식

$$\sum M_B = -M_{BA} - M_{BC} = 0$$

$$-\frac{wl^2}{12} - \frac{2EI}{l}(2\theta_B + \theta_A) + \frac{wl^2}{12} - \frac{2EI}{l}(2\theta_B + \theta_C) = 0$$

$$\therefore -\frac{2EI}{l}\theta_A - \frac{2EI}{l}\theta_C = 0$$

$$\therefore \theta_C = -\theta_A$$

ⓐ 절점의 처짐각

$$2\theta_A + \theta_B = \frac{wl^3}{24EI}, \quad -2\theta_A + \theta_B = -\frac{wl^2}{24EI}$$

$$\theta_A = \frac{wl^3}{48EI}, \quad \theta_B = 0, \quad \theta_C = -\theta_A = -\frac{wl^3}{48EI}$$

ⓑ 재단모멘트 산정결과

$$M_{AB} = -\frac{wl^2}{12} + \frac{2EI}{l}\left(2 \times \frac{wl^3}{48EI} + 0\right) = 0$$

$$M_{BA} = \frac{wl^2}{12} + \frac{2EI}{l}\left(2 \times 0 + \frac{wl^3}{48EI}\right) = \frac{wl^2}{8}$$

$$M_{BC} = -\frac{wl^2}{12} + \frac{2EI}{l}\left(2 \times 0 - \frac{wl^3}{48EI}\right) = -\frac{wl^2}{8}$$

$$M_{CB} = \frac{wl^2}{12} + \frac{2EI}{l}\left[2 \times \left(-\frac{wl^3}{48EI}\right) + 0\right] = 0$$

ⓔ 절점방정식

$$\sum M_0 = M_{OA} + M_{OB} + M_{OC} + M_{OD} = 0$$

ⓜ 층방정식(전단방정식)

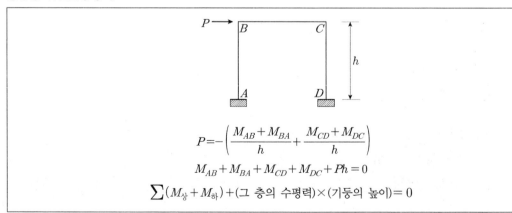

$$P = -\left(\frac{M_{AB} + M_{BA}}{h} + \frac{M_{CD} + M_{DC}}{h}\right)$$

$$M_{AB} + M_{BA} + M_{CD} + M_{DC} + Ph = 0$$

$$\sum(M_{상} + M_{하}) + (그 \ 층의 \ 수평력) \times (기둥의 \ 높이) = 0$$

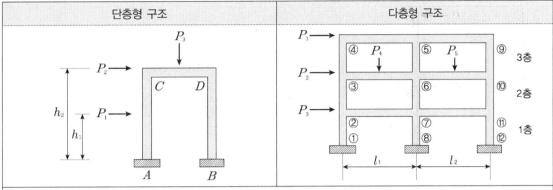

단층형 구조	다층형 구조

(1) 단층형 구조의 층방정식

$$M_{AC} + M_{CA} + M_{DB} + M_{BD} + P_2 \cdot h_2 + P_1 \cdot h_1 = 0$$

(2) 다층형 구조의 층방정식

⊙ 1층의 층방정식 : $M_{1,2} + M_{2,1} + M_{7,8} + M_{8,7} + M_{11,12} + M_{12,11} + (P_1 + P_2 + P_3)/h_1 = 0$

ⓛ 2층의 층방정식 : $M_{2,3} + M_{3,2} + M_{6,7} + M_{7,6} + M_{10,11} + M_{11,10} + (P_1 + P_2)h_2 = 0$

ⓒ 3층의 층방정식 : $M_{3,4} + M_{3,2} + M_{6,7} + M_{10,11} + M_{11,10} + (P_1 + P_2)h_2 = 0$

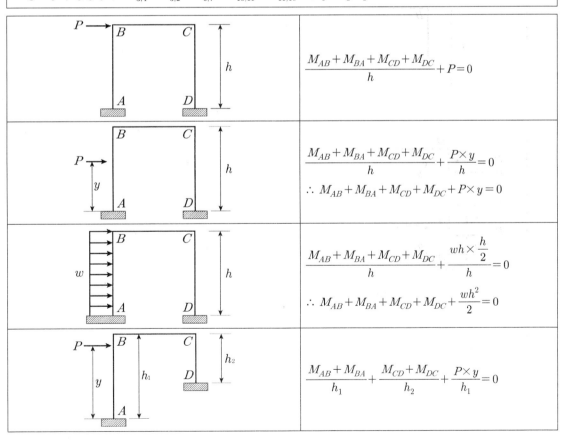

$$\frac{M_{AB} + M_{BA} + M_{CD} + M_{DC}}{h} + P = 0$$

$$\frac{M_{AB} + M_{BA} + M_{CD} + M_{DC}}{h} + \frac{P \times y}{h} = 0$$

$$\therefore M_{AB} + M_{BA} + M_{CD} + M_{DC} + P \times y = 0$$

$$\frac{M_{AB} + M_{BA} + M_{CD} + M_{DC}}{h} + \frac{wh \times \frac{h}{2}}{h} = 0$$

$$\therefore M_{AB} + M_{BA} + M_{CD} + M_{DC} + \frac{wh^2}{2} = 0$$

$$\frac{M_{AB} + M_{BA}}{h_1} + \frac{M_{CD} + M_{DC}}{h_2} + \frac{P \times y}{h_1} = 0$$

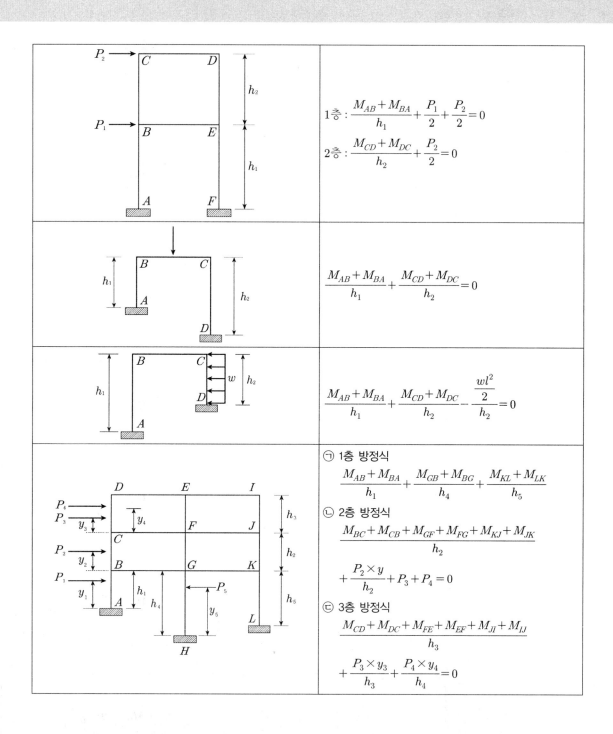

$$1\text{층}: \frac{M_{AB}+M_{BA}}{h_1}+\frac{P_1}{2}+\frac{P_2}{2}=0$$

$$2\text{층}: \frac{M_{CD}+M_{DC}}{h_2}+\frac{P_2}{2}=0$$

$$\frac{M_{AB}+M_{BA}}{h_1}+\frac{M_{CD}+M_{DC}}{h_2}=0$$

$$\frac{M_{AB}+M_{BA}}{h_1}+\frac{M_{CD}+M_{DC}}{h_2}-\frac{\dfrac{wl^2}{2}}{h_2}=0$$

㉠ 1층 방정식

$$\frac{M_{AB}+M_{BA}}{h_1}+\frac{M_{GB}+M_{BG}}{h_4}+\frac{M_{KL}+M_{LK}}{h_5}$$

㉡ 2층 방정식

$$\frac{M_{BC}+M_{CB}+M_{GF}+M_{FG}+M_{KJ}+M_{JK}}{h_2}$$

$$+\frac{P_2\times y}{h_2}+P_3+P_4=0$$

㉢ 3층 방정식

$$\frac{M_{CD}+M_{DC}+M_{FE}+M_{EF}+M_{JI}+M_{IJ}}{h_3}$$

$$+\frac{P_3\times y_3}{h_3}+\frac{P_4\times y_4}{h_4}=0$$

③ **모멘트 분해법을 적용한 연속보와 라멘의 해석**

㉠ 등분포하중이 작용하는 2경간 연속보의 해석

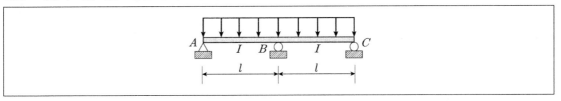

• 유효강비

$$k_{eAB} : k_{eBC} = \frac{3}{4} \times \frac{I}{l} : \frac{3}{4} \times \frac{I}{l} = 1 : 1$$

• 모멘트 분배율

$$DF_{BA} : DF_{BC} = \frac{1}{2} : \frac{1}{2}$$

• 고정단 모멘트

$$M_{FAB} = -\frac{wl^2}{12}$$

$$M_{FBA} = -M_{FAB} = \frac{wl^2}{12}$$

$$M_{FBC} = -\frac{wl^2}{12}$$

$$M_{FCB} = -M_{FBC} = \frac{wl^2}{12}$$

절점	A	B		C
부재	AB	BA	BC	CB
유효강비	–	1	1	–
모멘트 분배율	–	$\dfrac{1}{2}$	$\dfrac{1}{2}$	0
고정단 모멘트	$-\dfrac{wl^2}{12}$	$\dfrac{wl^2}{12}$	$-\dfrac{wl^2}{12}$	$\dfrac{wl^2}{12}$
불균형 모멘트	$\dfrac{wl^2}{12}$	\multicolumn 0		$-\dfrac{wl^2}{12}$
분배모멘트		0	0	
전달모멘트	–	$\dfrac{wl^2}{24}$	$\dfrac{wl^2}{24}$	–
불균형 모멘트	–	0		–
재단모멘트	0	$\dfrac{wl^2}{8}$	$-\dfrac{wl^2}{8}$	0

ⓛ 모멘트 분석법을 적용한 라멘의 해석

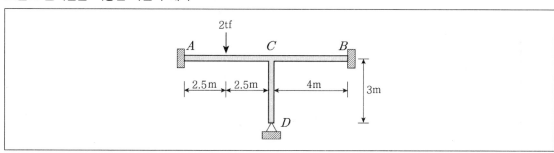

$$M_{FAC} = -\frac{Pl}{8} = -\frac{1}{8} \times 2 \times 5 = -\frac{5}{4}\text{tf} \cdot \text{m}$$

$$M_{FCA} = -M_{FAC} = \frac{5}{4}\text{tf} \cdot \text{m}$$

$$M_{FCB} = M_{FBC} = M_{FCD} = M_{FDC} = 0$$

절점	A	C			B	D
부재	AC	CA	CB	CD	BC	DC
유효강비	–	4	5	5	–	–
모멘트 분배율	–	$\dfrac{4}{14}$	$\dfrac{5}{14}$	$\dfrac{5}{14}$	–	–
고정단 모멘트	$-\dfrac{5}{4}$	$\dfrac{5}{4}$	0	0	0	0
불균형 모멘트	–		$-\dfrac{5}{4}$		–	–
분배모멘트	–	$-\dfrac{5}{14}$	$-\dfrac{25}{56}$	$-\dfrac{25}{56}$	–	–
전달모멘트	$-\dfrac{5}{28}$	0	0	0	$-\dfrac{25}{112}$	–
불균형 모멘트	–		0		–	–
재단모멘트	$-\dfrac{10}{7}$	$\dfrac{25}{28}$	$-\dfrac{25}{56}$	$-\dfrac{25}{56}$	$\dfrac{25}{112}$	0

1 그림과 같은 부정정보에서 지점 A의 휨모멘트값을 옳게 나타낸 것은?

한국시설안전공단

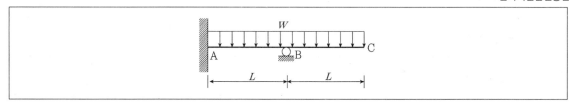

① $\dfrac{wL^2}{8}$

② $-\dfrac{wL^2}{8}$

③ $\dfrac{3wL^2}{8}$

④ $-\dfrac{3wL^2}{8}$

2 길이가 5m, 단면적이 10cm²의 강봉을 0.5mm 늘이는데 필요한 인장력은? (단, 탄성계수 E는 2×10^5MPa 이다.)

부산교통공사

① 20kN

② 30kN

③ 40kN

④ 50kN

✅ **ANSWER** | 1.① 2.①

1 $M_B = \dfrac{wL^2}{2}$, $M_A = \dfrac{1}{2}M_B - \dfrac{wL^2}{8} = \dfrac{wL^2}{8}$

2 $E = \dfrac{Pl}{A\triangle l}$ 에서 $P = \dfrac{EA\triangle l}{l}$ 로 변경하여 구하면

    $P = \dfrac{2\times1,000\times0.5}{5,000} = 20,000\text{N} = 20\text{kN}$

3 단면의 성질에 관한 설명으로 바르지 않은 것은?

한국농어촌공사

① 단면 2차 모멘트의 값은 항상 0보다 크다.

② 도심 축에 대한 단면 1차 모멘트의 값은 항상 0이다.

③ 단면 상승 모멘트의 값은 항상 0보다 크거나 같다.

④ 단면 2차 극모멘트의 값은 항상 극을 원점으로 하는 두 직교좌표축에 대한 단면 2차 모멘트의 합과 같다.

4 다음 그림에서 P_1과 R 사이의 각 θ를 나타낸 것은?

한국철도시설공단

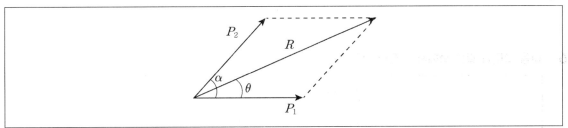

① $\theta = \tan^{-1}\left(\dfrac{P_2\cos\alpha}{P_2 + P_1\cos\alpha}\right)$

② $\theta = \tan^{-1}\left(\dfrac{P_2\cos\alpha}{P_1 + P_2\sin\alpha}\right)$

③ $\theta = \tan^{-1}\left(\dfrac{P_2\sin\alpha}{P_1 + P_2\cos\alpha}\right)$

④ $\theta = \tan^{-1}\left(\dfrac{P_2\sin\alpha}{P_1 + P_2\sin\alpha}\right)$

✅ **ANSWER** | 3.③ 4.③

3 단면 상승 모멘트의 값은 음의 값도 가질 수 있다.

4 $\theta = \tan^{-1}\left(\dfrac{P_2\sin\alpha}{P_1 + P_2\cos\alpha}\right)$

5 다음에서 설명하는 것은?

한국수력원자력

> 탄성체에 저장된 변형에너지 U를 변위의 함수로 나타내는 경우에, 임의의 변위 $\triangle_i$에 관한 변형에너지 U의 1차 편도함수는 대응되는 하중 P_i와 같다.
>
> 즉, $P_i = \dfrac{\partial U}{\partial \triangle_i}$ 이다.

① 중첩의 원리

② 카스틸리아노의 제1정리

③ 베티의 정리

④ 멕스웰의 정리

6 다음 그림과 같은 보에서 A점의 반력은?

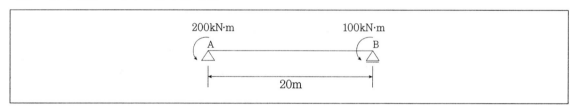

① 15kN

② 18kN

③ 20kN

④ 23kN

---

5 카스틸리아노의 제1정리에 관한 설명이다.
   ※ 카스틸리아노의 제1정리 … 변형 에너지의 특정한 변위에 의한 편미분은 해당하는 힘과 같다.

6 $R_A = \dfrac{M_A + M_B}{L} = \dfrac{200 + 100}{20} = 15\,\text{kN}$

7 그림과 같은 단주에서 편심거리 e에 P=800kg이 작용할 때 단면에 인장력이 생기지 않기 위한 e의 한계는?

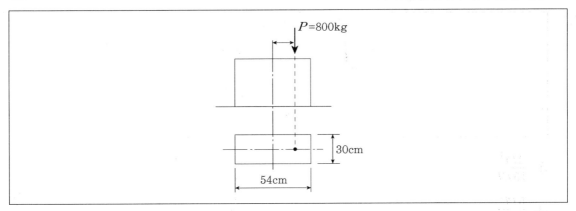

① 5cm

② 8cm

③ 9cm

④ 10cm

7 $e \leq \dfrac{h}{6} = \dfrac{54}{6} = 9\,\text{cm}$

8 그림과 같은 외팔보에서 A점의 처짐은? (단, AC구간의 단면 2차 모멘트는 I이고 CB구간은 $2I$이며 탄성계수는 E로서 전 구간이 동일하다.)

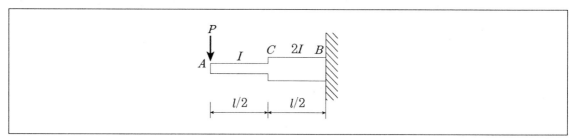

① $\dfrac{2Pl^3}{15EI}$

② $\dfrac{3Pl^3}{16EI}$

③ $\dfrac{5Pl^3}{18EI}$

④ $\dfrac{7Pl^3}{24EI}$

9 평면응력상태 하에서의 모어(Mohr)의 응력원에 대한 설명으로 바르지 않은 것은?

① 최대 전단응력의 크기는 두 주응력의 차이와 같다.

② 모어원으로부터 주응력의 크기와 방향을 구할 수 있다.

③ 모어원이 그려지는 두 축 중 연직(y)축은 전단응력의 크기를 나타낸다.

④ 모어원 중심의 x좌표 값은 직교하는 두 축의 수직응력의 평균값과 같고 y좌표 값은 0이다.

✔ ANSWER | 8.② 9.①

8
$$y_A = \left\{\left(\frac{1}{2}\times\frac{Pl}{2EI}\times l\right)\times\left(l\times\frac{2}{3}\right)\right\} + \left\{\left(\frac{1}{2}\times\frac{Pl}{4EI}\times\frac{l}{2}\right)\times\left(\frac{l}{2}\times\frac{2}{3}\right)\right\} = \frac{3Pl^3}{16EI}$$

9 최대 전단응력의 크기는 두 주응력의 차이의 1/2이다.

즉, $\tau_{\max} = \dfrac{\sigma_x - \sigma_y}{2}$ 이 된다.

10 아래 그림과 같은 트러스에서 U부재에 일어나는 부재내력은?

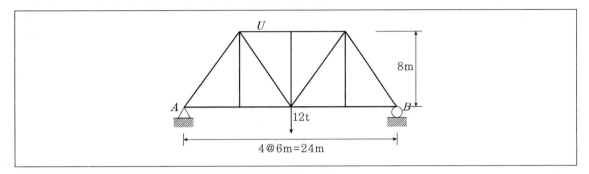

① 9t(압축)

② 9t(인장)

③ 15t(압축)

④ 15t(인장)

---

10 AB 양지점에서는 6t의 연직반력이 발생하게 된다.

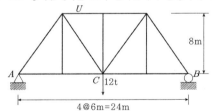

U부재를 인장력이 작용한다고 가정한 후 U부재를 지나는 선으로 부재를 절단한 후 C점을 중심으로 모멘트평형을 적용하면 U부재는 9t(압축)가 산출된다.

$$\sum M_C = 0 : R_A \cdot 12 + U \cdot 8 = 6 \cdot 12 + U \cdot 8 = 0$$

$U = -9t$ (양의 값이 인장, 음의 값이 압축)

11 다음 그림과 같은 단순보의 중앙점 C에 집중하중 P가 작용하여 중앙점의 처짐 δ가 발생했다. δ가 0이 되도록 양쪽지점에 모멘트 M을 작용시키려고 할 때 이 모멘트의 크기 M을 하중 P와 지간 L로 나타낸 것으로 바른 것은? (단, EI는 일정하다.)

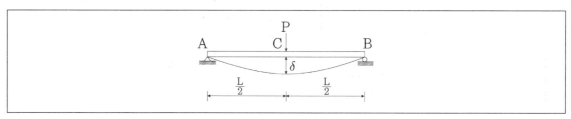

① $M = \dfrac{PL}{2}$

② $M = \dfrac{PL}{4}$

③ $M = \dfrac{PL}{6}$

④ $M = \dfrac{PL}{8}$

12 다음 그림과 같은 구조물에서 부재 AB가 6t의 힘을 받을 때 하중 P의 값은?

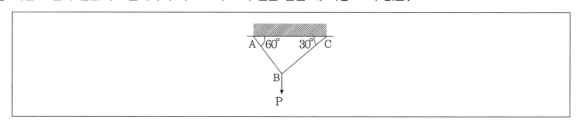

① 5.24t

② 5.94t

③ 6.27t

④ 6.93t

11
$\delta_{M,\max} = \dfrac{ML^2}{8EI}$, $\delta_{P,\max} = \dfrac{PL^3}{48EI}$ 이며 이 두 값이 같아야 하므로 $\dfrac{ML^2}{8EI} = \dfrac{PL^3}{48EI}$가 성립하기 위해서는 $M = \dfrac{PL}{6}$ 이어야 한다.

12
$\dfrac{P}{\sin 90^o} = \dfrac{6t}{\sin 120^o} = \dfrac{6t}{\dfrac{\sqrt{3}}{2}} = 6.928t$

13 아래 그림과 같은 보에서 A점의 반력이 B점의 반력의 2배가 되는 거리 x는?

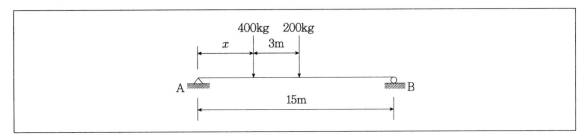

① 2.5m

② 3.0m

③ 3.5m

④ 4.0m

14 직사각형 단면 보의 단면적을 A, 전단력을 V라고 할 때 최대전단응력 $\tau_{\max}$는?

① $\dfrac{2}{3}\dfrac{V}{A}$

② $\dfrac{3}{2}\dfrac{V}{A}$

③ $3\dfrac{V}{A}$

④ $2\dfrac{V}{A}$

ANSWER | 13.④ 14.②

13 $R_A = 2R_B$

$R_A + R_B = 2R_B + R_B = 400 + 200 = 600\,\mathrm{kg}$

$R_B = 200\,\mathrm{kg}$

$R_A = 2R_B = 400\,\mathrm{kg}$

$\sum M_A = 0$

$400 \times x + 200 \times (3+x) - 200 \times 15 = 0$

$400x + 600 + 200x - 3,000 = 0$

$600x = 2,400$

$x = 4\,\mathrm{m}$

14 최대전단응력은 $\dfrac{3}{2}\dfrac{V}{A}$가 된다.

15 단주에서 단면의 핵이란 기둥에서 인장응력이 발생되지 않도록 재하되는 편심거리로 정의된다. 지름 40cm인 원형단면의 핵의 지름은?

① 2.5cm

② 5.0cm

③ 7.5cm

④ 10.0cm

16 다음 그림과 같은 내민보에서 자유단의 처짐은? (단, EI는 3.2×10¹¹kg · cm²)

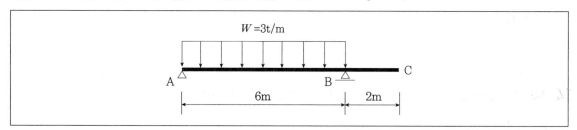

① 0.169cm

② 16.9cm

③ 0.338cm

④ 33.8cm

15 원형 단면의 핵거리 : $k_x = \dfrac{D}{8} = \dfrac{40}{8} = 5\text{cm}$

원형 단면의 핵지름 : $x = 2k_x = 2 \times 5 = 10\text{cm}$

16 B점의 처짐각을 구하고 여기에 BC의 길이를 곱한 값이 처짐이 된다.

따라서 $\theta_B = \dfrac{wL^3}{24EI}$ 이며,

$$\delta_C = \theta_B \times 2 = \dfrac{wL^3}{24EI} \times 2 = \dfrac{3\text{t/m} \times (6\text{m})^3}{12 \times 3.2 \times 10^{11}\,\text{kg} \cdot \text{cm}^2} = 0.169\text{cm}$$

17 주어진 보에서 지점 A의 휨모멘트(M_A) 및 반력 R_A의 크기로 옳은 것은?

① $M_A = \dfrac{M_a}{2}$, $R_A = \dfrac{3M_a}{2L}$

② $M_A = M_o$, $R_A = \dfrac{M_o}{L}$

③ $M_A = \dfrac{M_a}{2}$, $R_A = \dfrac{5M_a}{2L}$

④ $M_A = M_o$, $R_A = \dfrac{2M_o}{L}$

18 탄성계수가 $2.0 \times 10^6 \text{kg/cm}^2$인 재료로 된 경간 10m의 켄틸레버 보에 $W = 120\text{kg/m}$의 등분포 하중이 작용할 때, 자유단의 처짐각은? (단, I_n은 중립축에 대한 단면 2차 모멘트)

① $\theta = \dfrac{10^2}{I_n}$

② $\theta = \dfrac{10^3}{I_n}$

③ $\theta = 1.5 \times \dfrac{10^3}{I_n}$

④ $\theta = \dfrac{10^4}{I_n}$

ANSWER | 17.① 18.①

17
$$M_A = \frac{M_o}{2}, \quad \sum M_B = 0 : R_A \times L - \frac{M_o}{2} - M_o = 0,$$
$$R_A = \frac{3M_o}{2L} (\uparrow)$$

18 캔틸레버보에 등분포하중이 작용할 경우 자유단의 치점각
$$\theta_B = \frac{WL^3}{6EI} = \frac{1,200 \times (100)^3}{6 \times 2.0 \times 10^6 \times I_n} = \frac{10^2}{I_n}$$
캔틸레버보에 등분포하중이 작용할 경우 자유단의 치점
$$\delta_{\max} = \frac{WL^4}{8EI}$$

19 다음 라멘구조물의 수직반력 R_B는?

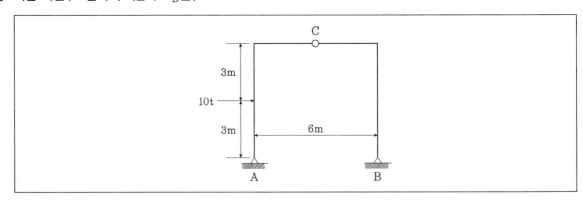

① 2t   ② 3t

③ 4t   ④ 5t

20 다음 그림과 같은 보에서 C점의 휨모멘트는?

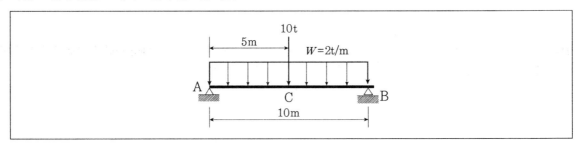

① 0t · m   ② 40t · m

③ 45t · m   ④ 50t · m

✅ **ANSWER** | 19.④ 20.④

19 $\sum M_B = 0 : 10 \cdot 3 - V_A \cdot 6 = 0$ 이므로 $V_A = 5[t](\downarrow)$

$\sum M_C = 0 : -10 \cdot 3 + H_A \cdot 6 = 0$

$H_A = 5[t](\leftarrow)$

$H_B = \sum H - H_A = 10 - 5 = 5t(\leftarrow)$

20 중첩의 원리로 구한다.

등분포 하중에 의한 C점의 휨모멘트 : $\dfrac{wL^2}{8} = \dfrac{2 \times 10^2}{8} = 25$

집중하중에 의한 C점의 휨모멘트 : $\dfrac{PL}{4} = \dfrac{10 \times 10}{4} = 25$

위의 두 값을 합하면 50t · m이 된다.

21 20cm×30cm인 단면의 저항모멘트는? (단, 재료의 허용휨응력은 70kg/cm²이다.)

① 2.1t · m

② 3.0t · m

③ 4.5t · m

④ 6.0t · m

22 다음 그림과 같은 트러스에서 부재 U의 부재력은?

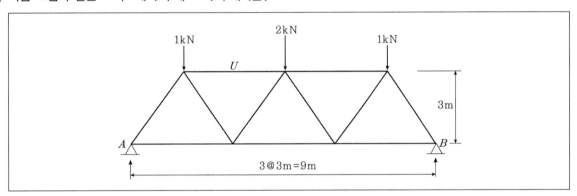

① 1.0kN (압축)

② 1.2kN (압축)

③ 1.3kN (압축)

④ 1.5kN (압축)

21

$$\sigma = \frac{M}{Z} = \frac{M}{\dfrac{bh^2}{6}} = \frac{M}{\dfrac{20 \times 30^2}{6}} = \frac{M}{3,000\text{cm}^2} \leq \sigma_a = 70\text{kg/cm}^2$$

$$\therefore M \leq 2.1\text{t} \cdot \text{m}$$

22

$$R_A = R_B = \frac{1+2+1}{2} = 2[\text{kN}]$$

$$\sum M_C = 0 : R_A \cdot 3 - 1 \cdot 1.5 + U \cdot 3 = 0$$

$$U = -1.5\text{kN}$$

23 단면 2차 모멘트가 I이고 길이가 l인 균일한 단면의 직선형태의 기둥이 있다. 지지상태가 1단 고정, 1단 자유인 경우 오일러 좌굴하중은?

① $\dfrac{\pi^2 EI}{4l^2}$

② $\dfrac{\pi^2 EI}{l^2}$

③ $\dfrac{2\pi^2 EI}{l^2}$

④ $\dfrac{4\pi^2 EI}{l^2}$

✅ **ANSWER | 23.①**

23 좌굴하중의 기본식(오일러의 장주공식)

$$P_{cr} = \frac{\pi^2 EI}{(KL)^2} = \frac{n\pi^2 EI}{L^2}$$

EI : 기둥의 휨강성

L : 기둥의 길이

K : 기둥의 유효길이 계수

KL : (l_k로도 표시함) 기둥의 유효좌굴길이 (장주의 처짐곡선에서 변곡점과 변곡점 사이의 거리)

n : 좌굴계수(강도계수, 구속계수)

지지상태	양단 힌지	1단 고정 1단 힌지	양단 고정	1단 고정 1단 자유
좌굴길이 KL	$1.0L$	$0.7L$	$0.5L$	$2.0L$
좌굴강도	$n=1$	$n=2$	$n=4$	$n=0.25$

24 다음 인장부재의 수직변위를 구하는 식으로 바른 것은? (단, 탄성계수는 E이다.)

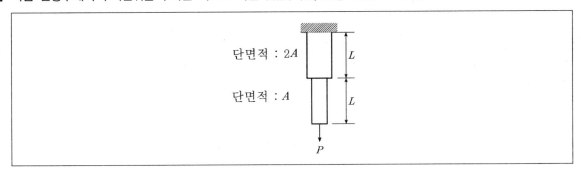

① $\dfrac{PL}{EA}$

② $\dfrac{3PL}{2EA}$

③ $\dfrac{2PL}{EA}$

④ $\dfrac{5PL}{2EA}$

25 다음 그림과 같은 캔틸레버보의 굽힘으로 인하여 저장되는 변형에너지는? (단, EI는 일정하다.)

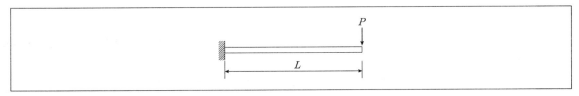

① $\dfrac{P^2L^3}{6EI}$

② $\dfrac{P^2L^3}{48EI}$

③ $\dfrac{P^2L^3}{12EI}$

④ $\dfrac{P^2L^3}{38EI}$

24 $\delta = \delta_{AB} + \delta_{BC} = \dfrac{PL}{2EA} + \dfrac{PL}{EA} = \dfrac{3PL}{2EA}$

25 $U = \dfrac{1}{2} P \cdot \delta = \dfrac{1}{2} P \cdot \left(\dfrac{Pl^3}{3EI} \right) = \dfrac{P^2 l^3}{6EI}$

26 다음 그림과 같은 T형 단면에서 $x-x$축에 대한 회전반지름(r)은?

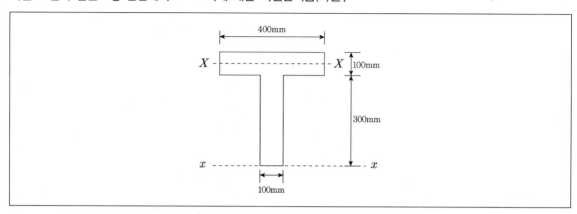

① 227mm

② 289mm

③ 334mm

④ 376mm

27 어떤 재료의 탄성계수를 E, 전단탄성계수를 G라고 할 때 G와 E의 관계식으로 바른 것은? (단, 이 재료의 프와송비는 ν이다.)

① $G=\dfrac{E}{2(1-\nu)}$ ② $G=\dfrac{E}{2(1+\nu)}$

③ $G=\dfrac{E}{2(1-2\nu)}$ ④ $G=\dfrac{E}{2(1+2\nu)}$

✅ **ANSWER | 26.② 27.②**

26
    회전반지름 $r_{x-x}=\sqrt{\dfrac{I_x}{A}}$

    $I_{x-x}=I_{X-X}+A\cdot e^2$

    $I_{x-x}=\dfrac{100\times300^3}{3}+\dfrac{400\times100^3}{12}+400\times100\times350^2=5.83\times10^9$

    $r_{x-x}=\sqrt{\dfrac{I_x}{A}}=\sqrt{\dfrac{5.83\times10^9}{(100\times300+400\times100)}}=288.59\,\text{mm}$

27
    재료의 탄성계수를 E, 전단탄성계수를 G라고 할 때 G와 E의 관계식은 $G=\dfrac{E}{2(1+\nu)}$

28 다음 트러스의 부재력이 0인 부재는?

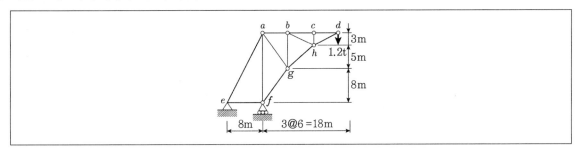

① 부재 $a-e$

② 부재 $a-f$

③ 부재 $b-g$

④ 부재 $c-h$

29 다음 구조물은 몇 부정정 차수인가?

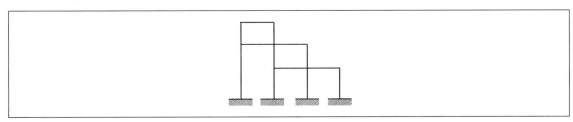

① 12차 부정정

② 15차 부정정

③ 18차 부정정

④ 21차 부정정

28 절점 C에서 절점법을 적용하면 $\sum F_y = 0(\uparrow)$이어야 하므로 $\overline{ch} = 0$이 된다.

29 각 절점과 지점에 발생하는 반력수를 표시하면 다음과 같다.

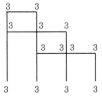

$N = r + m + S - 2P = 12 + 13 + 14 - 2 \times 12P = 15$

r은 절점의 반력을 포함한 총 반력 수

m은 총 부재의 수

30 다음 그림과 같은 반원형 3힌지 아치에서 A점의 수평반력은?

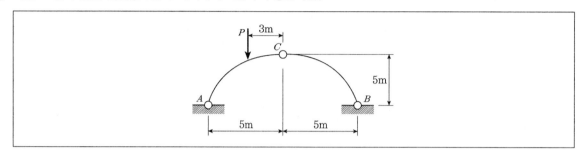

① P

② $P/2$

③ $P/4$

④ $P/5$

31 다음 그림과 같은 내민보에서 C점의 처짐은? (단, 전 구간의 $EI=3.0\times10^9[\text{kg}\cdot\text{cm}^2]$으로 일정하다.)

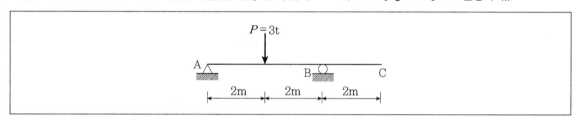

① 0.1cm

② 0.2cm

③ 1cm

④ 2cm

30
$$\sum M_A = 0 : P\times2 - V_B\times10 = 0, \quad V_B = \frac{P}{5}(\uparrow)$$

$$\sum M_C = 0 : H_B\times5 - \frac{P}{5}\times5 = 0, \quad H_B = \frac{P}{5}(\leftarrow)$$

$$\sum F_x = 0 : H_A - H_B = 0, \quad H_A = H_B = \frac{P}{5}(\rightarrow)$$

31
$$\delta_c = \theta_B \times L = -\frac{Pl^2a}{16EI}\times L = \frac{3\times10^3\times400^2}{16\times3.0\times10^9}\times200 = 2\text{cm}$$

$$L = 2\text{m} = 200\text{cm}, \quad l = 4\text{m} = 400\text{cm}$$

$$\theta_B = \frac{Pl^2}{16EI}$$

32 지름이 d인 원형단면의 단주에서 핵(core)의 지름은?

① $d/2$

② $d/3$

③ $d/4$

④ $d/8$

33 다음 3힌지 아치에서 수평반력 H_B를 구하면?

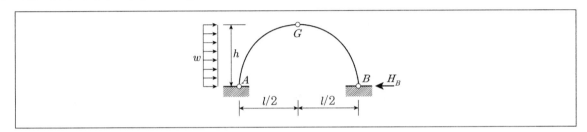

①　$\dfrac{1}{4wh}$

②　$\dfrac{1}{2wh}$

③　$\dfrac{wh}{4}$

④　$2wh$

---

32 지름이 d인 원형단면의 단주에서 핵의 지름은 $d/4$이다.

33
$$\sum M_A = 0 : (w \times h) \times \frac{h}{2} - V_B \times l = 0, \quad V_B = \frac{wh^2}{2l}(\uparrow)$$

$$\sum M_G = 0 : H_B \times h - \frac{wh^2}{2l} \times \frac{l}{2} = 0, \quad H_B = \frac{wh}{4}(\leftarrow)$$

34 다음 그림과 같은 단순보의 단면에서 발생하는 최대전단응력의 크기는?

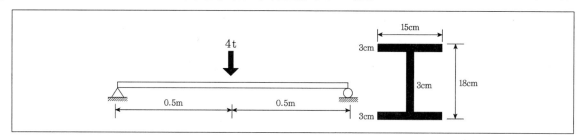

① 27.3kg/cm^2

③ 46.9kg/cm^2

② 35.2kg/cm^2

④ 54.2kg/cm^2

35 다음과 같은 보의 A점의 수직반력 V_A는?

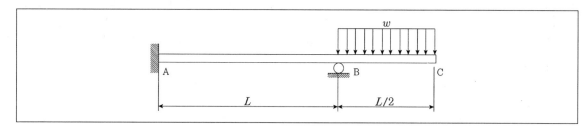

① $\dfrac{3}{8}wL(\downarrow)$

③ $\dfrac{3}{16}wL(\downarrow)$

② $\dfrac{1}{4}wL(\downarrow)$

④ $\dfrac{3}{32}wL(\downarrow)$

✅ **ANSWER | 34.③ 35.③**

34
$$I_X = \frac{(15 \times 18^3 - 12 \times 12^3)}{12} = 5,562\text{cm}^2$$

$$G = 15 \times 3 \times 7.5 + 3 \times 6 \times 3 = 391.5\text{cm}^3$$

$$\tau_{\max} = \frac{V \cdot G_X}{I_X \cdot b} = \frac{2,000 \times 391.5}{5,562 \times 3} = 46.92\text{kg/cm}^2$$

35

B점에 발생하는 휨모멘트는 $\dfrac{L}{2} \cdot w \cdot \dfrac{L}{4} = \dfrac{wL^2}{8}$

A점에는 B점에서 발생하는 모멘트의 절반이 전달되므로 A점의 휨모멘트는 $\dfrac{wL^2}{16}$

A점과 B점의 휨모멘트의 합을 길이 L로 나눈값이 A점의 수직반력이 되므로, $\dfrac{\dfrac{wL^2}{8} + \dfrac{wL^2}{16}}{L} = \dfrac{3wL}{16}(\downarrow)$

36 단면이 원형(반지름 R)인 보에 휨모멘트 M이 작용할 때 이 보에 작용하는 최대휨응력은?

① $\dfrac{4M}{\pi R^3}$

② $\dfrac{12M}{\pi R^3}$

③ $\dfrac{16M}{\pi R^3}$

④ $\dfrac{32M}{\pi R^3}$

37 다음 T형 단면에서 X축에 대한 단면 2차 모멘트의 값은?

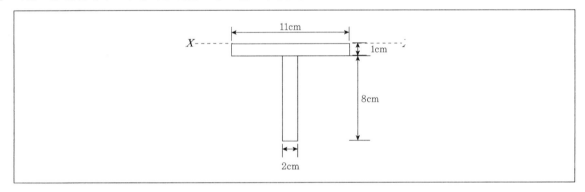

① 413cm^4

② 446cm^4

③ 489cm^4

④ 513cm^4

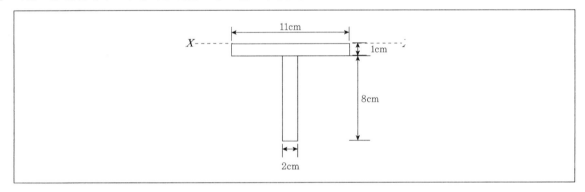

ANSWER | 36.① 37.③

36 $\sigma_{\max} = \dfrac{M}{Z} = \dfrac{M}{\dfrac{\pi D^3}{32}} = \dfrac{32M}{\pi D^3} = \dfrac{32M}{\pi (2R)^3} = \dfrac{4M}{\pi R^3}$

37 $I_{X-X} = \dfrac{11 \times 1^3}{12} + (11 \times 1) \times 0.5^2 + \dfrac{2 \times 8^3}{12} + (2 \times 8) \times 5^2 = 489\text{cm}^4$

38 탄성변형에너지는 외력을 받는 구조물에서 변형에 의해 구조물에 축적되는 에너지를 말한다. 탄성체이며 선형거동을 하는 길이 L인 캔틸레버보의 끝단에 집중하중 P가 작용할 경우 굽힘모멘트에 의한 탄성변형에너지는? (단, EI는 일정함)

① $\dfrac{P^2L^2}{6EI}$　　　　　　　　　　　② $\dfrac{P^2L^2}{2EI}$

③ $\dfrac{P^2L^3}{6EI}$　　　　　　　　　　　④ $\dfrac{P^2L^3}{2EI}$

39 양단 고정보에 등분포하중이 작용할 때 A점에 발생하는 휨모멘트는?

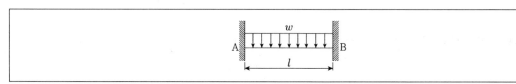

① $-\dfrac{Wl^2}{4}$　　　　　　　　　　　② $-\dfrac{Wl^2}{6}$

③ $-\dfrac{Wl^2}{8}$　　　　　　　　　　　④ $-\dfrac{Wl^2}{12}$

✅ **ANSWER** | 38.③ 39.④

38 $M_x = -(P) \cdot (x) = -P \cdot x$,

$$U = \int \frac{M_x^2}{2EI}dx = \frac{1}{2EI}\int_0^L (-P \cdot x)^2 dx = \frac{P^2L^3}{6EI}$$

39 양단 고정보에 등분포하중이 작용할 경우 지점 A의 휨모멘트값은 $-\dfrac{wl^2}{24}$ (부모멘트가 발생하므로 −값이 된다.)

보 중앙에서의 휨모멘트의 절댓값은 $\dfrac{wl^2}{12}$

40 중공 원형 강봉에 비틀림력 T가 작용할 경우 최대 전단 변형률 $\gamma_{max} = 750 \times 10^{-6}$rad으로 측정되었다. 봉의 내경은 60mm이고 외경은 75mm일 때 봉에 작용하는 비틀림력 T를 구하면? (단, 전단탄성계수 $G = 8.15 \times 10^5$kg/cm²)

① 29.9t · cm

② 32.7t · cm

③ 35.3t · cm

④ 39.2t · cm

ANSWER | 40.①

40 $\dfrac{T \cdot r}{I_P} = G \cdot r_{max}$

$\tau = \dfrac{75}{2} = 37.5$mm

$I_P = I_X + I_Y = 2I_X = 2 \times \dfrac{\pi(D^4 - d^4)}{64} = \dfrac{\pi(7.5^4 - 6.0^4)}{32} = 183.4$cm⁴

$T = \dfrac{Gr_{max}I_P}{r} = \dfrac{8.15 \times 10^5 \times 750 \times 10^{-6} \times 183.4}{3.75}$

$= 29.9$t · cm

06

상하수도공학

❶ 상하수도 시설계획

① 상수도의 구성

  ㉠ 상수의 공급과정 : 수원 → 취수 → 도수 → 정수 → 송수 → 배수 → 급수

  ㉡ 정수의 과정 : 침전 → 여과 → 살균

② 설계기간

  ㉠ 상수도 시설 : 5 ~ 15년

  ㉡ 하수도 시설

시설	특징	설계기간
댐, 대규모 관로	확장이 어렵고 고가	25 ~ 50년
수원지 시설, 송수관, 배수본관, 펌프시설	확장이 어려움	20 ~ 30년
정수시설, 배수시설	확장이 용이	10 ~ 15년

③ 장래 인구 추정

  ㉠ 등차급수방법 : 연평균 일정하게 인구가 증가한다고 가정, 발전이 느린 도시, 발전성이 없는 도시에 적합

$$P_n = P_0 + nq$$

(P_n : n년 후의 추정인구, P_0 : 현재 인구, n : 현재부터 계획연차까지의 경과연수$\left(= \dfrac{P_n - P_0}{q}\right)$, q : 연평균 인구 증가수$\left(= \dfrac{P_0 - P_t}{t}\right)$, P_t : 현재부터 t년 전의 인구)

  ㉡ 등비급수방법 : 연평균 인구증가율이 일정하다고 가정, 발전 가능성이 큰 도시에 적합

$$P_n = P_0(1+r)^n$$

r : 연평균 인구 증가율$\left(= \dfrac{P_0}{P_t} - 1\right)$

© Logistic Curve 방법

$$P_n = \frac{K}{1+e^{a-bx}} = \frac{K}{1+me^{-an}}$$

K : 포화인구, x : 기준 년부터의 경과연수

④ **급수보급율**

$$급수보급율 = \frac{급수인구}{총인구} \times 100\%$$

⑤ **계획급수량**

㉠ 계획 1일 최대급수량

- 수도시설의 규모 결정 기준, 상수도 설계 기준 급수량
- 계획 1일 최대급수량 = 계획 1인 최대 급수량 × 계획급수인구
- 취수, 도수, 정수, 송수 시설규모 결정의 기준, 배수지 시설 기준

㉡ 계획 1일 평균급수량

- 수원지, 저주시설 규모, 정수장 전력·약품·유지비, 수도요금 산정 기준
- 계획 1일 평균급수량 = 계획 1일 최대급수량 × 0.7(중소도시) 또는 0.8(대도시, 공업도시)

㉢ 계획시간 최대급수량

- 배수관망, 배수본관, 배수펌프 설계 기준
- 계획시간 최대급수량 = $\dfrac{계획\ 1일\ 최대급수량}{24}$ × 대도시, 공업도시의 경우 1.3, 중소도시 1.5, 농촌 및 주택단지 2.0

⑥ **수원 및 취수**

㉠ 가장 많이 쓰이는 수원 : 하천

- 취수탑 : 수위 변화가 큰 지점이나 적당한 깊이에서 취수가 요구될 때 사용
- 취수문 : 취수지점의 표고가 높아서 자연유하식으로 도수할 수 있는 곳

㉡ 가장 우수한 수원 : 복류수(집수암거)

- 제내지 또는 사구 등 얕은 곳은 개거식 구조
- 하상 또는 제외지 등 비교적 깊은 곳은 터널식 구조
- 복류수의 흐름 방향에 직각이 되도록 설치
- 매설 깊이는 5m 표준
- 모래 등이 유입되지 않게 유입속도는 3cm/sec 이하, 관내유속은 1m/sec 이하
- 집수매거의 경사는 수평하거나 1/500 이하의 완만한 경사
- 매거의 이음부분에서도 취수가 가능하도록 시공 : 수밀 구조로 하지 않는다.

⑦ **수질기준**

　㉠ 검출되어서는 안 되는 물질 : 수은, 시안, 유기인, PCB 등

　㉡ 허용기준

　　• 일반세균은 1mL 중 100CFU(Colony Forming Unit)를 넘지 아니할 것
　　• 총 대장균군은 100mL(샘물 · 먹는 샘물, 염지하수 · 먹는 염지하수 및 먹는 해양심층수의 경우에는 250mL)에서 검출되지 아니할 것
　　• 암모니아성 질소는 0.5mg/L를 넘지 아니할 것
　　• 질산성 질소는 10mg/L를 넘지 아니할 것
　　• 냄새와 맛은 소독으로 인한 냄새와 맛 이외의 냄새와 맛이 있어서는 아니될 것
　　• 색도는 5도를 넘지 아니할 것
　　• 수소이온 농도는 pH 5.8 이상 pH 8.5 이하이어야 할 것
　　• 탁도는 1NTU(Nephelometric Turbidity Unit)를 넘지 아니할 것

⑧ **수질항목**

　㉠ $pH = \log \dfrac{1}{[H^+]} = -\log[H^+]$, pH는 7이 중성으로 1로 갈수록 산성이며, 14로 갈수록 알칼리성을 띤다.

　㉡ 용존산소(DO)

　　• 오염된 물은 용존산소량이 낮다.
　　• BOD가 큰 물은 용존산소량이 낮다.
　　• 수중 염류농도가 증가할수록 용존산소 농도는 감소한다.
　　• 수중온도가 높을수록 용존산소 농도는 감소한다.
　　• 수면의 교란이 클수록, 수심이 낮을수록 용존산소량은 증가한다.
　　• 용존산소가 적은 물은 혐기성 분해가 일어나기 쉽다.

　㉢ BOD(생물학적 산소요구량)

　　• 유기물질의 함량을 간접적으로 나타내는 하천의 수질오염 판정지표로 BOD가 높으면 유기물의 오염도가 높다는 것은 의미한다.
　　• BOD 잔존량

$$L_t = L_0 10^{-k_1 t}, \ \ L_t = L_0 e^{-k_1 t}$$

L_t : t일 후의 잔존하는 BOD, L_a : 최초 BOD 또는 최종 BODu, k_1 : 탈산소계수(day-1), t : day

　　• BOD 소모량

$$y = L_a(1 - 10^{-k_1 t}) = L_a(1 - e^{-k_1 t})$$

y : t일 동안 소비된 BOD, e : 자연대수($e = 2.178\cdots$)

• BOD 제거율

$$전체\ BOD\ 제거율 = 100 - (1 - w_1)(1 - w_2) \times 100$$

w_1 : 1차 BOD 부하의 제거율, w_2 : 2차 BOD 부하의 제거율

• 혼합농도

$$C_m = \frac{Q_1 C_1 + Q_2 C_2}{Q_1 + Q_2}$$

Q_1 : 하천의 유량, Q_2 : 유입오수의 유량, C_1 : 하천의 수질농도, C_2 : 유입오수의 수질농도

② COD(화학적 산소요구량)

• 해양오염이나 공장폐수의 오염지표로 사용된다.
• 호수나 바닷물의 오염도를 BOD가 아닌 COD로 나타내는 이유는 BOD는 조류가 다량으로 존재하기 쉬워 탄소 동화작용의 영향이 크기 때문이다.
• COD는 유기물을 화학적으로 산화, 분해시킬 때 소요되는 산소량으로 BOD에 비해 짧은 시간에 측정이 가능하다.
• 생물분해 가능한 유기물도 측정이 가능하다.
• $NaNO_2$, SO_2는 COD 값에 영향을 미친다.

⑩ 대장균

• 인체에 유해하지 않으나 음료수에서 검출되면 병원성 세균의 존재 추정이 가능
• 병원균보다 검출이 용이하고 검출속도가 빠르다.
• 소화기 계통의 감염병은 항상 대장균군과 함께 존재하며 검출이 용이하다.

⑨ 수질오염

㉠ 부영양화

• 부영양화된 호수에서는 사멸된 조류의 분해작용에 의해 수중 녹조류의 성장이 왕성하여 수심이 깊은 곳의 용존산소의 농도가 낮아진다.
• 조류의 이상증식으로 인하여 물의 투명도가 저하되며, 조류의 발생이 과다하면 정수공정에서 여과지를 폐색시킨다.
• 부영양화된 수원의 상수는 냄새로 인해 음료수로 부적당하다.

㉡ 자정작용

• 하천의 자정작용은 미생물에 의한 생물학적 정화작용에 의한 정화가 주역할을 한다.
• 자정계수

$$f = \frac{k_2}{k_2}$$

k_1 : 탈산소계수, k_2 : 재폭기계수

– 유속이 클수록 수온이 낮을수록 값이 커진다.

－저수지보다 하천에서 값이 크게 나타난다.

ⓒ 수질변화

• 호수 및 저수지 수리모델 : 유량이 일정하고 오염물질의 감소는 일차반응식에 따른다고 보고 물질수지식을 세우기 위해 질량보존의 법칙을 적용

• 경수의 연수화법

－물속의 경도유발성분을 제거하여 경수를 연수로 바꾸는 단위공정

－탄산경도제거법 : 소석회($Ca(OH)_2$) 주입

－비탄산경도제거법 : 소다회(Na_2CO_3) 주입

• 미생물의 성장단계

－감소성장단계 : 미생물의 증식과 사망이 일치할 때 성장단계

－내호흡단계 : 미생물이 자기산화를 하여 침전율이 최고가 될 때 성장단계

－대수성장단계 : 유기물 분해속도가 가장 빠른 성장단계와 침전성이 가장 양호한 성장단계

❷ 상수관로 시설

① 도수 및 송수

ⓐ 자연유하식 : 안정적이며 확실, 유지관리비용이 적게 소요, 수원의 위치가 높고 소비지가 멀리 떨어져 도수로가 길 때 유리

ⓑ 펌프압송식 : 수원이 급수지역과 가까울 때, 지하수를 수원으로 할 때, 도수로를 짧게 할 수 있어 건설비 절감 가능

ⓒ 관로 결정 시 고려사항

• 동수구배선 이하가 되게 하고 가급적 단거리

• 수평, 수직의 $45°$ 이상의 급격한 굴곡을 피해 직선으로 결정

• 이상 수압을 받지 않도록

• 관로 사고에 대비하여 관로를 2중으로 부설하고 중요지점에 연락관 설치

ⓓ 동수구배선보다 관로가 위에 있을 경우 대책

• 상류측은 관경을 크게 하여 동수구배선을 상승

• 하류측은 관경을 작게 하고 접합정을 설치

• 터널을 설치하여 관로를 직선화

ⓔ 도수·송수관로의 유속한도

• 최저유속 : 도수는 모래 등의 침전을 방지하기 위해 최저 0.3m/sec 이상, 송수는 정수된 물이 흐르므로 최저유속을 규정하지 않는다.

• 최고유속 : 일반적으로 3m/sec 이하

－모르타르나 콘크리트 관 : 내면의 마모 방지를 위해 3m/sec 이하

－주철이나 강철관 : 6m/sec 이하

② **관수로의 수리계산**

　㉠ 유속공식

　　• Chezy 공식

$$V = C\sqrt{RL}$$

　　• Manning 공식

$$V = \frac{1}{n}R^{\frac{2}{3}}I^{\frac{1}{2}}$$

　㉡ 강관 두께 계산

$$t = \frac{pd}{2\sigma}$$

③ **배수지**

　㉠ 위치 : 배수 구역 내의 중앙에 위치

　㉡ 높이 : 최소 $1.5kg/cm^2$ 수압을 유지할 수 있는 높이, 주변지역보다 50 ~ 60m 고지대

　㉢ 고저차가 현저, 지역이 넓을 경우 : 높이에 따라 2 ~ 3개의 급수지역으로 나눔

　㉣ 유효용량 : 1일 최대 급수량의 8 ~ 12시간분을 기준, 최소 6시간분 이상

④ **배수관망의 배치**

구분	장점	단점
격자식	• 물이 정체하지 않음 • 수압이 일정하게 분포 • 사고시 단수지역이 좁음 • 사용량 변화 대처 용이	• 수리계산이 복잡 • 관거의 포설시 건설비가 고가
수지상식	• 수리계산이 용이 • 제수밸브가 적게 설치 • 시공이 용이	• 지역에 따른 수량차이 보충 불가 • 관 말단의 정체로 수질 악화 • 관경이 커야 하므로 비경제적
종합식	지형에 따라 격자식이나 수지상식을 병용	
블록시스템	배수지역을 구분하여 배수관망 매설	

⑤ Hardy Cross법의 기본가정

    ㉠ 각 분기점 혹은 합류점에서 유입하는 유량은 그 점에 정지하지 않고 전부 유출한다.

    ㉡ 각 폐합관에 대한 수두손실의 합은 흐름의 방향에 관계없이 0이다.

    ㉢ 마찰 이외의 손실은 무시한다.

⑥ 배수관 매설

    ㉠ 매설시 고려사항

- 수압
- 도로 하중의 크기(토압)
- 차량에 의한 윤하중
- 동결심도
- 지하수에 의한 관거의 부상

    ㉡ 매설깊이

관경	매설깊이
350mm	1.0m 이상
400 ~ 900mm	1.2m 이상
1,000mm	1.5m 이상

❸ 정수장 시설

① 정수처리 계통

    ㉠ 완속여과 처리 계통

- 보통침전 → 완속사여과 → 살균
- 여과지 표면 모래층과 모래 입자에 발생하는 생물막에 의한 산화·분해

    ㉡ 급속여과 처리 계통

- 약품 혼화 → 플록(floc) 형성 → 침전 → 급속여과 → 살균
- 침전처리시 약품(응집제)을 사용하여 침전 효율 향상
- Jar Test : 응집제(황산알루미늄)의 적정 주입량 결정
- 여과시 여과층 내부의 물리적 작용을 주로 이용

② 침전이론

㉠ Ⅰ형 침전(독립침전) : 독립입자가 간선없이 침전, 보통 침전지 침전의 원리

PLUS CHECK Stokes's low

$$V_s = \frac{(\rho_s - \rho_w)}{18\mu} g d^2$$

㉡ Ⅱ형 침전(응결침전) : 침전하면서 입자간 결합, 약품침전지, 화학적 응집

㉢ Ⅲ형 침전(지역침전) : 경계를 이루며 침전, 하수처리장 2차 침전지

㉣ Ⅳ형 침전(압축침전) : 자체 무게로 압축 – 간극수 분리 · 농축, 침전지의 바닥

③ 완속여과와 급속여과

	완속여과	급속여과
여과속도	4 ~ 5m/day	120 ~ 150m/day
여과층 두께	70 ~ 90cm	60 ~ 70cm
최대 입경	2mm 이하	2mm 이내
유효경	0.3 ~ 0.45mm	0.45 ~ 1.0mm
균등계수	2.0 이하	1.7 이하
손실수두	작다	크다
용지면적	크다	작다
원수수질	연평균 10도 이하	연평균 30도 이상 고탁도 가능
세균제거	우수	상대적으로 불리

④ 염소소독

㉠ 염소의 살균력

- 살균력 : $HOCl > OCl^- > Choloramin$
- 온도가 높을수록 우수
- 염소농도가 높을수록 우수
- pH가 낮을수록(산성) 우수
- 접촉시간이 길수록 우수

㉡ 염소 요구량

- 파괴점까지의 염소 주입량 : 물의 염소 요구량
- 염소 주입 농도 = 염소 요구량 + 잔류 염소 농도

㉢ 상수도에서 잔류 염소의 기준치

- 정상상태 : 관 말단 급수전에서 유리 잔류 염소 농도 0.2ppm 이상
- 소화기 계통의 수인성 감염병 유행시 : 유리 잔류 염소 농도 0.4ppm 이상

⑤ **고도정수처리** ··· O_3, 활성탄(흡착)

  ⊙ O_3 소독의 장점

    • 물에 화학적 물질이나 냄새가 나지 않는다.

    • 살균력이 염소보다 우수하다.

    • 유기물에 의한 냄새 제거에 효과적이다.

    • 철, 망간을 산화시켜 제거한다.

  ⓛ O_3 소독의 단점

    • 가격이 고가이다.

    • 소독의 잔류효과가 없다. → 후 염소 주입장치 필요

    • 복잡한 발생장치를 필요로 한다.

⑥ **침전지, 여과지 계산**

  ⊙ **침전지**

    • 표면적 부하(수면적 부하, 표면침전율)

$$V_0 = \frac{Q}{A} = \frac{\text{유입수량}(\text{m}^3/\text{day})}{\text{수면적}(\text{m}^3)} = \frac{h}{t} = \frac{\text{유효수심}(\text{m})}{\text{체류시간}(\text{day})}$$

    • 체류시간

$$T = \frac{V}{Q} = \frac{\text{침전지용적}(\text{m}^3)}{\text{유입수량}(\text{m}^3/\text{day})}$$

  ⓛ **여과지 면적**

$$A = \frac{Q}{V}$$

⑦ **체류시간 비교**

			체류시간	
침사지	10 ~ 20분			
착수정	1.5분 이상			
보통침전지	8시간	약품침전	혼화지	1 ~ 5분
			플록형성지	20 ~ 40분
			약품침전지	3 ~ 5시간
배수지	1일 최대급수량의 8 ~ 12시간분			
배출수 농축조	계획슬러지양의 24 ~ 48시간분($10 \sim 20\text{kg/m}^3/\text{day}$)			

④ 하수도 시설계획

① 하수의 배제 방식

	합류식	분류식
장점	• 관로가 1계통, 시설비용이 저렴, 시공 용이 • 강우시 오염도가 높은 초기 우수처리가능 • 관로의 단면적이 커서 유지관리 용이 • 환기가 잘되어 유독가스 폭발 안전 • 사설하수관에 연결 용이 • 우천시 관내 침전물이 자연적으로 제거	• 하수의 위생적 처리 효율 우수 • 오수는 모든 하수처리장으로 유입 • 하수처리장은 오수만을 처리 : 건설비용 저렴 • 오존관의 유속이 크고 유량 일정 : 침전 적음 • 기존 우수배제 시설이 충분하여 오수관거만 추가로 매설하는 경우 저렴
단점	• 강우시 유량이 많아져 처리비용 상승 • 계획하수량 이상 유입시 하천으로 월류 • 미강우시 관로에 침전물의 퇴적이 발생 • 오수와 우수 동시 수송 위해 대구경관로 필요	• 오수관로, 우수관로 2계통 관로 매설 : 비용 부담 큼 • 강우 초기 오염도 높은 초기 우수 방류 • 오수관로와 우수관로 오접합 발생 가능 • 오수관거 소구경 : 구배가 크고 매설깊이 증가 • 관거 퇴적물 : 인위적 세척 필요

② 배수계통의 배치

  ㉠ 직각식

   • 도시 중앙에 큰 강이 흐르거나 해안을 따라 발달한 도시에 적합
   • 하수를 강이나 바다에 직각으로 연결한 하수관거로 배출
   • 하수관의 연장은 짧아지나 토구수가 많아짐

  ㉡ 차집식

   • 하수처리장의 부지를 확보하기 힘든 경우
   • 하천과 나란하게 차집관거를 설치하여 하수처리장으로 이송
   • 토구수가 많은 직각식의 개량

  ㉢ 선형식

   • 지형이 한 방향으로 경사져 하수를 한 곳으로 모으기 쉬운 지역
   • 배수계통을 수지상식(나뭇가지형)으로 배치
   • 대도시에서는 시가지 중앙에 하수간선이나 펌프장이 밀집되게 되므로 부적당

  ㉣ 방사식

   • 도시의 중앙이 높고 주변에 방류수역이 있을 때
   • 지역이 넓어 하수를 한 곳으로 모아 배제하기 곤란할 때
   • 관거 연장이 짧고 소관경으로 유리하지만 하수처리장의 수가 많아진다.
   • 대규모 도시에는 유리하지만 중소규모 도시에는 적합하지 않다.

　　　　⑩ 집중식
　　　　　• 도시 중심이 저지대인 경우 한 곳으로 유하시켜 중계펌프 이용, 하수처리장 이송
　　　　　• 도심지 중앙에 펌프장을 설치하기 힘든 경우는 부적합
　　　　　• 중계 펌프시설의 고장시 하수의 범람 위험
　　　　⑪ 평행식(고저단식, 대상식)
　　　　　• 도시가 고저차를 가지고 위치시 고저에 따라 각각 독립된 배수계통으로 건설
　　　　　• 고지대는 자연유하식으로, 저지대는 펌프식으로 하수 배제
　　　　　• 대규모 도시에 적합

③ **계획 하수량 산정**

　　㉠ 목표연도 : 하수도 시설 20년

　　㉡ 기본계획 시 도면 축척 : 1/3,000 이상

　　㉢ 하수발생량 : 오수량 + 우수량
　　　• 상수도 사용량의 70 ~ 80%가 하수로 발생
　　　• 지하수량은 1인 1일 최대 오수량의 10 ~ 20%(평균 15%)
　　　• 지하수량까지 고려하면 하수 발생량과 상수 소비량은 거의 일치

　　㉣ 계획오수량
　　　• 계획오수량 : 생활오수량(가정오수량 + 영업오수량) + 공장폐수량 + 지하수량
　　　• 계획 1일 최대 오수량 : 계획 1인 1일 오수량 × 계획인구 + α(α : 공장폐수량 + 지하수량 + 기타 배수량)
　　　• 계획 1일 평균오수량 : 계획 1일 최대 오수량 × 0.7(중소도시), 0.8(대도시)
　　　• 계획시간 최대 오수량 : 계획 1일 최대 오수량의 1시간 오수량 × 1.3(대도시), 1.5(중소도시), 1.8(아파트, 주택단지)

　　㉤ 계획 우수량 : 계획 우수량의 확률연수는 5 ~ 10년(지선 : 5년, 간선 : 10년)

④ **합리식**

　　㉠ $Q = \dfrac{1}{360} CIA_h = \dfrac{1}{3.6} CIA_k = 0.278 CIA_k$ [A_h : 유역면적(ha), A_k : 유역면적(km^2)]

　　㉡ 유달시간 = 유입시간 + 유하시간

⑤ **관거별 계획 하수량**

　　㉠ 분류식 관거
　　　• 오수관거 : 계획시간 최대 오수량 기준
　　　• 우수관거 : 계획우수량(간선 10년. 지선 5년)

　　㉡ 합류식 관거
　　　• 일반관거 : 계회기산 최대 오수량 + 계획 우수량
　　　• 차집관거 : 우천시 계획오수량 3배 이상
　　　• 우천시 : 계획시간 최대 오수량의 3배 이상

⑤ 하수관로 계획

① 관거 내의 한계유속과 구배

- ㉠ 관거 내 한계유속
  - 오수관거 : 0.6 ~ 3.0m/s
  - 우수관거 및 합류식 관거 : 0.8 ~ 3.0m/s
  - 이상적인 유속범위 : 1.0 ~ 1.8m/s
- ㉡ 관거 유속 규정
  - 최소유속 규정 : 오염물질 침전, 부패방지
  - 최대유속 규정 : 관거내면 마모 방지, 유속이 빠르면 유달시간의 지나친 단축 발생
- ㉢ 관거의 유속, 구배
  - 하류로 갈수록 관내 유속 증가 : 하수의 침전 방지 목적
  - 하류로 갈수록 경사가 완만하도록 설계 : 매설깊이 증대로 인한 양정 상승 방지
  - 평탄지는 관경의 mm크기의 역수, 급경사지는 관경의 mm크기의 역수 × 2

② 관경에 따른 매설깊이와 하중

- ㉠ 최소 관경
  - 오수관거 : 250mm 이상
  - 우수관거 및 합류식 관거 : 300mm 이상
- ㉡ 매설깊이
  - 매설 최소 깊이는 1m 기준
  - 보도에서는 1m 이상
  - 차도에서는 1.2m 이상
- ㉢ 관거에 작용하는 하중계산 – Marston 공식

$$W = C_1 \gamma B^2$$

B : 도량의 폭 $= \dfrac{3}{2}d + 0.3$

③ 관거의 접합 및 합류

- ㉠ 수면접합 : 관내의 수위를 일치 → 수리학적으로 가장 우수, 수위계산이 복잡
- ㉡ 관정접합
  - 관거의 내면 상부를 일치하도록 접합 → 수리학적으로 우수
  - 관거의 매설깊이 증가 → 토목량 증가, 펌프양정 증가
  - 지세가 급하고 수위차가 많이 발생하는 지형에 적합
- ㉢ 관중심접합 : 관의 중심선을 일치 → 수면접합과 관정접합의 중간 방법

② 관저접합
- 관거의 내면 하부를 일치하도록 접합 → 수리학적으로 불리
- 매설깊이의 감소로 토공량 감소, 평탄지 적합

⑩ 급경사지에서의 관의 접합 : 단차접합, 계단접합

④ **관정부식**

㉠ 하수관 침전 유기물, 단백질, 황화물이 혐기성 분해 : H_2S(황화수소) 발생이 원인

㉡ H_2S가 호기성 분해 후 관정부의 물과 결합 : $SO_2 + H_2O \rightarrow H_2SO_4$(황산) – 관정부식 발생

㉢ 관정부식 방지 대책
- 하수 유속을 증가시켜 침전 방지
- 하수 중의 용존산소농도를 증가시켜 혐기성 분해로 인한 H_2S 발생 억제
- 관로내부를 내산성 재질로 피복
- 하수 내의 유기물 · 단백질 · 황화물질 농도 감소
- 염소 주입으로 박테리아 번식 억제

⑤ **맨홀**

㉠ 설치장소
- 관거의 방향 · 구배 · 관경이 변하는 장소
- 단차 · 합류점 및 관거의 기점

㉡ 설치간격

관경(mm)	300 이하	600 이하	1,000 이하	1,500 이하	1,650 이하
최대간격(m)	50	75	100	150	200

⑥ **유수지**(우수조정지)

㉠ 목적 : 우천시 계획 우수량 이상의 많은 우수 유입시 유출 유량을 일시 저류하여 초기 우수의 처리, 오염부하량 감소

㉡ 우수조정지의 위치
- 하수관거의 유하능력이 부족한 곳
- 하류지역의 펌프장 능력이 부족한 곳
- 방류수역의 유하능력이 부족한 곳

⑥ 하수처리장 시설

① 하수의 처리과정

　⑦ 침전지 상등수의 처리

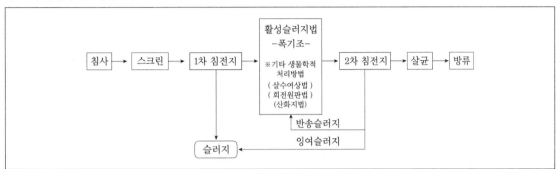

　ⓒ 침전지에 침전된 반고형상 하수슬러지의 처리

② 하수처리

　⑦ 1차 처리(물리적 처리) : 하수 중의 부유물질 제거 – 침사지, 스크린, 침전지

　ⓒ 2차 처리(생물학적 처리) : 콜로이드상 고형물, 용해성 유기물 분해 → 활성슬러지법, 살수여상법, 회전원판법, 산화지법

　ⓒ 3차 처리(고도처리) : N, P의 제거 → 방류수역의 부영양화 방지

　ⓔ 화학적 처리 : 살균

③ 슬러지량 계산

　⑦ 부유물의 농도와 제거율에 따른 슬러지량

$$
슬러지량 = 오수량 \times 부유물\ 농도 \times 부유물\ 제거율 \times \frac{100}{100 - W}
$$

　ⓒ 함수율과 슬러지 부피와의 관계

$$
V_1(100 - W_1) = V_2(100 - W_2)
$$
$$
\frac{V_1}{V_2} = \frac{100 - W_2}{100 - W_1}
$$

④ 활성슬러지법

　　㉠ 원리 : 호기성 세균을 이용하여 하수중의 유기물(BOD) 제거

　　　　액상하수 → 하수저류조 → 폭기조 → 최종침전지 → 살균 → 방류

　　㉡ 운영조건

　　　• 영양염 : BOD : N : P = 100 : 5 : 1

　　　• 온도 : 16 ~ 25℃

　　　• pH : 7 ~ 8

　　㉢ 폭기조 폭기 목적

　　　• 호기성 세균에 산소 공급

　　　• 혼합액 교반으로 유기물과 활성슬러지 접촉

　　　• 활성슬러지 침전 방지

　　　• 호기성 상태 유지(혐기성 환경 억제)

　　㉣ 슬러지 팽화 현상

　　　• 최종 침전지에서 SVI가 커져 침전성 약화, 고액 분리 불량

　　　• 슬러지가 처리수에 유출 – 처리 수질 악화

　　　• 반송슬러지 농도 저하로 MLSS 농도 저하 – 폭기조 운용, 처리 곤란

　　　• 원인

　　　–과다한 BOD–SS부하(BOD 슬러지부하) ≒ F/M비가 클 경우

　　　–DO 부족

　　　–N, P 부족

　　　• 대책

　　　–BOD–SS 부하 적정치 유지

　　　–송기량 증가, 폭기시간 증가 (DO 2mg/l 이상 유지)

　　　–영양밸런스 조정

　　　–응집제 사용

⑤ 폭기조 특성값 계산

　　㉠ MLSS : 폭기조 내의 현탁 고형물 농도(활성 슬러지 농도)

　　㉡ 활성 슬러지량 = MLSS(MLVSS) × 폭기조 부피(V)

　　㉢ 유기물량(BOD 총량) = BOD × Q

　　㉣ F/M비 : 혼합액 내의 유기물과 활성 슬러지량의 비율 ≒ BOD – SS부하

$$\frac{유기물량(=BOD총량)}{활성\ 슬러지량} = \frac{BOD \cdot Q}{MLVSS \cdot V} \left(≒ \frac{BOD \cdot Q}{MLSS \cdot V} \right)$$

Q : 유입하수량(m^3/day),　V : 폭기조 부피(m^3)

ⓜ BOD-SS(＝BOD 슬러지 부하) : 폭기조 내의 활성 슬러지가 처리하는 유기물의 양

$$\frac{유기물량(= BOD총량)}{활성\ 슬러지량} = \frac{BOD \cdot Q}{MLSS \cdot V} = \frac{BOD \cdot Q}{MLSS \cdot Q \cdot t} = \frac{BOD}{MLSS \cdot t}$$

ⓗ BOD 용적부하 : 폭기조에 유입되는 유기물의 양, 폭기조의 1일 BOD 처리량

$$\frac{유기물량(= BOD총량)}{폭기조용량} = \frac{BOD \cdot Q}{V} = \frac{BOD \cdot Q}{Q \cdot t} = \frac{BOD}{t}$$

ⓢ **폭기조 부피**

- $\dfrac{BOD \cdot Q}{BOD - SS부하 \times MLSS} = \dfrac{유입수중의\ BOD총량}{유입\ BOD농도}$

- $\dfrac{BOD \cdot Q}{BOD용적부하} = \dfrac{유입수중의\ BOD총량}{BOD용적부하}$

ⓞ SV(슬러지 용량) : 폭기조 혼합액 1l를 30분간 침강시킨 부피로 측정한다.

ⓩ SVI(슬러지 용량 지표)

- 측정 : 폭기조 혼합액 1l를 30분간 침강시킨 후 1g의 MLSS가 슬러지로 형성된 부피
- 슬러지의 침강 농축성의 판단지표 : 50 ~ 150(침전성 양호), 200 이상(팽화 의심)

$$\frac{30분\ 침강\ 후\ 슬러지\ 부피}{MLSS} \times 1,000 = \frac{SV}{MLSS} \times 1,000$$

ⓩ **폭기시간** : 폭기조 안에서 체류하며 폭기되는 시간(＝체류시간)

- 반송수가 없을 경우

$$T = \frac{V}{Q} \times 24 = \frac{폭기조\ 용적}{유입수량} \times 24$$

- 반송수가 있을 경우

$$T = \frac{V}{Q + Q_r} \times 24 = \frac{폭기조\ 용적}{유입수량 \times 반송수량} \times 24 = \frac{V}{Q + (Q_r \times r)} \times 24$$

Q : 유입수량(m^3/day), Q_r : 반송수량(m^3/day), r : 반송비

⑥ 그 외 생물학적 처리방법

  ㉠ 장기간 폭기법 : 폭기시간을 길게 하여 내생 호흡 상태 유지, 슬러지 생산량 감소

  ㉡ 생물막 여과법 : 살수여상법, 회전원판법
    • 살수여상법 : 하수 살수 – 여재의 미생물막이 용해성 유기물 흡착 · 분해
    • 회전원판법 : 회전원판의 생물막이 산소와 접촉 호기성 분해

  ㉢ 산화지법 : 하수를 수심이 얕은 웅덩이에 장기간 체류 – 자연의 정화작용 이용

⑦ 슬러지 처리의 목적

  ㉠ 슬러지중의 유기물을 무기물로 변화 : 생물학적 안정화

  ㉡ 위생적 안정화 : 병원균 제거

  ㉢ 감량화 : 처리대상량 감소

  ㉣ 처분의 확실성

⑧ 호기성 소화와 혐기성 소화

	호기성 소화	혐기성 소화
장점	• 상등수의 BOD가 낮다. • 냄새가 없다. • 비료가치가 크다. • 최초 공사비가 낮다.	• 슬러지가 적게 생성된다. • 유기물 농도가 높은 하수처리가 가능하다. • CH_4의 이용이 가능하다.
단점	• 고농도 하수처리가 불리하다. • 겨울엔 처리효율이 감소한다. • 유지관리비가 높다.	• 상등액 BOD가 높다. • 냄새가 발생한다. • 비료가치가 적다. • 영양염류가 적게 소모된다. • 운전이 까다롭다. • 시설비가 비싸다.

⑨ 체류시간

처리시설	체류시간
침사지	30 ~ 60초
1차 침전지	2 ~ 4시간
2차 침전지	3 ~ 5시간(1일 최대 오수량의 25시간 분량)
습정	30분 이내

❼ 펌프장 시설

① 펌프의 종류

ⓐ **원심펌프** : 일반적으로 효율이 높고, 적용범위가 넓으며, 적은 유량을 가감하는 경우 소요동력이 적어도 운전에 지장이 없다.

ⓑ **축류펌프** : 회전수를 높게 할 수 있으므로 소형으로 되며 전양정이 4m 이하인 경우에 경제적으로 유리하다.

ⓒ **사류펌프** : 양정변화에 대하여 수량의 변동이 적고 또 수량변동에 대해 동력의 변화도 적으므로 우수용 펌프 등 수위변동이 큰 곳에 적합하다.

ⓓ **수중펌프** : 펌프와 전동기를 일체로 펌프흡입실 내에 설치하며, 유입수량이 적은 경우 및 펌프장의 크기에 제한을 받는 경우 등에 사용한다.

② 펌프장 계획

ⓐ 최대 효율을 낼 수 있도록 용량·대수 결정

ⓑ 토출량이 클수록 효율이 높은 대용량 펌프이므로 대용량 펌프를 설치하여 전체 대수 줄임

ⓒ 유지관리의 편리를 위해 펌프대수는 적고 동일 용량 사용

ⓓ 수량변화가 심한 곳은 대·소 2종의 펌프 선정

ⓔ 양정변화가 심한 곳은 고양정 펌프와 저양정 펌프를 선정

③ 펌프의 특성값 계산

ⓐ **펌프구경** : 펌프의 크기는 흡입구경과 토출구경으로 표시

$$D = 146 \sqrt{\frac{Q}{V}}$$

D : 흡입구경, Q : 토출유량, V : 흡입구 유속

ⓑ **동력**

- 축동력

$$P_s = \frac{1,000\,QH_p}{102\eta} = \frac{9.8\,QH_p}{\eta}$$

Q : 양수량, H_p : 펌프의 전양정, η : 펌프의 합성효율

• 동력의 마력(HP)

$$P_s = \frac{1,000\,QH_p}{75\eta} = \frac{13.33\,QH_p}{\eta}$$

• 전동기 출력

$$P = \frac{P_s(1+\alpha)}{\eta_b}$$

α : 여유율, η_b : 전달효율

ⓒ 비교회전도

$$N_s = N\frac{Q^{\frac{1}{2}}}{H^{\frac{3}{4}}}$$

N : 펌프의 규정회전수, Q : 펌프의 규정토출량, H : 펌프의 규정양정

• 비교회전도 낮음 : 양정은 높고 양수량이 적은 펌프 → 원심펌프
• 비교회전도 높음 : 양정은 낮고 양수량이 큰 펌프 → 축류펌프
• 양정과 양수량이 같으면 회전수가 클수록 비교회전도가 커진다. → 소형펌프

④ 펌프의 특성곡선

㉠ 펌프의 특성곡선 : 양정(H), 효율(η), 축동력(P)이 펌프용량(Q)의 변화에 따라 변하는 관계를 각기의 최대효율점에 대한 비율로 나타낸 곡선

㉡ 펌프의 표준특성(양정, 축동력, 효율) 곡선
• 총양정(H) 곡선 : 비교회전도(N_s)가 적을 때는 수량의 변화에 대해 양정의 효율이 낮다.
• 축동력(P) 곡선 : N_s가 대체로 600 이하일 때는 유량이 적을수록 축동력이 떨어져 체질양정이 최소로 된다.
• 효율(η) 곡선 : N_s가 적을수록 효율곡선은 완만하게 되고, 유량변화에 대해 효율변화의 비율이 작다.

⑤ 펌프의 운전

㉠ 병렬운전
• 병렬운전시 단독운전에 비해 양수량을 2배로 운전 가능
• 양정의 변화가 적고 양수량의 변화가 큰 경우

ⓛ 직렬운전
- 직렬운전시 단독운전에 비해 양정을 2배로 운전 가능
- 양수량의 변화가 적고 양정의 변화가 큰 경우

⑥ **공동현상 방지**

㉠ 펌프의 유효흡입수두를 필요유효흡입수두보다 크게 유지

㉡ 펌프의 위치를 되도록 낮게 하여 흡입양정이 작아지도록

㉢ 흡입관은 되도록 짧은 관으로 하고 직경을 크게 하여 손실수두 감소

㉣ 총양정의 규정에 적합하도록 계획

㉤ 양정변화가 클 때는 최저양정에 대해서도 공동현상이 발생하지 않도록 주의

㉥ Pitting에 의한 손상에 강한 재질의 임펠러 사용

기출예상문제

1 지표수를 수원으로 하는 경우의 상수시설 배치순서로 가장 적합한 것은?

한국수자원공사

① 취수탑 → 침사지 → 응집침전지 → 여과지 → 배수지

② 취수구 → 약품침전지 → 침사지 → 여과지 → 배수지

③ 집수매거 → 응집침전지 → 침사지 → 여과지 → 배수지

④ 취수문 → 여과지 → 보통침전지 → 배수탑 → 배수관망

2 상수도의 계통을 올바르게 나타낸 것은?

한국수력원자력

① 취수 → 송수 → 도수 → 정수 → 급수 → 배수

② 취수 → 도수 → 정수 → 송수 → 배수 → 급수

③ 취수 → 정수 → 도수 → 급수 → 배수 → 송수

④ 도수 → 취수 → 정수 → 송수 → 배수 → 급수

3 지름 300mm의 주철관을 설치할 때, 40kgf/cm²의 수압을 받는 부분에서는 주철관의 두께는 최소한 얼마로 해야 하는가? (단, 허용인장응력 $\sigma_{ta} = 1,400 \mathrm{kgf/cm^2}$이다.)

① 3.1mm

② 3.6mm

③ 4.3mm

④ 4.8mm

✔ **ANSWER** | 1.① 2.② 3.③

1 지표수를 수원으로 하는 경우의 상수시설 배치순서는 취수탑 → 침사지 → 응집침전지 → 여과지 → 배수지이다.

2 상수도계통 ⋯ 취수 → 도수 → 정수 → 송수 → 배수 → 급수

3 두께 $t = \dfrac{pd}{2\sigma_{ta}} = \dfrac{40 \times 300}{2 \times 1,400} = 4.3 \mathrm{mm}$

4 계획 오수량을 생활 오수량, 공장 폐수량 및 지하수량으로 구분할 때, 이것에 대한 설명으로 바르지 않은 것은?

① 지하수량은 1인 1일 최대 오수량의 10 ~ 20%로 한다.

② 계획 1일 평균오수량은 계획 1일 최대 오수량의 70 ~ 80%를 표준으로 한다.

③ 합류식에서 우천 시 계획 오수량은 원칙적으로 계획시간 최대 오수량의 2배 이상으로 한다.

④ 계획 1일 최대 오수량은 1인 1일 최대 오수량에 계획인구를 곱한 후 여기에 공장 폐수량, 지하수량 및 기타 배수량을 더한 것으로 한다.

5 호수의 부영양화에 대한 설명으로 바르지 않은 것은?

① 부영양화의 주된 원인물질은 질소와 인이다.

② 조류의 이상증식으로 인하여 물의 투명도가 저하된다.

③ 조류의 발생이 과다하면 정수공정에서 여과지를 폐색시킨다.

④ 조류제거 약품으로는 일반적으로 황산알루미늄을 사용한다.

6 막 여과시설의 약품세척에서 무기물질 제거에 사용되는 약품이 아닌 것은?

① 염산

② 황산

③ 구연산

④ 차아염소산나트륨

Ⓖ **ANSWER** | 4.③ 5.④ 6.④

4 합류식에서 우천시 계획 오수량은 원칙적으로 계획시간 최대 오수량의 3배 이상으로 한다.

5 조류제거 약품으로는 주로 황산구리($CuSO_4$)를 사용한다.

6 막 여과시설
ⓐ 막 여과 : 여과 막에 물을 통과시켜 원수중의 현탁물질이나 콜로이드성 물질을 제거한다.
ⓑ 무기물질 제거 : 황산과 염산 등 무기산과 구연산, 옥살산 등의 무기물질은 유기산으로 제거한다.
ⓒ 유기물질 제거 : 유기물질은 차아염소산나트륨 등의 산화제로 제거한다.

7 먹는 물의 수질기준 항목인 화학물질과 분류항목의 조합이 바르지 않은 것은?

① 황산이온 – 심미적

② 염소이온 – 심미적

③ 질산성질소 – 심미적

④ 트리클로로에틸렌 – 건강

8 하수관로 설계기준에 대한 설명으로 바르지 않은 것은?

① 관경은 하류로 갈수록 크게 한다.

② 유속은 하류로 갈수록 작게 한다.

③ 경사는 하류로 갈수록 완만하게 한다.

④ 오수관로의 유속은 0.6~3m/s가 적당하다.

7 질산성 질소는 건강상 유해영향 유기물질에 관한 기준이 적용된다.

※ 먹는 물의 수질기준

㉠ 미생물에 관한 기준 : 일반세균, 대장균, 연쇄상구균, 녹농균, 살모넬라, 쉬겔라, 아황산환원혐기성포자형성균, 여시니아균

㉡ 건강상 유해영향 무기물질에 관한 기준 : 납, 불소, 비소, 셀레늄, 수은, 시안, 크롬, 암모니아성질소, 질산성질소, 카드뮴, 붕소, 브롬산염, 스트론튬, 우라늄

㉢ 건강상 유해영향 유기물질에 관한 기준 : 페놀, 다이아지논, 피라티온, 페니트로티온, 카바릴, 트리클로로에탄, 테트라클로로에틸렌, 트리클로로에틸렌, 디클로로메탄, 벤젠, 톨루엔, 에틸벤젠, 크실렌, 사염화탄소, 다이옥신, 클로로프로판

㉣ 소독제 및 소독부산물질에 관한 기준 : 잔류염소, 총트리할로메탄, 클로로포름, 브로모디클로로메탄, 클로랄하이드레이트, 디브로모아세토니트릴, 디클로로아세토니트릴, 트라클로로아세토니트릴, 할로아세틱에시드, 포름알데히드

㉤ 심미적 영향물질에 관한 기준 : 과망간산칼륨, 수소이온, 아연, 염소이온, 황산이온, 알루미늄, 철, 망간, 세제

㉥ 방사능에 관한 기준 : 세슘, 스트론튬, 삼중수소

8 하수관거의 설계 시 유속과 관경은 일반적으로 하류로 흐름에 따라 점차로 증가시키고(커지고) 관거의 경사는 점차 감소하도록(작아지도록) 설계한다.

9 슬러지용량지표(SVI : Sludge Volume Index)에 관한 설명으로 바르지 않은 것은?

① 정상적으로 운전되는 반응조의 SVI는 50 ~ 150의 범위이다.

② SVI는 포기시간, BOD농도, 수온 등에 영향을 받는다.

③ SVI는 슬러지 밀도지수(SDI)에 100을 곱한 값을 의미한다.

④ 반응조 내 혼합액을 30분간 정제한 경우 1[g]의 활성슬러지 부유물질이 포함하는 용적을 mL로 표시한 것이다.

10 하수처리장에서 480,000L/day의 하수량을 처리한다. 펌프장의 습정(Wet Well)을 하수로 채우기 위하여 40분이 소요된다면 습정의 부피는?

① $13.3m^3$

② $14.3m^3$

③ $15.3m^3$

④ $16.3m^3$

11 혐기성 상태에서 탈질산화(Denitrification) 과정으로 바른 것은?

① 아질산성 질소 → 질산성 질소 → 질소가스

② 암모니아성 질소 → 질산성 질소 → 아질산성 질소

③ 질산성 질소 → 아질산성 질소 → 질소가스

④ 암모니아성 질소 → 아질산성 질소 → 질산성 질소

ANSWER | 9.③ 10.① 11.③

9 슬러지 용적지수(SVI)는 슬러지 밀도지수(SDI)를 100으로 나눈 값이다.

10 습정의 부피 $V = Q \times t = \dfrac{480,000 \times 10^{-3}}{24 \times 60} \times 40 = 13.3m^3$

11 탈질산화과정 … 질산성 질소(NO_3-N) → 아질산성 질소(NO_2^-N) → 질소가스(N_2)

※ 탈질화 작용

㉠ 미생물이 산소가 없는 상태에서 호흡을 하기 위하여 최종 전자수용체로서 작용하는 질산성 질소를 환원시키는 것을 말하며, 무산소(anoxic)상태에서 일어나기 때문에 혐기성 호흡(anaerobic respiration)이라고도 한다.

㉡ 질산화반응에서 생성된 질산성질소는 무산소상태에서 탈질화반응이 일어나 질소화합물이 질소가스(N_2)로 환원됨으로써 질소제거가 이루어진다.

12 양수량 15.5m³/min, 양정 24m, 펌프효율 80%, 전동기의 여유율이 15%일 때 펌프의 전동기 출력은?

① 57.8kW

② 75.8kW

③ 78.2kW

④ 87.2kW

13 활성탄처리를 적용하여 제거하기 위한 주요항목으로 거리가 먼 것은?

① 질산성 질소

② 냄새유발물질

③ THM 전구물질

④ 음이온 계면활성쩨

✅ **ANSWER** | 12.④ 13.①

12 전동기의 효율은 100에서 여유율을 뺀 값이다.

출력에 관한 문제이므로 단위의 기준은 sec로 생각해서 풀면

$$P = \frac{9.8 \times Q \times H}{\eta_1 \eta_2} = \frac{9.8 \times 15.5 \times 24}{0.8 \times 0.85 \times 60} = 87.35\text{kW}$$

13 질산성질소는 활성탄처리를 적용하여 제거하는 것과는 거리가 멀다.

※ **활성탄처리기술**

ⓐ 통상의 정수방법으로는 제거되지 않는 농약, 유기화학물질, 냄새물질, 트리할로메탄 전구물질, 색도, 음이온계면활성제 등의 처리를 목적으로 활성탄을 사용한 처리법이다.

ⓑ 기존 급속여과를 중심으로 한 정수처리 설비는 응집·침전, 여과라는 과정을 거쳐서 물리화학적 작용에 의하여 주로 현탁성 성분을 제거하는 것이다.

ⓒ 이것에 비하여 활성탄 처리설비는 코코넛 껍질이나, 석탄, 나무 등을 고온에서 탄화시켜 만든 활성탄의 내부에 무수한 세공을 이용하여 흡착 가능한 유해물질들은 제거하는 것으로, 과망간산칼륨을 소비하는 물질 등의 용해성 유기물질, THM 전구물질, 맛냄새물질, 농약성분 등의 미량 유해물질을 제거할 목적으로 도입하는 것이다.

ⓓ 주로 용해성 성분을 제거하는 기능을 가지고 있는 점이 다른데, 저농도의 용해성 성분의 제거수단으로서 사용되고 있다. 최근 활성탄 처리시설은 안정된 활성탄의 흡착기능을 확보하고 생물활성탄으로서의 처리기능을 유효하게 작용시키는 기법이 사용되고 있다.

14 정수처리의 단위조작으로 사용되는 오존처리에 관한 설명으로 틀린 것은?

① 유기물의 생분해성을 증가시킨다.

② 염소주입에 앞서 오존을 주입하면 염소의 소비량을 감소시킨다.

③ 오존은 자체의 높은 산화력으로 염소에 비하여 높은 살균력을 가지고 있다.

④ 인의 제거능력이 뛰어나고 수온이 높아져도 오존소비량은 일정하게 유지된다.

15 어느 도시의 급수인구자료가 표와 같을 때 등비증가법에 의한 2020년도의 예상급수인구는?

연도	인구(명)
2005	7,200
2010	8,800
2015	10,200

① 약 12,000명

② 약 15,000명

③ 약 18,000명

④ 약 21,000명

14 오존처리는 수온이 높아지면 오존소비량이 급격히 증가한다.
　㉠ 오존처리의 장점
　　• 물에 화학물질이 남지 않는다.
　　• 물에 염소와 같은 취미를 남기지 않는다.
　　• 유기물 특유의 냄새와 맛이 제거된다.
　　• 철, 망간 등의 제거 능력이 크다.
　　• 색도 제거 효과가 크다.
　　• 페놀류 등을 제거하는 데 효과적이다.
　　• 자체의 높은 산화력으로 염소에 비하여 높은 살균력을 가지고 있다.
　㉡ 오존처리의 단점
　　• 경제성이 없고, 소독 효과의 지속성이 없다.
　　• 복잡한 오존처리설비가 필요하다.
　　• 수온이 높아지면 오존소비량이 많아진다.
　　• 암모니아는 제거가 불가능하다.

15 $r = \left(\dfrac{10,200}{7,200} \right)^{1/10} - 1 = 0.0354$

$P_n = 10,200(1 + 0.0354)^5 = 12,138$명

16 다음 중 수원(水原)에 관한 설명으로 바르지 않은 것은?

① 심층수는 대지의 정화작용으로 무균 또는 거의 이에 가까운 것이 보통이다.

② 용천수는 지하수가 자연적으로 지표로 솟아나온 것으로 그 성질은 대체로 지표수와 비슷하다.

③ 복류수는 어느 정도 여과된 것이므로 지표수에 비해 수질이 양호하며 정수공정에서 침전지를 생략하는 경우도 있다.

④ 천층수는 지표면에서 깊지 않은 곳에 위치하므로 공기의 투과가 양호하므로 산화작용이 활발하게 진행된다.

17 BOD 200mg/L, 유량 600m³/day인 어느 식료품 공장폐수가 BOD 10mg/L, 유량 2m³/s인 하천에 유입한다. 폐수가 유입되는 지점으로부터 하류 15km지점의 BOD는? (단, 다른 유입원은 없고, 하천의 유속은 0.05m/s, 20℃, 탈산소계수 K_1 =0.1/day이고, 상용대수 20℃ 기준이며 기타 조건은 고려하지 않음)

① 4.79mg/L

② 5.39mg/L

③ 7.21mg/L

④ 8.16mg/L

16 용천수는 지하수가 자연적으로 지표로 솟아 나온 것으로서 그 성질은 피압면의 지하수와 비슷하다.

17 $L_t = L_a 10^{-k_1 \cdot t}$

$L_a = C_m = \dfrac{Q_i C_i + Q_w C_w}{Q_i + Q_w}$

$Q_w = 2\text{m}^3/\text{sec} = 172,800\,\text{m}^3/\text{day}$

$L_a = \dfrac{600 \times 200 + 172,800 \times 10}{600 + 172,800} = 10.657\,\text{mg}/l$

$t = \dfrac{L}{V} = \dfrac{15,000}{0.05 \times 60 \times 60 \times 24} = 3.472\,\text{day}$

$L_t = 10.657 \times 10^{-0.1 \times 3.472} = 4.79\,\text{mg}/l$

18 상수도 시설 중 접합정에 관한 설명으로 바른 것은?

① 상부를 개방하지 않은 수로시설

② 복류수를 취수하기 위해 매설한 유공관로 시설

③ 배수지 등의 유입수의 수위조절과 양수를 위한 시설

④ 관로의 도중에 설치하여 주로 관로의 수압을 조절할 목적으로 설치하는 시설

19 도수 및 송수관을 자연유하식으로 설계할 때 평균유속의 허용최대한도는?

① 0.3m/s

② 3.0m/s

③ 13.0m/s

④ 30.0m/s

20 취수보에 설치된 취수구의 구조에서 유입속도의 표준값은?

① 0.5 ~ 1.0cm/s

② 3.0 ~ 5.0cm/s

③ 0.4 ~ 0.8m/s

④ 2.0 ~ 3.0m/s

✓ ANSWER | 18.④ 19.② 20.③

18 접합정 … 종류가 다른 도수관 또는 도수거의 연결 시 도수관 또는 도수거의 수압을 조정하기 위하여 그 도중에 설치하는 시설

19 자연유하식 도수관을 설계할 때의 평균유속의 허용최대한도는 3.0m/s이다.

20 취수보에 설치된 취수구의 구조에서 유입속도의 표준값은 0.4 ~ 0.8m/s이다.

21 계획수량에 대한 설명으로 바르지 않은 것은?

① 송수시설의 계획 송수량은 원칙적으로 계획 1일 최대급수량을 기준으로 한다.

② 계획 취수량은 계획 1일 최대급수량을 기준으로 하며, 기타 필요한 작업용수를 포함한 손실수량을 고려한다.

③ 계획 배수량은 원칙적으로 해당 배수구역의 계획 1일 최대급수량으로 한다.

④ 계획 정수량은 계획 1일 최대급수량을 기준으로 하고, 여기에 정수장 내에 사용되는 작업용수와 기타용수를 합산 고려하여 결정한다.

22 반송찌꺼기(슬러지)의 SS농도가 6,000mg/L이다. MLSS농도를 2,500mg/L로 유지하기 위한 찌꺼기(슬러지)반송비는?

① 25%
② 55%
③ 71%
④ 100%

23 정수장으로 유입되는 원수의 수역이 부영양화되어 녹색을 띠고 있다. 정수방법에서 고려할 수 있는 가장 우선적인 방법으로 적합한 것은?

① 침전지의 깊이를 깊게 한다.

② 여과시의 입경을 작게 한다.

③ 침전지의 표면적을 크게 한다.

④ 마이크로 스트레이너로 전처리한다.

✅ **ANSWER** | 21.③ 22.③ 23.④

21 상수도의 배수관 설계 시에 사용하는 계획 배수량은 계획 시간 최대배수량이다.

22 슬러지의 반송률

$$\gamma = \frac{\text{폭기조의 } MLSS \text{ 농도} - \text{유입수의 } SS \text{ 농도}}{\text{반송슬러지의 } SS \text{ 농도} - \text{폭기조의 } MLSS \text{ 농도}} \times 100 = \frac{2,500 - 0}{6,000 - 2,500} \times 100 = 71.43\%$$

23 정수장으로 유입되는 원수의 수역이 부영양화되어 녹색을 띠고 있는 경우 정수방법에서 고려할 수 있는 최우선적인 방법은 마이크로 스트레이너로 전처리하는 것이다.

24 침전지의 유효수심이 4m, 1일 최대사용수량이 450m³, 침전시간이 12시간일 경우 침전지의 수면적은?

① 56.3m²

② 42.7m²

③ 30.1m²

④ 21.3m²

25 다음 중 정수지에 대한 설명으로 바르지 않은 것은?

① 정수지란 정수를 저류하는 탱크로 정수시설로는 최종단계의 시설이다.

② 정수지 상부는 반드시 복개해야 한다.

③ 정수지의 유효수심은 3 ~ 6m를 표준으로 한다.

④ 정수지의 바닥은 저수위보다 1m 이상 낮게 해야 한다.

26 하수도의 계획 오수량에서 계획 1일 최대 오수량 산정식으로 옳은 것은?

① 계획배수인구 + 공장폐수량 + 지하수량

② 계획인구 × 1인 1일 최대 오수량 + 공장폐수량 + 지하수량 + 기타 배수량

③ 계획인구 × (공장폐수량 + 지하수량)

④ 1인 1일 최대 오수량 + 공장폐수량 + 지하수량

✅ **ANSWER** | 24.① 25.④ 26.②

24
최대사용수량은 $\dfrac{450\text{m}^3/\text{day}}{24\text{hr}/\text{day}} = 18.75\,\text{m}^3/\text{hr}$

따라서 $\dfrac{Q}{A} = \dfrac{h}{t} = \dfrac{18.75\text{m}^3/\text{hr}}{A} = \dfrac{4\text{m}}{12\text{hr}}$

이를 만족하는 수면적은 $A = 56.25\,\text{m}^2$

25 정수지의 바닥은 저수위보다 15cm 이상 낮게 해야 한다.

26 최대 오수량은 계획인구 × 1인 1일 최대 오수량 + 공장폐수량 + 지하수량 + 기타 배수량의 식으로 구한다.

27 어느 지역에 비가 내려 배수구역내 가장 먼 지점에서 하수거의 입구까지 빗물이 유하하는데 5분이 소요되었다. 하수거의 길이가 1,200m, 관내 유속이 2m/s일 때 유달시간은?

① 5분 　　　　　　　　　　　　　　② 10분

③ 15분 　　　　　　　　　　　　　　④ 20분

28 $Q = \dfrac{1}{360} CIA$ 는 합리식으로서 첨두유량을 산정할 때 사용된다. 이 식에 대한 설명으로 바르지 않은 것은?

① C는 유출계수로 무차원이다.

② I는 도달시간 내의 강우강도로 단위는 [mm/hr]이다.

③ A는 유역면적으로 단위는 [km^2]이다.

④ Q는 첨두유출량으로 단위는 [m^3/sec]이다.

29 혐기성 소화공정에서 소화가스의 발생량이 저하될 때 그 원인으로 적합하지 않은 것은?

① 소화슬러지의 과잉배출 　　　　　　② 소화조 내 퇴적 토사의 배출

③ 소화조 내 온도의 저하 　　　　　　④ 소화가스의 누출

✅ **A N S W E R** ｜ 27.③　28.③　29.②

27 유달시간은 유입시간과 유하시간을 합한 값이므로

$$5[\text{min}] + \frac{1,200\text{m}}{2\text{m/sec}} = 15\text{min}$$

28 우수유출량 산정(합리식)

$Q = \dfrac{1}{360} CIA$ (유역면적 A의 단위가 ha인 경우)

$Q = \dfrac{1}{3.6} CIA$ (유역면적 A의 단위가 km^{2}인 경우)

Q는 최대계획 우수유출량(첨두유출량) [m^3/sec]
C는 유출계수, I는 도달시간 내의 평균강우강도[mm/hr]
A는 유역면적(배수면적)[ha]

29 소화조 내 퇴적 토사의 배출은 소화가스의 발생량을 증가시킨다.

30 하수관로의 접합 중에서 굴착깊이를 얕게 하여 공사비용을 줄일 수 있으며, 수위상승을 방지하고 양정고를 줄일 수 있어 펌프로 배수하는 지역에 적합한 방법은?

① 관정접합

② 관저접합

③ 수면접합

④ 관중심접합

31 다음 중 하수도의 관로계획에 대한 설명으로 바르지 않은 것은?

① 오수관로는 계획 1일 평균 오수량을 기준으로 계획한다.

② 관로의 역사이펀을 많이 설치하여 유지관리 측면에서 유리하도록 계획한다.

③ 합류식에서 하수의 차집관로는 우천 시 계획오수량을 기준으로 계획한다.

④ 오수관로와 우수관로가 교차하여 역사이펀을 피할 수 없는 경우는 우수관로를 역사이펀으로 하는 것이 바람직하다.

30 관저접합 ··· 하수관거의 접합 중에서 굴착 깊이를 얕게 함으로 공사비용을 줄일 수 있으며, 수위상승을 방지하고 양정고를 줄일 수 있어 펌프로 배수하는 지역에 적합한 방법

31 ① 오수관거는 계획 시간 평균 오수량을 기준으로 계획한다.
② 관거의 역사이펀을 적게 설치하여 유지관리 측면에서 유리하도록 계획한다.
④ 오수관거와 우수관거가 교차하여 역사이펀을 피할 수 없는 경우는 오수관거를 역사이펀으로 하는 것이 바람직하다.

32 집수매거(infiltration galleries)에 관한 설명으로 바르지 않은 것은?

① 집수매거는 하천부지의 하상 밑이나 구하천 부지 등의 땅속에 매설하여 복류수나 자유수면을 갖는 지하수를 취수하는 시설이다.

② 철근콘크리트조의 유공관 또는 권선형 스크린관을 표준으로 한다.

③ 집수매거 내의 평균유속은 유출단에서 1m/s 이하가 되도록 한다.

④ 집수매거의 집수개구부(공) 직경은 3 ~ 5cm를 표준으로 하고, 그 수는 관거표면적 1m^{2}당 5 ~ 10개로 한다.

33 수질오염 지표항목 중 COD에 대한 설명으로 바르지 않은 것은?

① COD는 해양오염이나 공장폐수의 오염지표로 사용된다.

② 생물분해 가능한 유기물도 COD로 측정할 수 있다.

③ $NaNO_3$, SO_2^-는 COD값에 영향을 미친다.

④ 유기물 농도값은 일반적으로 COD > TOD > TOC > BOD이다.

34 다음 중 하수슬러지 개량방법에 속하지 않는 것은?

① 세정

② 열처리

③ 동결

④ 농축

✅ **ANSWER** | 32.④ 33.④ 34.④

32 집수매거의 집수개구부(공) 직경은 1 ~ 2cm를 표준으로 하고, 그 수는 관거표면적 1m^{2}당 20 ~ 30개로 한다.

33 유기물 농도를 나타내는 지표들의 상관관계는 일반적으로 TOD > COD > TOC > BOD이다.
  ⊙ BOD(Biochemical Oxygen Demand) : 생화학적 산소요구량으로서 호기성 미생물이 일정 기간 동안 물속에 있는 유기물을 분해할 때 사용하는 산소의 양
  ⓛ COD(Chemical Oxygen Demand) : 화학적 산소요구량으로서 산화제(과망간산칼륨)를 이용하여 일정 조건(산화제 농도, 접촉시간 및 온도)에서 환원성 물질을 분해시켜 소비한 산소량을 ppm으로 표시한 것
  ⓒ TOC(Total Organic Carbon) : 유기물질의 분자식상 함유된 탄소량
  ② TOD(Total Oxygen Demand) : 총산소 요구량으로서 유기물질을 백금 촉매 중에서 900℃로 연소시켜 완전 산화한 경우의 산소 소비량

34 하수슬러지의 개량은 슬러지의 특성을 개선하는 처리과정으로서 탈수성을 증가시키는 것이다. 이러한 개량방법으로는 세정, 약품첨가, 열처리, 동결법이 있다.

35 상수도 배수관망 중 격자식 배수관망에 대한 설명으로 바르지 않은 것은?

① 물이 정체하지 않는다.

② 사고시 단수구역이 작아진다.

③ 수리계산이 복잡하다.

④ 제수밸브가 적게 소요되며 시공이 용이하다.

36 Jar-Test는 직접 응집제의 주입량과 적정 pH를 결정하기 위한 시험이다. Jar-Test 시 응집제를 주입한 후 급속교반 후 완속교반을 하는 이유는?

① 응집제를 용해시키기 위해서

② 응집제를 고르게 섞기 위해서

③ 플록이 고르게 퍼지게 하기 위해서

④ 플록을 깨뜨리지 않고 성장시키기 위해서

37 다음 중 고도처리를 도입하는 이유로 거리가 먼 것은?

① 잔류 용존유기물의 제거   ② 잔류염소의 제거

③ 질소의 제거   ④ 인의 제거

⊘ ANSWER | 35.④ 36.④ 37.②

35 제수밸브가 적게 소요되며 시공이 용이한 것은 격자식이 아니라 수지상식의 특성이다.

구분	장점	단점
격자식	• 물이 정체되지 않음 • 수압의 유지가 용이함 • 단수 시 대상지역이 좁아짐 • 화재 시 사용량 변화에 대처가 용이함	• 관망의 수리계산이 복잡함 • 건설비가 많이 소요됨 • 관의 수선비가 많이 듦 • 시공이 어려움
수지상식	• 수리 계산이 간단하며 정확함 • 제수밸브가 적게 설치됨 • 시공이 용이함	• 수량의 상호보충이 불가능함 • 관 말단에 물이 정체되어 냄새, 맛, 적수의 원인이 됨 • 사고 시 단수구간이 넓음

36 Jar-Test는 직접 응집제의 주입량과 적정 pH를 결정하기 위한 시험이다. Jar-Test 시 응집제를 주입한 후 급속교반 후 완속교반을 하는 이유는 플록을 깨뜨리지 않고 성장시키기 위해서이다.

37 고도처리는 하수처리의 방법 중 3차 처리법으로서 2차 처리(생물, 화학적 처리)를 거친 하수를 다시 고도의 수질로 하기 위하여 행하는 처리법의 총칭으로 제거해야 할 물질의 종류에 따라 각기 다른 방법이 적용되며, 제거해야 할 물질에는 질소나 인, 미분해된 유기 및 무기물, 중금속, 바이러스 등이 있다. (잔류염소의 제거는 전혀 해당되지 않는다. 또한 염소는 오히려 살균작용을 한다.)

38 하수도의 설치 목적 및 효과에 관한 설명으로 가장 거리가 먼 것은?

① 하수도는 도시의 건전한 발전을 도모하기 위한 필수시설이다.

② 하수도는 공중위생의 향상에 기여한다.

③ 하수도는 공공용 수역의 수질을 보전함으로써 국민의 건강보호에 기여한다.

④ 하수도는 경제성장과 산업기술의 발전을 위하여 건설된 시설이다.

39 다음 중 호기성 소화의 특징을 설명한 것으로 바르지 않은 것은?

① 처리된 소화슬러지에서 악취가 나지 않는다.

② 상징수의 BOD 농도가 높다.

③ 폭기를 위한 동력 때문에 유지관리비가 많이 든다.

④ 수온이 낮을 때는 처리효율이 낮아진다.

ⓒ ANSWER | 38.④ 39.②

38 하수도의 설치 목적
　　㉠ 도시의 오수 및 우수를 배제, 쾌적한 생활환경 개선의 도모
　　㉡ 오수와 탁수의 처리
　　㉢ 하천의 수질오염으로부터의 보호
　　㉣ 우수의 신속한 배제로 침수에 의한 재해의 방지
　※ 하수도의 효과
　　　㉠ 하천의 수질보전
　　　㉡ 공중보건위생상의 효과
　　　㉢ 도시환경의 개선
　　　㉣ 토지이용의 증대(지하수위저하로 지반상태가 양호한 토지로 개량)
　　　㉤ 도로 및 하천의 유지비 감소
　　　㉥ 우수에 의한 하천범람의 방지

39 호기성 소화의 특징
　　㉠ 처리된 소화슬러지에서 악취가 나지 않는다.
　　㉡ 상징수의 BOD 농도가 낮다.
　　㉢ 폭기를 위한 동력 때문에 유지관리비가 많이 든다.
　　㉣ 수온이 낮을 때에는 처리효율이 떨어진다.

40 합류식 하수도에 대한 설명으로 바르지 않은 것은?

① 청천시에는 수위가 낮고 유속이 적어 오물이 침전하기 쉽다,.

② 우천시에 처리장으로 다량의 토사가 유입되어 침전지에 퇴적된다.

③ 소규모 강우 시 강우 초기에 도로나 관로 내에 퇴적된 오염물이 그대로 강으로 합류할 수 있다.

④ 단일관로로 오수와 우수를 배제하기 때문에 침수 피해의 다발 지역이나 우수배제시설이 정비되지 않은 지역에서는 유리한 방식이다.

✓ **ANSWER** | 40.③

40 소규모 강우 시 강우 초기에 도로나 관로 내에 퇴적된 오염물이 그대로 강으로 합류할 수 있는 것은 분류식 하수도이다.

07

토목시공학

07 토목시공학

① 토공

① 토공의 용어

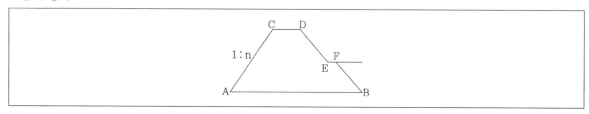

- ㉠ **비탈** : AC, DE, FB
- ㉡ **비탈기슭** : 비탈의 하단 A, B점
- ㉢ **턱** : 비탈면의 절토부분 EF
- ㉣ **비탈머리** : 비탈의 상단 C, D점
- ㉤ **뚝마루** : 제방의 윗면 C, D
- ㉥ **비탈경사** : 수직 : 수평 = 1 : n
- ㉦ **규준틀** : 토공작업에 있어서 비탈면의 위치, 구배, 노체, 노사의 완성고 등을 나타내기 위하여 현장에 설치하는 가설물
- ㉧ **매립** : 육지를 조성하기 위하여 수중을 메우는 작업
- ㉨ **준설** : 수저의 토사를 파내는 수중굴착

② 시공기면 결정시 고려사항

- ㉠ 토공량이 최소가 되도록 절토, 성토를 균형시킨다.
- ㉡ 절성토를 유용할 수 없을 경우 가까운 곳에 토취장, 토사장을 두고 될 수 있으면 운반거리를 짧게 한다.
- ㉢ 연약지반, 산사태, 낙석의 위험이 있는 지역은 가능한 피한다.
- ㉣ 위의 장소에 시공기면을 정할 경우 이에 대한 대책을 마련한다.
- ㉤ 비탈면 등은 흙의 안정을 고려한다.
- ㉥ 부대구조물이 작고 법면의 연장이 적어야 한다.

③ **토량의 변화**

  ㉠ 본바닥 토량(자연상태의 토량) : 굴착할 토량

  ㉡ 느슨한 토량(흐트러진 토량) : 운반할 토량

  ㉢ 다져진 토량(완성 토량) : 다져진 후의 성토량

$$L = \frac{\text{느슨한 토량}}{\text{본바닥 상태의 토량}}, \quad C = \frac{\text{다져진 후의 토량}}{\text{본바닥 상태의 토량}}$$

  ㉣ 토량의 변화율(C)을 근사적으로 구하는 공식

$$C = \frac{\gamma_1}{\gamma_2}$$

  γ_1 : 본바닥 밀도의 평균치, γ_2 : 성토 또는 몰드공시체 밀도의 평균치

④ **토사장 산정시 고려사항**

  ㉠ 토사량을 충분히 수용할 수 있는 용량이어야 한다.

  ㉡ 토사장소를 향하여 하향구배 1/50 ~ 1/100 정도이어야 한다.

  ㉢ 운반로가 양호하고 장해물이 없고 유지하기가 쉬운 곳이어야 한다.

  ㉣ 용수의 위험이 없고 배수가 양호한 지형이어야 한다.

  ㉤ 용지매수, 보상 등이 싸고 용이하여야 한다.

⑤ **토취장 선정시 고려사항**

  ㉠ 토질이 양호할 것

  ㉡ 토량이 충분할 것

  ㉢ 성토장소를 향하여 내리막 비탈 1/50 ~ 1/100 정도가 양호

  ㉣ 싣기에 편리한 지형일 것

  ㉤ 용수의 위험이 없고 배수가 양호한 지형일 것

⑥ **화강풍화토의 특징**

  ㉠ 풍화토에 따라 암에 가까운 사질토도 있고, 점토를 극히 많이 함유하는 점성토도 있다.

  ㉡ 토립자가 파쇄되어 세립화되기 쉽다.

  ㉢ 물에 포화되면 전단강도는 현저히 약화되고, 점착력은 0에 가까워진다.

  ㉣ 압축성은 일반 사질토와 점성토의 중간 성질을 나타낸다.

⑦ **절토부, 성토부의 경계에 축조한 도로나 구조물이 침하, 균열이 생기는 원인**

    ㉠ 절토부의 노상지지력과 성토부의 노상지지력에 차이가 있어 접속부에 지지력의 불연속이 생긴다.

    ㉡ 용수, 침투수 등이 절성토부의 경계면에 집중하기 쉬우므로 성토부가 연약하게 되어 침하가 생기기 쉽다.

    ㉢ 성토부의 다짐부족에 의한 압축침하가 일어나 부등침하가 생긴다.

⑧ **토취장의 흙을 개량하는 방법**

    ㉠ 습지불도저 사용

    ㉡ 안정처리로 흙의 성질 개선

    ㉢ 건조시켜 함수비 저하

⑨ **토적곡선의 성질**

    ㉠ 토적곡선의 모양이 ∩일 경우 절취굴착토가 왼쪽에서 오른쪽으로 운반되고 모양이 ∪일 경우에는 오른쪽에서 왼쪽으로 운반된다.

    ㉡ 토적곡선이 기선 아래에서 종결될 경우 토량이 부족하고 기선 위에서 종결될 경우에는 토량이 남는다.

    ㉢ 토적곡선의 최댓값, 최솟값을 표시하는 점은 절토와 성토의 경계를 말한다.

    ㉣ 토적곡선의 상승 부분은 절토를, 하강 부분은 성토를 의미한다.

⑩ **토적곡선을 작성하는 목적**

    ㉠ 토량을 배분하기 위하여

    ㉡ 평균운반거리를 산출하기 위하여

    ㉢ 운반거리에 의하여 토공기계를 선정하기 위하여

    ㉣ 작업방법을 결정하기 위하여

⑪ **토적곡선을 실제 현장에 적용 시 문제점** … 동일 단면 내에서 횡방향 유용토는 제외되었으므로 동일 단면 내의 절토량과 성토량을 토적곡선에서 구할 수 없다.

⑫ **토공작업에서 운반로가 갖춰야 할 조건**

    ㉠ 운반장비의 주행성이 좋은 토질 상태 확보

    ㉡ 운반로의 평탄성이 좋아야 함

    ㉢ 운반로의 구배가 완만하고 충분한 폭원이 있어야 함

⑬ **비탈면 붕괴의 대표적인 형태** … 쐐기형 분괴, 평행 붕괴, 원호 붕괴

⑭ 쐐기형 분괴가 생기는 원인

　㉠ 비탈면이 급구배로 되어 있을 경우

　㉡ 점성토의 성토인 경우

　㉢ 사질토이나 성토고가 매우 높을 경우

⑮ 현장에서 다짐도를 측정하는 방법

　㉠ 건조밀도 측정

　㉡ 포화도 또는 공기간극률 측정

　㉢ 강도특성 측정

　㉣ 다짐기계, 다짐횟수로 규정

⑯ 고함수비 점토로 고성토하는 경우 노체 내에 필터 설치 시 필터의 효과

　㉠ 압축침하가 촉진

　㉡ 강우에 의한 우수의 침투 경감

　㉢ 시공 중에 간극수압의 저하 기대 가능

　㉣ 비탈면의 얕은 활동 방지

⑰ 절토 비탈면의 형식

　㉠ 단일 비탈구배를 취하는 방법

　㉡ 비탈면 구배를 토층에 따라 변화시키는 방법

　㉢ 소단을 붙이는 방법

⑱ 성토와 구조물 접속부의 뒤채움 재료가 갖추어야 할 조건

　㉠ 다짐 양호

　㉡ 투수성

　㉢ 비압축성

　㉣ 물의 침입에 따른 강도감소가 적어야 함

⑲ 기초지반의 성토시 유의사항

　㉠ 1 : 4보다 급한 경사일 경우 층따기를 한다.

　㉡ 초목, 잡목과 같은 부패성 물질을 제거 후 성토한다.

　㉢ 지반상태가 수평이거나 풍화작용을 받을 경우에는 그 작용부분을 제거 후 성토한다.

⑳ 구조물에 의한 비탈보호공

　㉠ 모르타르, 콘크리트 뿜어붙이기공

ⓛ 콘크리트 틀공

　　ⓒ 돌쌓기공(찰쌓기, 메쌓기)

　　ⓔ 돌망태공

　　ⓜ 콘크리트 붙이기공

㉑ **식생에 의한 비탈보호공**

　　㉠ 평떼, 줄떼

　　ⓛ 씨앗 뿜어 붙이기공, 씨앗뿌리기공

㉒ **산사태의 원인**

　　㉠ 흙의 안식각 부족

　　ⓛ 동결 융해에 따른 지반의 풍화

　　ⓒ 강우, 강성, 지하수 용수에 따른 흙의 함수량 증가

㉓ **토적곡선 작성 시 토량배분의 3원칙**

　　㉠ 운반거리는 가능하면 짧게 한다.

　　ⓛ 흙은 높은 곳에서 낮은 곳으로 옮기게 한다.

　　ⓒ 운반은 될 수 있으면 한 가지 방법으로 실시한다.

㉔ **Talbot 공식**(최대밀도를 구할 수 있는 입도분포)

$$P=\left(\frac{d}{D}\right)^{n}$$

P : 어떤 체눈금을 통과하는 토립자 양의 전체 양에 대한 비, d : 체눈금의 크기, D : 최대입경,
n : 지수(보통 $0.25 \sim 0.50$이 적당)

㉕ **성토의 시공법**

　　㉠ 수평층 쌓기

　　　• 후층법(두께 $90 \sim 120cm$) : 하천제방, 도로, 철도의 축제 등에서 층마다 어느 기간 동안 방치하여 자연
　　　　침하를 기다려서 다음 층을 그 위에 쌓아올리는 공법

　　　• 박층법(두께 $30 \sim 60cm$) : 흙댐, 옹벽 교대의 뒷면, 암거층마다 다소의 수분을 주어 충분히 다지든가 롤
　　　　러 등으로 전압한 후에 다음 층을 쌓아올리는 공법

　　ⓛ 전방쌓기법 : 도로, 철도공사에서의 낮은 축제에 사용

　　ⓒ 비계쌓기법 : 비계로 가잔교를 만들어 그 위에 운반용 레일을 부설한 뒤 토운차의 흙을 아래로 내려보내
　　　는 공법

　　ⓔ 물다짐공법 : 호수에서 펌프로 송니관(모래관) 내에 물을 압입하여 큰 수두를 가진 물을 노즐로 분출시
　　　켜 절취토사를 물에 섞어서 이것을 송니관으로 흙댐까지 운송하는 성토공법

㉖ **토량계산**

㉠ 양단면적 평균법(실제 토량보다 큼)

$$V = \frac{A_1 + A_2}{2} \times l$$

㉡ 중앙 단면적법(실제 토량보다 작음)

$$V = \frac{1}{2}\left(\frac{h_1 + h_2}{2} \times \frac{b_1 + b_2}{2}\right) \times l = \frac{1}{8}(h_1 + h_2)(b_1 + b_2)$$

㉢ 주상체의 공식(실제 토량과 거의 같음)

$$V = \frac{h}{6}(A_1 + 4A_m + A_2)$$

㉣ Simpson 제1공식

$$A = \frac{d}{3}[y_0 + y_n + 4(홀수) + 2(짝수)]$$

㉤ Simpson 제2공식

$$A = \frac{3d}{8}[y_0 + y_n + 2(3의 \ 배수) + 3(나머지)]$$

㉥ 등고선법

$$V = \frac{h}{3}[A_0 + A_n + 4(짝수) + 2(홀수)]$$

② 건설기계

① **건설기계화 시공의 장점**

㉠ 공사기간의 단축

㉡ 공사비 절감

㉢ 공사의 질적 향상

㉣ 노동력 절감

㉤ 안전사고 감소

② 운반거리에 의한 장비의 분류

　　㉠ 단거리(70m 이하) : 불도저, 트렉터 셔블, 견인식 스크레이퍼, 버킷도저

　　㉡ 중거리(70 ~ 500m) : 스크레이퍼 도저, 버킷도저, 모터 스크레이퍼, 셔블계 굴착기+덤프트럭

　　㉢ 장거리(500m 이상) : 모터 스크레이퍼, 셔블계 굴착기+덤프트럭, 트렉터 셔블+덤프트럭

③ 기계경비의 적산

$$\text{가동률} = \frac{\text{공사일수} - \text{휴지일수}}{\text{공사일수}} \times 100\%$$

$$\text{가동률} = \frac{\text{공사일수} - \text{휴지일수}}{\text{공사일수}} \times 100\%$$

$$\text{기계손료} = \text{상각비} + \text{정비비} + \text{관리비} + \text{수리비}$$

④ **굴착과 싣기를 같이 할 수 있는 장비** ⋯ 파워 셔블, 백호, 트렉터 셔블, 크람 셸

⑤ **셔블계 굴착기의 종류** ⋯ 파워 셔블, 드래그라인, 크람 셸, 파일 드라이버, 크레인, 백호, 쇄암기

⑥ **지반보다 낮은 곳의 굴착** ⋯ 백호, 드래그라인, 크람 셸

⑦ **작종 롤러의 작업 대상 재료**

　　㉠ 머캐덤 롤러 : 쇄석기층의 다지기

　　㉡ 탠덤 롤러 : 아스팔트 포장 끝손질

　　㉢ 탬핑 롤러 : 고함수비의 점토질 다짐(턴훗, 쉽스훗, 그리드, 태퍼훗)

　　㉣ 진동 롤러, 타이어 롤러 : 사질토

⑧ **함수비 조절용 기계** ⋯ 스태빌라이저, 플로우, 하로우, 모터 그레이더

⑨ **다짐기계의 종류**

　　㉠ 전압식 다짐기계 : 머캐덤 롤러, 탠덤 롤러, 탬핑 롤러, 타이어 롤러, 불도저

　　㉡ 충격식 롤러

　　　• 래머 : 탬코어 다짐과 같은 국부적인 곳의 다짐에 양호

　　　• 프록 래머 : 일반토공(점성토)에도 이용되나 흙댐 공사에 많이 사용

　　㉢ 탬퍼 : 갓길의 다짐에 이용되며 소규모 도로토공에 사용

　　㉣ 진동식 : 진동 롤러, 바이브레터, vibro tire roller

⑩ **장비의 작업능력 산정**

㉠ 불도저

$$Q = \frac{60 \cdot q_0 \cdot p \cdot f \cdot E}{C_m} \, [\text{m}^3/\text{hr}]$$

$$C_m = \frac{l}{v_1} + \frac{l}{v_2} + t$$

$$\text{평균 접지압} = \frac{\text{전장비 중량}}{\text{접지장} \times \text{캐터필러 폭} \times 2} \, [\text{kg/cm}^2]$$

㉡ 리퍼 불도저

$$Q = \frac{60 \cdot A \cdot l \cdot f \cdot E}{C_m} \, [\text{m}^3/\text{hr}]$$

$$C_m = 0.05l + 0.33$$

리퍼로 암석을 파쇄하면서 도저작업 할 때의 작업량 $Q = \dfrac{Q_1 \times Q_2}{Q_1 + Q_2} \, [\text{m}^3/\text{hr}]$

㉢ 트랙터 셔블

$$Q = \frac{60 \cdot q \cdot k \cdot f \cdot E}{C_m} \, [\text{m}^3/\text{hr}]$$

$$C_m = ml + t_1 + t_2$$

㉣ 모터 그레이더

$$\text{통과횟수} = \frac{\text{작업지역 폭}}{\text{브레이드 유효폭}}, \quad \text{작업시간} = \frac{\text{통과횟수} \times \text{주행구간거리}}{\text{평균 작업속도} \times \text{작업효율}}$$

㉤ 덤프트럭

$$Q = \frac{60 \cdot q_t \cdot f \cdot E}{C_m} \, [\text{m}^3/\text{hr}]$$

$$q_t = \frac{T}{\gamma_t} \times L$$

• 굴착기계+덤프트럭

$$\text{적재횟수 } n = \frac{q_t}{q \times k}, \quad \text{적재 소요시간} = \frac{C_{ms} \times n}{60 \times E_s}$$

• 덤프트럭 대수

$$N = \frac{E_s}{E_t} \times \frac{60(T_1 + T_2 + t_1 + t_2 + t_3)}{C_m \times n} + \frac{1}{E_t}$$

$$T_1 = 60 \times \frac{D}{v_1}, \quad T_2 = 60 \times \frac{D}{v_2}$$

ⓑ 다짐기계

• 롤러의 작업능력

$$Q = \frac{1,000 \cdot V \cdot W \cdot H \cdot f \cdot E}{N} [\text{m}^3/\text{hr}]$$

$$A = \frac{1,000 \cdot V \cdot W \cdot E}{N} [\text{m}^2/\text{hr}]$$

• 래머의 작업능력

$$Q = \frac{A \cdot N \cdot H \cdot f \cdot E}{P} [\text{m}^3/\text{hr}]$$

⑪ **아스팔트 포장 시 현장에 준비할 기계** … 아스팔트 믹싱 플랜트, 아스팔트 피니셔, 덤프트럭, 탠덤롤러, 아스팔트 디스트리뷰터

⑫ **아스팔트 포장기계** … 아스팔트 믹싱플랜트, 아스팔트 피니셔, 아스팔트 디스트리뷰터, 골재살포기, 아스팔트 스프레이어

⑬ **콘크리트 브레이커** … 해머 드릴의 일종으로 콘크리트 포장의 파괴작업에 사용되는 장비

⑭ **이넌데이터** … 시멘트, 모래, 자갈 및 물을 정확하게 계량하여 콘크리트 믹서에 보내는 기계로 특히 모래를 물로 포화시켜서 건조 시와 같은 용적으로 계량 혼합하는 기계

⑮ **준설선의 종류** … Grab 준설선, Dipper 준설선, Bucket 준설선, Pump 준설선(매립＋준설)

③ 연약지반 개량공법

① **점성토 지반의 개량공법** … 치환공법, 프리로딩공법, 페이퍼드레인공법, 생석회말뚝공법, 전기침투공법, 샌드콤팩션파일공법

② **일시적 지반 개량공법** … Well point 공법, Deep well 공법, 동결공법, 대기압공법

③ **샌드 매트층의 시공목적**

　㉠ 연약층의 압밀을 위한 상부 배수층의 형성

　㉡ 성토 내에서 지하배수층이 되어 지하수면을 저하하고 성토시공을 위한 트래피커빌리티를 좋게 한다.

　㉢ 샌드 드레인 등의 처리에 필요한 시공기계의 통로 또는 지지층이 된다.

④ **치환공법** … 굴착 치환 공법, 성토 자중에 의한 치환 공법, 폭파 치환 공법

⑤ **하천제방에서 기초지반의 누수대책**

　㉠ 널말뚝으로 침수층을 막는다.

　㉡ 제방의 폭을 크게 한다.

　㉢ 침투층이 얇을 경우 일정한 폭을 양질의 제체용 흙으로 치환한다.

　㉣ 블랭킷을 설치한다.

　㉤ 제내지를 매립하여 지반을 높인다.

⑥ **기초의 활동파괴방지에 유효한 공법** … 치환공법, 다짐성토공법, 샌드콤팩션파일공법, 전기침투공법

⑦ **압밀침하촉진에 유효한 공법** … 재하공법, 탈수공법, 배수공법, 전기침투공법

⑧ **폭파치환공법의 종류** … Trench shooting공법, Toe shooting공법, Under-fill공법

⑨ **샌드 드레인 공법의 조사 설계 순서**

　㉠ 필요한 점착력의 계산

　㉡ 하중단계의 결정

　㉢ 샌드 파일의 지름, 간격 및 모래의 입경

　㉣ 시공순서 결정

⑩ **모래말뚝의 배열**

　㉠ 정삼각형 배열

$$d_e = 1.05d$$

d_e : 영향원의 지름, d : 모래말뚝의 간격

　㉡ 정사각형 배열

$$d_e = 1.13d$$

⑪ 샌드 드레인 공법과 비교한 페이퍼 드레인 공법의 장점

ㄱ 시공속도가 빠르다.

ㄴ 타설에 의해서 주변 지반을 교란하지 않는다.

ㄷ 드레인 단면이 깊이 방향에 대해 일정하다.

ㄹ 배수효과가 양호하다.

ㅁ 공사비가 저렴하다.

⑫ 바이브로플로테이션 공법

ㄱ 개요 : 수평으로 진동하는 봉상의 진동기로 사수와 진동을 동시에 일으켜 생긴 빈틈에 모래나 자갈을 채워서 느슨한 모래지반을 다지는 공법

ㄴ 특징

- 지반을 균일하게 다질 수 있고 다진 후 지반 전체가 상부구조물을 지지할 수 있다.
- 깊은 곳의 다짐을 지표면에서 할 수 있다.
- 공사기간이 빠르고 공사비가 저렴하다.
- 지하수위의 고저에 영향을 받지 않고 시공할 수 있다.
- 상부구조가 진동하는 구조물에는 특히 효과적이다.

⑬ 샌드콤팩션파일 시공순서

ㄱ 내외관을 지상에 놓고 외관 내부 아래에 자갈을 넣는다.

ㄴ 내관을 낙하시켜 외관을 박고 소정위치에서 외관을 고정한 후 내관을 때려 자갈마개를 뗀다.

ㄷ 내관 상부에서 모래를 공급하며 외관을 들어 올려 모래를 지중에 넣는다.

ㄹ 반복하여 말뚝을 완성한다.

⑭ 약액주입공법의 특징

ㄱ 지반을 불투수층으로 하여 누수, 용수방지를 할 수 있다.

ㄴ 연약지반을 고결 안정화시키고 강도를 증가시킨다.

⑮ 약액주입재의 선정방법 및 재료

ㄱ 선정방법
- 안정성이 있어야 한다.
- 주입재 입경이 작고 점성이 작아야 한다.
- 토층에 강도를 기대할 경우 크리프에 대해서도 충분해야 한다.
- 주입재는 고결 후 화학적 반응이나 지하수류의 침식에 저항할 수 있어야 한다.
- 경제성이 있어야 한다.

ⓛ 재료

- 강도 목적 : 시멘트, 약액주입(규산소다, 크롬리그닌, 아크릴산염, 요소)
- 지수 목적 : 점토, 벤토나이트, 아스팔트

⑯ **전기충격공법이 폭파다짐공법에 비해 유리한 점**

㉠ 다른 에너지를 임의로 변화시킬 수가 있다.

ⓛ 동일 지점에서 임의 회수의 방전이 가능하다.

ⓒ 방전을 한 것이 전기적으로 확인되며 화약의 경우같이 불발할 우려가 없다.

⑰ **탈수공법의 종류** … 웰포인트공법, 샌드드레인공법, 전기침투공법, 자연압밀공법

⑱ **샌드드레인 타설 방법** … 압축공기식 케이슨 방법, Water jet식 케이슨 방법, Auger에 의한 방법

⑲ **구속공법**

㉠ 개요 : 지반의 소성적인 측방변위를 감소시키고 성토 및 지반의 활동파괴를 방지하는 방법

ⓛ 사용재료 : 폴리에틸렌 시트, 합성수지 네트, 메탈 메시

⑳ **팽창성 지반의 흙의 성질을 변화시키는 방법** … 다짐공법, 살수공법, 차수벽 설치, 지반의 안정처리공법

㉑ **Deep well 공법**

㉠ 개요 : 직경 0.3~1.5m의 우물을 굴착하여 이 속에 우물관측관을 삽입하여 그 속으로 유입하는 지하수를 펌프로 양수하는 공법

ⓛ 효과

- 광범위하게 지표면에서 10m 이상의 지하수위저하가 필요할 때
- 굴착 시 Boiling 방지를 위하여 깊은 대수층의 수압을 감소시킬 필요가 있을 때
- 투수성이 좋은 지반에서 지하수량이 많아 수위를 저하시키기 위하여 다량의 양수가 필요할 때

㉒ **토목섬유**

㉠ 기능 : 배수기능, 분리기능, 필터기능, 보강기능

ⓛ 종류 : 강섬유, 유리섬유, 석면섬유, 카본섬유

㉓ **진동을 이용한 지반개량공법** … 바이브로플로테이션공법, 바이브로컴포저공법, 다짐말뚝공법

㉔ **SGR공법** … 이중관 로드에 특수 선단 장치를 결합시켜 대상 지반을 형성하여 손결에 가까운 겔상태의 초미립 시멘트 혼합액을 사용하여 지반을 그라우팅하는 공법으로 최근 지하철 연약구간에 사용

㉕ **JSP공법** … 최근 지하철이나 지하상사 굴착 시 고압으로 가압된 경화제를 Air Jet와 함께 복수 노즐로부터 분사시켜 지반의 토립자와 교반하여 경화제와 혼합시켜 지반보강과 차수벽 공사에 이용하는 무진동, 무소음 공법

㉖ **보강토강법**

　㉠ 종류 : 랭킨의 방법, 쿨롱의 힘의 모멘트 방법, 쿨롱의 모멘트 방법

　㉡ 구성요소 : 스트립 보강재, 전면판, 성토재료

④ 토질공

① **사운딩**

　㉠ 개요 : 로드 끝에 설치한 저항체를 땅 속에 삽입하여 관입, 회전, 인발 등의 저항으로 토층의 성질과 상태를 탐사하는 것을 말한다.

　㉡ 종류
　　• 정적 사운딩(점성토) : 휴대용 원추 관입시험기, 화란식 원추 관입시험기, 스웨덴식 관입시험기, 이스키미터, 베인시험기
　　• 동적 사운딩(사질토) : 동적 원추 관입시험기, 표준관입시험기

② **시료채취**

$$A_R = \frac{D_w{}^2 - D_e{}^2}{D_e{}^2} \times 100\%$$

$A_R \leq 10\%$: 불교란시료,　$A_R \geq 10\%$: 교란시료

③ **표준관입시험의 N치 측정**

　㉠ 측정방법 : 중공의 스플릿 스푼 샘플러를 보링 로드 끝에 붙여서 63.5kg의 해머로 낙하고 75cm에서 낙하시켜 스플릿 스푼 샘플러를 보링 구멍 밑의 교란되지 않은 흙속에 30cm 관입시킬 때의 타격수로 측정한다.

　㉡ 추정사항
　　• 점성토 : 컨시스턴시, 점착력, 파괴에 대한 허용지지력, 파괴에 대한 극한지지력
　　• 사질토 : 상대밀도, 내부마찰각, 지지력계수, 침하에 대한 허용지지력

④ **RMR** ⋯ 암석강도, RQD, 불연속면의 간격, 불연속면의 상태, 지하수 상태 등 5가지 요소에 대한 암반의 평점을 합산한 후 절리의 방향성에 따라 조정하여 암반을 Ⅰ, Ⅱ, Ⅲ, Ⅳ, Ⅴ의 5가지로 분류하는 법

⑤ **RQD와 회수율**

㉠ RQD

$$RQD = \frac{10\text{cm 길이 이상 회수된 부분의 길이 합}}{\text{굴착된 암석의 이론적 길이}} \times 100\%$$

RQD	암질
0 ~ 25	매우 불량
25 ~ 50	불량
50 ~ 75	보통
75 ~ 90	양호
90 ~ 100	우수

㉡ 회수율

$$회수율 = \frac{\text{회수된 암석의 길이}}{\text{굴착된 암석의 이론적 길이}} \times 100\%$$

⑥ **물리탐사법**

㉠ 개요 : 넓은 지역의 지반 특성을 신속하게 파악하기 위한 물리탐사방법은 주로 예비조사 방법으로 많이 사용되며 비용이 저렴하나 해석방법이 까다로운 단점이 있다.

㉡ 종류 : 지진굴절탐사법, 크로스 홀 지진탐사법, 비저항 탐사법

⑦ **흙의 동해방지 대책**

㉠ 배수구를 설치하여 지하수위를 저하시킨다.

㉡ 동결심도 상부의 흙을 비동결성 흙으로 치환한다.

㉢ 모관수 상승을 방지하기 위해 지하수위 위층에 조립토의 차단층을 설치한다.

PLUS CHECK

지하수로 포화되어 있으며 입경이 균등하고 느슨한 상태로 퇴적되어 있고 전단에 의하여 쉽게 체적이 감소하는 사질 토층에 지진이 발생하면 이 지반은 액상화하기 쉬운 지반이며 이의 대표적인 대책공법은 샌드콤팩션파일공법, 진동충 격다짐공법, 쇄석드레인공법 등이 있다.

---

⑧ **액화현상이 일어나기 쉬운 지반**

㉠ 모래층이 발달한 자연제방지대

㉡ 충적지, 구하천, 매립지 등

㉢ 느슨하게 다져진 사질토 퇴적지반

㉣ 지표면부터 지하수위에 가깝고 입도가 나쁜 사질토 지반

⑨ **정지 토압으로 설계하는 구조물** … 교대 구조물, 지하벽 구조물

⑩ **점토지반의 전단강도를 원위치에서 시험하는 현장시험법** … 베인 전단시험, 풀 사운딩, Portable cone test, 이스키미터

⑪ **N치 수정 이유 및 추정사항**

　㉠ 심도가 깊어지면 로드의 변형에 의한 타격 에너지의 손실과 마찰 때문에 N치는 크게 나오므로 로드길이에 대해 수정한다.

$$N_1 = N\left(1 - \frac{x}{200}\right)$$

　㉡ 포화된 미세한 실트질 모래층일 경우 한계 간극비에 해당하는 N치가 거의 15라 생각하여 측정 N치가 15 이상일 때 수정한다.

$$N_2 = 15 + \frac{1}{2}(N_1 - 15)$$

　㉢ 모래지반에 있어서 지표면 부근에서는 N치가 작게 나오므로 수정해야 한다.

　㉣ N치로부터 추정되는 사항

모래지반	점토지반
• 상대밀도 • 내부마찰각 • 침하에 대한 허용지지력 • 지지력계수 • 탄성계수	• 컨시스턴시 • 일축압축강도 • 점착력 • 파괴에 대한 극한지지력 • 파괴에 대한 허용지지력

⑫ **단위체적 중량시험** : 모래치환법, Cutter방법, 흙덩어리를 채취하여 측정하는 방법, γ선 산란형 밀도계에 의한 방법

⑬ **평판재하시험** : 현장에서 재하 방법에 의하여 흙의 지지력을 측정하기 위하여 실시하는 시험

　㉠ 재하시험에 대한 허용지지력 : 극한강도의 $\frac{1}{3}$, 항복강도의 $\frac{1}{2}$ 중 작은 값 사용

　㉡ 재하시험결과에 의한 허용지지력

　　• 장기허용지지력

$$q_a = q_t + \frac{1}{3}\gamma D_f N_q$$

- 단기허용지지력

$$q_a = 2q_t + \frac{1}{3}\gamma D_f N_q$$

분류	지지력	침하량
재하판 폭에 비례	모래지반	점토지반
재하판 폭에 무관	점토지반	모래지반

⑭ 유기질토의 특징

㉠ 압축성이 크다.

㉡ 자연함수비는 200 ~ 300%이다.

㉢ 2차 압밀 동안 하중을 받으면 상당한 침하가 발생한다.

⑮ 랭킨 토압과 쿨롱 토압의 차이

㉠ 랭킨 토압은 벽마찰각을 무시

㉡ 쿨롱 토압은 벽마찰각을 고려

⑯ 직접기초의 지지력

$$q_u = \alpha C N_c + \beta \gamma_1 B N_r + \gamma_2 D_f N_q$$

㉠ 지하수위가 기초 바닥면보다 위에 있는 경우

$$\gamma_1 = \gamma_{su}, \ \gamma_2 = \gamma_t - \frac{D_w}{D_f}(\gamma_t - \gamma_{su})$$

㉡ 지하수위가 기초 바닥 아래에 있는 경우

$$\gamma_1 = \gamma_{su} + \frac{d}{B}(\gamma_t - \gamma_{su}), \ \gamma_2 = \gamma_t$$

⑰ 편심하중을 받는 기초의 지지력

㉠ Meyerhof의 방법

- 편심거리 $e = \dfrac{M}{Q}$
- 유효면적 $B' = B - 2e$
- 유효길이 $L' = L$
- 전극한하중 $Q_{ult} = q_u \times B' \times L'$
- 안전율 $F_s = \dfrac{Q_{ult}}{Q}$

ⓛ 편심하중을 받는 압축응력

• $e \leq \dfrac{B}{6}$ 일 때 최대 · 최소 $q = \dfrac{Q}{A}\left(1 \pm \dfrac{6e}{B}\right)$

• $e > \dfrac{B}{6}$ 일 때 최대 $q = \dfrac{Q}{A}\left(\dfrac{4B}{3B-6e}\right)$

ⓒ Parkash 방법 – 기초의 침하각도

$$침하각도 \;\; \psi = \sin^{-1}\left(\dfrac{S_1 - S_2}{\dfrac{B}{2} - e}\right)$$

ⓔ 완전보상기초의 근입깊이

$$D_f = \dfrac{Q}{A \cdot \gamma_t}$$

⑱ **직접기초의 침하량**

• 모래층인 경우 $S = \sum 0.4 \dfrac{P_1}{A} H \log \dfrac{P_2}{P_1}$

• 점토층인 경우 $S = \sum \dfrac{C_c}{1+e} H \log \dfrac{P_2}{P_2}$ 여기서, $C_c = 0.009(W_L - 10)$

⑤ 기초공

① **기초가 구비해야 할 조건**

㉠ 최소 기초깊이를 유지할 것

㉡ 안전할 것

㉢ 침하가 허용치를 넘지 않을 것

㉣ 기초의 시공이 가능할 것

② **기초의 부등침하 방지대책**

㉠ 구조물의 전하중이 기초에 균등하게 분포되도록 한다.

㉡ 기초 상호간을 강결로 연결되게 한다.

㉢ 한 구조물의 기초는 같은 종류의 기초형식을 사용한다.

㉣ 기초지반 아래의 토질이 연약지반일 경우 연약지반 처리공법으로 대책을 세운다.

③ **기초설계 시 고려하여야 할 하중**

ⓐ 구조물의 사하중과 활하중

ⓑ 터파기 전에 밑면보다 상부에 작용하는 유효하중

ⓒ 풍하중이나 토압과 같은 가로 방향으로 작용하는 활하중

ⓓ 진동하중

④ **깊은 기초**

ⓐ 개요 : 기초판과 지지지반 사이에 중개물을 설치하는 형식의 것, $\dfrac{D_f}{B}$가 1 이상의 것

ⓑ 종류 : 말뚝기초, 피어기초, 케이슨기초

⑤ **히빙(Heaving)현상**

ⓐ 방지대책
   - 설계 계획을 변경
   - 표토를 제거하여 하중을 적게
   - 굴착면에 하중을 가함
   - 지반개량
   - 흙막이벽의 관입깊이를 깊게

ⓑ 안전율 공식

$$\bullet \ M_d = \frac{1}{2} R^2 (\gamma_1 H + q)$$

$$\bullet \ M_r = \pi C_2 R^2 + H C_1 R$$

$$\bullet \ F_s = \frac{M_r}{M_d} (\text{보통 } F_s > 1.2)$$

⑥ **Boiling 현상**

ⓐ 개요 : 모래지반에서 지하수위 이하를 굴착할 때 토류벽의 기초깊이에 비해 배면의 수위가 너무 높으면 굴착저면의 모래입자가 지하수와 더불어 분출하여 굴착저면이 마치 물이 끓는 상태와 같이 되는 현상

ⓑ 조건식

$$\bullet \text{Boiling 발생 조건식} : \frac{H}{H+2d} \geq \frac{G_s - 1}{1 + e}$$

$$\bullet \text{Boiling 발생하지 않기 위한 조건} : \frac{H}{H+2d} < \frac{G_s - 1}{1 + e}$$

⑦ 말뚝기초의 허용지지력을 측정하는 방법

㉠ 정역학적 지지력 공식에 의한 방법

• Terzaghi 공식

$$Q_u = A_p \cdot q_u + A_f \cdot f_s$$
$$A_p = \pi r^2$$
$$A_f = 2\pi rl$$

• Meyerhof 공식

$$Q_u = 40NA_p + \frac{\overline{N}}{5}A_f$$
$$\overline{N} = \frac{N_1 h_1 + N_2 h_2 + N_3 h_3}{h_1 + h_2 + h_3}$$

㉡ 동역학적 지지력 공식에 의한 방법

• Hiley 공식

$$\text{극한지지력} \ R_u = \frac{e_f F}{S + \dfrac{C_1 + C_2 + C_3}{2}} \quad (\because F = W_H \cdot H)$$
$$\text{허용지지력} \ R_a = \frac{R_u}{3}$$

• Weisbash 공식

$$\text{극한지지력} \ R_u = \frac{AE}{L}\left(-S + \sqrt{S^2 + W_H \cdot H\frac{2L}{AE}}\right)$$
$$\text{허용지지력} \ R_a = 0.15 R_u$$

• Engineering News 공식

• 드롭해머 $R_u = \dfrac{W_H \cdot H}{6(S + 2.54)}$

• 단동식 증기해머 $R_u = \dfrac{W_H \cdot H}{6(S + 0.254)}$

• 복동식 증기해머 $R_u = \dfrac{H(W_H \cdot A \cdot P)}{6(S + 0.254)}$

• Sander 공식

$$R_u = \frac{W_H \cdot H}{8S}$$

ⓒ 재하시험에 의한 방법

ⓔ 기존의 자료에 의한 방법

⑧ **말뚝기초의 지지력에 대한 분류** … 선단지지말뚝, 하부지반에 의한 지지말뚝, 마찰말뚝

⑨ **부마찰력**

ⓐ 개요 : 연약층을 관통하여 지지층에 도달한 지지말뚝에는 연약층의 침하에 의해서 하향의 마찰력이 작용하여 말뚝을 아래쪽으로 끌어내리려는 현상이 생긴다. 이같이 하향으로 작용하는 마찰력을 부마찰력이라 한다.

ⓑ 공식

$$Rnf = Ul_o f_s$$

⑩ **부마찰력이 생기는 경우**

ⓐ 말뚝의 타입 지반이 압밀 진행 중인 경우

ⓑ 지하수위의 감소로 체적이 감소할 때

ⓒ 상재하중이 말뚝과 지표에 작용할 때

⑪ **얕은 기초의 근입깊이 결정시 고려사항** … 말뚝의 주변장, 타입된 말뚝의 길이, 흙의 전단강도

⑫ **얕은 기초의 굴착공법**

ⓐ Open cut 공법 : 토질이 좋고 부지에 여유가 있을 경우 사용

ⓑ Isaland 공법 : 중앙부 → 주변부

ⓒ Trench cut 공법 : 주변부 → 중앙부

ⓓ Deep well 공법

ⓔ Well point 공법 : 중력배수가 곤란한 모래질 지반의 지하수위를 저하시키기 위하여 파이프 선단에 여과기를 부착하여 흡입펌프로 물을 배출시키는 공법으로 실트질 모래층과 사질 실트층에 효과적인 공법

ⓕ 역권공법 : 구조물의 기초를 그대로 지보공으로 이용하는 공법

⑬ **강관파일의 장점**

ⓐ 재질이 강하여 중간의 굳은 토층을 관통하여 지지층에 도달시킬 수 있다.

ⓑ 지내력이 큰 지층에 깊이 박을 수 있어 큰 지지력을 얻을 수 있다.

ⓒ 단면의 휨강도가 크므로 수평저항력이 크다.

ⓓ 말뚝이음이 쉽고 길이를 쉽게 조절할 수 있다.

⑭ **강관파일의 부식에 대한 대책**

　㉠ 두께를 증가시키는 방법

　㉡ 전기 방식법

　㉢ 도장에 의한 방법

　㉣ 콘크리트로 피복하는 방법

⑮ **강널말뚝의 장점**

　㉠ 물막이 효과가 크다.

　㉡ 견고한 지반에도 박을 수 있다.

　㉢ 단면이 강하여 휨 모멘트에 대한 저항성이 크다.

　㉣ 비교적 쉽게 뽑아서 반복 사용할 수 있다.

⑯ **PC말뚝의 장점**

　㉠ PC말뚝은 균열이 생기지 않는다.

　㉡ 휨량이 적다.

　㉢ PC말뚝을 박을 때 인장파괴가 발생하지 않는다.

　㉣ 길이의 조절이 쉽다.

　㉤ 운반이 쉽다.

⑰ **Under pinning 공법** … 가설 구조물에 대하여 기초부분을 신설, 개축 또는 보강하는 공법으로 고층건물의 시가지 등에서 지하철을 건설하면서 이용되는 공법

⑱ **디젤해머와 진동해머의 장점**

디젤해머	진동해머
• 기동성이 풍부하다. • 큰 타격력을 얻을 수 있다. • 연료비가 적다. • 경사말뚝의 시공이 가능하다.	• 타격음이 적다. • 정확한 위치에 타격할 수 있다. • 항두의 손상이 적다.

⑲ **말뚝타입의 유형**

　㉠ 중앙부의 말뚝부터 먼저 박고 외측으로 향하여 타입한다.

　㉡ 육지쪽에서 바다쪽으로 타입한다.

　㉢ 기존 구조물 부근에서 시공할 경우는 구조물쪽부터 타입한다.

⑳ **피어공법의 종류** … Chicago 공법, Gow 공법, Benoto 공법, Earth drill 공법, Reverse circulation 공법

㉑ **피어기초의 특징**

ⓖ 굴착시공이므로 예정 지층까지 도달한다.

ⓛ 지지력을 확실하게 알 수 있다.

ⓒ 많은 수의 기초를 동시에 사용할 수 있다.

ⓔ 소음과 진동이 적게 발생한다.

㉒ **지하연속벽 공법**

ⓖ **종류** : ICOS공법, ELSE공법, Earth wall공법, MIP공법, PIP공법, Soletanch공법

ⓛ **특징**

- 시공 시의 소음, 진동이 적다.
- 벽체의 강성이 높고 지수성이 좋다.
- 주변지반의 침하를 방지할 수 있다.
- 대부분의 지반조건에 적합하게 시공할 수 있다.
- 큰 지지력을 얻을 수 있다.

㉓ **지하연속벽 공법이 재래식 공법에 비해 우수한 점**

ⓖ 지반조건에 좌우되지 않으므로 도심지, 지하수가 높은 지역의 시공이 양호

ⓛ 지하수위 차수가 거의 완벽하므로 인접지역 지반의 부등침하 방지가 양호

ⓒ 굴착시에 벽체의 변화가 적어 버팀대나 앵커가 절약된다.

ⓔ 소음, 진동이 적고 선택적으로 두께 강도를 구할 수 있다.

ⓜ 강성이 큰 벽체가 시공되므로 하중에 대해 효과적이다.

㉔ **타격에 의하지 않는 현장 콘크리트 말뚝** ··· PIP말뚝, MIP말뚝, ICOS말뚝

㉕ **Benoto 공법과 비교한 Earth drill 공법의 장점**

ⓖ 장비의 기동성이 좋아 시공속도가 빠르다.

ⓛ 말뚝직경을 크게 할 수 있어 지지력을 크게 할 수 있다.

ⓒ 장비가격이 싸고 고장률이 적어 기계손료가 적게 든다.

㉖ **Open caisson의 침하조건식 및 침하시 유의사항**

ⓖ **침하조건식** : W(정통의 수직하중) $>$ F(총 주변 마찰력) $+$ B(정통 선단부의 지지력)

ⓛ **유의사항**

- 정확한 위치선정에 의한 수직침하
- 토질에 따라 침하속도가 다르므로 정확한 토질 및 지질조사의 선행
- 침하 직후 3m 정도까지는 불안정하므로 하중조절에 신중할 것
- 홍수시는 정통이 전도되지 않도록 서둘러 충분한 깊이까지 침하시킬 것

㉗ **케이슨 침하시 편위의 원인**

  ㉠ 유수에 의해서 이동하는 경우

  ㉡ 지층의 경사

  ㉢ 편토압

  ㉣ 우물통의 비대칭

㉘ **케이슨의 수중거치법** ⋯ 축도법, 비계식, 예항식

㉙ **공기케이슨(Pneumatic caisson)의 특징**

  ㉠ 장점

   • 공정이 빠르며 공기도 확실히 예정할 수 있다.

   • 정확한 지지력 측정이 가능하다.

   • 우물통에 비해서 중심위치가 낮으므로 이동경사가 적고 경사가 생긴 경우 수정이 비교적 쉽다.

   • 인접지반 침하의 현상을 일으키지 않는다.

  ㉡ 단점

   • 기계설비가 비싸므로 소규모 공사나 심도가 얕은 기초에는 비경제적이다.

   • 노동자와 노동조건의 제약을 받기 때문에 노무자의 모집이 곤란하며 노무비가 비싸게 든다.

   • 관리 및 노무인원이 많이 필요하게 된다.

   • 케이슨병이 발생한다.

㉚ **Pneumatic caisson의 한계작업깊이 및 압력** ⋯ 35m, 3.5kg/cm^2

㉛ **현장타설 콘크리트 말뚝의 종류** ⋯ Franky pile(무각), Pedestal pile(무각), Raymond pile(유각)

㉜ **요양갑(療養閘)** ⋯ 공기케이슨 작업 시 고기압 상태에서 작업을 하다 나올 때 사람의 건강체질, 기압체류시간, 감압속도 등에 따라 케이슨병에 걸릴 때 환자를 원래의 고기압 상태에서 서서히 기압을 낮추는 시설

㉝ **흙막이벽 근입깊이 계산 시 중요사항**

  ㉠ 파이핑에 대한 안정검토

  ㉡ 히빙에 대한 안정검토

  ㉢ 토압에 대한 안정검토

㉞ **토목구조물 설계의 내진설계법** ⋯ 진도법, 수정진도법, 응답변위법, 동적해석법

㉟ **토류벽체의 지지방식** ⋯ 버팀대에 의한 방식, 앵커에 의한 방식, 아일랜드 공법

㊱ **PC말뚝의 시공방법** ⋯ 타격방식, Pre-boring방식, 중공굴착방식, 제트방식

㊲ **류전계수(Lugeon coeffcient)** ⋯ 보링공으로부터의 투수를 나타내기 위한 것으로 10kg/cm^{2}의 압력으로 보링공에 송수하였을 때 공장 1m에 대하여 매초의 투수량을 리터수로 표시하고 보통 10분간의 시험 평균값을 취하고 투수계수의 측정이 곤란할 때에 쓰면 편리한 계수

㊳ **펀칭전단파괴** … 상당히 느슨한 기초지반 위에 구조물이 놓일 때 파괴면은 지표까지 연장되지 않고 하중–침하관계곡선이 거의 직선에 가깝게 파괴되는 계수

㊴ **군항의 허용지지력**

$$효율\ E = 1 - \psi \frac{(n-1)m + (m-1)n}{90mn} \qquad 여기서,\ \psi = \tan^{-1}\frac{D}{S}$$

m : 각 열의 말뚝 수, n : 말뚝 열의 수, 허용지지력 $R_{ag} = ENR_a$

㊵ **말뚝의 타입순서**

㉠ 중앙부의 말뚝부터 먼저 박고 외측으로 향하여 타입한다.

㉡ 육지쪽에서 바다쪽으로 타입한다.

㉢ 기존 구조물 부근에서 시공할 경우에는 구조물쪽부터 타입한다.

㊶ **Benoto공법**

㉠ 개요 : 베노토 굴착기를 사용하여 강철 케이싱 튜브를 반회전 요동시켜 소정의 지지 기반까지 구멍을 파서 그 속에 콘크리트를 타설하여 확실한 원형의 주상기초를 만드는 공법으로 케이싱 튜브의 인발시 철근이 따라 뽑히는 공상현상이 일어날 우려가 있다.

㉡ 시공순서 : 기계의 설치→케이싱의 압입→굴착완료→양수→조립철근의 내림→트래미관의 삽입→콘크리트의 타설→케이싱의 인발→말뚝박기 완료→말뚝머리 처리

❻ 콘크리트공

① **알루미나 시멘트의 특징**

㉠ 초조강 시멘트이다.

㉡ 포틀랜드 시멘트와 혼합하여 사용하면 순간적으로 굳는다.

㉢ 화학적 내구성이 풍부하다.

㉣ 응결 경화시에 발열량이 대단히 크다.

② **거듭 비비기** … 아직 굳기 시작하지는 않았지만 비빈 후 상당한 시간이 지났거나 재료가 분리할 우려가 있는 경우 다시 비비는 작업

③ **되비비기** … 콘크리트 또는 모르타르가 굳기 시작한 경우에 다시 비비는 작업

④ **Cold joint** … 계속해서 콘크리트를 칠 경우 먼저 친 콘크리트와 나중에 친 콘크리트 사이에 비교적 긴 시간차로 말미암아 계획되지 않는 개소에 생기는 이음

⑤ 블리딩이 콘크리트에 미치는 영향

  ㉠ 시공의 높이가 달라진다.

  ㉡ 콘크리트의 표면에 레이턴스(불경화층)를 생기게 한다.

⑥ 블리딩 방지법

  ㉠ 단위수량을 작게 한다.

  ㉡ 굵은 골재의 최대치수를 크게 한다.

  ㉢ 부배합을 한다.

  ㉣ 분말도가 높은 시멘트를 사용한다.

  ㉤ AE제를 사용한다.

⑦ 플라이애시의 효과

  ㉠ 워커빌리티를 좋게 한다.

  ㉡ 시멘트량을 절약한다.

  ㉢ 수밀성을 증대시킨다.

  ㉣ 화학적 저항성을 향상시킨다.

  ㉤ 수화열을 저하시킨다.

⑧ 워커빌리티를 좋게 하는 방법

  ㉠ 사용수량을 늘린다.

  ㉡ 플라이애시와 같은 분말도가 큰 혼화재를 사용한다.

  ㉢ AE공기를 연행시킨다.

  ㉣ 표면이 매끄러운 모래를 사용한다.

  ㉤ 굵은 골재의 최대치수가 작은 것을 사용한다.

⑨ 콘크리트 펌프 배관 시 주의사항

  ㉠ 경사배관은 피하는 것이 좋다.

  ㉡ 내리막 배관은 수송이 곤란하므로 곡관부에는 공기빼기 콕크를 설치한다.

  ㉢ 여름철에는 관이 직사광선에 의해서 열을 받으므로 가마니 등을 덮고 적당히 살수한다.

  ㉣ flexible한 호스는 5m 정도인 것을 사용한다.

⑩ **콘크리트의 plugging 현상의 원인**

ⓖ 골재의 치수가 너무 크거나 입도 또는 입형이 나쁠 때

ⓛ 슬럼프 값이 너무 작을 때

ⓒ 관경이 너무 작거나 관로의 길이가 너무 길 때

ⓔ 콘크리트가 경화되었을 때

⑪ **워커빌리티 측정시험 및 영향을 미치는 요소**

ⓖ 측정시험 : 슬럼프 시험, 흐름시험, 구관입시험, Vee-Bee시험, 리몰딩 시험, 케리볼 관입시험

ⓛ 영향을 미치는 요소 : 시멘트, 수량, 잔골재, 굵은 골재, 혼화재료, 온도, 배합

⑫ **시멘트 강도에 영향을 주는 요소** … 분말도, 풍화, 양생조건, 사용수량

⑬ **콘크리트 강도에 영향을 주는 요소** … 시멘트의 품질, 물-시멘트비, 혼화재료, 골재의 성질, 골재의 입도, 배합, 비비기

⑭ **철근 간격 지지재의 특징**

ⓖ 철근의 간격을 정확하게 유지시킨다.

ⓛ Spiral hoop의 묶줄이 나오지 않는 등 작업의 향상에 도움이 된다.

ⓒ 콘크리트 치기시의 충격 등에 의한 배근의 흩어짐이 없고 최대 배근단면이 얻어진다.

ⓔ 굵은 철근의 배근에는 그 위력이 발휘된다.

⑮ **콘크리트 다짐방법** … 거푸집 전동기, 평면 진동기, 찔러 다지기, 내부 진동기에 의한 방법

⑯ **콘크리트 양생 작업 시 주의사항 및 종류**

ⓖ 주의사항

• 직사광선, 서리, 비, 바람 등의 기상작용에 대하여 콘크리트의 노출면 보호

• 경화중에 충분한 습윤상태를 유지

• 콘크리트가 충분히 경화될 때까지 충격 및 하중이 가해지지 않게 보호

• 콘크리트의 경화 중 알맞은 온도를 유지시킬 것

ⓛ 종류 : 습윤양생, 막양생, 증기양생, 전기양생

⑰ **콘크리트의 신축이음 재료가 갖추어야 할 조건**

ⓖ 온도변화 등에 대한 신축이 자유로울 것

ⓛ 스트레인 변화 등에 대한 변위가 자유로울 것

ⓒ 강성이 높을 것

ⓔ 내구성이 있을 것

ⓜ 구조가 간단하고 시공이 쉬울 것

⑱ **콘크리트 단위중량 시험방법** … 봉다짐시험, 지깅시험, 셔블시험

⑲ **거푸집의 검사항목**

　㉠ 거푸집 위치와 치수

　㉡ 거푸집 연결부의 조립상태

　㉢ 콘크리트의 타설 중 거푸집의 변형 가능성 여부

　㉣ 거푸집의 청결여부

　㉤ 해체를 위한 박리체 도포 여부

⑳ **콘크리트에 모따기를 하는 이류**

　㉠ 미관을 위해서

　㉡ 파손을 방지하기 위해서

　㉢ 기상작용의 해를 적게 하기 위해서

㉑ **거푸집 내면에 박리제를 바르는 이유**

　㉠ 콘크리트 부착방지

　㉡ 물의 흡수방지

　㉢ 거푸집판 뒤틀림 방지

㉒ **동바리공 설치시 주의사항**

　㉠ 동바리공을 시공하기 전에 기초지반을 고르게 한다.

　㉡ 소요의 지지력을 가지게 한다.

　㉢ 부등침하가 생기지 않도록 적당히 보강도 한다.

　㉣ 동바리 조립은 충분한 강도와 안전성을 가지도록 한다.

㉓ **AE콘크리트의 장점 및 종류**

　㉠ 장점

　　• 내구성이 크다.

　　• 워커빌리티가 좋아진다.

　　• 사용수량을 15% 정도 감소시킬 수 있다.

　　• 발열, 증발이 적고 수축, 균열을 적게 한다.

　　• 골재의 알칼리 반응을 적게 한다.

　㉡ 종류 : 벤졸레진, 다렉스, 프로텍스, 포졸리스

㉔ **한중 콘크리트 시공 시 지켜야 할 사항**

　㉠ 콘크리트의 온도는 쳐 넣었을 때 10℃ 이상이어야 한다.

　㉡ 시멘크는 어떤 경우라도 직접 열을 가해서는 안 된다.

ⓒ 동결해 있거나 빙설이 혼입되어 있는 골재는 그대로 사용해서는 안 된다.

ⓔ 콘크리트의 비비기, 운반, 치기 등은 열량의 손실이 적게 되도록 한다.

㉕ **콘크리트의 온도**

$$T = \frac{S(T_a \cdot W_a + T_c \cdot W_c) + T_f \cdot W_f + T_w \cdot W_w}{S(W_a + W_c) + W_f + W_w}$$

㉖ **서중 콘크리트 시공시 지켜야 할 사항**

㉠ 콘크리트를 치기 시작하기 전에 거푸집, 철근, 암반, 잡석, 기초 등은 충분히 물로 적셔야 한다.

ⓛ 콘크리트의 온도는 쳐 넣었을 때 30℃ 이하이어야 한다.

ⓒ 콘크리트의 수송장치는 수송도중에 콘크리트가 건조되거나 가열되거나 하지 않아야 한다.

ⓔ 비빈 콘크리트는 1시간 이내에 쳐야 한다.

㉗ **수중 콘크리트 치는 방법 및 시공시 주의사항**

㉠ **방법** : 트레미, 콘크리트 펌프, 밑열림 상자, 밑열림 포대

ⓛ **주의사항**

• 물-시멘트비는 50% 이하이어야 한다.
• 시멘트 사용량은 $1m^3$당 370kg 이상이어야 한다.
• 워커빌리티는 특히 점성이 풍부해야 한다.
• 굵은 골재의 최대 치수는 25mm 이하로 한다.

㉘ **프리팩트 콘크리트의 장점**

㉠ 공기단축 및 공비절약

ⓛ 내구성과 수밀성 증대

ⓒ 건조수축과 수축, 팽창이 작다.

ⓔ 굳은 콘크리트와 잘 부착한다.

㉙ **PC에서 포스트텐션의 종류** ··· Freyssinet공법, Dywidag공법, BBRV공법, CCL공법

㉚ **고강도 콘크리트 제조기법**

㉠ 물-시멘트비를 낮춘다.

ⓛ 될 수 있는 한 치밀한 콘크리트를 만든다.

ⓒ 견고한 골재를 사용한다.

ⓔ 충분한 콘크리트의 양생을 시행한다.

㉛ **토목섬유의 특성** … 인장특성, 마찰특성, 파열특성, 인열특성

㉜ **강섬유 콘크리트의 장점**

　㉠ 균열에 대한 저항성이 크다.

　㉡ 인성이 크다.

　㉢ 인장강도, 휨강도, 전단강도가 크다.

　㉣ 동결, 융해작용에 대한 저항성이 크다.

㉝ **현장 콘크리트 시공 시 시행하는 시험**

　㉠ **공사 전 시험** : 입도시험, 표면수량시험, 비중시험, 안정성시험, 마모시험

　㉡ **공사 중 시험** : 슬럼프 시험, 공기량 시험, 골재시험, 콘크리트 압축강도 시험

　㉢ **공사 후 시험** : 강도 측정을 위한 core 채취, 테스트 해머 시험, 평탄성 시험

㉞ **이넌데이터(inundater)** … 시멘트, 모래, 자갈 및 물을 정확하게 개량하여 혼합기로 보내는 기계로서 특히 모래를 물로 혼합하여 포화시키고 수분의 함량을 일정하게 하고 건조시와 같은 용적으로 계량하여 혼합하는 기계

㉟ **콘크리트 공사 완료 후의 시험**

　㉠ 콘크리트 비파괴 시험

　㉡ 구조물에서 잘라 낸 콘크리트 코어의 시험

　㉢ 구조물의 재하시험

㊱ **벽돌공의 장점**

　㉠ 풍화에 강하고 내화 및 내수성이다.

　㉡ 시공이 용이하다.

　㉢ 형태 및 색채가 자유롭고 외관이 아름답다.

　㉣ 화학작용에 대하여 저항성이 강하며 보기에도 좋다.

㊲ **콘크리트 표면처리 방법** … 갈아내기, 씻어내기, 쪼아내기, 모래뿜기, 모르타르 바르기, 모르타르 뿜기, lining, coating

㊳ **콘크리트 배합설계 순서** … 물-시멘트비 결정 → 슬럼프값 결정 → 굵은 골재의 최대치수 결정 → 잔골재율 또는 단위 굵은 골재 용적 결정 → 단위수량 결정 → 시방배합이 산출 및 조정 → 현장배합의 조정

㊴ **콘크리트 시공 중 균열의 원인** … 시멘트의 이상응결, 콘크리트의 침하, 블리딩, 건조수축 및 수화열

⑩ **포졸란을 사용한 콘크리트의 특징**

  ㉠ 워커빌리티가 좋아지고 블리딩 및 재료분리가 감소한다.

  ㉡ 내구성, 수밀성 및 화학적 저항성이 크다.

  ㉢ 장기강도 및 인장강도가 크다.

  ㉣ 건조수축이 크다.

㊶ **초속경 시멘트** … 경화시간을 임의로 바꿀 수 있는 시멘트를 말하며 일명 제트 시멘트라고도 한다. 이는 강도발현이 빠르기 때문에 긴급공사, 동절기공사, 숏크리트, 그라우트용 등으로 사용되는 시멘트이다.

㊷ **실리카 시멘트의 특징**

  ㉠ 해수에 대한 화학적 저항성이 크다.

  ㉡ 수밀성이 큰 콘크리트를 만들 수 있다.

  ㉢ 장기강도가 크다.

  ㉣ 발열량이 작다.

  ㉤ 조기강도가 작다.

㊸ **고로 시멘트의 특징**

  ㉠ 수축이 작아서 댐 공사에 적합하다.

  ㉡ 비중이 작다.

  ㉢ 해수에 대한 저항성이 크다.

  ㉣ 단기강도가 작고 장기강도가 크다.

  ㉤ 블리딩이 적다.

㊹ **단위수량을 적게 하는 방법**

  ㉠ 되도록 슬럼프값이 작은 콘크리트를 사용한다.

  ㉡ 적당한 공기량의 AE콘크리트로 만든다.

  ㉢ 적당한 입도와 형상의 골재를 사용한다.

  ㉣ 최대치수와 굵은 골재를 사용한다.

㊺ **골재의 혼합비를 산출하는 방법** … 시산법, 중량배합법, 도표 사용

㊻ **물 증가 없이 슬럼프값을 증가시키는 방법**

  ㉠ AE재를 사용하여 공기량을 증가시키는 방법

  ㉡ 잔골재율을 증가시키거나 감수제를 첨가하는 방법

㊼ **콘크리트의 압축강도**

㉠ 두꺼운 부재의 수직면 : 35kg/cm^2

㉡ 교량, 건물의 슬래브 및 보 : 140kg/cm^2

㉢ 얇은 부재의 수직면 : 50kg/cm^2

㉣ 기둥 : 50kg/cm^2

㊽ **콘크리트 운반시 중요사항** … 재료분리 방지, 슬럼프값 저하 방지, 운반시간 단축

㊾ **콘크리트 타설 후 다짐방법** … 봉다짐, 진동다짐, 원심력다짐, 거푸집 두드리기

㊿ **염화칼슘을 혼합한 콘크리트의 특징**

㉠ 시멘트량의 1 ~ 2% 사용하면 조기강도가 증대된다.

㉡ 적당량을 사용하면 마모에 대한 저항성이 커진다.

㉢ 건습에 대한 팽창 수축이 크게 된다.

㉣ 황산염에 대한 저항성이 적어진다.

㉤ 알칼리 골재반응을 촉진시킨다.

(51) **해수에 접하는 콘크리트에서 철근의 부식을 적게 하는 방법**

㉠ 철근의 덮개를 충분히 한다.

㉡ 수밀성이 좋은 콘크리트를 사용한다.

㉢ 철근에 방청제를 처리한다.

㉣ 균열폭을 적게 한다.

PLUS CHECK

일평균 기온이 4℃ 이하에서는 한중 콘크리트 타설준비를 해야 하며, 콘크리트 타설 시의 기온이 30℃를 넘으면 서중 콘크리트로서의 여러 가지 성상이 현저해지므로 일평균기온이 25℃ 이상일 때는 서중 콘크리트 타설 준비를 하는 것이 좋다.

(52) **특수 거푸집의 종류** … Travelling form, Sliding form, Slip form, Side form

(53) **Slip form 공법** … 거푸집을 일단 조립하면 콘크리트 타설작업이 완료될 때까지 거푸집을 해체하지 않고 계속 작업을 할 수 있어 동일 규격의 단면을 가지는 콘크리트 작업시 사용되며 거푸집을 상향이나 수평으로 콘크리트면에 밀착시킨 상태에서 그대로 이동시켜 재타설할 수 있고 사일로, 벽, 교각타워 등에 이용하면 좋은 강제 거푸집 공법

(54) **거푸집 존치기간**(짧은 것부터) … 부재측면의 거푸집 → 부재저면의 거푸집 → 지간 6m 미만의 구조물 중앙 → 지간 6m 이상의 구조물 중앙

(55) **콘크리트 비파괴 시험** … 표면경도법, 초음파법, 공진법, 방사선법, 철근탐사법

56 **레디믹스트 콘크리트의 종류** ··· Central mixed concrete, Shrink mixed concrete, Transit mixed concrete

57 **프리펙트 콘크리트**

　㉠ **개요** : 거푸집 속에 미리 특정 입도를 가진 굵은 골재를 채우고 거푸집의 구멍이나 파이프를 통하여 특수 모르타르를 압입하여 소요강도와 내구성을 가지게 하는 콘크리트

　㉡ **혼화재료** : 플라이애시, 알루미늄 분말, 알페실, intrusion aid

7 암석발파

① **충격식 착암기의 종류** ··· Wagon drill, Jumbo drill, Leg drill

② **착암기로 천공 중 압력수 분출 이유**

　㉠ 암분을 제거하기 위하여

　㉡ 암분의 비산을 제거하기 위하여

　㉢ 비트의 과열을 냉각시키기 위하여

③ **천공발파 시 전색물의 목적**

　㉠ 가연성 가스나 탄진 착화를 방지하려고

　㉡ 장전된 폭약을 완폭시키려고

　㉢ 발파작업 시 연기를 적게 내려고

④ **폭파약의 종류**

　㉠ **흑색화약** : 초석 : 유황 : 목탄 = 75 : 10 : 15의 미세분말의 혼합물 보존과 취급에 위험이 적으나 수중폭발이 안 되고 폭발력이 작고 수중에서 사용시 방수포장이 필요하다.

　㉡ **카알릿(carlit)** : 흑색화약보다 4배의 폭발력을 가지고 있으며 과염소산암모니아를 주제로 한 무기염류 분말이다. 충격에 대하여 둔감하므로 취급상 위험이 적어 안전하며 취급이 편리하고 가격이 싸다.

　㉢ **ANFO폭약** : 질산암모늄과 연료유를 94 : 6의 중량비로 혼합한 혼합물로 충격에 대하여 둔감하여 안전하나 수공에는 사용할 수 없고 유해가스가 많이 발생한다. smooth blasting과 burn cut에 양호하다.

　㉣ **Slurry폭약** : 초안, TNT, 물의 혼합물로 ANFO폭약에 비하여 강력하고 내수성이 강하고 용수가 있는 곳에도 사용이 가능한 폭약

ⓜ 캄마이트(cammite) : 발파에 의하지 않고 무진동, 무소음으로 팽창에 의하여 기존 건물이나 암반을 폭파하는 폭약

⑤ **도폭선** … 수중발파 시 주로 사용되는 도화선

⑥ **심발발파** … 발파 시 첫 번의 발파에 의하여 자유면을 증대시켜 다음 발파를 용이하게 하기 위한 작업으로 발파 중 가장 중요한 발파

⑦ **암석 발파 작업**

ㄱ 임계심도 : 폭약으로부터 자유면까지의 깊이

ㄴ 최소저항성(W) : 장약의 중심부터 자유면까지의 최단거리

ㄷ 누두반경(R) : 폭파로 인하여 자유면을 향해 생긴 원추형 구멍을 누두공이라 하며 그 반경을 의미

ㄹ 누두지수(n) : $n = \dfrac{R}{W}$

ㅁ 표준장약량
- $n > 1$: 과장약
- $n < 1$: 약장약
- $n = 1$: 표준장약

⑧ **폭파식**

ㄱ Hauser의 식

$$L = C \cdot W^3$$

L : 장약량, W : 최소저항선의 길이, C : 폭파계수

ㄴ 최소저항선과 장약량

$$\frac{L_1}{L_2} = \frac{W_1{}^3}{W_2{}^3}$$

ㄷ 암반의 천공속도

$$V_T = \alpha(C_1 \times C_2) \times V$$

α : 0.65, V : 표준암을 천공하는 속도

⑨ **조절 폭파공법의 종류** : 라인드릴링 공법, 쿠션블라시팅 공법, 스무스블라스팅 공법, 프리스플리팅 공법

⑩ 벤치컷 공법

　　㉠ 개요 : 대량의 암석을 급속하게 굴착하기 위하여 암석을 계단상으로 굴착하는 방법으로 터널공사의 하부굴착과 토목공사의 원석채취에 많이 쓰이는 암석굴착공법

　　㉡ 계산식

$$L = C \cdot W^2 \cdot H = C \cdot W \cdot S \cdot H$$

⑪ 심발발파의 종류

　　㉠ V컷(wedge cut) : 다이아몬드 컷이라고도 하며 터널에 많이 쓰인다.

　　㉡ 피라미드 컷(pyramid cut) : 3개의 발파공을 3방향에서 피라미드형으로 천공할 때 3발파공의 공저가 합치도록 하는 방법으로 터널에 많이 쓰인다.

　　㉢ 스윙 컷(swing cut) : 버력을 너무 비산시키지 않는 심빼기에 유효하며 물이 많을 때 편리한 공법이다.

　　㉣ 번 컷(burn cut) : 빈 구멍을 자유면으로 하며 평행발파를 하는 것으로 버력의 비산거리가 가장 짧다.

　　㉤ 노 컷(no cut) : 심빼기 부분에 수직한 평행공을 다수 천공하여 장약량을 집중시키고 순발외관으로 발파시켜서 그 발파쇼크에 의하여 심빼기를 하는 공법으로 현재는 잘 사용하지 않는다.

⑫ Smooth blasting의 목적

　　㉠ 여굴을 감소하고 복공 콘크리트량이 절약된다.

　　㉡ 암석면을 매끈하게 한다.

　　㉢ 뜬돌떼기 작업이 감소하고 낙석의 위험성이 적다.

⑬ Smooth blasting과 Pre-splitting의 차이

　　㉠ Smooth blasting : 주발파와 동시에 점화하고 그 최종단에서 발파

　　㉡ Pre-splitting : 전면의 주발파를 하기 이전에 점화하여 후열에 균열을 먼저 일으킨 후 전열을 발파

⑭ 제어발파의 목적

　　㉠ 여굴 감소

　　㉡ 낙석위험이 적음

　　㉢ 암석면이 매끈

　　㉣ 복공 콘크리트량이 절약

⑮ 2차 발파의 종류 … Block boring, Snake boring, Mud capping

⑯ ANFO폭약의 특징

   ㉠ 대발파에 좋다.

   ㉡ 충격, 마찰 및 가열에 대하여 둔감하여 취급이 안전하다.

   ㉢ 탄광에 있어서나 폭발성 가스 또는 탄진이 부유하는 현장의 발파에 적합하다.

   ㉣ 흡수성이 심하여 수분을 흡수하면 폭발력이 감소한다.

⑰ **발파에 의하지 않고 암석을 굴착하는 방법**

   ㉠ 굴착기계에 의한 기계굴착 방법

   ㉡ 수력에 의한 수력굴착 방법

   ㉢ 열력 또는 전기력에 의한 굴착 방법

⑱ Rippability

   ㉠ **개요** : 리퍼에 의한 암반파쇄능력

   ㉡ **판단방법** : 보통 암반의 탄성파속도

⑧ 터널

① **저설 도갱 선진링 굴착공법** ··· 도갱을 선진시켜 용수의 확인을 한 다음 ring상으로 굴착, 동바리공, 복공을 행하는 공법

② **버섯형 반단면 굴착공법** ··· 터널단면이 크고 일시에 굴착이 어려워 측벽부를 남기고 상부 반단면과 중앙부를 함께 굴착하며 복공은 역권법으로 시공하는 굴착방법

③ **측벽 도갱 선진링 굴착공법** ··· 공사비가 많이 드는 단점도 있지만 라이닝을 본권으로 하므로 현재 산악 터널 굴착공법 중 연약지층의 굴착공법으로 가장 확실한 공법

④ **지주식 동바리공의 종류** ··· 버팀보식 동바리공, 맞대임식 동바리공, 뒷버팀보식 동바리공

⑤ **터널, 동굴의 지질구조**

   ㉠ 단층 : 지질이 급변하고 암석이 파쇄되어 붕괴되기 쉽고 지하수가 침입하기 쉬우므로 면밀한 조사와 대책이 필요하다.

   ㉡ 습곡 : 옷주름같이 산에 세로방향으로 된 지층의 주름으로 이 부분의 지질은 복잡하고 불안정하므로 터널은 피해야 한다.

   ㉢ 단구 : 물에 쓸려간 흙, 모래가 하천과 바다에 지층을 이루어서 쌓인 토지

② 애추 : 지층의 풍화작용으로 인하여 낭떠러지나 경사진 산기슭에 바위 부스러기가 쌓여 퇴적한 곳으로 매우 불안정한 지층이다.

⑩ 맥암 : 지각변동시 모암 연약부를 뚫고 관입한 맥암으로 맥암이 관입될 때의 고열로 인해 좌우에 모암이 파쇄되어 있어 터널 굴착시 분리, 낙반의 위험이 있어 rock bolt가 철저히 시공되어야 한다.

⑭ shear zone : 맥암이 모암의 연약부를 뚫고 들어올 때 열과 수평하중을 받아 모암의 연약부위가 층을 이루며 압밀된 압쇄대를 말한다.

④ fracture zone : 맥암이 모암의 연약부를 뚫고 들어올 때 수평하중을 받아 작게 파쇄되어 형성된 파쇄대를 말한다.

⊙ calsite zone : 단층이 생기며 마찰로 인해 미세하게 부서진 석분이 압밀되어 있는 층으로 지하수 누출이 동반되어 지극히 위험하므로 철저한 보강이 요망된다.

⑥ **기계굴착방법**

㉠ 터널보링기(TBM) : 원형 터널의 전단면을 강력한 로터리 보링기로 압축절삭하여 버력을 벨트 컨베이어로 후송하는 기계(남산 터널 확장 공사)

㉡ 로드헤더(Load header) : 자유로이 움직이는 붐 끝에 고속회전하는 절삭기가 부착되어 부정형의 단면을 절삭하는 기계로서 커터 로더, 유니 헤더, 붐마이너, 붐헤더 등의 여러 기종이 있다.

㉢ 빅 존(big zone) : 마사토에서 중경암에 이르기까지 굴착이 가능한 강력한 백호식 굴착기가 전방에 있고 버력적재설비가 후방에 부착되어 있는 실드의 일종이다.

⑦ **TBM공법의 장점**

㉠ 안정성이 크다.

㉡ 노무비가 절약된다.

㉢ 버력반출이 용이하다.

㉣ 굴착이 연속적으로 시행되므로 공사기간이 단축된다.

㉤ 여굴에 대한 무리가 생기지 않는다.

⑧ **Rock bolt의 역할**

㉠ 매다는 작용

㉡ 보의 형성작용

㉢ 암반의 보강작용

㉣ 층리에 대한 구속작용

⑨ NATM공법

　　㉠ 장점

　　　　• 동바리공과 원지반 사이에 공극이 없어지므로 복공강도가 증대된다.

　　　　• 지질에 관계없이 사용이 가능하며 도시 지하철 공사 시공에 유리하다.

　　　　• 현장의 계측결과로 록 볼트 길이와 간격, 라이닝 두께 등을 증감시키므로 현지에 적당한 시공이 가능하다.

　　　　• 록 볼트와 숏크리트를 사용하므로 거의 영구 구조물을 축조할 수 있다.

　　　　• 1차 라이닝으로 어느 정도 방수를 할 수 있다.

　　　　• 거푸집없이 시공이 가능하다.

　　㉡ 시공순서 : 천공 → 발파 → 환기 → 버럭처리 → 숏크리트 → 록 볼트 → 계기측정

⑩ NATM공법의 시공이 곤란한 장소

　　㉠ 용수량이 많은 원지반

　　㉡ 용수에 의해 유사현상을 발생시키는 원지반

　　㉢ 원지반이 파괴되어 있고 록 볼트의 천공 타입이 곤란한 곳

　　㉣ 막장이 자립되지 않은 원지반

⑪ NATM공법에 사용되는 와이어 매시의 목적과 기능

　　㉠ 목적 : 소형의 이완된 암면을 지지하기 위하여 숏크리트 내에 매립되어 보강재료로 사용

　　㉡ 기능 : 능형 철망은 유연하고 강하므로 록 볼트에 의하여 고정되어 이완되며 떨어지는 작은 암괴를 효과적으로 지지

⑫ 터널 굴착공사시 사용되는 보강법 … trench공법, well point공법

⑬ 숏크리트의 rebound량을 감소시키는 방법

　　㉠ 벽면과 직각으로 쏜다.

　　㉡ 압력을 일정하게 한다.

　　㉢ 조골재를 13mm 이하로 한다.

　　㉣ flow치를 120 정도로 한다.

　　㉤ 시멘트량을 증가시킨다.

⑭ 숏크리트 배합시 검토사항

　　㉠ 소요의 강도가 얻어질 것

　　㉡ rebound률이 적을 것

　　㉢ 부착성이 좋을 것

　　㉣ 호스의 막힘이 없을 것

　　㉤ 용수의 상황에 적합할 것

⑮ **NATM의 지수 및 배수공법**

　　㉠ **지수공법** : 약액주입공법, 압기공법, 동결공법, 지하벽공법

　　㉡ **배수공법** : 물빼기 갱, 물빼기 시추, deep well, well point

⑯ **널말뚝에 사용되는 앵커의 종류 및 지지방식**

　　㉠ **종류** : 앵커판, 앵커보, 타이백, 연직앵커 말뚝

　　㉡ **지지방식** : 마찰형, 지압형, 혼합형

⑰ **NATM의 계측항목 및 계측장치**

　　㉠ **계측항목** : 갱외 관찰조사, 터널 천단의 침하측정, 터널 벽면의 상대변위 측정, 록 볼트 인발시험

　　㉡ **계측장치** : 지하수위계, 침하계, Extensometer, 변형률계, 균열추정계, 하중계

⑱ **침매공법의 장점**

　　㉠ 어떤 지반이고 적응성이 좋다.

　　㉡ 터널 구조체 품질이 우수하다.

　　㉢ 현장 공사기간이 짧고 안정성이 좋다.

⑲ **현장에서 직접 탄성계수를 결정하는 방법** ⋯ 평판재하시험, Pressuremeter, Pressure tunnel test, Front jacking test

⑳ **터널 굴착 시 사용되는 보강공법** ⋯ 숏크리트 공법, 록 볼트 공법, 와이어 매시, 그라우팅, 강지보공

㉑ **터널식 공법의 종류** ⋯ NATM공법, Shield공법, 침매공법

9 포장공

① **아스팔트 포장의 표면 안정처리 방법** ⋯ prime coat, tack coat, seal coat

② **seal coat의 목적**

　　㉠ 포장 표면을 내수성으로 만든다.

　　㉡ 표층이 노화되는 것을 방지한다.

　　㉢ 미끄럼 방지효과를 증대시킨다.

③ **성토작업 시 노체시공의 현장 품질관리 시험종목**

　㉠ 다짐시험

　㉡ CBR시험

　㉢ 평판재하시험

　㉣ 들밀도시험

　㉤ 압도시험

　㉥ Cone 관입시험

④ **상부노상 및 하부노상의 재료의 성질**

　㉠ 상부노상

　　• 최대입경 : 100mm 이하

　　• #4체 통과량 : 25 ~ 100%

　　• #200체 통과량 : 0 ~ 25%

　　• 소성지수 : 10 이하

　　• 수침 CBR : 10 이상

　㉡ 하부노상

　　• 최대입경 : 150mm 이하

　　• #4체 통과분 시료 속의 #200체 통과분 : 50% 이하

　　• #40체 통과분에 대한 소성지수 : 30 이하

　　• 수침 CBR : 5 이상

⑤ **역청재의 종류** ⋯ 포장용 석유 아스팔트, 아스팔트 유제, 커브택 아스팔트, 포장타르

⑥ **표층의 역할**

　㉠ 차륜에 의한 마모 및 전단에 저항한다.

　㉡ 표면수의 침입을 막으며 방수성이 있다.

　㉢ 미끄럼 방지와 평탄성을 갖고 있다.

⑦ **동상이 일어나는 원인**

　㉠ 지반의 토질이 동상을 일으키기 쉬울 때

　㉡ 동상에 필요한 물의 공급이 충분할 때

　㉢ 흙속의 온도가 빙정을 발생시킬 정도로 내려갈 때

⑧ **포장두께를 정하는 시험방법 및 결정기준**

　㉠ 시험방법 : CBR시험, 평판재하시험, 마셜시험

　㉡ 결정기준 : 노상토의 설계 CBR과 교통량

⑨ **토공작업시 다짐의 기준과 매층별 시공두께**

	다짐기준	1층 마무리 두께
노체	최대 건조밀도(90% 이상)	30cm
노상	최대 건조밀도(95% 이상)	20cm
구조물 뒤채움	최대 건조밀도(95% 이상)	20cm

⑩ **아스팔트 포장의 전압을 위한 다짐장비 투입순서**

　㉠ 초기전압 : 머캐덤 롤러

　㉡ 중간전압 : 타이어 롤러

　㉢ 마무리전압 : 탠덤 롤러

⑪ **머캐덤 공법** ⋯ 주골재인 큰 입자의 부순 돌을 깔고 이들이 서로 잘 맞물림이 될 때까지 전압하여 그 맞물림 상태가 교통하중에 의하여 파괴되지 않도록 채움골재로 공극을 채워서 마무리하는 기층처리공법

⑫ **콘크리트 포장의 시공 시 설치하는 줄눈** ⋯ 세로줄눈, 팽창줄눈, 수축줄눈

PLUS CHECK

도로포장 표면에 알루미늄 빔의 선단을 일정한 윤하중을 가진 차량의 복윤간에 삽입하고 차량을 전진시켰을 때의 포장 표면의 복원력을 다이얼 게이지로 읽어 내어 이것에 의해서 포장의 침하량을 구하는 방법을 Benkelman beam test라 한다.

---

⑬ **교각설계시 안정의 조건**

　㉠ 임의의 수평단면에서 교축에 직각 방향으로 교각의 활동 또는 전도에 대한 안정

　㉡ 임의의 수평단면에서 교축 방향으로 활동 및 전도에 대한 안정

　㉢ 재료의 파괴에 대한 안정

⑭ **시멘트 포장과 아스콘 포장의 차이**

　㉠ 시멘트 포장 : 강성을 가지고 윤하중에 의한 휨응력에 저항하는 경강성 포장

　㉡ 아스콘 포장 : 부드럽게 윤하중을 기초인 보조기층이나 노반에 전달하는 가요성 포장

PLUS CHECK

아스팔트 혼합물의 마셜 안정도 시험에서 공시체를 $60 \pm 1℃$의 수조 속에 $30 \sim 40$분간 넣은 후 매분 $50 \pm 5mm$의 균일한 변형속도로 공시체를 압축시킨다.

---

⑮ **콘크리트 포장의 초기 균열발생의 종류** ⋯ 플라스틱 균열, 침하 균열, 온도 균열, 크리프 균열

⑯ **성토작업시 노체 시공의 현장 품질관리시험** … 흙의 함수량시험, 다짐시험, 현장 밀도시험, CBR시험, 평판 재하시험

⑰ **우리나라에서 도로에 적용하는 안정처리공법** … 석회석 안정처리공법, 시멘트 안정처리공법, 아스팔트 안정 처리공법

⑱ **프루프 롤링** … 노상이나 노반의 다짐이 완료되면 롤러나 재하된 덤프트럭을 주행시켜 침하량을 측정하는 방법

⑲ **고무 아스팔트의 장점**

　㉠ 침입도가 높게 되고 연화점이 높다.

　㉡ 감온성이 감소한다.

　㉢ 응집력 및 부착력이 높아진다.

　㉣ 탄성 및 충격 저항이 높아진다.

　㉤ 내노화성이 높아진다.

⑳ **콘크리트 포장에 진공처리를 할 경우 장점**

　㉠ 초기강도가 증가한다.

　㉡ 경화수축이 감소한다.

　㉢ 마모에 대한 저항이 증가한다.

　㉣ 동결 융해에 대한 내구성이 증가한다.

🔟 교량공 및 옹벽공

① **PC교량 중 동바리를 사용하지 않는 공법**

　㉠ 이동식 지보 공법(MSS공법)

　㉡ 압출공법(ILM공법)

　㉢ Dywidag공법(FCM공법)

② **포스트텐션 공법**

　㉠ 쐐기식 정착 : Freyssinet공법, VSL공법, CCL공법

　㉡ 나사식 정착 : Diwidag공법, SEEE공법

　㉢ 버튼식 정착 : BBRV공법, OSPA공법

　㉣ 루프식 정착 : Leoba공법, Leonhardt공법

③ **Diwidag공법의 구조 형식** ··· 라멘형식, 연속보형식

④ **옹벽의 안정조건**

　㉠ 전도에 대한 안정

　㉡ 활동에 대한 안정

　㉢ 지반 지지력에 대한 안정

　㉣ 옹벽을 포함한 활면의 안정

⑤ **교각의 세굴방지 공법** ··· 사석공, 바닥다짐공, 목공침상공, 돌망태공, 수제공, 콘크리트 밑다짐공

⑥ **교각에 작용하는 유수압**

$$P = KAV^2$$

K : 교각 단면형에 관한 계수, A : 교각의 연직투영면적, V : 표면유속

⑦ **옹벽배면에 침투수압 발생시 미치는 영향**

　㉠ 포화 또는 부분포화에 의한 흙의 무게 증가

　㉡ 옹벽 저면에서의 양압력 증가

　㉢ 활동면에서의 양압력 증가

　㉣ 수평저항력(수동토압)의 감소

⑧ **옹벽 주위의 배수공법** ··· 간이배수공, 연속배면 배수공, 경사 배수공

⑨ **띠장**(wale) ··· 흙막이공에서 어스 앵커 또는 내부 브레이스에 의한 버팀 시스템이 사용될 때 연속수평부재로 쓰이는 버팀형식

⑩ **타이백 앵커의 극한저항**

　㉠ 사질토

$$P_u = \pi dl \overline{\sigma'_v} k \tan\phi$$

$$k = 1 - \sin\phi$$

　㉡ 점성토

$$P_u = \pi dl c_a$$

$$c_a = \frac{2}{3}c$$

⑪ **교대 날개벽**(wing)**의 역할** ··· 교대 배면성토의 보호, 세굴방지

⑫ **교대 뒤쪽에 답괴판**(approach slab) **설치 목적** … 교대 구조물이나 박스 암거와 같은 구조물과 그 구조물의 뒤채움 사이의 부등침하 방지

⑬ **침투수가 옹벽의 안정에 미치는 영향**

　㉠ 포화 또는 부분 포화에 의한 뒤채움 흙 무게의 증가

　㉡ 옹벽 저면에서의 양압력 증가

　㉢ 활동면에서의 간극수압 증가

　㉣ 수평저항력의 감소

⑭ **토류공법의 종류**

　㉠ 엄지말뚝 횡널판 토류벽 : H형강, I형강을 엄지말뚝으로 하여 1 ~ 2m 간격으로 직타 또는 천공하여 관입하고 엄지말뚝 사이에 목재 횡널판을 끼워가는 흙막이

　㉡ 강널말뚝 흙막이 벽 : 이음구조로 된 U형, Z형, I형통의 강널말뚝을 연속하여 지중에 관입하는 흙막이로 관입이 용이한 연약한 지반, 굴착깊이가 크지 않는 지반에 사용

　㉢ 벽강관 널말뚝 흙막이 벽 : 주로 강관말뚝을 이용하여 이음장치를 하고 지중에 타입한 후 굴착하는 공법

　㉣ 주열식 연속 지중벽 : 굴착 전에 대공극공을 한 후 현장타설 콘크리트 말뚝을 연속하여 지중에 설치하여 토류벽으로 하는 공법으로 차수를 확실히 하기 위해 토류벽 배면에 보조 그라우팅을 추가로 시공하므로 보다 안전하게 한다.

　㉤ 벽식 연속 지중벽 공법 : 지반안정용액(벤토나이트)를 주수하면서 수직굴착을 하고 철근 콘크리트를 타설한 후 굴착하는 공법으로 가장 최신 공법이다.

　㉥ Top down 공법 : 우선 지반층에 지하층 기둥과 통상 지하연속벽을 시공한 후 지하층의 구체 중 지하 1층, 2층 등의 순서로 위로부터 아래로 굴착 및 구체 시공을 하면서 내려가고 지하층은 지하층 시공과 동시에 시공을 압밀하는 공법

⑪ 암거배수공

① **파형 철판관의 특징 및 용도**

　㉠ 특징

　　• 가볍다.

　　• 시공이 간단하다.

　　• 강도가 크다.

　　• 내구성이 크다.

ⓛ 용도
- 배수용, 집수용
- 송수용
- weir 암거
- 도로암거
- 교량의 복구공사
- 철도암거

② **배수불량의 원인**

㉠ 자연배수의 하천구배가 완만하여 배수단면이 부족할 때

㉡ 하상이 퇴적 등에 의하여 높아져서 하천의 수위가 제내지보다 높을 때

㉢ 지표의 상층토가 불투수성이고 또 구배가 완만하거나 용기부가 있을 때

㉣ 지표의 하층토가 불투수성이고 또 지하수위가 높을 때

㉤ 인접주위의 지반이 높고 그 면적이 비교적 클 때

③ **PC암거의 장점**

㉠ 공사기간이 단축된다.

㉡ 공사비가 저렴하다.

㉢ 공장제품이므로 치수가 정확하고 품질이 보장된다.

㉣ 기계시공이 가능하고 재료손실도 적다.

④ **암거매설 시공방법 및 매설공법**

㉠ 시공방법
- 굴착지반에 직접 매설하는 방법
- 굴착지면에 골재를 깔고 매설하는 방법
- 콘크리트 기초 위에 매설하는 방법

㉡ 매설공법 : 개착공법, 추진공법, Front Shield Method, Front Jacking Method

⑫ 댐공

① **댐 성토시 시험종목** … 다짐시험, 투수시험, 함수량시험, 액성 및 소성시험

② **댐 위치 선정조건**

㉠ 댐을 건설할 계곡폭이 가장 협소하고 양안이 높고 마주 보고 있는 곳

㉡ 댐 기초 바닥부는 양질의 암으로 상당히 두껍고 주위에 단층이 없는 곳

ⓒ 댐 상류는 넓고 다량의 저수가 가능하고 홍수시 조절지로서의 역할이 가능한 곳

ⓔ 댐 상류는 계곡의 양안이 구릉, 산에 둘러쌓여 내부가 집수분지를 이루고 있는 곳

③ **전류공** ··· 댐을 댐 지점에 건설하기 위하여 댐 지점 하천수류를 다른 방향으로 이동시키는 공법

④ **가체절공**(cofferdam)**의 개요 및 종류**

　ㄱ 개요 : 댐 구조물이 물속 또는 물 옆에 축조되는 경우 흔히 건작업(dry-work)을 하기 위하여 물을 배제하는 물막기를 하게 되는데 이를 말한다.

　ㄴ 종류 : 간이 가체절공, 흙댐식 가체절공, 한겹 흙물막이 가체절공, 두겹 널말뚝식 가체절공, 셀식 가체절공

⑤ **그라우팅의 종류**

　ㄱ consolidation grouting : 기초 암반이 변형성이든지 강도를 개량하여 균일성을 주기 위하여 기초 전반에 걸쳐 격자형으로 그라우팅을 하는 방법이다.

　ㄴ curtain grouting : 기초 암반을 침투하는 물을 방지하기 위한 지수의 목적으로 실시하며 댐 축방향 기초 상류쪽에 병풍 모양으로 consolidation grout보다 깊게 그라우팅하는 방법이다.

⑥ **부(副)댐** ··· water cushion 작용에 의하여 댐 하류에 생기는 세굴을 막기 위하여 본 댐 하류에 설치하는 것

⑦ **댐 등의 매스 콘크리트 타설시 유의사항**

　ㄱ 단위 시멘트량을 되도록 적게 한다.

　ㄴ 1회 타설 높이는 0.75 ~ 2m 정도가 표준이다.

　ㄷ 수화열이 낮은 중용열 시멘트를 사용한다.

　ㄹ Pipe cooling, Pre cooling을 한다.

　ㅁ 거푸집을 가능한 한 빨리 제거하여 방열시킨다.

⑧ **검사량의 시공목적**

　ㄱ 콘크리트 내부의 균열 및 수축검사

　ㄴ 누수검사 및 간극수압(양압력) 측정

　ㄷ 온도측정

⑨ **양수발전** ··· 전력의 소비가 적은 심야에 잉여전력을 동력으로 이용하여 하부저수지에 저장되어 있는 물을 높은 곳에 자리 잡은 상부저수지에 양수하였다가 주간 또는 첨두부하시나 계통사고 때에 이 물을 하부저수지에 방류하면서 발전하는 방식

⑩ **필 댐(fill dam)의 여수로의 종류** … 슈트식 여수로, 측수로 여수로, 나팔관현 여수로, 사이폰식 여수로

⑪ **가동 웨어(movable weir)의 개요 및 종류**

　㉠ 개요 : 평상시에 방죽의 상류 수위를 높이고 수심을 증가시키기 위하여 하천을 횡단하여 고정댐(fixed dam)을 축조하면 고수시(高水詩)에 홍수유하를 방지하고 상류의 고수위(高水位)를 높이고 배 등이 통행할 때 개폐하는 웨어

　㉡ 종류 : 슬루스 게이트(sluice gate), 롤링 게이트(rolling gate), 스토니 게이트(stoney gate), 테인터 게이트(tainter gate)

⑫ **댐 파괴의 원인**

　㉠ 여수로의 배제능력 부족

　㉡ 제체 및 기초의 누수

　㉢ 취수로(관) 부근의 누수

　㉣ 제체의 활동

⑬ **재료로 분류한 가물막이 공법** … 나무 널말뚝 공법, 강 널말뚝 공법, PC 널말뚝 공법

⑬ 공정관리

① **공사관리의 생산수단** … 사람(men), 방법(methods), 재료(materials), 기계(machines), 자금(money)

② **공사관리의 4대 요소** … 공정관리, 품질관리, 원가관리, 안전관리

③ **CPM(critical path method)** … 시간과 비용의 문제를 취급하는 것으로 선행 계획법에 의하여 대상되는 공사를 일정 기간 내에 완성시키고 또 계획이 비용의 최솟값이 되게 최적 해를 구하는 방법

④ **공사시공의 4원칙**

　㉠ 공기는 빠르게

　㉡ 공비는 저렴하게

　㉢ 공질은 좋게

　㉣ 안전은 높게

⑤ **PERT / CPM 계획 공정표의 기본원칙**

　㉠ 연결의 원칙

　㉡ 단계의 원칙

　㉢ 활동의 원칙

　㉣ 공정의 원칙

⑥ 믿을 만한 추정시간

$$t_e = \frac{1}{6}(t_o + 4t_m + t_p)$$

㉠ 가장 낙관되는 추정시간(t_o) : 어떤 일이 통상상태보다 가장 잘 된다고 할 때 그 활동을 완성시키는 데 소요되는 최소의 시간

㉡ 가장 가능한 추정시간(t_m) : 현 상태에서 가장 정확하다고 생각되는 견적시간

㉢ 가장 비관되는 추정시간(t_p) : 천재지변이나 화대 등 예기치 않았던 사고는 별도로 하고 어떤 일이 가장 잘되지 않는다고 할 때 그 작업활동을 완성시키는데 소요되는 최대시간

⑦ **공사 품질관리의 순서** ⋯ 품질특성의 결정→품질표준의 결정→작업표준의 결정→작업 실시→관리한계 설정→히스토그램 작성→관리도 작성→관리한계 재설정

⑧ **품질관리의 목적** ⋯ 품질유지, 품질향상, 품질보증

⑨ **경쟁입찰의 종류** ⋯ 일반경쟁입찰, 제한경쟁입찰, 지명경쟁입찰

⑩ Network 중요 수식

㉠ 소요일수 : T_{ij}

㉡ EST : t_i^E

㉢ EFT : $t_i^E + T_{ij}$

㉣ LST : $t_j^L - T_{ij}$

㉤ LFT : T_j^L

㉥ TF : $t_j^L - (t_i^E + T_{ij})$

㉦ FF : $t_j^E - (t_i^E + T_{ij})$

㉧ DF : TF−FF

⑪ PERT기법과 CPM기법의 적용대상

㉠ PERT기법 : 신규사업 및 비반복사업 즉, 경험이 없는 사업에 적용

㉡ CPM기법 : 비용문제를 포함한 반복사업 즉, 경험이 있는 건설사업에 적용

⑫ **막대그래프 공정표의 용도**

　ⓐ 간단한 공사

　ⓑ 개략적인 공정표

　ⓒ 시급을 요하는 경우

⑬ **기성고 공정곡선의 장점**

　ⓐ 전체 경향을 파악할 수 있다.

　ⓑ 예정과 실적의 차이를 파악하기 쉽다.

　ⓒ 시공속도를 파악할 수 있다.

⑭ **Network 공정표의 장점**

　ⓐ 작업순서의 이해가 쉽다.

　ⓑ 중점관리가 가능하다.

　ⓒ 전체와 부분의 관계가 명확하다.

⑮ **TQC의 3가지 밸런스** … 가격(cost), 품질(quality), 공기(delivery)

⑯ **Network에서 Activity time 추정 시 고려사항**

　ⓐ 시간추정은 정상적인 경우를 기준으로 해야 한다.

　ⓑ 기후에 대한 영향을 고려해야 한다.

　ⓒ 주일과 공휴일을 고려해야 한다.

　ⓓ 우선순위를 고려해야 한다.

⑰ **자원배당의 순서** … time scale network 작성 → 최조(最早) 개시 시각과 최지(最遲) 개시 시각의 계산 → 일별 자원불균형 집계 → 여유시간 내 자원 평준화

⑱ **히스토그램의 규격값에 대한 여유**

　ⓐ 상한 규격값과 하한 규격값이 있을 때

$$\frac{SU - SL}{\delta} \geq 6$$

　　SU : 상한 규격값, SL : 하한 규격값

　ⓑ 한쪽 규격값만 있을 때

$$\frac{|SU(또는 \ SL) - \bar{x}|}{\delta} \geq 3$$

⑲ **히스토그램의 작성순서** … 데이터 수집 → 구간 폭 결정 → 도수분포표 작성 → 히스토그램 작성 → 히스토그램과 규격값 대조 후 안정상태인지 검토

기출예상문제

1 다음 ( ) 안에 들어갈 알맞은 말로 바르게 짝지어진 것은?

한국철도시설공단

> 육상(陸上)에서 흙을 파는 작업을 땅깎기, 흙을 메우는 작업을 흙쌓기라고 한다. 이를 수저(水底)에서는 땅깎기를 (㉠), 흙쌓기를 (㉡)이라고 한다.

	㉠	㉡
①	준설	매립
②	타설	매립
③	매립	타설
④	준설	타설

2 토공작업을 할 경우 비탈면의 위치·경사, 노상·노체의 완성고 등 시공단면을 예측할 수 있도록 공사현장에 설치하는 가설물은 무엇인가?

한국수자원공사

① 표지판
② 규준틀
③ 시험성토
④ 배수시설

ANSWER | 1.① 2.②

1 ㉠ 준설: 하천유로의 확장, 항만의 수심증가, 매립이나 축제를 위한 토사채취 등을 목적으로 수중에서 행하는 토사의 굴착을 말한다. 구조물 기초를 만들기 위하여 수중에서 수저(水底)를 굴삭하는 것은 일반적으로 수중굴착이라 한다.
  ㉡ 매립 : 저지대에 상당히 넓은 면적으로 흙쌓기하는 작업을 말하며, 육지를 조성하기 위하여 수중(水中)에 토석(土石)을 메우는 작업이다.

2 규준틀 … 시공하려는 구조물의 위치와 높이, 땅파기의 너비와 깊이 등을 표시하기 위한 가설물로 일반적으로 수평규준틀과 수직규준틀을 설치한다.

3 토공작업의 경제성은 시공기면(施空基面)의 결정에 크게 좌우된다. 시공기면을 결정할 때 고려하여야 할 사항에 해당하지 않는 것은?

① 토공량은 최대로 하고 절토, 성토를 평행시키도록 한다.
② 비탈면의 경우 흙의 안식각을 고려하여야 한다.
③ 토취장까지의 운반거리는 되도록 짧게 하도록 한다.
④ 연약지반, 산사태, 낙석 등의 위험지역은 가능하면 피하도록 한다.

4 버킷 용량 3.0m³의 쇼벨과 15ton 덤프트럭을 사용하여 토공사를 하고 있다. 다음과 조건을 가질 경우 덤프트럭의 시간당 작업량을 구하면?

- 흙의 단위중량 : 1.8t/m³
- 토량변화율(L) : 1.2
- 쇼벨의 버킷계수 : 1.1
- 사이클타임 : 30초
- 쇼벨의 작업효율 : 0.5
- 덤프트럭의 사이클타임 : 30분
- 덤프트럭의 작업효율 : 0.8
- 덤프트럭의 사이클타임 중 상차시간 : 2분
- 덤프트럭 1대를 적재하는데 필요한 셔블의 사이클 횟수 : 3

① 11.11m³/hr
② 12.22m³/hr
③ 13.33m³/hr
④ 14.44m³/hr

3 시공기면을 결정할 경우 고려하여야 할 사항
 ㉠ 토공량을 최소로 하고 절토, 성토를 평행시킬 것
 ㉡ 연약지반, 산사태, 낙석 등의 위험지역은 가능하면 피할 것
 ㉢ 비탈면은 흙의 안식각을 고려할 것
 ㉣ 토취장 또는 토사장까지의 운반거리를 짧게 할 것
 ㉤ 암석 굴착은 비용이 추가되므로 현지조사하여 가능하면 작게 할 것

4
$$Q_t = \frac{60 \cdot q_t \cdot f \cdot E}{C_m} = \frac{60 \cdot q_t \cdot \frac{1}{L} \cdot E}{C_m} = \frac{60 \times 10 \times \frac{1}{1.2} \times 0.8}{30} = 13.33\text{m}^3/\text{hr}$$

$$q_t = \frac{T}{\gamma_t} \times L = \frac{15}{1.8} \times 1.2 = 10\text{m}^3$$

5 어떤 흙의 체분석 시험결과가 다음과 같을 경우 통일분류법에 따라 바르게 분류한 것은?

> $D_{10} = 0.077\,\text{mm}$, $D_{30} = 0.54\,\text{mm}$, $D_{60} = 2.27\,\text{mm}$
>
> No. 4(4.76)mm체 통과율 = 58.1%, No. 200(0.074mm)체 통과율 = 4.34%

① GW

② SP

③ SW

④ GC

6 콘크리트 균열에 대한 보수기법으로 옳지 않은 것은?

① 보강철근 이용방법

② 그라우팅

③ 드라이패킹

④ 연약지반 개량공법

ANSWER | 5.③ 6.④

5 조립토의 분류방법

ⓐ 제1문자 : No. 4체 통과량이 50% < 58.1%이므로 모래

ⓑ 제2문자

- No. 200 통과량이 5% > 4.34%이므로 양호

- 균등계수 $C_u = \dfrac{D_{60}}{D_{10}} = \dfrac{2.27}{0.077} = 29.48 > 6$이므로 입도 양호

- 곡률계수 $C_g = \dfrac{D_{30}^{\,2}}{D_{10} \times D_{60}} = \dfrac{0.54^2}{0.077 \times 2.27} = 1.668$

$1 < C_g < 3$이므로 입도 양호

그러므로 SW에 해당한다.

6 콘크리트 균열의 보수기법

ⓐ 에폭시 주입법 : 0.05mm 정도의 폭을 가진 균열에 에폭시를 주입함으로써 부착시키는 방법

ⓑ 봉합법 : 발생된 균열이 멈추어 있거나 구조적으로 중요하지 않은 경우 균열에 봉합재를 넣어 보수하는 방법

ⓒ 짜깁기법 : 균열의 양측에 어느 정도 간격을 두고 구멍을 뚫고 철쇠를 박아 넣는 방법

ⓓ 보강철근 이용방법 : 교량 거더 등의 균열에 구멍를 뚫고 에폭시를 주입하며, 철근을 끼워 넣어 보강하는 방법

ⓔ 그라우팅 : 콘크리트 댐이나 두꺼운 콘크리트 벽체 등에서 발생하는 폭이 넓은 균열들을 시멘트 그라우트를 주입함으로서 보수하는 방법

ⓕ 드라이패킹 : 물-시멘트비가 아주 작은 모르타르를 손으로 채워 넣는 방법으로 정지하고 있는 균열에 효과적인 방법

7 한 사질토 사면의 경사가 23°로 측정되었다. 지표면으로부터 5m 깊이에 암반층이 존재하며 사면흙을 채취하여 토질시험을 한 결과 $c = 0$, $\phi = 35°$, $\gamma_{sat} = 19\text{kN/m}^3$였다. 갑자기 폭우가 쏟아져 지하수위가 지표면과 일치한 상태에서 침투가 발생했다면 이 때 사면의 안전율은 얼마인가?

① 0.60　　　　　　　　　　　　　　② 0.70

③ 0.80　　　　　　　　　　　　　　④ 0.90

8 전체 심도 5m의 시추작업을 통해 획득한 6개 암석 코어의 길이는 각각 145cm, 35cm, 120cm, 50cm, 45cm, 95cm이었고 풍화토 시료도 함께 산출되었다. 시추 대상 암반에 대한 코어 회수율을 구하면?

① 96%

② 97%

③ 98%

④ 99%

9 어느 암반지대에서 RQD의 평균값은 60, 절리군의 수는 6, 절리거칠기 계수는 2, 절리면의 변질계수는 2, 절리수압은 1, 응력저감계수는 1일 때 Q값은 얼마인가?

① 8　　　　　　　　　　　　　　　② 10

③ 15　　　　　　　　　　　　　　④ 20

ANSWER | 7.③　8.③　9.②

7

지하수위가 지표면과 일치할 경우 $F_s = \dfrac{\gamma_{sub}}{\gamma_{sat}} \cdot \dfrac{\tan\phi}{\tan i}$

$\gamma_{sub} = \gamma_{sat} - \gamma_w = 19.0 - 9.80 = 9.2\text{kN/m}^3$

$F_s = \dfrac{9.2}{19.0} \times \dfrac{\tan 35°}{\tan 23°} = 0.80$

8

회수율 $= \dfrac{\text{회수된 코어의 길이}}{\text{굴착된 암석의 이론적 길이}} \times 100$

$= \dfrac{145 + 35 + 120 + 50 + 45 + 95}{500} \times 100 = 98\%$

9

$Q = \dfrac{RQD \text{평균값}}{\text{절리군의 수}} \times \dfrac{\text{절리거칠기 계수}}{\text{절리면 변질계수}} \times \dfrac{\text{절리수압}}{\text{응력저감계수}}$

$= \dfrac{60}{6} \times \dfrac{2}{2} \times \dfrac{1}{1} = 10$

10 다음 흙의 성질을 설명하는 문장 중 ( ) 안에 공통으로 들어갈 용어는 무엇인가?

> • (   )은/는 흙이 소성상태로 존재할 수 있는 함수비의 범위로서, 균열이나 점성적 흐름 없이 쉽게 모양
>   을 변형시킬 수 있는 범위를 말한다.
> • (   )이/가 클수록 물을 함유할 수 있는 범위가 크다.

① 액성한계
② 소성지수
③ 최적함수비
④ 수축지수

11 연약지반 개량공법 중 강제치환공법의 단점에 해당하지 않는 것은?

① 잔류침하가 예상된다.
② 개량효과의 확실성이 없다.
③ 이론적이며 정량적인 설계가 어렵다.
④ 압출에 의한 사면선단의 수축이 일어난다.

✅ ANSWER ┃ 10.② 11.④

10 소성지수
　㉠ 소성지수는 흙이 소성상태로 존재할 수 있는 함수비의 범위로서, 균열이나 점성적 흐름 없이 쉽게 모양을 변형시킬
　　수 있는 범위를 말한다.
　㉡ 소성지수가 클수록 물을 함유할 수 있는 범위가 크다.

11 강제치환공법의 단점
　㉠ 잔류침하가 예상된다.
　㉡ 개량효과의 확실성이 없다.
　㉢ 이론적이며 정량적인 설계가 어렵다.
　㉣ 균일하게 치환하기가 어렵다.
　㉤ 압출에 의한 사면선단의 팽창이 일어난다.

12 아스팔트 포장 중 실코트(seal coat)을 실시하는 목적으로 옳지 않은 것은?

① 포장 표면의 미끄럼 방지　　② 표층의 노화방지
③ 포장 표면의 내구성 증대　　④ 포장면의 투수성 증대

13 토공계획 수립시 토적곡선을 작성하여 얻을 수 있는 시공에 관한 정보, 즉 작성하는 목적으로 볼 수 없는 것은?

① 흙쌓기와 땅깎기의 토량 배분
② 평균 운반거리 산출
③ 운반거리에 의한 통공기계 선정
④ 흙쌓기와 땅깎기 시 토량변화율 변화량 선정

14 함수비가 20%인 토취장의 습윤밀도(γ_t)가 1.92g/cm³이었다. 이 흙으로 도로를 축조할 때 함수비는 15%이고, 습윤밀도는 2.025g/cm³이었다. 이 경우 흙의 토량변화율(C)은 얼마인가?

① 0.71　　② 0.81
③ 0.91　　④ 0.98

ANSWER | 12.④ 13.④ 14.③

12 실코트(seal coat)의 목적
　㉠ 표층의 노화방지
　㉡ 포장 표면의 방수성
　㉢ 포장 표면의 미끄럼 방지
　㉣ 포장 표면의 내구성 증대
　㉤ 포장면의 수밀성 증대

13 토적곡선의 작성목적
　㉠ 시공방법을 결정한다.
　㉡ 토량을 배분한다.
　㉢ 평균 운반거리를 산출한다.
　㉣ 토공기계를 선정한다.
　㉤ 운반토량을 산출한다.

14
$$C = \frac{\text{자연상태의 밀도}}{\text{완성상태의 밀도}} = \frac{\dfrac{\gamma_t}{1+\omega}}{\dfrac{\gamma_t}{1+\omega}} = \frac{\dfrac{1.92}{1+0.20}}{\dfrac{2.025}{1+0.15}} = 0.9086 \fallingdotseq 0.91$$

15 다음 표를 보고 성토량을 바르게 구한 것은? (단, 양단면 평균법으로 계산할 것)

측점	거리(m)	성토면적(m^2)	절토면적(m^2)
1	–	20.72	5.24
2	20	14.46	0.00
3	20	8.34	0.00

① $351.8m^3$

② $228m^3$

③ $579.8m^3$

④ $768m^3$

16 다음 중 토적곡선에서의 극소점에 대한 설명으로 옳은 것은?

① 수평선과 교차되는 구간은 절토량과 성토량이 균형을 이룬다.

② 하향곡선은 성토구간이며, 상향곡선은 절토구간이다.

③ 극소점은 성토에서 절토로 바뀌는 변이점으로 흙은 우에서 좌로 유용된다.

④ 인접한 교점 사이에서 종거의 1/2지점을 지난 수평선을 그어 유토곡선과 교차하는 두 점을 연결한 길이이다.

✅ **ANSWER** | 15.③ 16.③

---

15 $V_1 = \dfrac{20.72 + 14.46}{2} \times 20 = 351.8 m^3$

$V_2 = \dfrac{14.46 + 8.34}{2} \times 20 = 228 m^3$

성토량= $V_1 + V_2 = 351.8 + 228 = 579.8 m^3$

16 ① 수평선에 대한 설명이다.

② 기울기에 대한 설명이다.

④ 평균 운반거리에 대한 설명이다.

※ 극대점과 극소점

ㄱ 극소점 : 성토에서 절토로 바뀌는 변이점, 흙은 우에서 좌로 유용

ㄴ 극대점 : 절토에서 성토로 바뀌는 변이점, 흙은 좌에서 우로 유용

17 다음 ( ) 안에 들어갈 알맞은 말을 고르면?

> 흙쌓기 높이가 (   )를 초과하는 고성토에서는 지하수위 상승을 억제하는 배수를 전제로 설계하므로, 기초
> 지반 침하, 비탈면 안정, 재료선정, 배수대책 등에 보다 세심한 주의를 기울여야 한다.

① 12m

② 13m

③ 14m

④ 15m

18 주동말뚝은 말뚝머리에 기지(旣知)의 하중(수평력 및 모멘트)이 작용하는 반면에 수동말뚝은 어떤 원인에 의해 지반이 먼저 변형하고 그 결과 말뚝에 측방토압이 작용한다. 이러한 수동말뚝을 해석하는 방법으로 볼 수 없는 것은?

① 간편법

② 탄성법

③ 지공보법

④ 지반반력법

19 깊이 20m, 폭이 30cm인 정방형 철근콘크리트 말뚝이 두꺼운 균질한 점토층에 박혀있다. 이 점토의 전단강도는 60kN/m²이고, 단위중량은 18kN/m³이며, 부착력은 점착력의 0.9배이다. 지하수위는 지표면과 일치한다고 할 경우 극한지지력은?

① 1,159kN

② 1,243kN

③ 1,359kN

④ 1,495kN

✅ **ANSWER** | 17.④ 18.③ 19.③

17 흙쌓기 높이가 15m를 초과하는 고성토에서는 지하수위 상승을 억제하는 배수를 전제로 설계하므로, 기초지반 침하, 비탈면 안정, 재료선정, 배수대책 등에 보다 세심한 주의를 기울여야 한다.

18 수동말뚝을 해석하는 방법
- ㉠ 간편법 : 지반의 측방변형으로 발생할 수 있는 최대 측방토압을 고려한 상태에서 해석하는 방법
- ㉡ 탄성법 : 지반을 이상적 탄성체 혹은 탄소성체로 가정하여 해석하는 방법
- ㉢ 지반반력법 : 주동말뚝에서와 같이 지반을 독립한 winkler 모델로 이상화시켜 해석하는 방법
- ㉣ 유한요소법 : 지반의 응력변형률 관계를 bilinear, multilinear, hyperbolic 등의 모델을 사용하여 해석하는 방법

19 극한지지력 $q_u = q_p \cdot A_p + A_s f_s = q_p \cdot A_p + 4BLf_s$

선단지지력 $q_p = c \cdot N_c + \gamma_{sub} \cdot D_f \cdot N_q$

$r = c + \overline{\sigma} \tan\phi$에서 $r = c$, $c = 60\text{kN/m}^2$(점토층의 경우 $\phi = 0$이므로)

$q_p = 60 \times 9 + (18 - 9.8) \times 20 \times 1 = 704\text{kN/m}^2$

주면마찰계수 $f_s = 0.9c = 0.9 \times 60 = 54\text{kN/m}^2$

$q_u = 704 \times (0.3 \times 0.3) + 4 \times 0.30 \times 20 \times 54 = 1,359.36\text{kN}$

20 도로 토공현장에서 다짐도를 판정하는 방법에 해당하지 않는 것은?

① 건조밀도로 판정하는 방법

② 강도특성으로 판정하는 방법

③ 포화도 및 공기공극률로 판정하는 방법

④ 주변지역의 유사재료 사용실적을 조사하여 판정하는 방법

21 점토층의 두께 5m, 간극비 1.4, 액성 한계 50%, 점토층 위에 유효 상재 압력이 100kN/m²에서 140kN/m²로 증가할 때의 침하량은?

① 9.96cm

② 10.96cm

③ 11.96cm

④ 12.96cm

20 도로 토공현장에서 다짐도를 판정하는 방법

　　㉠ 건조밀도로 판정하는 방법

　　㉡ 강도특성으로 판정하는 방법

　　㉢ 포화도 또는 공기공극률로 판정하는 방법

　　㉣ 변형특성으로 판정하는 방법

　　㉤ 다짐기계, 다짐횟수로 판정하는 방법

21 침하량 $S = \dfrac{C_c H}{1+e} \log \dfrac{P + \triangle P}{P}$

압축지수 $C_c = 0.009(W_L - 10) = 0.009(50 - 10) = 0.36$

$\therefore S = \dfrac{0.36 \times 5}{1 + 1.4} \log \dfrac{140}{100} = 0.1096\,\text{m} = 10.96\,\text{cm}$

22 자연함수비 10% 흙으로 성토하고자 한다. 시방서에는 다짐흙의 함수비를 16%로 관리하도록 규정하였을 때 매 층마다 1m³당 몇 l의 물을 살수해야 하는가? (단, 1층의 두께는 30cm이고, 토량변화율 $C=0.9$, 원지반 흙의 단위중량 $\gamma_t = 1.8\,\text{t/m}^3$이다.)

① 21.13l

② 28.16l

③ 30.33l

④ 32.73l

23 중력식 댐의 시공 후 관리상 댐 내부에 설치하는 검사량의 시공목적으로 보기 어려운 것은?

① 콘크리트 온도 측정

② 콘크리트 수축량 검사

③ 그라우팅공 이용

④ 공극수압 측정

ANSWER | 22.④ 23.④

22 1층의 원지반 상태에서 단위체적 $V = (1 \times 1 \times 0.3) \times \dfrac{1}{0.9} = 0.333\,\text{m}^3$

0.333m3당 흙의 중량 $W = \gamma_t \times V = 1.8 \times 0.333 = 0.5994 ≒ 0.6\text{t} = 600\,\text{kg}$

함수비 10%에 대한 물의 무게 $W_{10} = \dfrac{W \times 10}{100 + 10} = \dfrac{600 \times 10}{100 + 10} = 54.545 ≒ 54.55\,\text{kg}$

함수비 16%에 대한 살수량 $= 54.55 \times \dfrac{16 - 10}{10} = 32.73\,l$

23 검사량의 시공목적
　㉠ 콘크리트 내부의 균열검사
　㉡ 콘크리트 온도 측정
　㉢ 콘크리트 수축량 검사
　㉣ 그라우팅공 이용
　㉤ 간극수압 측정
　㉥ 양압력 상태 검사

24 연약지반상에 교대를 설치하면 측방으로 이동하여 성토체가 침하함은 물론 수평변위가 생겨 포장파손 등 문제점을 유발한다. 이 같은 측방유동을 최소화시킬 수 있는 방안으로 보기 어려운 것은?

① 압밀촉진에 의한 지반강도 증대

② 치환에 의한 지반개량

③ 뒤채움재 편재하중 경감

④ 배면토압 증대

25 비탈면 붕괴의 원인에 해당하지 않는 것은?

① 강우

② 침식

③ 지질

④ 풍화

ANSWER | 24.④ 25.④

24 측방유동을 최소화하는 방안

㉠ 뒤채움재 편재하중 경감
㉡ 배면토압 경감
㉢ 압밀촉진에 의한 지반강도 증대
㉣ 화학반응에 의한 지반강도 증대
㉤ 치환에 의한 지반개량

25 비탈면 붕괴의 원인

㉠ **강우** : 이동성 저기압, 열대성 저기압에 의한 지역적인 폭우로 인하여 붕괴를 유발
㉡ **침식** : 하천급류, 해안조수, 산지 계곡부에서의 침식 등으로 지형을 변형시켜 비탈면의 안정성을 감소
㉢ **지질** : 지질학적으로 암반층의 불연속면에서 많이 발생
㉣ **지형** : 지형적 요철에 의해 주변의 지표수가 비탈면을 유입, 강우시 비탈면의 간극수압이 빠르게 상승되어 붕괴 유발
㉤ **흙깎기, 땅깎기** : 자연에 대한 인간의 각종 개발사업으로 인하여 흙깎기, 땅깎기가 증가하여 지반강도 저하 및 비탈면 정리의 미흡으로 인해 장시간 경과 후 붕괴 발생
㉥ **수위변화** : 흙댐, 제방 등에서 수위가 저하되면 비탈면의 전단응력이 상승되어 붕괴 유발

26 도로곡선부의 평면선형을 설계함에 있어서 곡선반경이 710m, 설계속도가 120km/hr일 경우의 최소편구배를 구하면? (단, 타이어와 노면의 횡방향 미끄럼 마찰계수는 0.1이다)

① 5%

② 6%

③ 7%

④ 8%

27 아스팔트 품질시험의 종류로 볼 수 없는 것은?

① 침입도 시험

② 연화점 시험

③ 점도시험

④ 보강토 시험

28 점토 · 실트와 같은 미세한 입자의 흙, 간극이 큰 유기질토, 이탄토, 느슨한 모래 등으로 구성된 연약지반을 판정할 수 있는 기준으로 옳지 않은 것은?

① 표준관입시험 N값

② 일축압축강도

③ 콘관입시험

④ 토질정수

 ANSWER | 26.② 27.④ 28.④

26 $R = \dfrac{V^2}{127(f+i)}$

$i = \dfrac{V^2}{127R} - f = \dfrac{120^2}{127 \times 710} - 0.1 = 0.06$

$0.06 \times 100 = 6\%$

27 아스팔트 품질시험의 종류 ⋯ 침입도 시험, 신도시험, 점도시험, 비중시험, 연화점 시험, 마셜 안정도 시험

28 연약지반의 판정기준 − 일반적인 조건의 경우 ⋯ 표준관입시험 N값, 일축압축강도, 콘관입시험

29 그레이더를 사용하여 도로연장 20km의 정지작업을 한다. 2단 기어속도(6km/hr)로 1회, 3단 기어속도 (10km/hr)로 2회, 4단 기어속도(15km/hr)로 2회 통과작업을 할 경우 소요작업시간은? (단, 기계의 작업효율은 0.70이다)

① 10.56시간

② 11.36시간

③ 12.76시간

④ 13.94시간

30 연약지반상에 성토할 경우 성토재료가 굵은 모래, 자갈, 암석과 같이 투수성이고, 기초지반 지지력이 크지 않은 경우 먼저 sand mat(부사)를 깔고 성토하는데 이때에 sand mat의 역할로 볼 수 없는 것은?

① 연약층 압밀을 위하여 상부 배수층을 형성한다.

② 지하 배수층의 역할을 하여 지하수위를 저하시킨다.

③ 지반파괴에 대한 저항성을 향상시킨다.

④ 시공기계의 주행성을 확보한다.

✅ **ANSWER** | 29.③ 30.③

29 평균작업속도 $V_m = \dfrac{1 \times 6 + 2 \times 10 + 2 \times 15}{1 + 2 + 2} = 11.2\text{km/h}$

소요작업시간 $H = \dfrac{\text{통과횟수} \times \text{작업거리}}{\text{작업속도} \times \text{작업효율}} = \dfrac{5 \times 20}{11.2 \times 0.7} = 12.76$시간

30 sand mat의 역할
　㉠ 연약층 압밀을 위하여 상부 배수층을 형성한다.
　㉡ 지하 배수층의 역할을 하여 지하수위를 저하시킨다.
　㉢ 시공기계의 주행성을 확보한다.

31 어느 작업의 정상 소요일수는 15일이며, 가장 빨리 끝낼 경우 12일이 소요되고 아무리 늦어도 20일 이내에 끝낼 수 있다. 이 작업이 기대되는 소요일수와 이때의 분산을 바르게 짝지은 것은?

① 17.33일, 1.33

② 15.33일, 1.33

③ 17.33일, 1.78

④ 15.33일, 1.78

32 네트워크 공정표에서 전체 공사를 구성하는 최소 단위작업인 활동의 특징에 해당하지 않는 것은?

① 활동은 시간이나 자원을 필요로 한다.

② 활동의 화살표 방향은 활동의 진행 방향을 나타낸다.

③ 활동의 개시점과 종료점은 결합점의 수에 관계없이 2개이다.

④ 활동은 네트워크 전체 활동을 세분한 각각의 단위작업이다.

ANSWER | 31.④ 32.③

31

기대 소요일수 $t_e = \dfrac{t_o + 4t_m + t_p}{6} = \dfrac{12 + 4 \times 15 + 20}{6} = 15.33$ 일

분산 $\sigma^2 = \left(\dfrac{t_p - t_o}{6}\right)^2 = \left(\dfrac{20 - 12}{6}\right)^2 = 1.777 ≒ 1.78$

32 활동의 특징

㉠ 활동은 시간 또는 자원을 필요로 한다.

㉡ 활동은 네트워크 전체 활동을 세분한 각각의 단위작업이다.

㉢ 활동의 화살표 방향은 활동의 진행 방향을 나타낸다.

33 네트워크 공정표 작성의 기본 원칙에 해당하지 않는 것은?

① 공정의 원칙 : 모든 공정은 활동순서에 따라 배열되도록 작성한다.

② 단계의 원칙 : 활동의 시작과 끝은 반드시 결합점으로 연결된다.

③ 활동의 원칙 : 결합점과 결합점 사이는 2개의 활동으로 연결된다.

④ 연결의 원칙 : 최초 개시결합점과 최종 종료결합점은 1개가 되도록 연결한다.

34 옹벽이라 함은 흙의 붕괴를 방지하기 위하여 흙을 지지할 목적으로 절취, 성토비탈면에 축조하는 구조물이다. 다음 중 옹벽의 안정성 검토항목으로 보기 어려운 것은?

① 전도에 의한 안정

② 외부응력에 대한 안정

③ 지반지지력에 대한 안정

④ 활동에 대한 안정

ANSWER | 33.③ 34.②

33 네트워크 공정표 작성의 기본 4원칙
- ㉠ 공정의 원칙 : 모든 공정은 활동순서에 따라 배열되도록 계획공정표를 작성한다.
- ㉡ 단계의 원칙 : 활동의 시작과 끝은 반드시 결합점으로 연결되어야 한다.
- ㉢ **활동의 원칙** : 결합점과 결합점 사이에는 1개의 활동으로 연결한다.
- ㉣ **연결의 원칙** : 네트워크 최초 개시결합점과 최종 종료결합점은 1개이어야 한다.

34 옹벽의 안정성 검토항목
- ㉠ 전도에 대한 안정
- ㉡ 활동에 대한 안정
- ㉢ 지반지지력에 대한 안정
- ㉣ 내부응력에 대한 안정

35 교량의 내진설계는 지진에 의한 교량이 입는 피해정도를 최소화 시킬 수 있는 내진성을 확보하기 위해 실시한다. 이러한 내진설계 시 사용하는 내진해석방법으로 옳지 않은 것은?

① 등가정적 해석법
② 스펙트럼 해석법
③ 시간이력 해석법
④ 관리한계 해석법

36 필 댐(fill dam)의 필터재(filter)의 역할로 보기 어려운 것은?

① 물만 통과시켜 토립자의 유출을 방지한다.
② 역학적 완충역할을 한다.
③ 흙의 마찰저항을 증가시킨다.
④ 코어재의 자기치유작용을 지원한다.

⊘ ANSWER | 35.④ 36.③

35 내진설계 해석방법
ㆍ⊙ **등가정적 해석법** : 지진의 영향을 등가의 정적하중으로 환산하여 적용하는 방법으로 구조물의 동적 특성을 고려하기가 곤란하므로 단순하고 정형화된 구조물에 적용한다.
ㆍ⊙ **스펙트럼 해석법** : 구조물의 주기를 산정하고 지역 특성에 맞게 기작성된 응답스펙트럼을 이용하여 구조물의 탄성지지력을 예측하는 해석법이며, 하나의 진동모드만을 사용하는 단일모드 스펙트럼법과 여러 개의 진동모드를 사용하는 다중모드스펙트럼 해석법이 있다.
ㆍ⊙ **시간이력 해석법** : 해석모델에 지역의 지반운동을 외력을 직접 적용하는 해석법으로 구조물의 형상이 복잡하거나 높은 안전성이 요구되는 교량에 적용한다. 재료의 선형거동만을 고려하여 필요한 모드의 수만큼 응답지진력을 중첩하는 모드중첩법과 재료의 비선형 거동까지 고려하여 모드의 수만큼 응답지진력을 적분하는 직접적분법이 있다.

36 필터재의 역할
ㆍ⊙ 물만 통과시키고 토립자의 유출방지
ㆍ⊙ 역학적 완충역할
ㆍ⊙ 코어재의 자기치유작용 지원

37 어느 불도저의 1회 굴착압토량이 3.6m³이며 토량변화율(L)은 1.25, 작업효율은 0.6, 평균굴착압토거리 60m, 전진속도 30m/분, 후진속도 60m/분, 기어변속시간 및 가속시간이 0.5분일 때, 이 불도저 운전 1시간당의 작업량을 본바닥토량으로 계산하면 얼마인가?

① 35.62m³/h

② 33.26m³/h

③ 31.42m³/h

④ 29.62m³/h

38 트럭과 굴착기를 조합하여 작업을 한다. 이런 경우 트럭의 적당한 대수를 준비해 두어야 한다. 이때 왕복과 사토(捨土)에 요하는 시간이 30분, 원위치에 도착하였을 때부터 싣기를 완료한 후 출발할 때까지의 시간이 5분이라면 굴착기가 쉬지 않고 작업할 수 있는 여유대수는 얼마인가?

① 6대

② 7대

③ 8대

④ 9대

37

$$Q = \frac{60 \cdot q \cdot f \cdot E}{C_m}$$

$$C_m = \frac{l}{V_1} + \frac{l}{V_2} + t = \frac{60}{30} + \frac{60}{60} + 0.5 = 3.5 \text{분}$$

$$Q = \frac{60 \times 3.6 \times \dfrac{1}{1.25} \times 0.6}{3.5} = 29.62 \text{m}^3/\text{h}$$

38

트럭의 여유 대수 $N = \dfrac{T_1}{T_2} + 1 = \dfrac{30}{5} + 1 = 7$대

6대가 운반하는 동안 1대는 적재를 해야 하므로 7대가 된다.

39 굳지 않는 콘크리트의 워커빌리티(workability) 측정방법으로 옳지 않은 것은?

① 슬럼프시험

② 평판재하시험

③ 다짐계수시험

④ 구관입시험

40 토목시공에서 사용하고 있는 토목섬유의 주요 기능으로 볼 수 없는 것은?

① 배수기능

② 분리기능

③ 보강기능

④ 수축기능

✅ ANSWER | 39.② 40.④

39 워커빌리티 측정방법
- ㉠ 슬럼프시험
- ㉡ 흐름시험
- ㉢ 구관입시험
- ㉣ 리몰딩시험
- ㉤ 비비시험
- ㉥ 다짐계수시험

40 토목섬유의 기능
- ㉠ 배수기능
- ㉡ 여과기능
- ㉢ 분리기능
- ㉣ 보강기능

궤도일반

① 철도일반

① 철도개론

㉠ 철도 관련 용어

- **차량** : 선로를 운행할 목적으로 제작된 동력차·객차·화차 및 특수차를 말한다.
- **열차** : 동력차에 객차 또는 화차 등을 연결하여 본선을 운행할 목적으로 조성한 차량을 말한다.
- **본선** : 열차운행에 상용할 목적으로 설치한 선로를 말한다.
- **부본선** : 정거장 내에서 동일방향의 열차를 운전하는 본선으로서, 여객 및 화물열차 취급, 대피 등을 목적으로 계획한 선로를 말한다.
- **측선** : 본선 외의 선로를 말한다.
- **설계속도** : 해당 선로를 설계할 때 기준이 되는 상한속도를 말한다.
- **선로** : 차량을 운행하기 위한 궤도와 이를 받치는 노반 또는 인공구조물로 구성된 시설을 말한다.
- **궤간** : 양쪽 레일 안쪽 간의 거리 중 가장 짧은 거리를 말하며, 레일의 윗면으로부터 14mm 이래 지점을 기준으로 한다.
- **캔트** : 차량이 곡선구간을 원활하게 운행할 수 있도록 안쪽 레일을 기준으로 바깥쪽 레일을 높게 부설하는 것을 말한다.
- **정거장** : 여객 또는 화물의 취급을 위한 철도시설 등을 설치한 장소[조차장(열차의 조성 또는 차량의 입환을 위하여 철도시설 등이 설치된 장소)] 및 신호장(열차의 교차 통행 또는 대피를 위하여 철도시설 등이 설치된 장소)을 말한다.
- **선로전환기** : 차량 또는 열차 등의 운행 선로를 변경시키기 위한 기기를 말한다.
- **종곡선** : 차량이 선로 기울기의 변경지점을 원활하게 운행할 수 있도록 종단면에 두는 곡선을 말한다.
- **궤도** : 레일·침목 및 도상과 이들의 부속품으로 구성된 시설을 말한다.
- **도상** : 레일 및 침목으로부터 전달되는 차량 하중을 노반에 넓게 분산시키고 침목을 일정한 위치에 고정시키는 기능을 하는 자갈 또는 콘크리트 등의 재료로 구성된 구조부분을 말한다.
- **시공기면** : 노반을 조성하는 기준이 되는 면을 말한다.

- 슬랙 : 차량이 곡선구간의 선로를 원활하게 통과하도록 바깥쪽 레일을 기준으로 안쪽 레일을 조정하여 궤간을 넓히는 것을 말한다.
- 건축한계 : 차량이 안전하게 운행될 수 있도록 궤도상에 설정한 일정한 공간을 말한다.
- 차량한계 : 철도차량의 안전을 확보하기 위하여 궤도 위에 정지된 상태에서 측정한 철도차량의 길이ㆍ너비 및 높이의 한계를 말한다.
- 유효장 : 인접 선로의 열차 및 차량 출입에 지장을 주지 아니하고 열차를 수용할 수 있는 해당 선로의 최대 길이를 말한다.
- 전차선로 : 동력차에 전기에너지를 공급하기 위하여 선로를 따라 설치한 시설물로서 전선, 지지물 및 관련 부속 설비를 통괄하여 말한다.
- 운전시격 : 선행열차와 후속열차 간의 운전을 위한 배차시간 간격을 말하며, 운전시격의 최솟값을 최소 운전시격이라 한다.
- 신호소 : 열차의 교차 통행 및 대피를 위한 시설이 없이 열차의 운행에만 필요한 상치신호기를 취급하기 위하여 시설한 장소를 말한다.
- 건널목안전설비 : 도로와 철도가 평면교차하는 건널목에 열차, 자동차 및 사람 등의 통행에 안전을 확보하기 위하여 설치하는 각종 안전설비를 말한다.
- 궤도회로 : 열차 등의 궤도점유 유무를 감지하기 위하여 전기적으로 구성한 회로를 말한다.
- 신호기 : 폐색구간의 경계지점 및 측선의 시점 등 필요한 곳에 설치하여 열차운행의 가능 여부 등을 지시하는 신호기 및 신호표지 등의 장치를 말한다.
- 절대신호기 : 신호기에 정지신호가 현시된 경우 반드시 열차를 정차한 후 관계자의 승인을 얻어야만 진입할 수 있는 신호기를 말한다.
- 허용신호기 : 신호기에 정지신호가 현시된 경우 열차를 정차한 후 승인 없이도 제한속도 이하로 진입할 수 있는 신호기를 말한다.
- 폐색구간 : 선로를 여러 개의 구간으로 나누어 반드시 하나의 열차만 점유하도록 정한 구간을 말한다.
- 수평 : 레일의 직각방향에 있어서의 좌우레일면의 높이차를 말한다.
- 면맞춤 : 한쪽레일의 레일길이 방향에 대한 레일면의 높이차를 말한다.
- 줄맞춤 : 궤간 측정선에 있어서의 레일길이 방향의 좌우 굴곡차를 말한다.
- 뒤틀림 : 궤도의 평면에 대한 뒤틀림 상태를 말하여 일정한 거리(3m)의 2점에 대한 수평틀림의 차이를 말한다.
- 백게이지 : 크로싱의 노스레일과 가드레일 간의 간격으로서 노스레일 선단의 원호부와 답면과 접점에서 가드레일의 후렌지웨이 내측간의 가장 짧은 거리를 말한다.
- 궤광 : 침목과 레일을 체결장치로 완전히 체결한 것을 말한다.
- 분기기 : 열차 및 차량이 한 궤도에서 다른 궤도로 전환하기 위해 궤도상에 설치한 설비로서 포인트부, 리드부, 크로싱부로 구성된 것을 말한다.
- 장대레일 : 50kg 레일의 경우 한 개의 레일길이가 200m 이상, 60kg 레일의 경우 한 개의 레일길이가 300m 이상인 레일을 말한다.
- 장대레일의 설정 : 장대레일을 부설하여 체결장치를 완전히 체결한 것을 말한다.
- 재설정 : 부설된 장대레일의 체결장치를 풀어서 응력을 제거한 후 다시 체결함을 말한다.

- 좌굴저항 : 궤도의 좌굴에 저항하는 도상횡저항력, 도상종저항력 및 궤광강성의 총칭을 말한다.
- 도상횡저항력 : 도상자갈 중의 궤광을 궤도와 지각방향으로 수평이동 하려할 때 침목과 도상자갈 사이에 생기는 1m당의 최대저항력으로서 침목이 2mm 이동 시 측정되는 저항력을 말한다.
- 도상종저항력 : 도상자갈 중의 궤광을 궤도와 평행방향으로 수평이동하려할 때 침목과 도상자갈 사이에 생기는 1m당의 최대저항력으로서 침목이 2mm 이동 시 측정되는 저항력을 말한다.
- 장대레일 부동구간 : 장대레일의 온도변화 시 거의 신축하지 않고 축력만이 변화하는 장대레일의 중앙부로서 50kg 레일은 양단부 각 100m 정도를 제외한 구간을 말하며, 60kg 레일은 양단부 150m 정도를 제외한 구간을 말한다.
- 궤도보수점검 : 궤도전반에 대한 보수상태를 점검하는 것을 말한다.
- 궤도재료점검 : 궤도구성재료의 노후, 마모, 손상 및 보수상태를 점검하는 것을 말한다.

ⓛ 철도의 특징
- 거대자본 고정성 : 철도자산은 토지 위에 철도를 설치하기 때문에 고정자산이 대부분을 차지하고, 유동자산은 극히 적은 특성을 갖고 있다.
- 독점성 : 철도 시스템은 독점성이 제일 높은 교통기관이다.
- 공공성 : 공공성이 강한 국가 기간교통수단으로서 공익성을 추구하는 교통사업이다.
- 통일성 : 철도의 장점인 안전성, 신속성, 요금의 저렴성 등의 요건을 충족시키고, 타 교통수단과 비교하여 경쟁우위를 확보하기 위해서는 철도의 선로, 차량규격, 신호통신방식, 운송조건 등의 통일성이 확보되어야 한다.

ⓒ 고속철도 건설의 구비요건
- 고속 운전에 제약을 받지 않을 정돌 곡선 반경이 커야 한다.
- 1개 열차의 견인력에 제약을 받지 않을 정도로 종단 기울기가 급하지 않아야 한다.
- 고속 운전을 효율적으로 운행하기 위해서는 충분한 역간 거리가 필요하다.
- 안전운행을 100% 신뢰할 수 있는 2 ~ 3종의 보안장치를 확보하여야 한다.

ⓔ 철도의 기술상 분류
- 동력에 의한 분류 : 증기, 전기, 내연기
- 궤간에 의한 분류 : 표준궤간, 광궤, 협궤
- 궤도의 수에 의한 분류 : 단선, 복선, 다선
- 구동방식에 의한 분류 : 점착, 치차, 강색, 리니어모터, 자기부상, 공기부상
- 부설지역에 의한 분류 : 평지, 산악, 해안, 시가, 교외
- 시공기면의 위치에 의한 분류 : 지표, 고가, 지하
- 운전속도에 의한 분류 : 완속, 고속, 초고속
- 선로등급에 의한 분류 : 고속선, 1, 2, 3, 4급선
- 궤도형태에 의한 분류 : 두 가닥, 모노레일, 안내궤도, 부상식, 케이블카

② **철도계획**

　㉠ 설비기준
- 궤간 : 표준궤간 등 접속철도와 관련
- 궤도구조 : 레일, 침목, 도상의 규격
- 단선, 복선의 구분 : 수송량의 구간변화, 단계적 건설에 따라 결정
- 동력 : 동력방식, 공급원의 확보
- 차량규격 : 차량규정 및 차량치수
- 선로기울기, 곡선반경의 제한 : 운전속도와 견인력과의 관계
- 역 예정지의 선정 : 화물집산지, 여객집중지와의 조정
- 역유효장과 열차장 : 1개 열차당의 수송력과 관련
- 운전속도 : 완화곡선 및 종곡선과의 관련
- 설정열차 종별 및 횟수 : 여객종별, 화물품목별, 유효시간대 등과 관련
- 추정열차 운전도표 : 단선 시의 교행설비, 일반으로 폐색구간의 수, 길이 등과 관련
- 건설기준 : 건축한계, 시공기면 폭, 궤도 중심간격, 선로부담력 등

　㉡ 철도 수송능력 검토
- 선로용량 : 철도의 수송능력을 나타내며, 1일 최대 설정 가능한 열차횟수
- 선로용량의 종류
  - 한계용량 : 기존 선구의 소송능력의 한계를 판단하는 데 사용
  - 실용용량 : 보통은 한계용량에 선로이용률을 곱하여 구하며 일반적으로 곡선용량은 이 실용용량을 말함
  - 경제용량 : 최저의 수송원가가 되는 선구의 열차횟수로 수송력 증강대책의 선택이나 그 착공시기에 대한 지표가 됨
- 선로용량 산정 시 고려사항
  - 열차의 속도(운전시분)
  - 열차의 속도차
  - 열차의 종별 순서 및 배열
  - 역간 거리 및 구내 배선
  - 열차의 운전시분
  - 신호현시 및 폐색 방식
  - 열차의 유효 시간대
  - 선로시설 및 보수 시간
- 선로용량 변화 요인
  - 열차 설정을 크게 변경시켰을 경우
  - 열차속도를 크게 변경시켰을 경우
  - 폐색 방식이 변경되었을 경우
  - A.B.S 및 C.T.C 구간 폐색 신호기 거리가 변경되었을 경우
  - 선로 조건이 근본적으로 변경되었을 경우

- 선로용량 산정식
  - 단선구간의 선로용량

$$N= \frac{1,440}{t+s} \times d$$

d : 선로이용률, t : 역간 평균 운전시분, s : 열차 취급시간

  - 복선구간의 선로용량(전동차전용구간)

$$N= 2 \times \frac{1,440}{t+s} \times d$$

  - 복선구간의 선로용량 – 고속열차와 저속열차가 설정된 구간

$$N= \frac{1,440}{hv+(r+u+1)v'} \times d$$

h : 고속열차 상호 간의 최소운전시격, v : 편도열차에 대한 고속열차의 비율, r : 저속열차 선착과 고속열차와의 필요한 최소 운전시격, u : 고속열차 통과 후 저속열차 발차까지 필요한 최소시격, v' : 편도열차에 대한 저속열차의 비율

ⓒ 선로이용률

$$선로이용률= \frac{임의선로의\ 이용\ 가능한\ 열차\ 총\ 횟수}{임의선로의\ 계산상\ 가능한\ 열차\ 총\ 횟수}$$

- 선로이용률 영향요인
  - 선로 물동량의 종류에 따른 성격
  - 주요 도시로부터의 시간과 거리
  - 인접 역간 운전시분의 차
  - 운전 여유시분, 시간별 집중도
  - 보수시간
  - 열차횟수, 여객열차와 화물열차의 횟수비

③ **철도차량 및 운전**

㉠ 동력차
- 기관차 및 동력장치를 갖춘 차량을 총칭
- 동력집중, 동력분산에 의한 분류
  - 동력집중방식 : 기관차가 객·화차를 견인하는 것으로 동력이 집중되어 있는 방식
  - 동력분산방식 : 통근형 전동차와 같이 편성되 여러 대의 차량에 동력을 분산 배치하는 방식

ⓛ 객화차 : 기관차에 견인, 추진되는 객차와 화차 및 동력장치를 갖춘 여객차

ⓒ 운전

- 열차저항 : 열차가 출발 또는 주행을 할 때 열차의 진행방향과 반대방향으로 주행을 방해하는 힘이 발생하는 데 이를 말하며, 열차저항은 최고속도, 열차 기대성능, 견인력, 브레이크 성능이 고려된다.
- 열차저항의 종류
  - 출발저항 : 열차가 출발할 때 열차진행 방향과 반대 방향으로 열차주행을 방해하는 저항으로 출발 시 큰 견인력이 필요하며, 출발저항은 출발 시 최대치를 이루다가 급격히 감소하여 열차속도 3km/h에서 최소
  - 주행저항 : 열차가 주행할 때 열차주행방향과 반대 방향으로 작용하는 모든 저항으로 기계저항, 속도저항, 터널저항이 해당
  - 기울기저항 : 열차가 기울기 구간을 주행할 때 주행방향 반대방향으로 발생하는 주행저항을 제외한 저항
  - 곡선저항 : 차량이 곡선주행 시 발생하는 주행저항을 제외한 마찰에 의한 저항
  - 가속도저항 : 각종 열차저항과 견인력이 일치하여 등속도 운전상태에서 더욱 더 속도를 증가시키기 위하여 필요한 저항
- 운전선도 : 열차의 운전상태, 운전속도, 운전시분, 주행거리, 에너지소비량 등의 상호관계를 역학적인 도표로 나타낸 것으로 계획단계에서부터 시뮬레이션 되어 실제 열차운전 계획수립 및 보조 자료로 활용
  - 열차운전계획기 수립에 사용 : 신선 건설, 전철화, 차종변경, 노선의 개량
  - 보조 자료로 활용 : 동력차 및 견인정수 비교, 운전시격 검토

④ **신호보안설비**

　㉠ **신호장치**

　　• 상치신호기

　　－주신호기 : 장내, 출발, 폐색, 유도, 입환

　　－종속신호기 : 원방, 통과, 중계

　　－신호부속기 : 진로표시기

　　• 임시신호기 : 서행, 서행예고, 서행해제

　　• 수신호기 : 대용수, 통과, 임시

　　• 특수신호기 : 발유, 발광, 발보, 화재, 폭음

　㉡ **전호** : 출발전호, 입환전호, 전철전호, 비상전호, 제동시험전호, 대형수신호, 현시전호 등 철도에서는 종사원 상호 간의 의사를 표시하는 것

　㉢ **전철장치** : 선로의 분기에는 분기기가 설치되며, 그 진로를 전환하는 장치, 즉 분기기의 진로방향을 변환시키는 장치를 선로전환기(전철기)라 한다.

　㉣ **폐색구간**

　　• 폐색방법

　　－시간간격법 : 선행열차가 출발한 뒤 일정 시간이 경과한 후 후속열차를 출발시키는 방법으로 사고로 중간에 지연열차가 있을 경우 대형사고 우려

　　－공간간격법 : 열차 사이에 일정한 공간을 두고 운행시키는 방법으로 폐색구간이 길면 길수록 보안도는 향상되지만 운행밀도가 제한되고 열차운영효율이 저하, 국철에 일반적으로 채용

　　• 폐색방식

　　－상용폐색방식 : 평상시 사용하는 폐색 방식으로 복선구간(자동폐색식, 연동폐색식, 차내신호폐색식)과 단선구간(자동폐색시, 연동폐색시, 통표폐색시)으로 구분

　　－대용폐색방식 : 폐색장치의 고장 등으로 상용폐색 방식의 시행이 불가능한 경우 사용하는 방식으로 통신식은 복선구간에, 지도식, 지도통신식은 단선구간에 사용

⑤ **전차선로**

　㉠ **전차선로의 종류**

　　• 가공선 방식 : 궤도면상의 일정한 높이에 가선한 전선에 전력을 공급하고 전기차는 팬터그래프로 집전하여 기동하고 궤도를 귀선으로 한다. 가공단선식과 가공복선식이 있다. 우리나라는 가공단선식을 표준화하고 있다.

　　• 제3궤도 방식(제3레일식) : 열차주행용 궤도와 별개의 도전용 레일을 부설하여 전기차에 전력을 공급하는 방식을 저전압의 산악 협궤열차나 지하철에 사용하고 있다.

　　－장점 : 건설 시 터널 단면이 가공전차식보다 1m 절약되어 건설비가 절감되고, 유지관리비가 적으며, 전차선 교체가 필요 없다.

　　－단점 : 눈, 서리가 많은 지역에서는 별도의 보완책이 필요하며, 연계운전이 불가능하다.

　　• 교류방식(25,000V)

　　－장거리 간설철도에서 사용, 건설비 약 20% 절감

－변전소 간격이 30 ~ 50km 정도, 통신유도장해가 있음
- 직류방식(1,500V)
－지하철, 도시철도에서 사용
－변전소 간격이 10 ~ 20km 정도, 전식 발생

ⓒ 전차선로 설비
- 집진장치 : 가공 전차선이나 제3레일 등에서 전류를 공급하기 위한 장치
- 구분장치 : 사고 시 또는 보수작업 시 전차선을 국부적으로 구분해서 정전시키기 위한 정전장치로 전기적 구분과 기계적 구분장치가 있다.
－전기적 구분장치 : 에어섹션, 섹션 인슐레이터, 절연 구간
－기계적 구분장치 : 에어조인트
- 전식 : 전차에 공급되는 전류는 레일을 통하여 변전소로 되돌아가는데, 레일이 대지와 완전히 절연되어 있지 않아 전류의 일부가 땅속으로 누설되어, 땅속에 묻혀 있는 금속매설물에 전류가 통하는 전기분해가 일어나 매설물 및 레일이 부식되는 현상

❷ 선로

① 선로일반

㉠ 궤간 : 레일두부면에서 아래쪽 14mm 점에서 양쪽 레일 내측 간의 최단거리를 말하며, 수송량, 속도, 지형 및 안전도 등을 고려하여 결정, 철도의 건설비, 유지비, 수송력에 영향
- 표준치수 : 1,435mm
- 광궤 : 표준궤간보다 넓은 궤간으로 러시아, 스페인 등에서 사용
- 협궤 : 표준궤간보다 좁은 궤간을 말하며, 일본 국철에서 일부 사용
- 이중궤간 : 레일을 3개 이상 설치하여 궤간이 다른 2종의 차량이 운전할 수 있는 궤간으로 교량상태에서는 편심하중이 작용하여 불리하며 분기기가 복잡함
- 광궤와 협궤의 장점

광궤의 장점	협궤의 장점
• 고속주행 가능 • 수송력, 주행 안전성 증대 • 차륜 마모의 경감 • 승차감이 좋음	• 건설비와 유지관리비의 경감 • 곡선저항이 적어 산악지대 선로 선정 용이(급곡선 주행 가능)

ⓛ 건축한계
- 열차 및 차량이 선로를 운행할 때 주위에 인접한 건조물 등이 접촉하는 위험성을 방지하기 위하여 일정한 공간으로 설정한 한계를 말한다.

- 건축한계 내에는 건물이나 그 밖의 구조물을 설치하여서는 아니 된다. 다만, 가공전차선 및 그 현수장치와 선로보수 등의 작업에 필요한 일시적인 시설로서 열차 및 차량운행에 지장이 없는 경우에는 그러하지 아니하다.
- 곡선구간의 건축한계 : 직선구간의 건축한계에 다음의 값을 더하여 확대하여야 한다. 다만, 가공전차선 및 그 현수장치를 제외한 상부에 대한 건축한계는 이에 따르지 아니한다.

　－곡선에 따른 확대량

$$W = \frac{50,000}{R}$$

W : 선로중심에서 좌·우측으로의 확대량(mm),　R : 곡선반경(m)

　－캔트 및 슬랙에 따른 편기량

- 곡선 내측 편기량 $A = 2.4C + S$
- 곡선 외측 편기량 $B = 0.8C$

A : 곡선 내측 편기량(mm), B : 곡선 외측 편기량(mm), C : 설정캔트(mm), S : 슬랙(mm)

　－슬랙에 의한 건축한계의 설정 : 곡선부의 건축한계

- 내궤 : $W_i = 2,100 + \dfrac{50,000}{R} + 2.4 \times C + S$

- 외궤 : $W_o = 2,100 + \dfrac{50,000}{R} - 0.8 \times C$

- 차량 전·후부에서의 편기량

$$\delta_2 = M - \delta_1 = \frac{(l+2m)^2}{8R} - \frac{l^2}{8R} = \frac{m(m+l)}{2R}$$

R : 곡선반경(m)

m : 대차 중심에서 차량 끝단까지 거리(m)

δ_1 : 곡선을 통과하는 차량 중앙부가 궤도 중심의 내방으로 편기하는 양(mm)

δ_2 : 곡선을 통과하는 차량 양끝이 궤도 중심의 외방으로 편기하는 양(mm)

M : 선로 중심선이 차량 전후부의 교차점과 만나는 선에서 곡선 중앙종거(mm)

L : 차량의 전장(m)

l : 차량의 대차 중심 간 거리(m)

- 건축한계의 체감
- 완화곡선의 길이가 26m 이상인 경우 : 완화곡선 전체의 길이
- 완화곡선의 길이가 26m 미만인 경우 : 완화곡선구간 및 직선구간을 포함하여 26m 이상의 길이
- 완화곡선이 없는 경우 : 곡선의 시·종점으로부터 직선구간으로 26m 이상의 길이
- 복심곡선의 경우 : 26m 이상의 길이, 이 경우 체감은 곡선반경이 큰 곡선에서 행한다.

ⓒ 궤도 중심간격

- 정거장 외의 구간에서 2개의 선로를 나란히 설치하는 경우

설계속도 V(km/시간)	궤도의 최소 중심간격(m)
$250 < V \leq 350$	4.5
$150 < V \leq 250$	4.3
$70 < V \leq 150$	4.0
$V \leq 70$	3.8

- 궤도의 중심간격이 4.3m 미만인 구간에 3개 이상의 선로를 나란히 설치하는 경우에는 서로 인접하는 궤도의 중심간격 중 하나는 4.3m 이상으로 하여야 한다.
- 정거장 안에 나란히 설치하는 궤도의 중심간격은 4.3m 이상으로 하고, 6개 이상의 선로를 나란히 설치하는 경우에는 5개 선로마다 궤도의 중심간격을 6.0m 이상 확보하여야 한다.

ⓓ 시공기면의 폭

- 토공구간에서의 궤도중심으로부터 시공기면의 한쪽 비탈머리까지의 거리를 시공기면의 폭이라 한다.
- 직선구간 : 설계속도에 따라 다음 표의 값 이상

설계속도 V(km/h)	최소 시공기면의 폭(m)	
	전철	비전철
$250 < V \leq 350$	4.25	–
$200 < V \leq 250$	4.0	–
$150 < V \leq 200$	4.0	3.7
$70 < V \leq 150$	4.0	3.3
$V \leq 70$	4.0	3.0

- 곡선구간 : 위 표에 따른 폭에 도상의 경사면이 캔트에 의하여 늘어난 폭만큼 더하여 확대(다만, 콘크리트도상의 경우에는 확대하지 않음)
- 선로를 고속화하는 경우에는 유지보수요원의 안전 및 열차안전운행이 확보되는 범위 내에서 시공기면의 폭을 다르게 적용할 수 있다.

② 곡선과 기울기

㉠ 최소 곡선반경

- 등급별로 곡선구간에서 열차가 최고속도로 안전하게 주행할 수 있는 최소한의 곡선반경을 말하며, 열차속도, 캔트와의 상관관계로 최소 곡선반경을 설정한다.
- 최소 곡선반경 : 차량이 곡선구간을 주행할 때 승객의 승차감과 차량의 주행안전성을 고려하여 $C_{\max}$(최대 설정캔트), $C_{d,\max}$(최대 부족캔트)를 기준으로 하여 최소 곡선반경 크기 결정

$$C = 11.8 \times \frac{V^2}{R} \rightarrow R = 11.8 \times \frac{V^2}{C} \text{ 에서 } R \geq \frac{11.8\,V^2}{C_{\max} + C_{d,\max}}$$

설계속도 V(km/h)	최소 곡선반경(m)	
	자갈도상 궤도	콘크리트상 궤도
350	6,100	4,700
300	4,500	3,500
250	3,100	2,400
200	1,900	1,600
150	1,100	900
120	700	600
$V \leq 70$	400	400

ⓛ 직선 및 원곡선의 최소 길이
- 차량이 인접한 곡선에서 곡선으로 주행하는 경우 차량방향이 급변하여 차량에 동요가 발생하므로 불규칙한 동요를 방지하고자 차량의 고유진동주기를 감안하여 곡선 사이에 삽입하는 직선의 거리
- 곡선 중의 차량동요가 다음 곡선으로 이동하는 사이에 소멸하기 위하여 차량의 고유진동주기를 생각하여 적어도 1주기 이상 진행하는 길이의 직선을 두 곡선 사이에 삽입해야 하며 사행동이 차량별로 발생하는 주기를 차량고규진동주기라고 한다.

설계속도 V(km/h)	직선 및 원곡선 최소 길이(m)
350	180
300	150
250	130
200	100
150	80
120	60
$V \leq 70$	40

ⓒ 완화곡선
- 차량이 직선에서 원곡선으로 진입하거나, 원곡선에서 직선으로 진입할 경우 열차의 주행방향이 급변함으로써, 차량의 동요가 심하여 원활한 주행을 할 수 없으므로 직선과 곡선 사이에 반경이 무한대에서 원곡선반경 또는 원곡선반경에서 무한대로 변화하는 완만한 곡률의 곡선을 삽입하는데, 이를 완화곡선이라 한다.

• 본선의 경우 설계속도에 따라 다음 표의 값 미만의 곡선반경을 가진 곡선과 직선이 접속하는 곳에는 완화곡선을 두어야 한다. 다만, 분기기에 연속되는 경우이거나 기존선을 고속화하는 구간에서는 부족캔트 변화량 한계값을 적용할 수 있다.

설계속도 V(km/h)	곡선반경(m)
250	24,000
200	12,000
150	5,000
120	2,500
100	1,500
$V \leq 70$	600

• 위 외의 값은 다음의 공식으로 산출한다.

$$R = \frac{11.8\,V^2}{\triangle C_{d,\lim}}$$

R : 곡선반경,　V : 설계속도,　$\triangle C_{d,\lim}$: 부족캔트 변화량 한계값

• 분기기 내에서 부족캔트 변화량이 다음 표의 값을 초과하는 경우에는 완화곡선을 두어야 한다.
– 고속철도전용선

분기속도 V(km/h)	$V \leq 70$	$70 < V \leq 170$	$170 < V \leq 230$
부족캔트 변화량 한계값(mm)	120	105	85

– 그 외

분기속도 V(km/h)	$V \leq 100$	$100 < V \leq 170$	$170 < V \leq 230$
부족캔트 변화량 한계값(mm)	120	$144 - 0.21\,V$	$161 - 0.33\,V$

• 완화곡선의 종류
– 3차 포물선($y = ax^3$: 일반철도, 고속철도 사용)
– 클로소이드 곡선(지하철과 도로에서 사용) : 곡률이 곡선에 비례하여 체감
– 사인 반 파장 곡선(sin 저감곡선)
– 4차 포물선, 2차 나선, AREA 나선 등
– 종곡선상의 완화곡선의 종류 : 원곡선식, 2차 포물선식

ⓔ 기울기의 분류

• 최급기울기 : 열차운전구간 중 가장 경사가 심한 기울기

설계속도 V(km/h)		최대 기울기(천분율)
여객전용선	$250 < V \leq 350$	$35^{1),2)}$
여객화물 혼용선	$200 < V \leq 250$	25
	$150 < V \leq 200$	10
	$120 < V \leq 150$	12.5
	$70 < V \leq 120$	15
	$V \leq 70$	25
전기동차전용선		35

1) 연속한 선로 10킬로미터에 대해 평균기울기는 1천분의 25 이하이어야 한다.
2) 기울기가 1천분의 35인 구간은 연속하여 6킬로미터를 초과할 수 없다.
 ※ 단, 선로를 고속화하는 경우에는 운행차량의 특성 등을 고려하여 열차운행의 안전성이 확보되는 경우에는 그에 상응하는 기울기를 적용할 수 있다.

• 제한기울기 : 기관차의 견인정수를 제한하는 기울기로 반드시 최급기울기와 일치하지는 않는다.
• 타력기울기 : 제한기울기보다 심한 기울기라도 연장이 짧은 경우에는 열차의 타력에 의하여 통과할 수 있는 기울기를 말한다.
• 표준기울기 : 열차운전계획상 정거장 사이마다 산정된 기울기로서 역간 임의거리 1km의 연장 중 가장 급한 기울기로 산정한다.
• 가상기울기 : 기울기선을 운전하는 열차의 속도선도의 변화를 기울기로 환산하여 실제의 기울기에 대수적으로 가산한 것으로 열차운전 시·분에 적용한다.

ⓜ 곡선보정

• 기울기 중에 곡선이 있는 경우 열차에는 곡선저항이 가산되므로 곡선저항과 동등한 기울기량 만큼 최급기울기를 완화시켜야 한다. 이와 같은 환산기울기량만큼 기울기를 보정한 것을 곡선보정이라 한다.
• 종류
－환산기울기 : 곡선저항을 기울기저항으로 환산한 기울기

$$G_c = \frac{700}{R}$$

G_c : 환산기울기(‰), R : 곡선반경(m)

－보정기울기 : 실제 기울기에서 환산기울기만큼 차인한 기울기
－곡선보정 : 실제 기울기에서 환산기울기만큼 기울기를 보정한 것

• 보정공식 유도

-곡선저항 산정식

$$R_c = \frac{1,000 \cdot f \cdot (G+L)}{R}\,[\text{kg/ton}]$$

f : 차륜과 레일 간 마찰계수(0.15 ~ 0.25, $f=0.2$)

G : 궤간

L : 고정축거(평균고정축거 2.2m)

R : 곡선반경(m)

$-R_c[\text{kg/ton}] = i\,[\text{‰}]$이므로

$$R_c = \frac{1,000 \cdot f \cdot (G+L)}{R} = \frac{1,000 \times 0.2 \times (1.435+2.2)}{R} = \frac{727}{R} \fallingdotseq \frac{700}{R}$$

③ **궤도**

㉠ 궤도의 개요

• 궤도의 구성요소

-레일 : 차량을 직접 지지하며 열차하중을 침목과 도상을 통하여 광범위하게 노반에 전달한다.

-침목 : 레일을 견고하게 체결하여 위치를 유지하며, 레일로부터 받은 하중을 도상에 전달한다.

-도상 : 레일 및 침목 등에서 전달된 하중을 널리 노반에 전달하며, 침목의 위치를 유지한다.

-레일 이음매 및 체결장치 : 이음매 이외의 부분과 강도와 강성이 동일하여야 하며, 구조가 간단하고 설치와 철거가 용이하다.

• 궤도구조의 구비조건

-차량의 동요와 진동이 적고 승차감이 양호할 것

-차량의 원활한 주행과 안전이 확보될 것

-열차의 충격에 견딜 수 있는 강한 재료일 것

-열차하중을 시공기면 아래의 노반에 균등하고 광범위하게 전달할 것

-궤도틀림이 적고 열화 진행은 완만할 것

-보수작업이 용이하고, 구성재료의 교환은 간편할 것

-궤도재료는 경제적일 것

• 궤도강도 증진

-레일중량화, 레일장대화

-PC침목화 : 이중탄성체결, 충격흡수, 궤도안정

-노반개량 : 분니처리, 유공관 매설, 모래치환 등

-도상개량 : 양질의 쇄석, 도상두께 확보

-분기기 개량 : 망간 크로싱, 탄성 포인트, 분기기 고번화

- 궤도 소음 · 진동 방지대책
  - 레일의 장대화, 진동흡수 레일 사용
  - 방진 매트
  - 궤도 구조개선(체결구조, 강성, 질량 등)
  - 흡음효과 개선(자갈도상)
  - 레일 연마
  - 궤도틀림 방지, 단차 방지 등

ⓒ 레일 및 레일 이음매

- 레일의 재질
  - 탄소 : 함유량이 1.0%까지는 증가할수록 결정이 미세해지고 항장력과 강도가 커지는 반면 연성이 감퇴한다.
  - 규소 : 적정량이 있으면 탄소강의 조직을 치밀하게 하고 항장력을 증가시키나, 지나치게 많으면 약해진다.
  - 망간 : 경도와 항장력을 증대시키나 연성이 감소된다. 유황과 인의 유해성을 제거하는 데 효과적이다. 1% 이상이면 특수강이 된다.
  - 인 : 탄소강을 취약하게 하여 충격에 대한 저항력을 약화시키므로 제거한다.
  - 유황 : 강재에 가장 유해한 성분으로 적열상태에서 압연작업 중 균열이 발생한다.
- 레일의 내구연한 : 레일의 내구연한은 훼손, 마모, 부식, 회로, 전식 등의 요인에 의해 결정된다. 일반적으로 레일의 수명은 열차의 통과 톤수, 차량중량 또는 궤도가 해변이나 터널 등 부설된 조건에 따라 일정하지 않다.
  - 직선부 : 20 ~ 35년
  - 해안 : 12 ~ 16년
  - 터널 내 : 5 ~ 10년
- 레일 이음매의 구비조건
  - 이음매 이외의 부분과 강도와 강성이 동일할 것
  - 구조가 간단하고 설치와 철거가 용이할 것
  - 레일의 온도신축에 대하여 길이방향으로 이동할 수 있을 것
  - 연직하중뿐만 아니라 횡압력에 대해서도 충분히 견딜 수 있을 것
  - 가격이 저렴하고 보수에 편리할 것
- 이음매판의 종류
  - 단책형 이음매판 : 구형단면의 강판으로 제작되어 레일두부에서 저부로 힘의 전달이 유효한 구조, 50kg 레일용 사용
  - I형 이음매판 : 레일두부의 하부와 레일저부 상부곡선의 2부분에서 밀착하여 쐐기작용을 함
  - L형(앵글형) 이음매판 : 단책형에 하부 플랜지를 붙여 단면을 증가시켜 강도를 높인 구조
  - 두부자유형 이음매판 : 레일목에 집중응력이 발생하지 않고 이음매판의 마모와 절손이 적음

- 레일훼손의 원인
- 제작 중 내부의 결함 또는 압연작용의 불량 등 품질적인 결함 발생
- 취급방법 및 부설방법 불량
- 궤도상태 불량 시
- 부식, 이음매부 레일 끝 처짐 시
- 차량불량, 사고 및 탈선 시
- 레일훼손의 종류
- 유궤 · 좌궤 : 열차의 반복하중 등으로 두부 정부의 일부가 궤간내측으로 찌그러지거나, 정부의 전부가 압타되는 현상
- 종렬, 횡렬 : 종렬은 두부의 연직면에 따라 발생하지만 때로는 복부의 볼트구멍에 따라 발생, 횡렬은 두부 내부에 발생된 핵심균열이 반복하중에 의하여 발달
- 파단 : 이음매볼트 부근의 응력집중이 원인으로 되어 방사형으로 발생하는 균열이 대부분이며, 경우에 따라서 두부와 복부에 발생
- 파저 : 레일 저부가 레일못과 침목과의 지나친 밀착관계로 파손되는 것, 레일훼손의 약 50% 정도 해당
- 레일복부 기입사항
- 강괴의 두부방향표시 또는 레일 압연 방향표시
- 레일중량
- 레일종별
- 전로의 기호 또는 제작공법(용광로)
- 회사표 또는 레일 제작회사
- 제조년 또는 제작년도
- 제조월 또는 제작월(1월당 1로 표시)

ⓒ 침목
- 침목의 구비조건
- 레일을 견고하게 체결하는데 적당하고 열차하중지지가 되어야 한다.
- 강인하고 내충격성 및 완충성이 있어야 한다.
- 저부 면적이 넓고 도상다지기 작업이 원활해야 한다.
- 도상저항이 커야 한다.
- 취급이 간편하고, 내구성, 전기절연성이 좋아야 한다.
- 경제적이고 구입이 용이해야 한다.
- 목침목 방부처리법 : 베셀(Bethell)법, 로오리(Lowry)법, 루핑(Rueping)법, 블톤(Bouiton)법

• 종류 및 특징

구분	장점	단점
목침목	• 레일체결이 용이하고, 가공이 편리하다. • 탄성이 풍부하다. • 보수와 교환작업이 용이하다. • 절기절연도가 높다.	• 내구연한이 짧다. • 하중에 의한 기계적 손상을 받는다. • 충해를 받기 쉬워 주약을 해야 한다.
콘크리트침목	• 부식우려가 없고 내구연한이 길다. • 궤도틀림이 적다. • 보수비가 적어 경제적이다.	• 중량물로 취급이 곤란하다. • 탄성이 부족하다. • 전기절연성이 목침목보다 떨어진다.
철침목	• 내구연한이 길다. • 도상저항력이 크다. • 레일체결력이 좋다.	• 구매가가 고가이다. • 습지에서 부식하기 쉽다. • 전기절연을 요하는 개소에 부적합하다.
PC침목	• 콘크리트 침목에 부족한 인장력을 보강 가능하다. • 콘크리트 침목보다 단면이 적어 자중이 적다. • 가격이 저렴하다. (수입목침목과 비슷)	• 중량물로 취급이 곤란하다. • 탄성이 부족하다. • 전기절연성이 목침목보다 떨어진다.

㉣ 도상
• 자갈도상의 구비조건
- 경질로서 충격과 마찰에 강해야 한다.
- 단위중량이 크고 입자간 마찰력이 커야 한다.
- 입도가 적정하고 도상작업이 용이해야 한다.
- 토사 혼입률이 적고 배수가 양호하여야 한다.
- 동상, 풍화에 강하고 잡초가 자라지 않아야 한다.
- 양산이 가능하고 값이 저렴해야 한다.

• 자갈도상과 콘크리트도상의 특징

구분	자갈도상	콘크리트도상
탄성	양호	불량
전기절연성	양호	불량
충격 및 소음	적음	크다
도상진동	크다	적음
궤도틀림	크다	적음
유지보수	필요	불필요
사고 시 응급처치	용이	곤란
건설비	저가	고가
세척 및 청소용이성	불량	양호
미세먼지	불량	양호

ⓜ 궤도의 부속설비

• 복진 방지장치 : 열차의 주행과 온도변화의 영향으로 레일이 전후방향으로 이동하는 현상, 동절기에 심함, 체결장치가 불충분할 경우 레일만이 밀리고 체결력이 충분하면 침목까지 이동하여 궤도가 파괴되고 열차사고의 원인이 됨

• 가드레일 : 열차의 이선진입, 탈선 등 위험이 예성되는 개소에 주행레일 안쪽에 일정한 간격을 두고 부설한 레일, 차량의 탈선을 방지하고, 차량이 탈선하여도 큰 사고를 미연에 방지하기 위하여 설치

ⓗ 슬랙과 캔트

• 슬랙

- 철도차량은 2개 또는 3개의 차축이 대파에 강결되어 고정된 프레임으로 차축이 구성되어 있어 곡선구간을 통과할 때, 전후 차축의 위치이동이 불가능할 뿐만 아니라 차륜에 플랜지가 있어 곡선부를 원활하게 통과하지 못한다. 그러므로 곡선부에서는 외측 레일을 기준으로 내측 레일을 직선부 궤간보다 확대시켜야 하는데 이를 슬랙이라 한다.

- 곡선반경 300m 이하인 곡선구간의 궤도에는 궤간에 다음의 공식에 의하여 산출된 슬랙을 두어야 한다. 다만, 슬랙은 30mm 이하로 한다.

$$S = \frac{2,400}{R} - S'$$

S : 슬랙(mm), S' : 조정치(0 ~ 15mm), R : 곡선반경(m)

- 캔트 : 열차가 곡선구간을 주행할 때 차량의 원심력이 곡선 외측에 작용하여 차량이 외측으로 기울면서 승차감이 저하하고, 차량의 중량과 횡압이 외측 레일에 부담을 주어 궤도 보수비 증가 등 악영향이 발생한다. 이러한 악영향을 방지하기 위하여 내측 레일을 기준으로 외측 레일을 높게 부설하는데, 이를 캔트라 하며, 내측 레일과 외측 레일과의 높이 차를 캔트량이라 한다.
- 설정캔트 : 우리나라의 철도는 여객전용선이나 화물전용선이 별도로 없이 여객열차, 열차 및 전동열차가 혼용 운행하고 있으므로 유지·보수관리 시에는 이를 고려한 적정한 캔트로 설정하여야 하며, 이때의 적정한 캔트를 설정캔트라 한다.

$$C = 11.8 \times \frac{V^2}{R} - C_d$$

C : 설정캔트(mm), V : 그 곡선을 통과하는 최고 열차속도(km/h)

R : 곡선반경(m), C_d : 부족캔트(mm)

- 초과캔트 : 열차의 실제 운행속도와 설계속도의 차이가 큰 경우에는 다음 공식에 의해 초과캔트를 검토하여야 하며 이때 초과캔트는 110mm를 초과하지 않아야 한다.

$$C_e = C - 11.8 \times \frac{V_o^2}{R}$$

C_e : 초과캔트(mm), C : 설정캔트(mm), V_o : 열차의 운행속도(km/h), R : 곡선반경(m)

- 곡선구간에 차량의 정차 시 최대 캔트와 차량의 전복 한계

$$C_1 = \frac{\frac{G}{2} \times G}{H} = \frac{G^2}{2H}$$

C : 설정 최대 캔트(mm), C_1 : 정차 중 차량의 전복한도 캔트(mm)

G : 궤간(차륜과 레일접촉면과의 거리, mm), H : 헤일면에서 차량중심까지의 높이(mm)

④ **선로구조물**

㉠ 선로구조물의 개요

- 철도구조물과 궤도
- 철도구조물(토목) : 상부에 궤도를 부설하기 위한 기반시설(토공, 교량, 터널)로서 탄성체의 영구적인 구조물로 축조되는 구조물
- 궤도 : 레일, 침목, 도상 각 구성 재료를 조립하여 도상자갈의 다짐과 강성에 의해서 단면을 유지하는 탄소성체의 구조물로 부설, 궤도는 반복되는 열차주행에 따라 점진적으로 파괴가 진행되는 구조물
- 터널 : 산악이나 구릉지대에서 소정의 구배와 곡선반경으로 철도를 건설하기 어려운 곳과 하저나 교통량이 많고 복잡한 시가지를 통과할 경우 설치

-재래식 터널 : 산악지형 등에 갱구를 설치하고 암반이나 토사 등의 지반을 강지보재에 의해 지지하면서 굴착하고 최종적으로 라이닝을 설치하여 완성하는 공법(우리나라 철도 터널의 대부분 차지)
  -NATM터널 : 암반 또는 지반 등의 굴착면 주변에 링 모양의 지지구조체 형성을 꾀하고 하는 공법
  -개착식 터널 : 지표면에서 큰 고랑을 굴착하여 그 속에 지하구조물을 구축하고 완성된 후 매몰하여 원상태로 복구하는 방법
  • 교량의 분류
  -교량 : 양 교대면 길이가 5m 이상의 것
  -피일교 : 하천의 범람을 예상하여 교량에 인접하여 설치하는 교량
  -가도교 : 도로 위에 철도가 있는 교량
  -과선교 : 과선도로교, 과선선로교, 과선인도교

ⓒ 옹벽 흙막이공
  • 절토나 성토의 높이가 높은 것에 대하여는 필요에 따라 흙막이를 설치하고, 하천이나 해안에 따르고 있는 경우에는 호안을 설치한다.
  • 옹벽 설치 : 노반축조 시 지형상 비탈길이가 길게 될 경우 또는 선로인근에 이전하기 곤란한 건물과 용지가격이 고가일 때 설치
  • 옹벽 종류 : 선로가 큰 하천이나 해안을 따라 부설될 경우 유수나 파랑의 침식에 견디고 노반의 파괴 및 유실을 방지하기 위하여 호안옹벽, 1 · 2 · 3종 옹벽, 산옹벽, 해안옹벽 등

⑤ 궤도역학

㉠ 궤도에 작용하는 힘
  • 수직력 : 열차주행 시 차륜이 레일면에 수직으로 작용하는 힘, 윤중
  -곡선통과 시의 불균형 원심력의 수직성분
  -차량동요 관성력의 수직성분
  -레일면 또는 차륜답면의 부정에 기인한 충격력
  • 횡압 : 열차주행에 따른 차륜으로부터 레일에 작용하는 횡방향의 힘
  -곡선통과 시 전향횡압
  -궤도틀림에 의한 횡압
  -차량동요에 의한 횡압
  -곡선통과 시 불평형 원심력의 수평성분
  • 축방향력 : 차량주행 시 레일의 길이방향으로 작용하는 힘
  -레일 온도변화에 의한 축력
  -동력차의 가속, 제동 및 시동하중
  -기울기 구간에서 차량 중량이 점착력에 의한 전후로 작용

ⓛ 레일의 휨응력 및 침하량
- 레일의 허용응력
 - 새 레일의 인장강도 : $7,000 \sim 8,000 \mathrm{kg/cm}^2$ 이상
 - 레일의 피로한계 : 정적하중의 $0.4 \sim 0.6$배
 - 레일의 허용휨응력 : $2,000 \mathrm{kg/cm}^2$
 - 궤도응력 계산 : 레일 저부의 인장응력만 검토
- 궤도계수 : 단위길이의 궤도를 단위량만큼 침하시키는 데 필요한 힘

$$U = \frac{p}{y}$$

U : 궤도계수($\mathrm{kg/cm}^2$/cm), p : 임의 점의 압력($\mathrm{kg/cm}^2$), y : 침하량(cm)

ⓒ 도상 반력
- 도상압력 : 도상자갈의 강도는 원석의 강도도 커야 하지만 마찰각(안식각)이 커야 하고, 도상두께도 두꺼워야 한다. 보통 자갈의 마찰각은 $30 \sim 45°$이며, 이때의 도상압력은 두께가 15cm 미만일 때에도 $4\mathrm{kg/cm}^2$ 이상이므로 허용도상압력은 $4\mathrm{kg/cm}^2$로 보고 있다.
- 도상강도 : 안전도 등을 지배하는 도상의 강도, 즉 도상반력에 저항하는 강도를 의미

$$K = \frac{P}{r}$$

K : 도상계수($\mathrm{kg/cm}^3$), P : 도상반력($\mathrm{kg/cm}^2$), r : 측정지점의 탄성침하량(cm)

 - 침하량이 적을수록 도상은 양호하다.
 - 도상계수는 도상재료가 양호할수록, 다지기가 충분할수록, 노반이 견고할수록 커진다.
 - 도상계수가 $5\mathrm{kg/cm}^3$이면 불량도상, $5\mathrm{kg/cm}^3$ 초과 $13\mathrm{kg/cm}^3$ 이하이면 양호도상, $13\mathrm{kg/cm}^3$ 이상이면 우량도상에 해당한다.
- 도상저항력 : 온도하중, 시동하중, 제동하중, 열차의 주행하중 등에 의하여 도상 중의 침목이 종·횡 방향으로 이동하려고 할 때의 저항력을 의미, 궤도편측 1m당 kg으로 표기
 - 횡저항력 : 횡방향 변위에 대한 궤도의 단위길이당 저항하는 힘으로서 좌굴안정성에 크게 영향을 준다. 장대레일의 구간에서는 좌굴을 방지하기 위하여 약 500kg/m(고속철도 900kg/m) 이상의 횡저항력을 확보하여야 한다.
 - 종저항력 : 종방향 변위에 대한 궤도의 단위길이당 저항하는 힘으로서 장대레일의 축력 및 레일 파단 시 개구량, 장대레일 신축량 등에 크게 영향을 주며, 종저항력은 보통 횡저항력의 1.4배 정도이다.

ⓓ 충격률

$$i = 1 + \frac{0.513}{100} V$$

i : 충격계수, V : 열차속도(km/h)

ⓜ 궤도변형의 정역학 모델
  • 연속탄성지지 모델
  −레일이 연속된 탄성기초상에 지지되어 있다고 가정하는 방법
  −이론계산이 비교적 간단
  • 유한간격(단속탄성)지지 모델
  −레일이 일정 간격의 탄성기초상에 지지되어 있다고 가정하는 방법
  −실제구조물에 가까운 가정

③ 분기기 및 장대레일

① 분기기

ㄱ 분기기의 이해
  • 분기기의 구성요소
  −열차 또는 차량을 한 궤도에서 다른 궤도로 전환시키기 위하여 궤도상에 설치한 설비로 3부분의 구성은 포인트(point), 크로싱(crossing), 리드(lead)이다.
  −리드길이 : 포인트 전단에서 크로싱의 이론교점까지의 길이
  • 배선에 의한 분기기의 종류
  −편개분기기(simple turnout) : 가장 일반적인 기본형으로 직선에 적당한 각도로 좌우로 분기한 것
  −분개분기기(unsymmetrical double curve turnout) : 구내배선상 좌우 임의각도로 분기각을 서로 다르게 한 것
  −양개분기기(double curve turnout) : 직선궤도로부터 좌우로 등각으로 분한 것으로 사용빈도가 기준선측과 분기측이 서로 비슷한 단선 구간의 분기에 사용
  −곡선분기기(curve turnout) : 기준선이 곡선인 것
  −복분기기(double turnout) : 하나의 궤도에서 2 또는 3 이상의 궤도로 분기한 것
  −삼지분기기(three throw switch) : 직선기준선을 중심으로 동일개소에서 좌우대칭 3선으로 분기시킨 것에 많이 사용
  −삼선식 분기기(mixed gauge turnout) : 궤간이 다른 두 궤도가 병용되는 궤도에 사용
  • 특수용 분기기의 종류
  −승월분기기(run over type switch) : 기준선에는 텅레일, 크로싱이 없고, 보통 주행레일로 구성된 편개 분기기, 즉 분기선외궤륜은 홈선이 없는 주행레일 위로 넘어가게 됨
  −천이분기기(continuous rail point) : 승월분기기와 비슷하나, 분기선을 배향 통과시키지 않는 것
  −탈선분기기(derailing point) : 단선구간에서 신호기를 오인하는 경우 운전 보안상 중대한 사고가 예측될 때 열차를 고의로 탈선시켜 대향열차 또는 구내진입 시 유치열차와 충돌을 방지하기 위하여 사용
  −간트 렛트 궤도 : 복선 중의 일부 단구간에 한쪽 선로가 공사 등으로 장애가 있을 때 사용되며 포인트 없이 2선의 크로싱과 연결선으로 되어 있는 특수선

- 분기기 사용방향에 의한 호칭
  - 대향분기(facing of turnout) : 열차가 분기를 통과할 때 분기기 전단(포인트)으로부터 후단(크로싱)으로 진입할 경우
  - 배향분기(trailing of turnout) : 주행하는 열차가 분기기 후단(크로싱)으로부터 전단(포인트)으로 진입할 경우, 배향분기가 더 안전하고 위험도가 적음

ⓛ 포인트
- 개요 : 차량의 방향을 유도하는 역할, 텅레일 후단의 힐이 선회, 텅레일은 기본 레일에 밀착, 이격하여 주행을 인도하는 구조
- 종류
  - 둔단포인트 : 구조가 단순 견고하나 열차가 진입 시 충격이 크고, 잘 사용하지 않음
  - 첨단포인트 : 가장 많이 사용되며, 2개의 첨단레일을 설치, 열차주행은 원활하나 첨단부의 앞부분의 손상에 대한 보강이 필요
  - 승월포인트 : 분기선이 본선에 비하여 중요치 않은 경우에 사용, 본선에는 2개의 기본레일을 사용, 분기선 한쪽은 보통 첨단레일을 사용하고 한쪽은 특수형상의 레일을 사용, 궤간 외측에 설치
  - 스프링포인트 : 강력한 스프링의 작용으로 평상시는 통과량이 빈번한 방향으로 개통되어 있는 포인트, 종단, 중간역 등에서 진행방향이 일정한 분기기에서 일부 사용
- 분기기 입사각
  - 기본레일 궤간선과 리드레일 궤간선의 교각을 입사각이라 함
  - 분기 시 차륜이 텅레일에 닿는 부분을 적게 하기 위해서는 입사각을 가능한 한 작게 하는 것이 좋으나 입사각이 작으면 텅레일은 길어지고 곡선반경은 커짐
  - 곡선형 텅레일은 입사각을 0으로 할 수 있으나 곡선반경이 커지므로 원활한 주행에 불리

ⓒ 크로싱
- 개요 : 분기기 내 직선레일과 곡선레일이 교차하는 부분, V자형 노스레일과 X자형 윙레일로 구성되며 크로싱의 양쪽에 가드레일이 존재
- 종류
  - 고정 크로싱 : 크로싱의 각부가 고정되어 윤연로(flange way)가 고정되어 있는 것으로 차량이 어느 방향으로 진행하든지 결선부를 통과해야 하므로 차량의 진동과 소음이 크고 승차감이 좋지 않다. 조립, 망강, 용접, 압접크로싱 등이 있다.
  - 가동 크로싱 : 크로싱의 최대 약점인 결선부를 없게 하여 레일을 연속시킨 형태로 차량의 충격, 진동, 소음, 동요를 해소하여 승차기분을 개선하여 고속열차 운행의 안전도가 향상, 크로싱의 노스 일부가 좌우로 이동할 수 있고 고속열차 운행에 유리한 가동노스 크로싱, 가공하지 않은 전단면 단척레일에 사용하며 최근에는 사용하지 않는 가동둔단 크로싱 등의 종류가 있다.

- 고망간 크로싱 : 사용 초기에는 2 ~ 3mm 마모하나 그 이후엔 내마모성이 강하며 보통 레일의 사용에 비해 마모수명이 약 5배 정도된다.
- 크로싱 각도와 크로싱 번수의 관계
- 크로싱 각도(θ)와 비례하며 크로싱 번수(N)도 비례하여 증가
- 관계식

$$N = \frac{1}{2}\cot\frac{\theta}{2}$$

㉣ 가드레일
- 개요 : 차량이 대향분기를 통과할 때 크로싱의 결선부에서 차륜의 플랜지가 다른 방향으로 진입하거나 노스의 단부를 훼손시키는 것을 방지하며 차륜을 안전하게 유도하기 위하여 반대측 주 레일에 부설하는 것
- 백게이지 : 분기부에서 크로싱부 노스레일과 주 레일 내측에 부설한 가드레일 외측 간의 최단거리
- 필요성 : 크로싱 노스레일 단부저해 방지, 차량의 이선 진입 방지, 차량의 안전주행 유도
- 백게이지 치수 : 국내 일반 철도의 경우 1,390 ~ 1,396mm, 국내 고속 철도의 경우 1,392 ~ 1,397mm
- 백게이지가 작을 경우 노스레일 손상 및 마모, 이선진입의 위험이 발생하며, 백게이지가 클 경우에는 탈선의 위험이 있다.

㉤ 정위와 반위
- 상시 개통되어 있는 방향을 정위, 반대로 개통되어 있는 방향을 반위
- 정위설정표준
- 본선 상호 간에는 중요한 방향, 단선의 상하본선에서는 열차의 진입방향
- 본선과 측선에서는 본선의 방향
- 본선, 측선, 안전측선 상호 간에서는 안전측선의 방향
- 측선 상호 간에서는 중요한 방향
- 탈선 포인트가 있는 선은 차량을 탈선시키는 방향
- 분기기가 일반궤도와 다른 점
- 텅레일 앞 · 끝부분의 단면적이 적다.
- 텅레일은 침목에 체결되어 있지 않다.
- 텅레일 뒷부분 끝 이음매는 느슨한 구조로 되어 있다.
- 기본 레일과 텅레일 사이에는 열차통과 시 충격이 발생한다.
- 분기기 내에는 이음부가 많다.
- 슬랙에 의한 줄틀림과 궤간틀림이 발생한다.
- 차륜이 윙 레일 및 가드레일을 통과할 때 충격으로 배면 횡압이 작용한다.

- 분기선 측 열차 속도 제한
- 리드곡선부에 캔트 및 완화곡선이 없다.
- 슬랙체감이 급한 좋지 않은 선형이다.
- 일반철도 분기기 통과속도 : $V = 1.5 - 2.0\sqrt{R}$
- 고속철도 분기기 통과속도 : $V = 2.6 - 2.9$

구간별	분기기별	구분	8#	10#	12#	15#
지상구간	편개분기기	곡선반경	145	245	350	565
		속도	25	35	45	55
지하구간	편개분기기	속도	25	30	40	–
지상구간	양개	속도	35	45	55	65

- 정거장 내 분기기 배치
- 분기기는 가능한 한 집중 배치한다.
- 총유효장을 극대화한다.
- 본선에 사용하는 분기기는 위치를 충분히 검토한다.
- 특별분기기는 보수를 위해 가능한 한 피하고, 배선상 큰 장점이 있을 경우 부설한다.

② 장대레일

㉠ 장대레일의 개요

- 개요
- 궤도의 최대취약부인 레일 이음매를 없애기 위하여 레일이음부를 연속적으로 용접하여 1개(200m 이상)의 레일로 설치한 것, 고속선에서의 1개의 레일길이가 300m 이상인 레일을 의미
- 부동구간 : 도상저항력과 레일의 유동 방지에 의하여 레일의 신축을 제한하는 경우, 레일이 어느 길이 이상이 되면 중앙부에 신축이 생기지 않는 구간(일반철도 양단부 각 80~100m, 고속선의 경우 각 150m 정도 제외 구간)
- 설정온도 : 장대레일을 부설할 때의 레일온도로, 장대레일 전 길이에 대한 평균온도로 표시, 레일 저부 상면 전 구간 여러 곳을 측정하여 산출평균
- 중위온도 : 장대레일을 부설한 후 일어날 수 있는 최저, 최고온도의 중간온도로 연간평균온도와는 다름
- 재설정 : 한번 설정한 장대레일 체결장치를 모두 풀어서 레일의 신축을 자유롭게 한 다음 다시 체결하는 것
- 최저좌굴축압 : 국부틀림이 좌굴을 일으킬 수 있는 충분한 조건이 되었을 때 이론상 좌굴을 일으킬 수 있다고 생각되는 최저의 축압력
- 장대레일의 장점
- 궤도보수주기 연장
- 소음·진동의 발생 감소
- 궤도재료의 손상 감소
- 차륜동요가 적어 승차감 양호
- 기계화 작업 용이
- 열차의 고속화 및 수송력 강화

ⓛ 장대레일 관련 이론
  • 레일의 신축과 축력
  −레일의 자유신축량

$$e = L\beta(t - t_o)$$

e : 자유신축량(mm), β : 레일의 선팽창계수(1.14×10^{-5}), t : 현재온도, t_o : 부설 또는 재설정 시의 레일온도(℃), L : 레일길이(m)

  −레일의 축력

$$P = EA\beta(t - t_o)$$

P : 축력(kgf/cm^2), E : 레일강의 탄성계수(2.1×10^6kgf/cm^2), A : 레일단면적(cm^2)

  −신축구간의 길이

$$L = \frac{P}{r_0} = \frac{EA\beta\triangle t}{r_0}$$

r_0 : 종방향 저항력(kgf/cm)

  • 개구량 허용한도 : 장대레일 온도가 낮아져서 축인장력이 작용하고 있을 때 레일이 끊어지게 되면 레일 단부는 급격하게 수축하는 현상을 나타내며 중앙부의 벌어질 구간, 즉 장대레일의 개구량은 단부 신축량의 2배가 된다.

$$\triangle l = \frac{EA\beta^2 \triangle t^2}{2r_0} = \frac{X\beta\triangle t}{2} = \frac{rX^2}{2EA} \quad \left(개구량 : \frac{EA\beta^2 \triangle t^2}{2r} \times 2 \right)$$

X : 축응력과 침목저항이 동등하게 되는 점까지의 거리

ⓒ 장대레일의 부설조건
  • 선로조건
  −곡선반경 : 600m 이상, 반향곡선 1,500m 이상
  −종곡선반경 : 3,000m 이상
  −복진이 심하지 않을 것
  −노반이 양호할 것
  • 궤도조건
  −레일 : 50 ~ 60kg 신품으로 초음파 검사한 양질의 레일
  −침목 : PC침목을 원칙(종저항력 500kg 이상)
  −도상자갈 : 쇄석을 원칙(저항력 500kg 이상)

- 온도조건
- 설정온도의 최고, 최저가 40℃ 이상 높거나 낮지 않을 것
- 설정온도는 레일의 좌굴 및 파단이 생기지 않는 범위
- 터널조건
- 터널 내의 설정온도가 최고, 최저가 20℃ 이상 높거나 낮지 않을 것
- 터널의 갱문부근에서 외부온도와의 영향이 큰 곳은 피할 것
- 연약노반을 피할 것
- 누수 등으로 국부적 레일부식 개소는 피할 것
- 교량조건
- 거더의 온도와 비슷한 온도에서 부설할 것
- 연속보의 상간에 교량용 신축이음매를 사용할 것
- 교대 및 교각은 장대레일로 인하여 발생되는 힘에 견딜 수 있는 구조일 것
- 부상(浮上)방지 구조일 것
- 거더의 가동단에서 신축량이 장대레일에 이상응력을 일으키지 않을 것
- 무도상 교량 25m 이상은 부설금지
- 고속철도선로의 장대레일 부설시 신축이음매장치의 설치기준
- 신축이음매장치 상호 간의 최소거리는 300m 이상으로 한다.
- 분기기로부터 100m 이상 이격되어 설치하여야 한다.
- 완화곡선 시·종점으로부터 100m 이상 이격되어 설치하여야 한다.
- 종곡선 시·종점으로부터 100m 이상 이격되어 설치하여야 한다.
- 부득이 교량상에 설치하는 경우 단순 경간상에 설치하여야 한다.

② 장대레일의 좌굴 시의 응급복구조치
- 밀어넣기 또는 곡선삽입에 따른 응급조치
- 좌굴된 부분이 많아서 구부러지지 않았을 때
- 레일의 손상이 없을 때
- 레일절단에 따른 응급조치 : 밀어넣기가 곤란할 때 다음 방법으로 손상부분을 절단하고 다른 레일을 넣어 응급조치 실시
- 절단제거하는 범위 : 레일이 현저히 휜 부분 및 손상이 있는 부분
- 절단방법 : 레일 절단기 또는 가스로 절단
- 바꾸어 넣는 레일 : 절단된 레일과 같은 정도의 단면
- 이음매 : 바꾸어 넣은 레일의 양단에 유간을 두어 응급조치 할 때 이음매 볼트는 기름칠을 하여 조이고 이때 유간을 복구까지 예상되는 온도상승 또는 강하에 대하여 다음 표에 의한 크기 이상 또는 이하로 함

온도 상승(℃)			온도 강하(℃)		
30	20	10	30	20	10
10mm	5mm	0mm	0mm	5mm	10mm

- 용접에 따른 복구
  - 절단개소에 바꾸어 넣어 용접하는 레일은 절단된 레일과 같은 정도의 레일이라야 하며 용접 전에 결함 여부를 확인한 후 사용
  - 레일의 현장용접은 테르밋 또는 엔크로즈 아크용접
- 복구 완료한 장대레일 : 조속한 시일 내에 재설정 시행

ⓜ 장대레일의 재설정
- 장대레일의 설정을 소정의 범위 밖에서 시행한 경우
- 장대레일이 복진 또는 과대 신축하여 신축이음매로 처리할 수 없는 우려가 있는 경우
- 좌굴 또는 손상된 장대레일을 본 복구한 경우
- 장대레일에 불규칙한 축압이 생겼다고 인지되는 경우

③ **신축이음매**

㉠ 종류
- 양측둔단중복형 : 프랑스
- 결선사이드 레일형 : 벨기에
- 편측첨단형 : 한국, 이탈리아, 일본
- 양측첨단형 : 네덜란드, 스위스
- 양측둔단 맞붙이기형 : 스페인

㉡ 완충레일의 설치방법
- 레일의 연결은 보통이음매 구조로서 유간변화를 이용하여 장대레일 단부의 신축량을 배분하기 위하여 장대레일 상간에 정척레일을 부설한다.
- 완충레일 자체의 유간 변화량만 가지고는 온도변화에 따른 장대레일의 신축량을 처리하지 못하므로 이음매판의 특수신축에서 얻어지는 마찰저항력, 이음매판 볼트의 휨에 대한 맹유간으로 다시 계속하여 이음매부에 걸리는 압력 등에 의하여 온도변화의 일부를 압축령으로 부담하고 잔여 신축량만 완충레일이 처리하도록 한다.

④ **레일용접**

㉠ 용접방법
- 전기후레쉬버트(Flash Butt Welding) : 용접할 레일을 적당한 거리에 놓고 전기를 가하면서 서서히 접근시키면 돌출된 부분부터 접촉하면서 이 부분에 전류가 집중하여 스파크가 발생하고 가열되어 용융상태로 된다. 적당한 고온이 되었을 때 양쪽에서 강한 압력을 가해 접합시킨다.
- 가스압접 용접 : 용접하려는 레일을 맞대어 놓고 특수형상의 산소, 아세틸렌 토치를 이용 화염을 발생시켜 용접온도까지 가열시키고 적정한 온도에서 레일의 접촉면을 강하게 압축하면 완전한 접합이 된다.
- 테르밋 용접(Thermit Cast Welding) : 용제를 사용한 용접압접과 용접법이 있으며 압접법은 강관 등의 맞댄 접합에 용접법은 레일용접 등에 이용되며, 특히 장대레일의 현장 용접 방법으로 이용된다.
- 엔크로즈 아크 용접(Enclosed Arc Welding) : 아크 용접은 용접봉으로 레일 사이의 간극을 채워 용접하는 방법으로 레일 모재의 강도에 이르는 저수소계 용접봉의 개발로 레일용접이 가능해졌다. 엔크로즈드 아크 용접 방법으로 시행할 수 있는 용접은 이음용접, 레일 끝 닳음 용접 및 크로싱 살부치기 용접, 레일두부표면 살부치기 용접 등이다.

ⓛ 시험 및 검사
- 외관검사 : 요철, 균열, 굽힘, 비틀림 등
- 굴곡시험 : 용접부를 중심으로 지점 간 거리 1m로 하여 레일두부와 저부를 상면으로 가압 시험
- 낙중시험 : 용접부를 중심으로 914mm를 지지하고 중량 907kg의 추를 0.5m의 높이에서 시작하여 0.5m 씩 높이면서 반복낙하 하였을 때 파단 시의 낙하높이로 용접부 검사
- 줄맞춤 및 면맞춤 검사 : 용접 후의 줄맞춤 및 면맞춤의 틀림은 용접부를 중심으로 1m 직각자에 대하여 신품레일, 중고레일을 구분하여 검사한다.

④ 선로설비 및 정차장 설비

① 선로설비 및 제표

ⓖ 선로방비
- 경계설비 : 울타리를 설치하는 것, 목조, 철제, 철근콘크리트, 생울타리 등
- 비탈면보호 : 깎기와 돋기의 비탈면은 우수와 유수로 토사가 붕괴되는 것을 보호 · 방지하기 위하여 비탈에 줄떼, 평떼 등을 심거나 모르타르보호공, 비탈하수 등을 설치
- 낙석방지 대책 : 시멘트 모르타르에 의한 암석의 고정, 낙석방지 옹벽과 철책, 낙석덮개, 고강도텐션 테코네트, 링네트, 피암 터널

ⓛ 방설설비 : 선로는 적설, 눈사태, 눈날림에 의해 피해를 입기 때문에 이와 같은 설해를 방지하기 위한 설비
- 제설방법 : 인력제설(분기기, 역구내 등 기계 능력을 충분히 발휘할 수 없는 곳에 사용), 기계제설(러셀식 재설차, 로터리식 재설차, 방폭식 제설차, 긁어모으기식 제설차)
- 눈 날림 방지설비 : 눈지붕, 방설책, 방설제, 방설림
- 눈사태 방호설비 : 예방설비(눈사태 방지 말뚝, 눈사태 방지책, 계단공, 눈사태 방지림), 방호설비(눈사태 지붕, 눈사태 방지 옹벽, 눈사태 파괴, 눈사태 넘기기)
- 분기기 동결방지장치 : 전기온풍식 방지장치, 온수분사식 방지장치, 레일가열식 방지장치

ⓒ 선로제표
- 열차운전 및 선로보수상의 편의제공 또는 일반 공중에게 주의를 환기시키기 위하여 선로상 또는 선로연변에 세우는 표지
- 종류 : 거리표, 기울기표, 곡선표, 수준표. 용기경계표, 하수표, 구교표, 교량표, 터널표, 양수표, 양설표, 영림표, 기적표, 선로작업표, 속도제한표, 건널목경계표, 낙석주의표, 정거장중심표, 정거장구역표, 차량접촉한계표, 건축한계축소표, 담당구역표

② 건널목 설비

　㉠ 종류

　　• 1종 건널목 : 차단기, 경보기 및 건널목교통안전표기를 설치, 지정된 시간 동안 건널목안내원이 근무하는 건널목
　　• 2종 건널목 : 경보기과 건널목교통안전표지판만 설치하는 건널목, 필요시 건널목안내원이 근무하는 건널목
　　• 3종 건널목 : 건널목교통안전표지만 설치하는 건널목

　㉡ 건널목 보안설비

　　• 건널목 보안설비
　　- 차단기 : 차단기의 설치위치는 건축한계 외방, 도로 우측에 설치
　　- 경보기
　　- 장애물감지장치
　　- 건널목방호스위치
　　• 건널목 위험도 조사와 판단 시 검토사항
　　- 열차횟수
　　- 도로교통량
　　- 건널목 투시거리
　　- 건널목 길이
　　- 건널목 폭
　　- 건널목의 선로 수
　　- 건널목 전후 지형

③ 정거장 설비

　㉠ 정거장 설비 및 배선

　　• 선로설비 : 열차 착발, 통과에 필요한 설비
　　- 본선 : 주본선(상하), 부본선(출발, 도착, 착발, 통과, 대피, 교행성)
　　- 측선 : 수용선, 일상선, 인상선, 안전측선, 입출고선, 기회선, 기대선, 해방선, 유치선
　　• 정거장 배선에 의한 분류
　　- 두단식 정거장 : 착발 본선이 막힌 정거장
　　- 섬식 정거장 : 승강장을 가운데 두고 양측으로 배선한 정거장으로 용지비가 적게 들고 공사비가 저렴하나 여객이 이용하기에 불편하고 확장개량이 곤란하며 상하선 열차가 동시에 진입하였을 경우 혼잡
　　- 상대식 정거장 : 착발본선이 정거장을 관통하도록 배선한 정거장으로 장단점은 섬식 정거장과 반대
　　- 쐐기식 정거장 : 쐐기형으로 된 정거장

- 정거장 배선 시 고려사항
- 본선과 본선의 평면교차는 피할 것
- 본선은 직선 또는 반경이 큰 곡선일 것
- 기관차의 주행, 차량의 입환 시 본선을 횡단치 않도록 계획
- 측선은 본선 한쪽에 배치하여 본선을 횡단치 않도록 계획
- 본선상 분기기 수를 최소화하고, 배향분기로 계획
- 정거장 구내 투시가 양호할 것
- 열차 상호 간 안전하게 착발하도록 충분한 선로간격 확보
- 두 종류 이상의 작업이 동시 시행 가능하도록 배선
- 장래 역세권 확장에 대비할 것
- 분기기는 구내에 산재시키지 말고 가능한 한 집중 배치
- 정거장 위치 선정
- 여객, 화물의 집산 중심에 가깝고, 도로 등 교통기관과의 연락이 편리한 위치
- 장래 확장의 여지가 있는 지점
- 건설 시에 큰 토공의 필요가 적은 지점
- 구내가 되도록 수평이고 직선으로 되는 지점
- 정거장 사이 거리는 보통 4 ~ 8km, 대도시 전철역은 1km 전후에 설치
- 정거장 전후의 본선로에 급구배, 급곡선이 삽입되지 않는 장소, 정거장 전후의 구배는 도착 열차에 대하여 상구배, 출발 열차에 대하여는 하구배로 되는 지형이 좋고 또한 배수가 양호한 지점이 좋음
- 차량기지는 종단 역 또는 분기 역에 가깝고 열차의 출입고 시에 본선에 지장이 되도록 적은 곳에 설치

ⓛ 화차조차장
- 화차조차장의 위치 선정
- 화물이 대량 집산되는 대도시 주변 또는 공업단지 주변
- 주요 선로의 시·종점 또는 분기점 및 중간점
- 항만지구, 석탄생산 등의 중심지 등
- 장거리 간선의 중간 지점
- 화차 분해 작업방법
- 돌발입환 : 평면조차장
- 포링입환 : 화차의 연결을 사전에 풀어놓아 포링선을 부설 순차적 밀어넣기, 구식입환법으로 미국에서 사용
- 중력입환 : 자연지형 이외 8 ~ 10‰ 경사선택 곤란으로 토공량 확대
- 험프입환 : 구내의 적당한 위치에 험프라는 소구배면(높이 2 ~ 4m)을 구축하고, 입환기관차로 차량을 끌어 올려 화차연결기를 풀어 화차 자체의 중력으로 스스로 구르게 하여 아래쪽에 부설된 조성선에 굴러 가게 하는 입환

ⓒ 유효장 및 측선

- 유효장 : 인접 선로의 열차 및 차량 출입에 지장을 주기 아니하고 열차를 수용할 수 있는 해당 선로의 최대 길이를 말하며, 일반적으로 선로의 유효장은 차량접촉 한계표 간의 거리를 의미
  - 선로의 양단에 차량접촉한계표가 있을 때에는 양 차량접촉한계표의 사이
  - 출발신호기가 있는 경우 그 선로의 차량접촉한계표에서 출발신호기의 위치까지
  - 차막이가 있는 경우 차량접촉한계표 또는 출발신호기에서 차막이의 연결기받이 전면 위치까지
- 피난측선 : 정거장에 근접하여 급기울기가 있을 경우 차량고장, 운전부주의 등으로 일주하거나 연결기 절단 등으로 역행하여 정거장의 다른 열차나 차량과 충돌하는 사고를 방지하기 위하여 설치하는 측선
- 안전측선 : 정거장 구내에서 2 이상의 열차 혹은 차량이 동시에 진입하거나 진출할 때에 과주하여 충돌 등의 사고발생을 방지하기 위하여 설치하는 측선
- 유치선 : 차량을 일시 유치하는 선로로서 객차, 화차, 기관차, 전차 유치선 등
- 입환선 : 여러 대의 차량을 서로 연결하여 열차를 조성하거나, 조성된 열차를 분리하기 위한 입환작업을 하는 측선으로 여러 개의 선로가 나란히 부설
- 인상선 : 입환선을 사용하여 차량입환을 할 경우 이들 차량을 인상하기 위한 측선으로 인출선이라고도 하며, 입환선의 일단을 분기기에 결속시켜 차량군을 임시로 이 선로에 수용

⑤ 선로보수

① 선로관리

ⓐ 선로관리 보수방법 : 열차하중 및 회수의 대소 노동력의 유급상황 등에 따라 다르나 정기수선방식과 수시수선방식으로 대별되며, 현재 수시와 정기수선방식을 혼용하고 있다.
- 수시수선방식 : 궤도의 불량개소 발생 시마다 그때그때 수선하는 방식으로 소규모 보수에 적합하며 재래선에서 보수방법으로 사용된다. 장점으로는 수시로 불량개소를 적기에 보수하여 균등한 선로상태를 유지할 수 있지만 보수주기가 짧아진다는 단점이 있다.
- 정기수선방식 : 대단위작업반을 편성하며 대형장비를 사용하고 사전에 계획된 스케줄에 의하여 전 구간에 걸쳐 정기적으로 집중 수선하는 방식이다. 작업이 확실하고 보수주기가 길며 경제적이나 선로조건에 따라 선로상태가 균등하게 유지되지 않는 단점이 있다.

ⓑ 궤도틀림 : 궤도 각부의 재료가 차량운행 및 기상작용에 의하여 마모, 훼손, 부식 등을 일으킴과 동시에 도상침하, 레일변형 등 소성변형을 일으키는 현상으로 탈선현상의 가장 큰 원인이며 열차주행 안전성, 승차감에 큰 영향을 미친다.
- 고저틀림 : 헤일두부 상면의 상하 방향의 틀림을 의미, 국내의 경우 10m 현정시법을 사용하여 고저틀림을 주로 검측하고 있으며, 10m 현으로부터 중앙점의 종거(고저값)을 궤도틀림으로 검측하며, 이는 종곡선 부분에서 선형의 영향으로 궤도틀림 검측치가 다소 증가 또는 감소하게 된다.

- 방향틀림 : 10m 현정시법 검측방법은 고저와 동일하며, 10m 현으로부터 중앙점에서 횡방향 종거(방향값)를 측정한다. 선형상에 평면곡선이 있는 경우, 평면곡선의 영향으로 검측되는 종거값은 다음 값만큼 증감이 발생하게 된다.

$$V = \frac{s^2}{8R}$$

V : 곡선 중앙 종거(mm), s : 측정 현의 길이(m), R : 곡선반경(m)

- 궤간틀림 : 궤간, 즉 통상은 기본치수(1,435mm), 곡선부에서는 설정 슬랙을 기본 치수에 더한 것에 대한 틀림량을 말한다. 궤간을 측정하는 위치는 레일 면에서 하방 14mm 점의 최단 거리로 되어 있다. 궤간틀림의 부호는 기본치수보다 큰 경우에 (+), 작은 경우에 (−)로 한다.
- 수평틀림 : 궤간이 기본치수에서의 좌우 레일이 높이차를 말한다. 표준 궤간에서는 궤간의 기본 치수인 1,435mm 대신에 좌우 레일의 중심 간격인 1,500mm 사이의 높이를 수평으로 하고 있다. 이 치수는 차륜지지 간격과 거의 같다. 곡선부에서 캔트가 설정되어 있는 경우에는 정규 캔트로부터의 증감량을 말한다. 수평틀림의 본질은 좌우 레일이 높이 차가 아니고, 궤도면의 경사각이다. 곡선부에서 슬랙이 설정되어 있는 경우 좌우 레일 높이의 차는 통상보다 크다. 수준틀림의 부호는 직선부에서는 선로의 종점을 향하여 좌측 레일을 기준으로 하여 우측 레일이 높은 경우를 (+), 낮은 경우를 (−)로 한다. 곡선부에서는 내궤측 레일을 기준으로 하여 설정 캔트보다 큰 경우를 (+), 작은 경우를 (−)로 한다.
- 뒤틀림 : 궤도면의 비틀림을 나타낸 것으로 궤도의 일정 거리의 2점 간의 수평 틀림의 차로 나타낸 것이다. 뒤틀림은 궤도면의 비틀림에 의하여 차량이 3점 지지 상태로 되어 주행 안전성이 손상되는 것을 피하기 위하여 관리하고 있다. 뒤틀림의 2점 간의 거리는 국철의 경우에는 5m, 경부고속철도의 경우 3m로 하고 있으며, 차량의 최대 고정 축거를 고려한 것이다. 더욱이, 완화곡선에서는 캔트의 체감 때문에 구조적인 뒤틀림이 존재한다.

② 선로점검

㉠ 개요 : 궤도의 열화 및 궤도틀림을 정확하게 발견, 정량화하는 작업을 검사업무라 하고, 보선작업은 이것을 기준자료로 하여 재료 및 보수능력을 투입하여 열차주행 시 안전하고 열차동요를 적게 하여 승차감이 좋고 경제적으로 선로를 유지할 수 있는 보수를 해야 한다.

㉡ 종류

- 궤도보수 점검 : 궤도전반에 대한 보수상태를 점검
- 궤도재료 점검 : 궤도구성 재료의 노후, 마모, 손상 및 보수상태를 점검
- 선로구조물 점검 : 선로구조물[교량, 구교, 터널, 토공, 방토설비, 하수, 정거장 설비(기기는 제외)]의 변상 및 안전성을 점검하는 것, 구조물 변상은 구조물의 파손, 부식, 풍화, 마모, 누수, 침하, 경사, 이동 및 기초 지반의 세굴 등으로 열차운전에 지장을 주거나 여객 및 공중의 안전에 지장을 줄 우려가 있는 상태를 의미
- 선로순회 점검 : 담당선로를 일상적으로 순회, 선로 전반에 대하여 순시 및 안전감시를 하는 것
- 신설 또는 개량선로의 점검 : 신설 또는 개량선로에 대한 열차운행의 안전성을 점검하는 것

© 궤도재료 점검 종류
- 레일 점검
- 분기기 점검
- 신축이음장치 점검
- 레일 체결장치 점검
- 레일 이음매부 점검
- 침목 점검(목침목, 콘크리트침목)
- 도상 점검(자갈도상, 콘크리트도상)
- 기타 궤도재료의 점검

③ **보선작업**

㉠ 보선작업계획
- 보선작업계획 : 선로의 안전도를 향상하는 데 절대적인 영향을 미치는 것으로 현실적 계획으로 실제작업이 가능한 범위 내의 계획이 되어야 한다.
- 보선작업계획의 구분
  - 연간계획 : 연간 작업계획은 연간 총 작업량과 이를 작업할 수 있는 보유인력, 재료, 장비예산 등의 보수능력과 균형이 유지되도록 계획하여야 한다.
  - 월간계획 : 연간작업을 기준으로 하여 월간작업계획을 수립하고 도보순회검사 등에 따라 궤도틀림상태, 궤도재료 투입사항 등을 검토하여 월간계획을 수립한다.
  - 주간계획 : 실행계획으로서 작업구간, 작업방법, 작업인원 등을 명확하게 수립한다.
  - 일일계획 : 선별, 역간위치, 작업종류, 작업연장, 작업방법, 지시사항 등을 기입하여 작업계획을 수립한다.

㉡ 보수대상이 되는 선로재료에 의한 보선작업 분류
- 궤도보수작업 : 궤간정정, 수평, 면맞춤, 줄맞춤, 유간정정, 침목위치정정, 총다지기 작업
- 궤도재료보수작업
  - 레일보수작업 : 곡선부에 레일 도유로 마모방지 및 레일 플로우를 삭정하는 작업 또는 가드레일 보수작업 등
  - 레일체결장치 보수작업
  - 침목보수작업
  - 교량침목부속품 보수작업
  - 도상자갈치기
- 재료교환작업 : 레일, 침목, 도상 교환작업
- 분기기작업
- 노반작업, 동상작업, 제설작업

ⓒ 동상
- 개요 : 토사가 동결하게 되면 공극이 있는 물이 얼면서 체적이 팽창하게 된다. 따라서 선로에서 노반토가 결빙되면 체적이 팽창하면서 궤도를 밀어 올리는 현상이 발생하는 데 이를 동상이라 한다.
- 동상 발생개소 및 문제점
  - 분니개소, 터널갱구부
  - 깎기부, 복토구간, 암거상부 되메우기 구간
  - 궤도틀림 발생 및 승차감 저하, 열차 안전운행 저하
  - 유지보수 증대

④ **기계보선**

ⓐ 기계보선작업의 기대효과
- 열차주행안전성 향상
- 승차감 향상
- 도상강도 증대
- 궤도보수 주기 연장
- 유지보수 노력 감소
- 보선조직의 첨단화로 인적·물적 비용감소
- 철도 종합유지관리시스템 구축에 기여

ⓑ 기계화 추진을 위한 고려사항
- 보수시간의 확보
- 보수기지, 보수통로의 정비
- 기계 검사 수리체제의 정비

ⓒ 보선장비의 종류
- 도상 작업용 기계 : 선로 보수작업 중 가장 비용이 큰 것이 도상작업으로 약 40 ~ 50%이며, 면, 수평, 줄맞춤과 동시에 도상다짐기계 및 자갈치기 기계 등이 사용된다. 자갈치기 기계작업은 다수의 대형 기계가 동시에 참가하는데 그 순서와 사용기계는 다음과 같다.
  - 자갈치기 : 밸러스트 클리너(작업능률 : 400m/h)
  - 자갈보충 : Hoper Car
  - 밸러스트 레귤레이터(작업능률 : 1,000m/h) : 살포한 자갈을 자주하면서 정리하고 소운반도 가능하며 브러시를 사용하여 침목 상면의 청소까지 시행 가능한 장비
  - 멀티플 타이 탬퍼(작업능률 : 200 ~ 500m/h) : 면, 수평, 줄맞춤 및 다지기
  - 밸러스트 콤팩터(작업능률 : 700 ~ 800m/h) : 도상작업 장비 중 침목 사이 및 도상어깨의 표면을 달고 다지기를 하여 침목을 도상 내에 고정시키고 도상저항력을 증대시키는 장비
  - 스위치 타이 탬퍼 : 분기부 다지기(작업능률 : 70 ~ 90m/h)
  - 궤도동적안정기 : 도상이 안정화를 위하여 멀티플 타이 탬퍼의 결점을 보완하여 궤도침하를 억제하며 다짐 후 감소된 도상횡저항력을 조기에 회복시킴

• 레일 작업용 기계

-레일 연마기 : 레일면을 평활하게 하여 좋은 주행조건을 유지하게 하는 레일 작업용 기계

-레일 교환기 : 신구레일의 교체가 동시에 될 수 있도록 한 기계

-레일 절단기 : 프레임 일단을 힌지로 하여 절단하는 방법과 고속 회전하는 그라인더를 사용한 절단기를 사용

-레일 천공기 : 레일 이음매의 볼트구멍을 뚫는데 사용

-레일 절곡 : 레일의 휨 또는 버릇 교정, 분기기의 간격 붙임 등에 사용됨

-가열기 : 장대레일 설정 및 재설정 시 작업 현장에서 레일을 가열하는 기계

기출예상문제

1 철도계획에서 선로용량 산정 시 고려사항으로 옳지 않은 것은?

서울교통공사

① 열차의 속도 및 속도차
② 역간 거리 및 구내배선
③ 신호현시 및 폐색 방식
④ 열차의 연결량 수

2 전동차 전용구간에서 최소 운전시격을 6분, 선로이용률을 70%로 할 경우 선로용량은 얼마인가?

대구도시철도공사

① 144회/일
② 168회/일
③ 180회/일
④ 240회/일

ANSWER | 1.④ 2.②

1 선로용량 산정 시 고려사항
　㉠ 열차의 속도
　㉡ 열차의 속도차
　㉢ 열차의 종별 순서 및 배열
　㉣ 역간 거리 및 구내배선
　㉤ 열차의 운전시분
　㉥ 신호현시 및 폐색 방식
　㉦ 열차의 유효시간대
　㉧ 선로시설 및 보수 시간

2 선로용량 $N = \dfrac{1,440}{t+s} \times d = \dfrac{1,440}{6} \times 0.7 = 168$

3 다음 용어에 대한 설명 중 옳지 않은 것은?

① 궤간 : 레일면에서 레일 윗면의 중심에서 상대편 레일의 중심을 말한다.

② 수평 : 레일의 직각방향에 있어서의 좌우 레일면의 높이 차를 말한다.

③ 면맞춤 : 한쪽 레일의 레일 길이방향에 대한 레일면의 높이 차를 말한다.

④ 줄맞춤 : 궤간 측정선에 있어서의 레일 길이방향의 좌우 굴곡 차를 말한다.

4 곡선 반지름이 300m인 곡선선로의 궤간이 1,445mm라면 궤간틀림량은 얼마인가? (단, 슬랙의 조정치는 3mm 이다.)

① +3mm

② −3mm

③ +5mm

④ −5mm

5 구배율 33‰, 총열차 중량이 560ton인 전동차의 기울기저항은 얼마인가?

① 12.48kg/ton

② 14.84kg/ton

③ 18.48kg/ton

④ 23.38kg/ton

✅ **ANSWER** | 3.① 4.③ 5.③

3 궤간은 양쪽 레일 안쪽 간의 거리 중 가장 짧은 거리를 말하며, 레일의 윗면으로부터 14mm 아래 지점을 기준으로 한다.

4 곡선반경 300m의 슬랙량은 $\dfrac{2,400}{R} - S'$ 이므로 $\dfrac{2,400}{300} = 8\text{mm}$

조정치가 3mm라고 했으므로 조정치를 빼면 결정 슬랙량은 $8 - 3 = 5\text{mm}$가 된다.

표준궤간은 $1,435 + 5 = 1,440\text{mm}$

곡선선로의 궤간은 1,445mm

궤간틀림량은 +5mm가 된다.

5 기울기저항 $R_y = W \times \tan\theta = W \times \dfrac{I}{1,000}$

여기서 R_y : 기울기저항(kg), W : 열차중량(ton), θ : 구배의 각도, I : 구배의 분자

$R_y = 560 \times \dfrac{33}{1,000} = 18.48\text{kg/ton}$

6 열차저항의 종류에 해당되지 않는 것은?

① 출발저항

② 곡선저항

③ 교량저항

④ 가속도저항

7 차량의 운전에 지장이 없도록 궤도상에 일정공간을 설절하는 한계로서 건물과 모든 건조물이 침범할 수 없도록 정한 한계는?

① 차량한계

② 선로한계

③ 건축한계

④ 열차한계

8 다음 중 협궤와 비교하여 광궤 선로의 장점으로 옳지 않은 것은?

① 고속도를 낼 수 있다.

② 수송력을 증대시킬 수 있다.

③ 급곡선을 채택하여도 협궤에 비해 곡선저항이 적다.

④ 열차의 주행안전도를 증대시키고 동요를 감소시킨다.

⊘ ANSWER | 6.③ 7.③ 8.③

6 열차저항의 종류
  ㉠ 출발저항 : 열차가 출발할 때 열차진행 방향과 반대방향으로 열차주행을 방해하는 저항으로 출발 시 큰 견인력이 필요하다. 출발저항은 출발 시 최대치를 이루다가 급격히 감소하여 열차속도 3km/h에서 최소가 된다.
  ㉡ 주행저항 : 열차가 주행할 때 열차 주행방향과 반대방향으로 작용하는 모든 저항으로 기계저항, 속도저항, 터널저항이 있다.
  ㉢ 기울기저항 : 열차가 기울기 구간을 주행할 때 주행방향 반대방향으로 발생하는 주행저항을 제외한 저항을 말한다.
  ㉣ 곡선저항 : 차량의 곡선주행 시 발생하는 주행저항을 제외한 마찰에 의한 저항을 말한다.
  ㉤ 가속도저항 : 각종 열차저항과 견인력이 일치하여 등속도 운전 상태에서 더욱 더 속도를 증가시키기 위해 필요한 저항이다.

7 차량한계 외측으로 열차가 안전하게 운행될 수 있도록 궤도상에 확보되는 모든 공간을 건축한계라 한다. 차량한계와 건축한계는 차량과 시설물 사이에 일정한 공간을 확보하여 어떤 경우라도 접촉하지 않고 안전하게 주행할 수 있도록 정해 놓은 것이다.

8 광궤와 협궤의 비교

광궤의 장점	협궤의 장점
• 고속주행이 가능하다. • 승차감이 좋다. • 차륜 마모가 경감된다. • 수송력, 주행 안전성을 증대시킬 수 있다.	• 건설비와 유지관리비가 경감된다. • 곡선저항이 적어 산악지대 선로 선정이 용이하다. • 급곡선 주행이 가능하다.

9 철도선로에서 최소 곡선반경을 결정하는 요소가 아닌 것은?

① 열차의 속도
② 열차의 중량
③ 궤도의 궤간
④ 차량의 고정축거

10 선로의 기울기에 대한 설명으로 옳지 않은 것은?

① 최급기울기란 열차운전구간 중 가장 경사가 심한 기울기이다.
② 표준기울기란 열차운전계획상 정거장 사이마다 조정된 기울기로서 역간의 임의지점 간의 거리 2km의 연장 중 가장 완만한 기울기로 조정한다.
③ 제한기울기란 기관차의 견인정수를 제한하는 기울기이다.
④ 타력기울기란 제한기울기보다 심한 기울기라도 그 연장이 짧을 경우에는 열차의 타력에 의하여 이 기울기를 통과할 수 없는 기울기이다.

ANSWER | 9.② 10.②

---

9 **최소 곡선반경** … 등급별로 곡선구간에서 열차가 최고속도로 안전하게 주행할 수 있는 최소한의 곡선반경을 말하며, 열차속도, 켄트와의 상관관계로 최소 곡선반경을 설정한다.

10 **기울기의 분류**
  ㉠ **최급기울기** : 열차운전구간 중 가장 물매가 심한 기울기를 말한다.
  ㉡ **제한기울기** : 기관차의 견인정수를 제한하는 기울기를 말한다.
  ㉢ **타력기울기** : 제한기울기보다 심한 기울기라도 그 연장이 짧은 경우에는 열차의 타력에 의하여 이 기울기를 통과할 수가 있는데 이러한 기울기를 말한다.
  ㉣ **표준기울기** : 열차운전계획상 정거장 사이마다 조정된 기울기로서 역간의 임의지점 간의 거리 1km의 연장 중 가장 급한 기울기로 조정한다.
  ㉤ **가상기울기** : 기울기선을 운전하는 열차의 벨로시티헤드(velocity head)의 변화를 기울기로 환산하여 실제의 기울기에 대수적으로 가산한 것으로 열차 운전시분에 적용한다.

11 캔트에 대한 설명으로 옳지 않은 것은?

① 윤중 및 횡압에 의한 궤도파괴를 경감하기 위해 캔트를 설치한다.

② 곡선 내방에 작용하는 초과원심력에 의한 승차감 악화 방지를 위해 설치한다.

③ 열차의 실제 운행속도와 설계속도의 차이가 큰 경우에는 초과캔트를 검토하여야 한다.

④ 분기기 내의 곡선과 그 전후의 곡선, 축선 내의 곡선 등 캔트를 부설하기 곤란한 곳에 있어서 열차의 운행 안전성을 확보한 경우에는 캔트를 설치하지 않을 수 있다.

12 콘크리트 침목에 대한 설명으로 옳지 않은 것은?

① 탄성력이 커서 충격에 강하다.

② 부식의 염려가 없고 내구연한이 길다.

③ 레일 체결이 복잡하고 균열 발생의 염려가 크다.

④ 중량이 무거워 취급이 곤란한 부분적 파손이 발생하기 쉽다.

✅ ANSWER | 11.② 12.①

11 캔트 … 열차가 곡선구간을 주행할 때 차량의 원심력이 곡선 외측에 작용하여 차량이 외측으로 기울면서 승차감이 저하하고, 차량이 중량과 횡압이 외측 레일에 부담을 주어 궤도 보수비 증가 등 악영향이 발생한다. 이러한 악영향을 방지하기 위하여 내측 레일을 기준으로 외측 레일을 높게 부설하는데, 이를 캔트라 하고 내측 레일과 외측 레일과의 높이차를 캔트량이라 한다.

12 콘크리트 침목
  ㉠ 부식 우려가 없고 내구연한이 길다.
  ㉡ 궤도틀림이 적다.
  ㉢ 보수비가 적어 경제적이다.
  ㉣ 중량물로 취급이 곤란하다.
  ㉤ 탄성이 부족하다.
  ㉥ 전기절연성이 목침목보다 떨어진다.

13 선로구조물 계획 시 유의사항으로 볼 수 없는 것은?

① 선로구조물은 열차가 설계 최고속도로 주행할 수 있도록 계획하여야 한다.

② 소음·진동, 일조저해, 전파장애 등 사회생활에 지장을 주는 일이 없도록 환경보전상의 문제가 적은 구조물로 계획하여야 한다.

③ 철도의 기능에 큰 영향을 주는 요소는 선로의 평면곡선과 종단기울기이므로 기준치 범위 이내에서 큰 곡선반경과 작은 종단 기울기로 계획하여야 한다.

④ 계획의 대상이 되는 구조물에 대하여 설계조건(설계하중, 사용재료, 환경 등). 구조해석의 방법, 부재강도의 산정방법 등을 적절하게 정하여 안전성을 확보하여야 한다.

14 차륜으로부터 레일에 작용하는 횡방향의 힘을 횡압이라 한다. 다음 중 횡압의 발생요인에 해당하는 것은?

① 제동 및 시동하중

② 레일의 온도변화에 의한 축력

③ 구배구간에서 차량중량의 점착력

④ 분기부 및 신축이음매 등에서의 충격력

15 설계속도 200km/h, 곡선반경 2,000m의 표준궤간 선로에서 부족 캔트량이 80mm일 경우 설정 캔트량은 얼마인가?

① 126mm

② 136mm

③ 146mm

④ 156mm

ANSWER | **ANSWER** | 13.① 14.④ 15.④

13 선로구조물은 표준 열차하중을 고려하는 등 열차운행의 안전섭리가 확보되도록 설계하여야 한다.

※ **선로구조물** … 측구, 전차선, 신호기, 침목, 레일 등

14 **횡압** … 열차주행에 따른 차륜으로부터 레일에 작용하는 횡방향의 힘

ㄱ 곡선통과 시 전향횡압

ㄴ 궤도틀림에 의한 횡압

ㄷ 차량동요에 의한 횡압

ㄹ 곡선통과 시 불평형 원심력의 수평성분

15

$$C = 11.8 \times \frac{V^2}{R} - C_d = 11.8 \times \frac{200^2}{2,000} - 80 = 156\text{mm}$$

16 열차정지시 침목 1개가 받는 레일압력이 4,000kg일 때 120km/h이 속도로 주행시 받는 압력은 얼마인가?

① 6,062kg

② 6,262kg

③ 6,462kg

④ 6,662kg

17 선로관리에 대한 용어의 설명으로 옳지 않은 것은?

① 부설된 장대레일의 체결장치를 풀어서 응력을 제거한 후 다시 체결한 것을 장대레일의 설정이라 한다.

② 장대레일 재설정 시 체결구를 체결하기 시작할 때부터 완료할 때까지의 장대레일 전체에 대한 평균온도를 설정온도라 한다.

③ 도상자갈 중 궤광을 궤도와 직각방향으로 수평이동하려 할 때 침목과 자갈 사이에 생기는 최대 저항력을 도상횡저항력이라 한다.

④ 궤도의 국부틀림이 좌굴을 일으킬 수 있는 충분한 조건이 되었을 때 이론상 좌굴을 일으킬 수 있다고 생각되는 최저의 축압력을 최저 좌굴축압이라 한다.

ⓒ ANSWER | 16.③ 17.①

16 120km/h의 속도로 주행 시 침목 상면의 지압력은 충격계수를 고려하여야 한다.

충격률 $I = \dfrac{0.513}{100} \times V = \dfrac{0.513}{100} \times 120 = 0.6156$

$\sigma_b = \sigma \times (1 + I) = 4,000 \times (1 + 0.6156) = 6,462 \text{kg/cm}^2$

17 장대레일의 재설정 … 부설된 장대레일이 체결장치를 풀어서 응력을 제거한 후 다시 체결함으로 말한다. 장대레일은 다음과 같은 경우 되도록 조기에 재설정하여야 한다.
 ㉠ 장대레일의 설정을 소정의 범위 밖에서 시행한 경우
 ㉡ 장대레일이 복진 또는 과대 신축하여 신축이음매로 처리할 수 없는 우려가 있는 경우
 ㉢ 좌굴 또는 손상된 장대레일을 본 복구한 경우
 ㉣ 장대레일에 불규칙한 축압이 생겼다고 인지되는 경우

18 분기기가 일반 궤도와 다른 점으로 옳지 않은 것은?

① 분기기 내에는 이음부가 없다.
② 텅레일 앞 · 끝부분의 단면적이 작다.
③ 슬랙에 의한 줄틀림과 궤간틀림이 발생한다.
④ 기본 레일과 텅레일 사이에는 열차통과 시 충격이 발생한다.

19 분기기의 배선에 의한 종류 중 직선궤도로부터 좌우 등각으로 분기한 것으로 사용빈도가 기준선 측과 분기 측이 서로 비슷한 단선구간에 사용하는 분기기는?

① 분개분기기
② 양개분기기
③ 복분기기
④ 3자분기기

ANSWER | 18.① 19.②

18 분기기가 일반 궤도와 다른 점
  ㉠ 텅레일 앞 · 끝부분의 단면적이 적다.
  ㉡ 텅레일은 침목에 체결되어 있지 않다.
  ㉢ 텅레일 뒷부분 끝 이음매는 느슨한 구조로 되어 있다.
  ㉣ 기본 레일과 텅레일 사이에는 열차통과 시 충격이 발생한다.
  ㉤ 분기기 내에는 이음부가 많다.
  ㉥ 슬랙에 의한 줄틀림과 궤간틀림이 발생한다.
  ㉦ 차륜이 윙 레일 및 가드레일을 통과할 때 충격으로 배면 횡압이 작용한다.

19 분기기의 종류 중 배선에 의한 분류
  ㉠ 편개분기기 : 가장 일반적인 기본형으로 직선에서 적당한 각도로 좌우로 분기한 것
  ㉡ 분개분기기 : 구내배선상 좌우 임의각도로 분기각을 서로 다르게 한 것
  ㉢ 양개분기기 : 직선궤도로부터 좌우로 등각으로 분기한 것으로써 사용빈도가 기준선측과 분기측이 서로 비슷한 단선 구간의 분기에 사용
  ㉣ 곡선분기기 : 기준선이 곡선인 것으로 곡선궤도에서 분기선을 곡선 내측으로 분기시킨 내방분기기와 외방분기기로 구분
  ㉤ 복분기기 : 하나의 궤도에서 3 또는 2 이상의 궤도로 분기한 것
  ㉥ 삼지분기기 : 직선기준선을 중심으로 동일 개소에서 좌우대칭 3선으로 분기시킨 것에 많이 사용
  ㉦ 삼선식 분기기 : 궤간이 다른 두 궤도가 병용되는 궤도에 사용

20 50kgN 레일을 부설한 장대레일 구간에서 부설 시의 온도와의 차이 1℃에 대한 레일의 축력은? (단, 레일의 단면적은 64.2cm², 레일의 탄성계수는 2.1×10⁶kg/cm², 레일의 선팽창계수는 1.14×10⁻⁵/℃이다.)

① 1.54ton

② 15.4ton

③ 1.84ton

④ 18.4ton

21 장대레일에 좌굴이 발생하였을 경우 시행하는 응급조치 방법으로 옳지 않은 것은?

① 그대로 밀어 넣어 원상으로 한다.

② 적당한 곡선을 삽입한다.

③ 레일을 절단한다.

④ 신축이음매를 설치한다.

⊘ **ANSWER** | 20.① 21.④

20 레일의 측력 $P = EA\beta(t - t_o)$
E : 레일강의 탄성계수, A : 레일단면적
$P = 2.1 \times 10^6 \times 1.14 \times 10^{-5} \times 64.2 \times 1 = 1.54 \text{ton}$

21 장대레일의 좌굴 시의 응급조치
　㉠ 밀어넣기 또는 곡선삽입에 따른 응급조치 : 다음에 따라 조건이 부합되었을 때에는 될 수 있는대로 레일을 절단치 않고 밀어 넣어 응급조치를 하거나 곡선을 삽입하여 응급복구를 하여야 한다. 다만, 레일의 손상에 대하여 운전상 지장이 없다고 판단되었을 때에는 응급조치 후 본복구를 하는 것으로 한다.
　　• 좌굴된 부분이 많아서 구부러지지 않을 때
　　• 레일의 손상이 없을 때
　㉡ 레일절단에 따른 응급조치 : 밀어넣기가 곤란할 때 다음 방법으로 손상부분을 절단하고 다른 레일을 넣어 응급조치를 하여야 한다
　　• 절단 제거하는 범위 : 절단 제거하는 범위는 레일이 현저하게 휜부분 및 손상이 있는 부분을 절단한다.
　　• 절단 방법 : 레일의 절단은 레일의 축력 또는 구부러짐 등을 고려하여 레일절단기 또는 가스로 절단한다.
　　• 바꾸어 넣는 레일 : 바꾸어 넣는 레일은 절단된 레일과 같은 정도의 단면이어야 한다.
　　• 이음매 : 바꾸어 넣은 레일의 양단에 유간을 두어 응급조치 할 때 이음매 볼트는 너트를 궤간 안팎으로 번갈아서 조이고 이때 유간을 복구까지 예상되는 온도상승 또는 강하에 대하여 다음 표에 따른 크기 이상 또는 이하로 하여야 한다.

온도상승(℃)			온도강하(℃)		
30	20	10	30	20	10
10mm	5mm	0mm	0mm	5mm	10mm

22 장대레일에서 다음과 같은 조건에 대한 가동구간(L)은?

- 종방향 저항력 $r = 500 \text{kg/m/레일}$
- 레일단면적 $A = 75 \text{cm}^2$
- 선팽창계수 $\beta = 0.000012/\text{℃}$
- $E = 2,000,000 \text{kg/cm}^2$
- 설정온도 : 20℃
- 최저레일온도 : -10℃

---

① 84m

② 92m

③ 100m

④ 108m

23 궤도의 구성 3요소를 바르게 나열한 것은?

① 레일, 레일이음매 및 체결장치, 침목

② 레일, 토공노반, 고량

③ 레일, 기초, 침목

④ 레일, 노반, 선로구조물

✅ ANSWER | 22.④ 23.①

---

22 $L = \dfrac{EA\beta \triangle t}{r_0} = \dfrac{2,000,000 \times 75 \times 0.000012 \times [20 - (-10)]}{500} = 108 \text{m}$

23 궤도의 구성요소

  ㉠ 레일
  - 열차하중을 침목과 도상을 통하여 광범위하게 노반에 전달
  - 평활한 주행면을 제공하여 차량이 안전운행 유도

  ㉡ 레일 이음매 및 체결장치
  - 이음매 이외의 부분과 강도와 강성이 동일
  - 구조가 간단하고 설치와 철거가 용이

  ㉢ 침목
  - 레일을 견고하게 체결하는 데 적당하고 열차하중을 지지
  - 강인하고 내충격성 및 완충성이 있어야 함

  ㉣ 도상
  - 레일 및 침목 등에서 전달된 하중을 널리 노반에 전달
  - 침목의 위치를 유지

24 레일 용접법에서 산화철과 알루미늄 간에 일어나는 화학반응으로 하는 용접은?

① 테르밋 용접

② 가스압접 용접

③ 전기 후레쉬비트 용접

④ 엔크로즈 아크 용접

25 레일 용접부의 검사종목이 아닌 것은?

① 외관검사

② 경도시험

③ 굴곡시험

④ 절연시험

26 선로방지 설비 중 비탈면 보호방법에 해당하지 않는 것은?

① 모르타르 보호공

② 돌깔기

③ 비탈하수

④ 철재울타리

☑ **ANSWER** | 24.① 25.④ 26.④

24 레일의 용접방법
- ㉠ 후레쉬비트 용접 : 전기저항을 이용하여 용접부에 고열을 발생시켜 고압으로 레일을 압착시키는 방법
- ㉡ 가스압접 용접 : 산소, 아세틸렌 또는 부탄가스로 가열하여 압착
- ㉢ 테르밋 용접 : 산화철과 알루미늄 간에서 일어나는 약 2,000℃에서의 산화반응으로 용융철을 얻어 레일과 레일 사이에 간격을 메우는 용접방법
- ㉣ 엔크로즈 아크 용접 : 용접봉으로 레일 사이에 간격을 메꿔 용접하는 방법

25 레일 용접부의 검사종목 … 외관검사, 침투검사, 경도시험, 굴곡시험, 낙중시험. 줄맞춤 및 면맞춤 검사 등

26 비탈면보호 … 깎기와 돋기의 비탈면은 우수와 유수로 토사가 붕괴되는 것을 보호·방지하기 위하여 비탈에 줄때, 평떼 등을 심거나 모르타르 보호공, 비탈하수 등을 설치한다.

27 화차의 분해작업 방법 중 입환작업 능률을 향상시키기 위하여 구내의 적당한 위치에 소구배면을 구축하고 입환 기관차로 압상하여 화차 자체의 중력으로 자주시켜 분별선 중에 전주시키는 조차법은?

① 돌방입환

② 포링입환

③ 험프입환

④ 중력입환

28 선로보수방식 중 정기수선방식에 대한 설명으로 옳지 않은 것은?

① 대단위 작업반을 편성하고 대형 장비를 사용하여 일정한 주기로 보수하는 방식이다

② 수시수선방식보다 작업이 확실하고 보수주기가 길며 경제적으로 유리하다.

③ 정기적인 보수로 선로조건에 따라 선로상태가 균등하게 유지되는 장점을 가지고 있다.

④ 매주기 상간에는 거의 보수작업을 시행하지 않고 소수의 작업요원만 상주시켜 순회점검과 응급조치 등의 소보수작업만 시행하는 방법이다.

ANSWER | 27.③ 28.③

27 화차 분해 작업방법

ㄱ 돌방입환 : 평면조차장

ㄴ 포링입환 : 화차의 연결을 사전에 풀어놓아 포링선을 부설 순차적 밀어넣기, 구식입환법으로 미국에서 사용

ㄷ 중력입환 : 자연지형 이외 8 ~ 10‰ 경사선택 곤란으로 토공량 확대

ㄹ 험프입환 : 구내의 적당한 위치에 험프라는 소기울기면(높이 2 ~ 4m)을 구축하고 입환기관차로 압상하여 화차연결기를 풀어 화차 자체의 중력으로 자주시켜 분별

28 선로보수방법

ㄱ 수시수선방식 : 궤도의 불량개소 발생 시마다 그때그때 수선하는 방식으로 소규모 보수에 적합하며 재래선에서 보수방법으로 사용된다. 장점으로는 수시로 불량개소를 적기에 보수하여 균등한 선로상태를 유지할 수 있으나 보수주기가 짧다는 단점이 있다.

ㄴ 정기수선방식 : 대단위작업반을 편성하며 대형장비를 사용하고 사전에 계획된 스케줄에 의하여 전 구간에 걸쳐 정기적으로 집중 수선하는 방식이다. 작업이 확실하고 보수주기가 길며 경제적이나 선로조건에 따라 선로상태가 균등하게 유지되지 않는 단점이 있다.

ㄷ 심야보수방법 : 열차횟수가 많아지고 지하철과 같이 열차시격이 짧은 경우에는 열차상간의 작업시간도 짧아지므로 보수작업이 곤란하게 된다. 그러므로 주간보수작업이 가능한 한계는 단선구간에서는 65 ~ 80회, 복선구간에서는 80 ~ 95회라 하며 이 이상에서는 주간작업이 불가능하므로 열차운행이 적은 시간을 선택하여 심야작업을 실시한다.

29 다음 중 도상작업용 장비에 해당하지 않는 것은?

① 멀티풀 타이 탬퍼

② 밸러스트 콤팩터

③ 밸러스트 레귤레이터

④ 레일 도유기

30 레일의 중량화 시 궤도에 미치는 영향으로 옳지 않은 것은?

① 선로보수비용의 절감　　　　② 선로용량의 증대

③ 레일수명의 연장　　　　　　④ 선로강도 감소

29 도상작업용 장비

　　㉠ 멀티풀 타이 탬퍼(multiple tie tamper)

　　　• 궤도의 면맞춤, 줄맞춤, 도상다지기 작업용 장비

　　　• 작업속도 200 ~ 800m/h, 주행속도 60 ~ 80km/h

　　　• 다짐봉은 레일면에서부터 250 ~ 480mm 하부까지 다짐

　　　• 작업량 산출

　　㉡ 밸러스트 클리너(ballast cleaner)

　　　• 침목하면으로 통하여 연결시킨 스크레이퍼 체인을 회전하면서 긁어 올린 자갈을 쳐서 교환하는 장비

　　　• 작업속도 200 ~ 500m/h, 주행속도 60 ~ 80km/h

　　㉢ 밸러스트 레귤레이터(ballast regulator)

　　　• 살포한 자갈을 주행하면서 고르게 표준도상단면을 형성하는 자갈정리장비

　　　• 작업속도 500 ~ 1,000m/h, 주행속도 60 ~ 80km/h

　　㉣ 밸러스트 콤팩터(ballast compactor)

　　　• 침목과 침목 상이 및 도상어깨의 표면을 다져서 도상저항력을 증대

　　　• 작업속도 250 ~ 800m/h, 주행속도 60 ~ 80km/h

　　㉤ 스위치 타이 탬퍼(switch tie tamper)

　　　• 분기기를 다지는 장비

　　　• 작업속도 1 ~ 2m/h, 주행속도 60 ~ 80km/h

　　㉥ 궤도동적안정기(Dynamic Track Stabilizer) : 도상의 안정화를 위하여 멀티풀 타이 탬퍼의 결점을 보완하여 궤도침하를 억제하며 다짐 후 감소된 도상횡저항력을 조기에 회복시킴

30 레일의 중량화 시 궤도에 미치는 영향

　　㉠ 선로강도의 증대

　　㉡ 열차안전운행 확보

　　㉢ 선로보수비용의 절감

　　㉣ 선로용량의 증대

　　㉤ 레일수명의 연장

31 곡선을 통과하는 차량 끝이 궤도 중심외방으로 편의한 양 C_1의 공식으로 옳은 것은?

① $\dfrac{1}{2R} \times V^2$

② $\dfrac{1}{2R} \times (m+L)$

③ $\dfrac{m(m+l)}{2R}$

④ $\dfrac{L^2}{8R}$

32 종곡선의 기울기가 +5%와 −25%일 때 접선장 l과 곡선시점으로부터 6m 지점의 종거 y는 얼마인가? (단, 종곡선 반지름은 3,000m이다)

① $l = 30\,\text{m},\ y = 4\,\text{mm}$

② $l = 45\,\text{m},\ y = 6\,\text{mm}$

③ $l = 50\,\text{m},\ y = 8\,\text{mm}$

④ $l = 60\,\text{m},\ y = 12\,\text{mm}$

33 레일에 표시하는 내용이 아닌 것은?

① 강괴의 두부방향

② 전로의 기호

③ 탄산함유량

④ 제조년

✅ **ANSWER** | 31.③ 32.② 33.③

31 차량 전·후부에서의 편기량은 $\dfrac{m(m+l)}{2R}$

m : 대차 중심에서 차량 끝단까지의 거리, l : 차량의 대차 중심 간 거리, R : 곡선반경

32 $l = \dfrac{R}{2,000}(m \pm n) = \dfrac{3,000}{2,000}(25+5) = 45\,\text{m}$

$y = \dfrac{x^2}{2R} = \dfrac{6^2}{2 \times 3,000} = 0.006\,\text{m} = 6\,\text{mm}$

33 레일복부 기입사항
　㉠ 강괴의 두부방향표시 또는 레일 압연 방향표시
　㉡ 레일중량(kg/m)
　㉢ 레일종별
　㉣ 전로의 기호 또는 제작공법(용광로)
　㉤ 회사표 또는 레일 제작회사
　㉥ 제조년 또는 제작년도
　㉦ 제조월 또는 제작월(1월당 1로 표시)

34 열차주행 시 레일의 최대 침하량이 0.6cm로 측정되었다. 이때 침목 1개에 대한 레일의 압력은? (단, 궤도계수 U=180kg/cm²/cm, 침목부설 수 10m/16개)

① 4,250kg

② 6,350kg

③ 6,750kg

④ 7,560kg

35 도상재료 중 구비조건으로 옳지 않은 것은?

① 단위중량이 크고 값이 쌀 것

② 점토 및 불순물의 혼입이 적을 것

③ 둥글고 입자 간의 마찰력이 적을 것

④ 입도가 적정하고 도상작업이 용이할 것

36 궤도에 작용하는 각종 힘 중 온도변화와 제동 및 시동 하중 등에 의하여 생기며 특히 구배구간에서 차량 중량의 점착력에 의해 생기는 것은?

① 횡압

② 수직력

③ 축방향력

④ 불평형 원심력

✅ **ANSWER** | 34.③ 35.③ 36.③

34 레일압력 $P=a \times P=a \times U \times y=\dfrac{1,000}{16} \times 180 \times 0.6=6,750 \mathrm{kg}$

35 도상재료의 구비조건
　㉠ 경질로서 충격과 마찰에 강할 것
　㉡ 단위 중량이 크고 입자간 마찰력이 클 것
　㉢ 입도가 적정하고 도상작업이 용이할 것
　㉣ 토사 혼입물이 적고 배수가 양호할 것
　㉤ 동상, 풍화에 강하고 잡초가 자라지 않을 것
　㉥ 양산이 가능하고 값이 저렴할 것

36 온도에 의한 신축 및 시동, 제동하중은 레일의 길이방향으로 작용하므로 축방향력이다. 궤도와 직각방향으로 작용하는 힘은 횡압이다.

37 다음 중 복진이 일어나는 원인으로 볼 수 없는 것은?

① 동력차의 구동륜이 회전하는 반작용으로 레일이 후방으로 밀리기 쉽다.

② 차륜이 레일 단부에 부딪혀 레일을 전방으로 떠민다.

③ 열차주행 시 레일에 파상 진동이 생겨 레일이 후방으로 이동하기 쉽다.

④ 열차의 견인과 진동에 의한 차륜과 레일의 마찰이 원인이다.

38 궤도계수의 증가대책으로 옳지 않은 것은?

① 양호한 도상재료의 사용

② 탄성 체결장치 사용

③ 레일의 중량화

④ 도상두께의 감소

ANSWER | 37.③ 38.④

37 복진이 일어나는 원인 및 일어나기 쉬운 개소

㉠ 원인
- 열차의 견인과 진동에 의한 차륜과 레일의 마찰이 원인이다.
- 차륜이 레일 단부에 부딪혀 레일을 전방으로 떠민다.
- 열차주행 시 레일에 파상 진동이 생겨 레일이 전방으로 이동하기 쉽다.
- 동력차의 구동륜이 회전하는 반작용으로 레일이 후방으로 밀리기 쉽다.

㉡ 개소
- 열차의 방향이 일정한 복선구간
- 급하한구배
- 분기부, 급곡선부
- 도상이 불량한 곳
- 열차제동 횟수가 많은 곳
- 운전속도가 큰 선로구간
- 교량전후 궤도탄성변화가 심한 곳

38 궤도계수 증가대책

㉠ 양호한 도상재료의 사용
㉡ 레일의 중량화
㉢ 탄성 체결장치 사용
㉣ 도상두께의 증가
㉤ 강화노반의 사용
㉥ 침목의 중량화(PC침목)

39 장대레일 설정온도로부터 상승 또는 하강하는 온도변화량을 40℃, 침목의 도상저항력이 600kg/m인 50kg의 레일이라고 할 경우 신축이 일어나는 단부의 길이는 약 얼마인가? (단, 레일의 단면적은 64.2cm², 레일의 탄성계수는 2.1×10⁶kg/cm², 레일의 선팽창계수는 1.14×10⁻⁵/℃이다)

① 약 90m
② 약 100m
③ 약 150m
④ 약 200m

40 곡선반경 $R=600\,\mathrm{m}$, $V=100\,\mathrm{km/h}$, $C'=100$일 때 최소 캔트 체감거리는 얼마 이상이어야 하는가? (단, 완화곡선이 없는 곡선이다.)

① 82m
② 74m
③ 66m
④ 58m

ANSWER | 39.② 40.④

39 신축구간의 길이 $L=\dfrac{EA\beta\triangle t}{r_0}=\dfrac{2.1\times10^6\times64.2\times1.14\times10^{-5}\times40}{600}=102$

약 100m로 볼 수 있다.

40 $C=11.8\times\dfrac{V^2}{R}-C'$ 이므로

$11.8\times\dfrac{100^2}{600}-100=97\,\mathrm{mm}$

캔트의 체감거리는 캔트의 600배 이상이므로

$97\times600=58\,\mathrm{m}$